Erneuerbare Energien und Netzausbau in der räumlichen Planung

AF733464

BERLINER SCHRIFTEN ZUR STADT- UND REGIONALPLANUNG

Herausgegeben von Stephan Mitschang

Band 27

PL ACADEMIC RESEARCH

Stephan Mitschang (Hrsg.)

Erneuerbare Energien und Netzausbau in der räumlichen Planung

PL ACADEMIC RESEARCH

Bibliografische Information der Deutschen Nationalbibliothek
Die Deutsche Nationalbibliothek verzeichnet diese Publikation in der Deutschen Nationalbibliografie; detaillierte bibliografische Daten sind im Internet über http://dnb.d-nb.de abrufbar.

ISSN 1861-762X
ISBN 978-3-631-66479-7 (Print)
E-ISBN 978-3-653-05702-7 (E-Book)
DOI 10.3726/978-3-653-05702-7

© Peter Lang GmbH
Internationaler Verlag der Wissenschaften
Frankfurt am Main 2015
Alle Rechte vorbehalten.
PL Academic Research ist ein Imprint der Peter Lang GmbH.

Peter Lang – Frankfurt am Main · Bern · Bruxelles · New York · Oxford · Warszawa · Wien

Das Werk einschließlich aller seiner Teile ist urheberrechtlich geschützt. Jede Verwertung außerhalb der engen Grenzen des Urheberrechtsgesetzes ist ohne Zustimmung des Verlages unzulässig und strafbar. Das gilt insbesondere für Vervielfältigungen, Übersetzungen, Mikroverfilmungen und die Einspeicherung und Verarbeitung in elektronischen Systemen.

Diese Publikation wurde begutachtet.

www.peterlang.com

Vorwort

Der Netzausbau in Deutschland vollzieht sich schleppend. Zentrales Element einer leistungsfähigen und zuverlässigen Stromversorgung auf nationaler wie auch auf europäischer Ebene sind dabei die Höchstspannungsnetze. Sie sollen nicht nur die regionale Stromversorgung sicherstellen, sondern sind auch für den Stromtransport im Rahmen eines internationalen Verbundnetzes maßgeblich. Dies verlangt, dass die vorhandenen Netzstrukturen nicht nur instand gehalten und gegebenenfalls verbessert, sondern auch leistungsfähiger ausgestaltet werden müssen. Dabei gilt es allerdings zu berücksichtigen, dass die nationale Energiepolitik seit dem Reaktorunglück von Fukushima im Jahr 2011 von neuen Zielsetzungen geprägt ist, die sich in einer deutlichen Erhöhung des Anteils an erneuerbaren Energien niederschlagen. So sieht § 1 Abs. 2 EEG für die Bundesrepublik Deutschland vor, den Anteil des aus erneuerbaren Energien erzeugten Stroms am Bruttostromverbrauch stetig und kosteneffizient auf mindestens 80% im Jahr 2050 zu erhöhen. Einen wichtigen Beitrag hierzu soll der Ausbau der Windenergie auf See und im Binnenland leisten. Dies wiederum führt zu einer stärkeren Einspeisung in das Stromnetz und wirkt sich auf dessen Leistungsfähigkeit aus. Windenergieausbau und Stromnetzaus- und -umbau sind aber gleichzeitig auch flächenwirksam und können insoweit Konflikte sowohl mit bestehenden als auch mit beabsichtigten anderen Bodennutzungen hervorrufen. Ihre Bewältigung stellt Anforderungen an die räumliche Gesamtplanung und ruft gleichzeitig etwa Fragen nach Beteiligung, Umweltschutz, finanziellem Ausgleich, Planungs-, Vollzugs- und Sicherungsinstrumenten sowie Rechtsschutz hervor.

Diesen Fragestellungen wurde im Rahmen der am 15. und 16. September 2014 an der Technischen Universität Berlin stattgefundenen wissenschaftlichen Fachtagung in der Form von fachwissenschaftlichen Beiträgen sowie Berichten aus der Planungspraxis nachgegangen. Die Tagung stand unter der Überschrift „Erneuerbare Energien und Netzausbau in der räumlichen Planung – Fach- und Rechtsfragen der Stadt- und Regionalplanung“. Der nunmehr vorliegende Tagungsband enthält die schriftlichen Fassungen der Vorträge, die im Rahmen der Tagungsveranstaltung stattfanden. Sie dienen der Planungspraxis als Handreichung für die Bewältigung der

Anforderungen, die sich einerseits aus dem zur Gewährleistung der Energiewende notwendigen Ausbau erneuerbarer Energien und andererseits dem dazu erforderlichen Netzaus- und Netzumbau ergeben.

Berlin, im Februar 2015

Universitätsprofessor Dr.-Ing. habil. Stephan Mitschang
am Institut für Stadt- und Regionalplanung der TU Berlin
Fachgebiet Städtebau- und Siedlungswesen
– Orts-, Regional- und Landesplanung –
Hardenbergstraße 40 a
10 623 Berlin

Inhaltsverzeichnis

Carla Vollmer, Insa Lütkehus, Yvonne Koch,
Werner Niederle

Erneuerbare Energien und Netzausbau – Sachstand und Zielsetzungen

Abstract

Der Beitrag beleuchtet die Reform des EEG im Jahr 2014 und die Notwendigkeit des Netzausbaus vor dem Hintergrund der räumlichen Entwicklung der Erzeugungs- und Laststruktur sowie den Ablauf und die gesetzlichen Grundlagen der Netzentwicklungsplanung.

The article discusses the reform of the EEG in 2014. Against the background of the spatial development of power generation und load structures as well as procedures and the legal basis of the network development planning there is a need to enhance the grid expansion.

1. Einleitung

Mit dem Energiekonzept vom September 2010 sowie den Beschlüssen zur Energiewende vom Juni 2011 definierte die Bundesregierung einen langfristigen Zielkatalog für den Umbau des Energieversorgungssystems. Bereits bestehende und neue Ziele sowie Aufgaben wurden darin integriert: So soll der Primärenergieverbrauch bis 2050 um 50 Prozent gesenkt werden und der Anteil der erneuerbaren Energien am Bruttoendenergieverbrauch bis spätestens 2050 bei 60 Prozent liegen. Die Treibhausgasemissionen in Deutschland sollen bis zum Jahr 2020 (bezogen auf das Jahr 1990) um 40 Prozent und bis zum Jahr 2050 um 80 bis 95 Prozent sinken.

Inzwischen wurden verschiedene Gesetze und Verordnungen verabschiedet, um diesen Prozess voranzubringen. Dabei handelt es sich um eine grundlegende Transformation unseres bisherigen Energieversorgungssystems – weg von einer fossil-atomaren Energieerzeugung hin zu einer auf erneuerbaren Energien basierenden Energieversorgung. Konkret bedeutet dies, unseren Lebensstandard vom Energieverbrauch zu entkoppeln[1], die Energieeffizienz zu steigern und die Nutzung erneuerbarer Energien kontinuierlich, kosteneffizient und umweltverträglich auszubauen.

Damit will die Bundesregierung einerseits einen entscheidenden Beitrag zum Erreichen der nationalen und internationalen Klimaschutzziele leisten. Andererseits sollen die gesundheitsschädliche Nutzung fossiler sowie die Risiken nuklearer Energieträger vermieden werden: Die Verbrennung fossiler Energieressourcen führt zu Emissionen von Treibhausgasen und Luftschadstoffen wie Stickoxiden oder Staub. Die Kernenergienutzung geht mit Risiken durch Störfälle und Abfallentsorgung einher. Bei einer auf erneuerbaren Energien basierenden Energieversorgung können Treibhausgas- und andere schädliche Emissionen weitgehend vermieden werden.

Aber auch der Netzausbau und die erneuerbaren Energieanlagen – vor allem Windenergie-, Solarenergie- und Biomasseanlagen sowie der damit verbundene Substratanbau – sind mit Wirkungen auf die Umwelt verbunden. Im Sinne einer nachhaltigen Entwicklung der Energieversorgung sollen diese so gering wie möglich gehalten werden, Eingriffe in das Ökosystem sollen reversibel sein.

Im Beitrag werden aus diesem breiten Themenfeld die Instrumente für den Ausbau der erneuerbaren Energien im Stromsektor und für den damit einhergehenden Netzausbau betrachtet. Dazu werden der Stand des Erneuerbare-Energien-Gesetzes (EEG) 2014 und danach die Gesetze zum Netzausbau sowie daraus resultierende Herausforderungen für die räumliche Planung dargestellt.

1 Darunter ist die absolute Reduzierung des Energieverbrauchs zu verstehen. Energiedienstleistungen (z. B. warme und helle Wohnräume, die Herstellung von Produkten sowie der Transport von Gütern und Menschen) müssen mit weniger Endenergie (Strom, Wärme, Kälte, Kraftstoffe) auskommen. Die Auswirkungen von Planungs- und Entwicklungsprozessen auf den künftigen Energiebedarf, etwa in der Verkehrsplanung oder Siedlungsentwicklung, sind dabei zu berücksichtigen.

2. Erneuerbare Energien im Stromsektor – Stand und Ziele

Das EEG war und ist das maßgebliche Instrument für den Ausbau der erneuerbaren Energien im Stromsektor in Deutschland. Wie die folgende Abbildung zeigt, haben die erneuerbaren Energien ihre Nischenexistenz verlassen. Ende 2013 hatten sie einen Anteil von über 25 Prozent am Bruttostromverbrauch in Deutschland und haben wesentlich zur Minderung der Treibhausgasemissionen beigetragen.

Abb. 1: Entwicklung der Stromerzeugung aus erneuerbaren Energien in Deutschland.

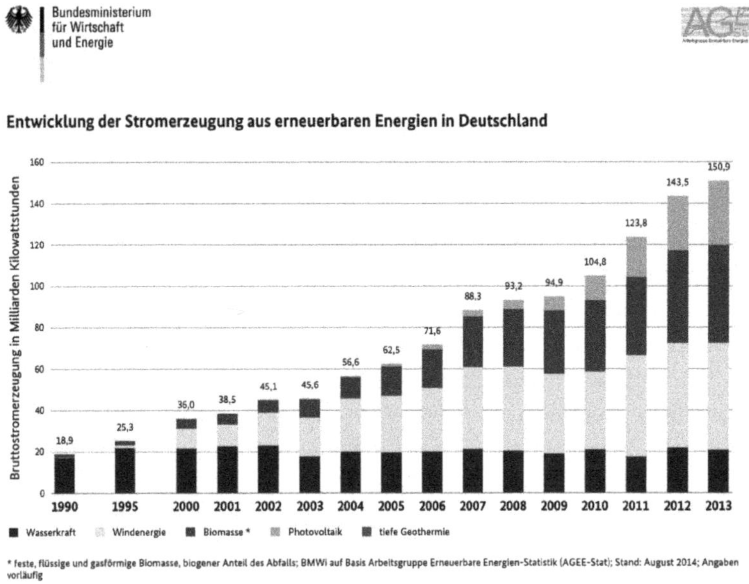

Quelle: BMWi[2]

2 Bundesministerium für Wirtschaft und Energie, Entwicklung der erneuerbaren Energien in Deutschland im Jahr 2013 – Grafiken und Diagramme unter Verwendung aktueller Daten der Arbeitsgruppe Erneuerbare Energien-Statistik (AGEE-Stat), Stand: August 2014, im Internet unter: http://www.erneuerbare-energien.de/EE/Navigation/DE/Service/Erneuerbare_Energien_in_Zahlen/Entwicklung_der_erneuerbaren_Energien_in_Deutschland/entwicklung_der_erneuerbaren_energien_in_deutschland_im_jahr_2013.html (Diagramm 7), Zugriff am 12.01.2015.

Seit der Verabschiedung im Jahr 2000 wird die Diskussion um das EEG sehr kontrovers geführt. In regelmäßigen Abständen wurden Regelungen im EEG angepasst. Anhand der Themen System- und Marktintegration, Planbarkeit und Wettbewerb werden im Folgenden die Hintergründe, die entsprechenden Regelungen im EEG 2014 und eine Kurzbewertung des Umweltbundesamts (UBA) dargestellt.

2.1 System- und Marktintegration

Hintergrund. Der zunehmende Anteil vor allem dargebotsabhängiger erneuerbarer Energien (Wind- und Solarenergie) führt zu wachsenden Anforderungen an eine sichere und stabile Stromversorgung. Auch Anlagen zur Nutzung erneuerbarer Energien müssen ihren Beitrag dazu leisten, um z. B. Systemdienstleistungen, die unabhängig von den konventionellen Kraftwerken sind, bereitzustellen[3]. Zudem macht die zunehmende dargebotsabhängige Einspeisung Maßnahmen zur Erhöhung der Systemflexibilität, also zur Angleichung von Angebot und Nachfrage, notwendig.

Wer Strom aus erneuerbaren Energien erzeugt, bekam bislang eine garantierte Vergütung für jede Kilowattstunde ausgezahlt. Die Höhe des für den Strom zu erzielenden Verkaufspreises (in Abhängigkeit von Angebot und Nachfrage) hatte keinen Einfluss auf die ausgezahlte Einspeisevergütung. Die Anlagenbetreiber mussten sich auch nicht mit dem Verkauf des von ihnen produzierten Stroms beschäftigen. Es gab somit keinen Anreiz, den Strom bedarfsgerecht zur Verfügung zu stellen. Die Anlagen zur Nutzung erneuerbarer Energien wurden so ausgerichtet, dass sie so viel Strom wie möglich erzeugen und speisten auch bei negativen Strompreisen ein.

Regelung im EEG 2014. Die Direktvermarktung mit Marktprämie wurde mit der Novelle 2009 im EEG optional eingeführt, mit dem EEG 2014

3 Derzeit tragen überwiegend konventionelle Kraftwerke zentrale netzstützende Funktionen wie die Bereitstellung von Regel-, Blind- und Kurzschlussleistung sowie „rotierenden Massen". Ihre Einsatzzeiten sind infolge des Ausbaus der Stromerzeugung aus erneuerbaren Energien bereits zurückgegangen und werden sich zukünftig weiter verringern. Konventionelle Kraftwerke stehen somit in Zukunft immer seltener für die Erbringung von Systemdienstleistungen zur Verfügung, ohne dass erneuerbare Energien diese Funktionen vollständig (mit einem vertretbaren Aufwand) übernehmen können.

ist sie für alle Neuanlagen über 500 Kilowatt (kW), ab dem Jahr 2016 für alle Neuanlagen über 100 kW (Bagatellgrenze) verpflichtend. Die Direktvermarktung mit Marktprämie erzeugt den Anreiz, die Stromproduktion an der Stromnachfrage zu orientieren. Der Anlagenbetreiber[4] vermarktet den von ihm erzeugten Strom am Spotmarkt der Strombörse und erhält neben dem Verkaufserlös zusätzlich die Marktprämie. Diese wird für jeden Monat nachträglich aus der Differenz zwischen kostendeckender Vergütung[5] und dem für Wind- und Photovoltaikstrom getrennt berechneten mittleren monatlichen Börsenwert festgelegt. Ein Anreiz entsteht in dreierlei Hinsicht:

1. Wegen der Schwankung des momentanen Börsenwerts für Wind- oder Photovoltaikstrom um den monatlichen Mittelwert[6] ist der Gewinn des Anlagenbetreibers vom Strompreis abhängig und es entsteht der Anreiz v. a. bei hohen Strompreisen zu produzieren[7].
2. Es wird eine Verbesserung der Genauigkeit von Wind- und Solarprognosen angereizt, weil damit die Vermarktung optimiert werden kann.
3. Bei stark negativen Preisen besteht der Anreiz, die Einspeisung zu drosseln[8].

UBA-Bewertung. Nach Ansicht des UBA ist die verpflichtende Direktvermarktung ein wichtiger Schritt in Richtung Marktintegration der erneuerbaren Energien. Die rasche Absenkung der Bagatellgrenze sollte aber im Hinblick auf die Verfügbarkeit von Direktvermarktern für kleine Anlagen geprüft werden. Ein Ziel der Energiewende ist eine große Akteursvielfalt beim Ausbau der erneuerbaren Energien; kleine Anlagen dürfen also nicht benachteiligt werden.

---

4 Oder der von ihm beauftragte Dienstleister (Direktvermarkter).

5 Diese entspricht der bisherigen festen Einspeisevergütung mit einem Vermarktungsaufschlag und wird ab dem EEG 2014 als anzulegender Wert bezeichnet.

6 Aufgrund der Stromnachfrage oder des Angebots an Wind- oder Photovoltaik-Strom.

7 Wind und Solarstrahlung sind nicht beeinflussbar, aber Windenergieanlagen können für geringere Windgeschwindigkeiten und insgesamt höhere Betriebsstundenzahlen (Schwachwindanlagen), PV-Anlagen für andere Tageszeiten (Ost-West-Ausrichtung) optimiert werden.

8 Bei Preisen unterhalb der negativen Marktprämie, müsste der Anlagenbetreiber zuzahlen.

2.2 Planbarkeit

Hintergrund. In den Jahren 2010 bis 2012 fand ein rasanter Ausbau der Photovoltaik (PV) in Deutschland statt. Gründe dafür lagen im massiven Ausbau von Produktionskapazitäten für PV-Zellen und für kostengünstiges Silizium für PV-Zellen[9]. Der dadurch ausgelöste Preiseinbruch bei PV-Modulen wurde durch weitere Effekte (z. B. Markteinbruch in Spanien, große Lagerbestände, politische Diskussionen in Deutschland, staatliche Förderung in China) fortgesetzt. Der starke Preisverfall der PV-Module sorgte zusammen mit der verspäteten Rückführung der Vergütungssätze zu stark ansteigenden Renditen, so dass im Ergebnis von 2010 bis 2012 eine Leistung an 7–8 Gigawatt PV pro Jahr installiert wurde. Wegen dieser Erfahrungen wurde in der öffentlichen Diskussion um die Weiterentwicklung des EEG 2014 die Planbarkeit des Zubaus neuer EE-Anlagen zum allgemeinen Prinzip erklärt.

Regelung im EEG 2014. Das EEG 2014 verfolgt das langfristige Ziel, die Nutzung erneuerbarer Energien bis zum Jahr 2050 auf einen Anteil von mindestens 80 Prozent am Bruttostromverbrauch auszubauen. Zudem sind Zwischenziele vereinbart: Bis 2025 sollen die erneuerbaren Energien einen Anteil am Bruttostromverbrauch von 40 bis 45 Prozent und bis 2035 einen Anteil von 55 bis 60 Prozent erreichen.

Das EEG 2014 konzentriert sich auf den Ausbau der günstigen erneuerbaren Energietechniken PV und Windenergie an Land. Um den Ausbau besser zu steuern, sind nun für die erneuerbaren Energien Ausbaupfade festgelegt worden:

- PV: jährlicher Zubau von 2,4 bis 2,6 Gigawatt (brutto)
- Windenergie an Land: jährlicher Zubau von 2,4 bis 2,6 Gigawatt (netto[10])
- Windenergie auf See: insgesamt 6,5 Gigawatt im Jahr 2020 und 15 Gigawatt im Jahr 2030
- Biomasse: jährlicher Zubau von höchstens 100 Megawatt (brutto)

---

9 Im Gegensatz zum hochreinen „electronic grad"-Silizium.

10 Nettozubau bedeutet, dass (z. B. aus Altersgründen) abgebaute Anlagen ersetzt werden müssen, während beim Bruttozubau die abgebauten Anlagen nicht ersetzt werden.

Bei Über- oder Unterschreiten des Ausbaupfades für die Windenergie an Land und die Photovoltaik steigt oder sinkt die Degression des anzulegenden Wertes für den Folgezeitraum. Falls der Zubau von Biomasseanlagen unter 100 Megawatt in einem Jahr liegt, ergeben sich daraus keine Konsequenzen für die Anpassung der Förderung.

UBA-Bewertung: Nach Ansicht des UBA sind die im EEG 2014 festgelegten Ziele zu wenig ambitioniert, um die Klimaschutzziele der Bundesregierung zu erreichen. Das UBA verfolgt das Ziel, bis 2050 die Stromversorgung vollständig auf erneuerbare Energien umzustellen. Mit den im EEG 2014 festgelegten Zielen bzw. Ausbaupfaden für die Windenergie an Land und die Photovoltaik ist dies nicht zu erreichen. Hinzu kommt, dass ab 2020 abgebaute Anlagen ebenfalls ersetzt werden müssen, weshalb der jährliche Ausbau letztlich deutlich über den genannten Korridoren liegen muss.

Die Einführung zusätzlicher Mengensteuerungselemente (v. a. die atmende Degression für Windenergie an Land) ist nach Ansicht des UBA nicht erforderlich, da absehbar kein unkontrollierter Zubau und vor allem keine unkontrollierte Kostenentwicklung zu erwarten sind. Die Zielanpassungen und Begrenzungen bei der Windenergie auf See und bei der Bioenergie sind zu begrüßen, auch wenn wegen der deutlich abgesenkten Vergütung bei der Bioenergie die Mengensteuerung für diese Technik wahrscheinlich nicht wirksam wird.

2.3 Wettbewerb

Hintergrund. Die in 2014 verabschiedeten Leitlinien der EU-Kommission für Umweltschutz- und Energiebeihilfen sehen vor, die Förderung von Strom aus erneuerbaren Energien ab 2017 im Grundsatz auf Ausschreibungen umzustellen, sofern dies nicht zu höheren Kosten oder Untererfüllung der Ausbauziele führen würde. Bei Ausschreibungen handelt es sich um keine eigenständigen Fördersysteme, sondern sie ergänzen ein bestehendes Fördersystem – wie in diesem Fall das EEG – um zwei Elemente, nämlich die Mengensteuerung und die wettbewerbliche Ermittlung der Vergütungshöhe. Bei der Ausgestaltung der Rahmenbedingungen für Ausschreibungen sind verschiedene Varianten möglich, die je nach Zielsetzung der Ausschreibung und des Marktumfeldes festgelegt werden müssen. Dazu zählen unter anderem Ausschreibungsprodukt und Mechanismus, Pönalen, Präqualifikationen, Fristen und Zuschlagskriterien etc. Präqualifikationen sind Voraussetzungen, die potenzielle Bieter bei der Ausschreibung erfüllen müssen. Dazu können z. B. Genehmigungsbescheide oder amtliche Planungsunterlagen, wie z. B. geänderte Bebauungspläne, dienen.

Regelung im EEG 2014. Ab 2017 soll der anzulegende Wert für die Vergütung für die erneuerbaren Energien grundsätzlich über Ausschreibungen ermittelt werden. In einer Pilotphase soll die Ausschreibung anhand von PV-Freiflächenanlagen in 2015 und 2016 erprobt werden. Zum Redaktionsschluss lag die Rechtsverordnung für die PV-Freiflächenanlagen noch nicht vor, so dass eine Bewertung hierzu noch nicht möglich war.

UBA-Bewertung. Das UBA sieht die kurz- und mittelfristige Einführung von Ausschreibungen kritisch, auch angesichts der im Ausland damit gemachten Erfahrungen[11]. Zudem ist der Zeitplan für die Vorbereitung von Ausschreibungen sehr ambitioniert. Die Ausschreibung sollte nur eingeführt werden, wenn die Auswertung der Pilotphase nachweist, dass Kostenvorteile entstehen, die Ausbauziele nicht gefährdet werden sowie der Bau von Bürgeranlagen nicht behindert wird. Das UBA lehnt daher eine vorbehaltslose Ausweitung der Ausschreibungen auf alle erneuerbaren Energietechniken ab und spricht sich für eine ergebnisoffene Auswertung der Pilotphase aus.

2.4 Konsequenzen für die räumliche Planung

Das EEG verfolgt das Ziel, den Anteil erneuerbarer Energien am Bruttostromverbrauch kontinuierlich zu erhöhen. Dazu ist der Ausbau weiterer Erzeugungskapazitäten erforderlich. Schon heute sind dabei wegen der Auswirkungen auf Mensch, Natur und Landschaftsbild vor Ort Konflikte beim Bau von erneuerbaren Energieanlagen, vor allem bei Windenergieanlagen an Land, zu beobachten. Es ist davon auszugehen, dass bei dem

11 In Brasilien, Frankreich und Großbritannien wurden schon Praxiserfahrungen mit Ausschreibungen gesammelt. Vielfach wurden die versteigerten Zubaumengen in der Praxis z. B. durch ruinösen Wettbewerb nicht realisiert. In manchen Fällen kam es durch geringen Wettbewerb zu vergleichsweise hohen Vergütungszahlungen.

fortschreitenden Ausbau der erneuerbaren Energien weitere Konflikte an immer mehr Orten entstehen. Die Steuerung des Ausbaus der erneuerbaren Energien sowie die Bewältigung von Interessenskonflikten wird in den kommenden Jahrzehnten daher eine große Herausforderung für die räumliche Planung darstellen.

Eine Neuerung des EEG 2014 ist, dass sich mit den Ausbaukorridoren für die räumliche Planung erstmals technologiespezifische Orientierungsgrößen für den jährlich bundesweit angestrebten Ausbau der erneuerbaren Energien ergeben. Insbesondere bei der Planung von Windenergieanlagen an Land könnte dies hilfreich sein, sofern die Zielwerte auf die verschiedenen Planungsebenen herunter gebrochen werden. Hier bleibt abzuwarten, wie in der Planungspraxis damit umgegangen wird.

Auch die geplante Umstellung der Ermittlung der Förderhöhe für Strom aus erneuerbaren Energien auf Ausschreibungen könnte Auswirkungen auf die Planung haben. Auch hier ist jedoch die genaue Ausgestaltung abzuwarten.

3. Netzausbau – Stand und Ziele

In den kommenden Jahrzehnten wird dem Um- und Ausbau des Stromnetzes sowohl auf der Übertragungs- als auch auf der Verteilnetzebene eine Schlüsselrolle für die Integration der erneuerbaren Energien in das Stromversorgungssystem zukommen. Die derzeitige von Netzaspekten kaum beeinflusste Standortwahl für die erneuerbaren Energieanlagen führt zu einer Zunahme verbrauchsferner Erzeugungsstandorte (insbesondere der On- und Offshore-Windenergie-anlagen in Norddeutschland, aber auch allgemein der erneuerbaren Energieausbau in ländlichen Regionen), bei gleichzeitigem Wegfall gesicherter Erzeugungsleistung in Süddeutschland. Die folgende Abbildung veranschaulicht diese Entwicklung anhand der simulierten Leistungsbilanzen in den Jahren 2012 und 2022.

Abb. 2: Entwicklung der Erzeugungs- und Laststruktur von 2012 bis 2022.

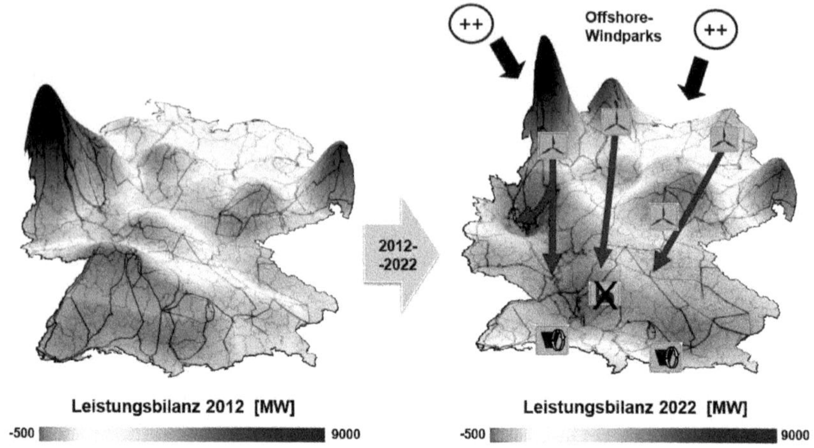

Quelle: 50Hertz & Amprion[12]

Die Folgen einer solchen Entwicklung sind höhere Übertragungsnetzauslastungen mit fluktuierenden Einspeisungen sowie hohen und weiträumigen Stromtransiten zu den Lastzentren im Süden Deutschlands. Das derzeitige Netz ist dafür nicht ausreichend ausgelegt. Um die zunehmenden Einspeiseschwankungen ausgleichen zu können, werden Maßnahmen zur Erhöhung der Systemflexibilität notwendig. Dazu zählt neben dem nachfrageseitigen Lastmanagement, dem Einsatz von Speichern, der Abregelungen von Wind- und PV-Anlagen zu Zeiten der selten auftretenden Einspeisespitzen und den virtuellen Kraftwerken vor allem der Netzausbau. Denn gut ausgebaute Netze ermöglichen einen großräumigen Leistungsausgleich der fluktuierenden erneuerbaren Energien national wie europaweit und werden häufig die volkswirtschaftlich günstigste Option darstellen[13].

12 50Hertz & Amprion, Netzentwicklungsplan 2012 – Rolle und Aufgaben der Übertragungsnetzbetreiber bei der Erstellung des Netzentwicklungsplans, Informationsveranstaltung, Berlin 31.01.2012.

13 Bundesministerium für Umwelt, Naturschutz und Reaktorsicherheit (BMU), Bericht der AG 3 Interaktion, Plattform Erneuerbare Energien, o. O., Stand 15.10.2012 – auch im Internet unter: https://www.bmwi.de/BMWi/Redaktion/PDF/A/abschlussbericht-ag-3-plattform-erneuerbare-energien,property=pdf,bereich=bmwi2012,sprache=de,rwb=true.pdf; Agora Energiewende, Stromspeicher

Dabei gilt es, mögliche Optimierungs- und Verstärkungsmaßnahmen[14] zu berücksichtigen, die vor allem der Erhöhung bzw. effizienteren Nutzung der bestehenden Übertragungsleitungen dienen.

Aber auch im Verteilnetz zeichnen sich Netzengpässe ab, die den Ausbau der erneuerbaren Energien behindern können. Ein Großteil der Einspeisung aus erneuerbaren Energien erfolgt vor allem in ländlichen Regionen, wodurch zukünftig immer häufiger die Einspeisung aus erneuerbaren Energien den Stromverbrauch in einer Region übersteigen wird und der Strom daher abtransportiert werden muss. Bereits heute kommt es in einigen Regionen zu Engpässen bei der Rückspeisung ins Übertragungsnetz. Dies führt dazu, dass erneuerbare Energieanlagen gedrosselt bzw. abgeregelt werden müssen. Somit sind auch der Ausbau des Verteilnetzes (insb. 110 kV) und die Verstärkung der Anbindungen des Verteilnetzes an das Übertragungsnetz (Umspannwerke) erforderlich.

Darüber hinaus bedarf es für eine weitgehend auf erneuerbaren Energien basierende Stromerzeugung sowohl im Verteil- als auch im Übertragungsnetz weitere netzseitige Lösungen für die Bereitstellung von Systemdienstleistungen zur Frequenz- und Spannungshaltung, was derzeit überwiegend von den konventionellen Kraftwerken übernommen wird.

3.1 Gesetz zum Ausbau von Energieleitungen (EnLAG)

Um den Ausbau der Übertragungsnetze zu beschleunigen, verabschiedeten Bundestag und Bundesrat 2009 das Gesetz zum Ausbau von Energieleitungen (EnLAG) und schrieben darin den vordringlichen Bedarf von Leitungsvorhaben fest. Damit ist gesetzlich verankert, dass die jeweilige Leitung gebraucht wird. Und eine Diskussion darüber während des laufenden Zulassungsverfahrens wird verkürzt.

---

in der Energiewende – Untersuchung zum Bedarf an neuen Stromspeichern in Deutschland für den Erzeugungsausgleich, Systemdienstleistungen und im Verteilnetz, Berlin 2014 – auch im Internet unter: www.agora-energiewende.de/fileadmin/downloads/publikationen/Studien/Speicher_in_der_Energiewende/Agora_Speicherstudie_Web.pdf.

14 Dazu zählen z. B. der Einsatz von Leiterseil-Temperaturmonitoring, die Vergrößerung der Leiterseilquerschnitte, die Umstellung von 220 auf 380 kV und der Einsatz von Hochtemperaturseilen.

Abb. 3: Übersicht über die EnLAG-Vorhaben.

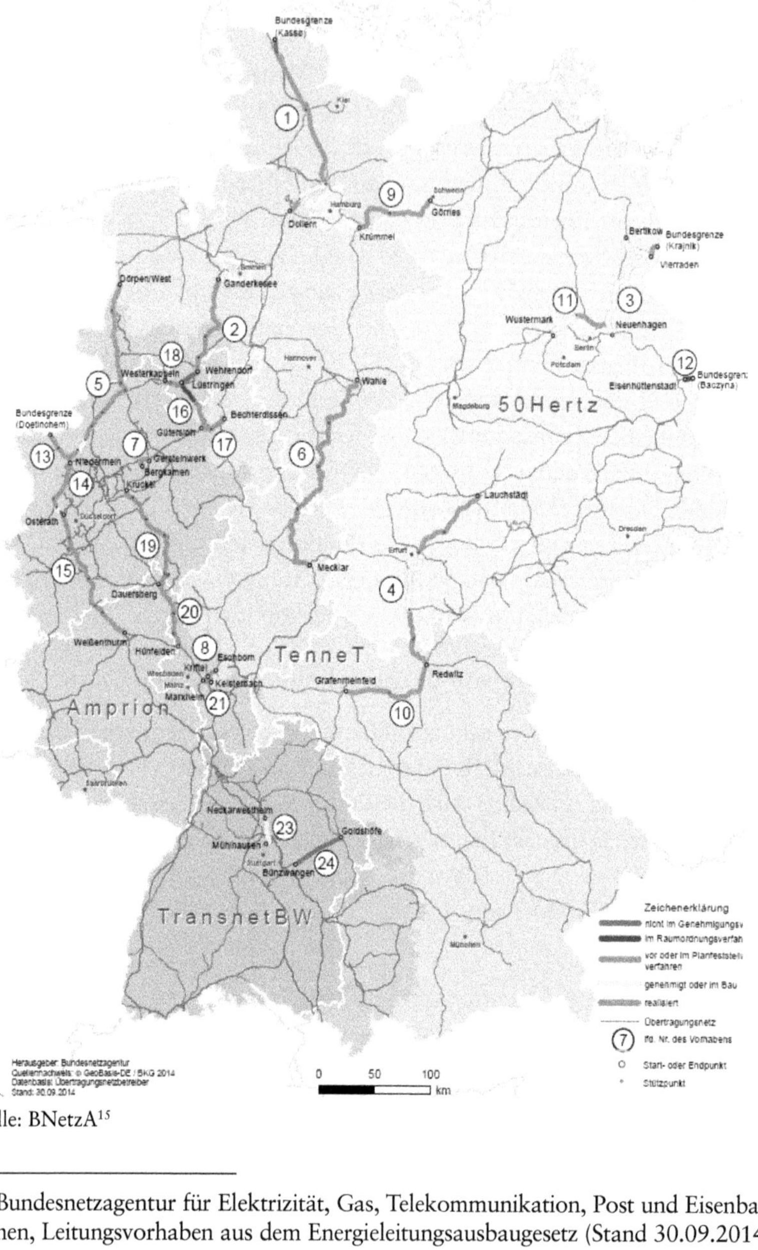

Quelle: BNetzA[15]

15 Bundesnetzagentur für Elektrizität, Gas, Telekommunikation, Post und Eisenbahnen, Leitungsvorhaben aus dem Energieleitungsausbaugesetz (Stand 30.09.2014),

Das EnLAG nennt in der aktuellen Fassung[16] 23 Leitungsvorhaben[17] mit einer Gesamtlänge der Leitungen von 1.877 Kilometern, die für die künftige Energieversorgung in Deutschland notwendig sind und die in der Zuständigkeit der Länder geplant werden. Vier der Vorhaben können als Pilotvorhaben für den Einsatz von Erdkabeln auf der Höchstspannungsebene realisiert werden, um Erfahrung mit dieser neuartigen Technik zu sammeln. Für die Auswahl dieser Projekte hat der Gesetzgeber vor allem die dena-Netzstudie I und die Leitlinien für die transeuropäischen Energienetze (TEN-E) der Europäischen Union herangezogen.

Aus verschiedenen Gründen kam es zu Verzögerungen. Im dritten Quartal 2014 sind mit 438 Kilometern erst rund ein Viertel der erforderlichen Kilometer und noch keines der vier Vorhaben mit Pilotstrecken für Erdkabel realisiert. Inzwischen hat Amprion aber mit den Bauaktivitäten für das erste 380-kV-Erdkabel-Pilotprojekt (EnLAG Nr. 5: Diele-Niederrhein) begonnen. Die Übertragungsnetzbetreiber rechnen mit einer Fertigstellung von lediglich 40 Prozent der EnLAG-Leitungskilometer bis 2016. Es wird deutlich, dass in vielen Fällen die ursprünglich im EnLAG genannten Zieldaten für den Bau der Vorhaben nicht gehalten werden können.[18]

3.2 Die Netzentwicklungsplanung

Vor dem Hintergrund der Verzögerungen beschloss die Bundesregierung im Sommer 2011 mit der Novellierung des Energiewirtschaftsgesetzes (EnWG) und der Verabschiedung des Netzausbaubeschleunigungsgesetz (NABEG) neue Instrumente zur Netzplanung und Genehmigung. Damit stellte sie die Ermittlung des Netzausbaubedarfs auf Übertragungsnetzebene und die

---

in Internet unter: http://www.netzausbau.de/cln_1431/DE/Vorhaben/EnLAG-Vorhaben/EnLAGVorhaben-node.html, Zugriff am 09.01.2015.

16 Energieleitungsausbaugesetz (EnLAG) v. 21. August 2009 (BGBl. I S. 2870), zuletzt geändert durch Art. 3 d. G. v. 23. Juli 2013 (BGBl. I S. 2543).

17 Das EnLAG listete ursprünglich 24 Ausbauprojekte auf. Nach einer Prüfung im Rahmen der Erstellung des Netzentwicklungsplan 2012 wurde das Vorhaben Nr. 22 jedoch als nicht mehr energiewirtschaftlich notwendig eingestuft und wurde daher im EnLAG gestrichen.

18 Ebd.

Planung der konkreten Vorhaben auf eine neue Basis, deren Verfahrensweise im Folgenden dargestellt wird.

Abb. 4: Ablauf und Gesetzliche Grundlagen der Netzentwicklungsplanung.

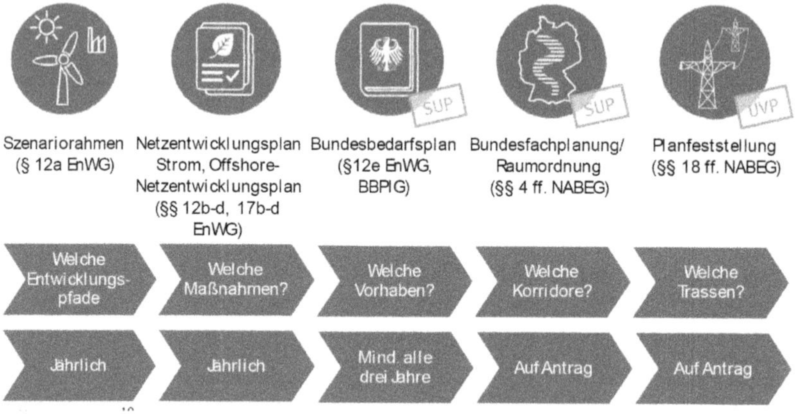

Quelle: BNetzA[19]

Wie die oben stehende Abbildung zeigt, gliedert sich der Ablauf der Netzentwicklungsplanung in folgende Schritte:

1. Die Übertragungsnetzbetreiber (ÜNB) erarbeiten jährlich gemeinsam einen **Szenariorahmen**, der die Randbedingungen künftiger Netznutzungssituationen beschreibt. Nach öffentlicher Konsultation prüft die Bundesnetzagentur (BNetzA) die Szenarien, verändert diese nötigenfalls und genehmigt den Szenariorahmen.
2. Auf Basis des Szenariorahmens berechnen die ÜNB jedes Jahr den Ausbaubedarf ihrer Netze und fassen die Ergebnisse in einem **Netzentwicklungsplan (NEP)** zusammen. Dieser enthält die Maßnahmen zum Ausbau und zur Modernisierung des Übertragungsnetzes (bei Neubauprojekten jeweils mit Angabe der Start- und Endpunkte), die in den nächsten zehn Jahren für

19 Bundesnetzagentur für Elektrizität, Gas, Telekommunikation, Post und Eisenbahnen, Status Quo Bundesfachplanung, Dr. Heinz-Jürgen Scheid, Bonn 28.06.2014 – auch im Internet unter: http://www.netzausbau.de/SharedDocs/Downloads/DE/Veranstaltungen/2014/Buergerdialog/Vortrag_StatusQuo.pdf?__blob=publicationFile, Zugriff am 09.01.2015.

einen sicheren Netzbetrieb als erforderlich angesehen werden. Es handelt sich weder um exakte Prognosen noch um eine Zielsetzung, wie künftig die Energieversorgung aussehen wird. Dabei wird nach dem sogenannten NOVA-Prinzip vorgegangen: Netz-Optimierung vor Verstärkung vor Ausbau. Seit 2013 wird zudem ein **Offshore-Netzentwicklungsplan (O-NEP)** für den Anschluss von Offshore-Windenergieanlagen erstellt.

3. Die BNetzA prüft und konsultiert die Pläne und übergibt diese zusammen mit einem Umweltbericht mindestens alle drei Jahre dem Gesetzgeber, der auf dieser Grundlage im parlamentarischen Verfahren das **Bundesbedarfsplangesetz (BBPlG)** erlässt. So werden für die als vordringlich zu realisierenden Vorhaben die energiewirtschaftliche Notwendigkeit und der vordringliche Bedarf per Gesetz festgeschrieben und eine Beschleunigung der Planungs- und Genehmigungsverfahren bewirkt.
4. Abschließend schlagen die ÜNB Trassenkorridore vor, durch die die neue Höchstspannungsleitung später einmal führen soll. Die Entscheidung über diese Korridore trifft entweder die zuständige Landesbehörde oder die BNetzA, wenn die geplante Leitung Staats- oder Ländergrenzen überquert. Die zuständigen Behörden untersuchen den Verlauf des Korridors im Rahmen der sogenannten **Bundesfachplanung,** die im NABEG geregelt ist und zu der eine Strategische Umweltprüfung (SUP) gehört. Gemäß der Begründung des NABEG sollen die Korridore eine Breite von 500 bis 1.000 Metern haben. Nach Abschluss des Verfahrens werden diese Korridore gemäß § 17 NABEG in den Bundesnetzplan aufgenommen, der im Bundesanzeiger veröffentlicht wird.
5. Die Durchführung von Verfahren für länderübergreifende und grenzüberschreitende Höchstspannungsleitungen wurde mit der im Juli 2013 in Kraft getretenen Planfeststellungszuweisungsverordnung auf die BNetzA übertragen, im Übrigen sind die Landesbehörden für die Planfeststellungsverfahren zuständig. Die ÜNB müssen zunächst für jeden Korridor mehrere alternative Leitungsverläufe betrachten. Ihre Vorschläge werden öffentlich diskutiert und auf ihre Umweltverträglichkeit geprüft (UVP). Am Ende steht ein Planfeststellungsbeschluss mit den Trassenverläufen, die die geringsten Belastungen für Mensch und Umwelt versprechen.

Ab dem Verfahrensschritt „Netzentwicklungsplan“ müssen mögliche Umweltauswirkungen frühzeitig einbezogen werden. Das EnWG schreibt hierfür im Rahmen der Bundesbedarfsplanung eine SUP vor. In der SUP untersucht die BNetzA für alle notwendigen Vorhaben, welche Folgen sich voraussichtlich für Menschen, Tiere und Umwelt durch den Bau von Freileitungen und Erdkabeln in Drehstrom- oder Gleichstromtechnik ergeben können. Zu diesem frühen Planungszeitpunkt der Bedarfsplanung ist in vielen Fällen noch nicht bekannt, wo die Leitungen genau verlaufen werden. Allzu konkrete Aussagen zu den Umweltfolgen sind in der SUP daher noch nicht möglich. Man kann aber bereits feststellen, wo einem Leitungsausbau gegebenenfalls schwer überwindbare Hindernisse entgegenstehen. Die Ergebnisse der SUP werden in einem Umweltbericht zusammengefasst. In den Folgeverfahren wird die Betrachtungsebene konkreter.

Wie die folgende Abbildung zeigt, verlaufen die eben beschriebenen, unterschiedlichen Verfahrensschritte parallel zueinander. Denn laut NABEG soll ein solcher Prozess jährlich durchgeführt werden.

Abb. 5: Stand des Netzplanungsverfahrens.

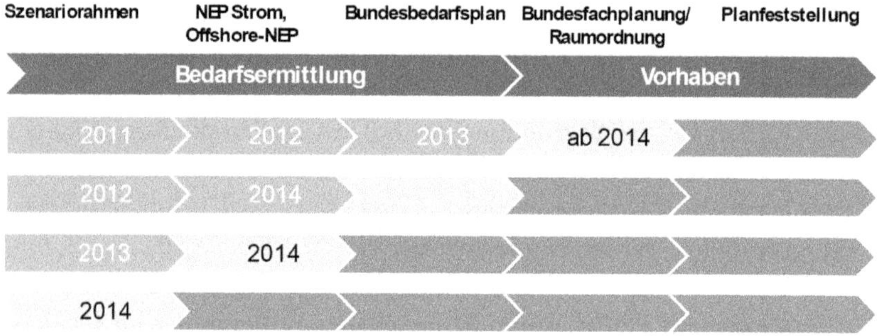

Quelle: in Anlehnung an BNetzA[20]

Der aktuelle Stand der jährlichen Durchgänge ist wie folgt[21]:

20 Vgl. ebd.

21 Ausführliche Informationen über den aktuellen Stand der Prozesse und über Planungs- und Baufortschritte der einzelnen Maßnahmen finden sich auf den Internetseiten der BNetzA unter www.netzausbau.de.

NEP 2012: Nach der öffentlichen Konsultation hat die BNetzA im November 2012 erstmals den NEP Strom bestätigt. Das Bundesbedarfsplangesetz vom Juli 2013 bildet den Abschluss der ersten Bedarfsermittlung. Das Gesetz hat sämtliche Vorhaben des durch die BNetzA bestätigten NEP übernommen. Anfang August 2014 erhielt die BNetzA den ersten Antrag[22] auf Bundesfachplanung für eine Leitung aus dem Bundesbedarfsplangesetz.

NEP 2013: Anfang 2014 bestätigte die BNetzA den NEP 2013 und erstmalig auch den O-NEP 2013. Der NEP 2013 enthält 56 von 90 vorgeschlagenen Maßnahmen an Land und auf See acht von zehn beantragten Anbindungsleitungen. Insgesamt handelt es sich um Optimierungs- und Verstärkungsmaßnahmen in Bestandstrassen mit einer Länge von 2.800 Kilometern sowie Neubautrassen mit einer Länge von 2.650 Kilometern.

NEP 2014: Die ÜNB konsultierten den ersten Entwurf des NEP und O-NEP 2014 im Frühjahr 2014 und überreichten den auf Basis von zahlreichen Stellungnahmen überarbeiteten Entwurf im November 2014 an die BNetzA.

NEP 2015: Die BNetzA hat den Szenariorahmen am 19. Dezember 2014 genehmigt.

3.3 Der Bundesbedarfsplan

Der Bundesbedarfsplan, der 2013 verabschiedet wurde, beinhaltet insgesamt 36 Vorhaben, davon 16 länderübergreifend oder grenzüberschreitend. Für die Planung dieser 16 länder- oder grenzüberschreitenden Projekte ist gemäß Planfeststellungszuweisungsverordnung die BNetzA zuständig. Bei den darin enthaltenden Vorhaben handelt es sich um Neubautrassen mit einer Länge von 2.800 Kilometern und um Optimierungs- und Verstärkungsmaßnahmen in bestehenden Trassen mit einer Länge von 2.900 Kilometern. Drei HGÜ-Korridore[23] (Vorhaben 1 bis 5) sollen laut dem Bundesbedarfsplan gebaut werden. Darunter fallen auch Pilotprojekte für den Einsatz von HGÜ-Erdkabeln sowie von Hochtemperaturleiterseilen.

---

22 Vorhaben Nr. 11 – Bertikow – Pasewalk, 50Hertz, 30 Kilometer, Ersatz einer bereits bestehenden 220-kV- durch eine 380-kV-Höchstspannungsleitung.

23 Korridore für die Hochspannungs-Gleichstromübertragung.

Abb. 6: Übersicht über die Vorhaben des Bundesbedarfsplans.

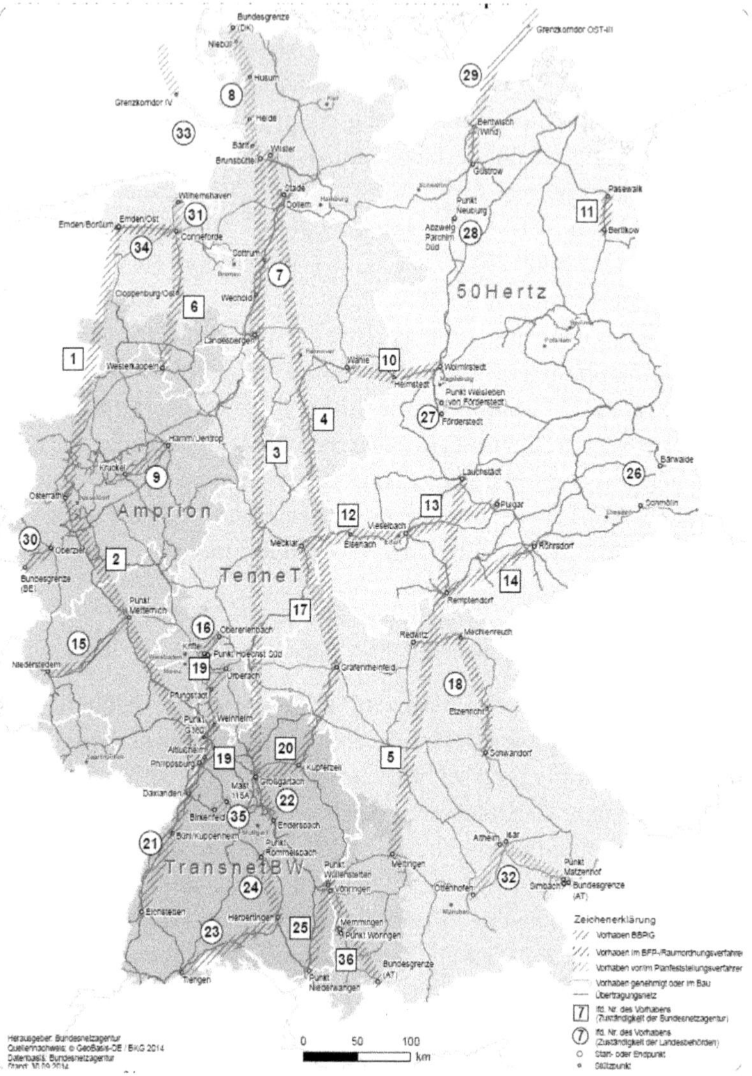

Quelle: BNetzA[24]

24 Bundesnetzagentur für Elektrizität, Gas, Telekommunikation, Post und Eisenbahnen, Leitungsvorhaben aus dem Bundesbedarfsplangesetz, im Internet unter:

3.4 Konsequenzen für die räumliche Planung

Der geplante Aus- um Umbau des Stromnetzes ist mit erheblichen Auswirkungen auf Mensch, Natur und Landschaft verbunden. Vor allem gegen den Bau weiterer Freileitungen regen sich Widerstände in der betroffenen Bevölkerung. Eine wichtige Aufgabe der räumlichen Planung ist es daher, den Netzausbau so umwelt- und naturverträglich wie möglich zu gestalten. Eine schonende Ausgestaltung des Netzausbaus (z. B. Nutzung bereits bestehender Trassen oder unterirdische Kabelverlegung) kann auch maßgeblich zur Akzeptanzsteigerung beitragen.

In bisherigen Verfahren hatten betroffene Bürger erst zu einem späteren Zeitpunkt die Möglichkeit, Einwendungen zu erheben. Das beschleunigte Planungsverfahren nach EnWG und NABEG bindet Bürgerinnen und Bürger bereits im frühen Planungsprozess ein. Sie können sich in allen Planungsschritten (Szenariorahmen, NEP, Bundesfachplanung und Planfeststellung) äußern. Die öffentliche Diskussion des Szenariorahmens und des Netzentwicklungsplans sorgt für mehr Transparenz.

Die frühe Beteiligung und die integrierte Netzplanung sind ein großer Schritt in die richtige Richtung. Die Öffentlichkeitsbeteiligung und die SUP sollten als Chance genutzt werden, Umweltbelange rechtzeitig und umfassend in die Planung einzubringen und eine umweltverträgliche und aus Sicht der Öffentlichkeit nachvollziehbare und vernünftige Netzausbauplanung zu erreichen.

4. Fazit: Herausforderungen für die räumliche Planung

Zusammenfassend lassen sich folgende Punkte als Herausforderungen für die räumliche Planung festhalten:

- Die Rahmenbedingungen für die Energieerzeugung verändern sich grundlegend. Während früher große zentrale Kraftwerke in räumlicher Nähe zu den Verbrauchsschwerpunkten standen, so gibt es heute schon viele kleine Erzeugungskapazitäten, oftmals in großer Entfernung zu

---

http://www.netzausbau.de/cln_1432/DE/Vorhaben/BBPlG-Vorhaben/BBPlG-Vorhaben-node.html, Zugriff am 09.01.2015.

den Verbrauchsschwerpunkten. Diese Entwicklung wird mit dem Ausbau der erneuerbaren Energien weiter voranschreiten.

- Die Flächeninanspruchnahme der erneuerbaren Energien kann zu Konflikten führen. Beim Bau von Windenergieanlagen an Land und See kommt es immer wieder zu Konflikten mit Belangen des Natur- und Landschaftsschutzes. Die Energieerzeugung aus Anbaubiomasse führt zu zunehmenden Nutzungskonkurrenzen auf Agrarflächen.
- Der Ausbau der erneuerbaren Energien und der Stromnetze geht mit Veränderungen des Landschaftsbildes einher. Dies kann zu Akzeptanzproblemen in der Bevölkerung, vor allem bei den Anwohnerinnen und Anwohnern führen.

Der Ausbau der erneuerbaren Energien erfordert die umwelt- und raumverträgliche Bereitstellung ausreichender Flächen zur Erzeugung von Strom aus erneuerbaren Energien sowie für den Aus- und Umbau der notwendigen Stromnetze. Dabei werden Flächennutzungskonkurrenzen sowie Konflikte mit dem Natur- und Landschaftsschutz unweigerlich zunehmen. Die Realisierung einer möglichst umwelt- und raumverträglichen Gestaltung der Energiewende stellt damit eine zentrale Herausforderung für die räumliche Planung dar.

Gleichzeitig kommt der räumlichen Planung eine Schlüsselfunktion zu, indem sie im Rahmen der Abwägung mit diesen Konflikten umzugehen und einen Interessensausgleich zu erzielen sucht. Formelle wie informelle Beteiligungsmöglichkeiten im Rahmen der Planung sollten umfassend genutzt werden, um die Akzeptanz der Anwohnerinnen und Anwohner für die notwendige Transformation des Energiesystems zu gewinnen.

Um die Akzeptanz für die Energiewende zu erhöhen, muss zudem das Verständnis dafür geschaffen werden, dass die Umstellung des Energiesystems auf erneuerbare Energien regional mit Auswirkungen auf Mensch, Natur und Landschaft und der Inanspruchnahme von Flächen für die erneuerbaren Energieanlagen und den Netzausbau verbunden ist. Dies ist aber erforderlich, um die Umweltschäden durch die konventionellen Energien insgesamt zu reduzieren, den Klimawandel zu begrenzen und damit auch Natur und Landschaft zu erhalten.

5. Literatur

50Hertz & Amprion, Netzentwicklungsplan 2012 – Rolle und Aufgaben der Übertragungsnetzbetreiber bei der Erstellung des Netzentwicklungsplan, Informationsveranstaltung, Berlin 31.01.2012 – auch im Internet unter: http://www.netzentwicklungsplan.de/content/gelungener-auftakt-des-dialogs-zum-netzentwicklungsplan-%E2%80%93-gro%C3%9Fes-interesse-erster.

Agora Energiewende, Stromspeicher in der Energiewende – Untersuchung zum Bedarf an neuen Stromspeichern in Deutschland für den Erzeugungsausgleich, Systemdienstleistungen und im Verteilnetz (Studie), Berlin 2014 – auch im Internet unter: www.agora-energiewende.de/fileadmin/downloads/publikationen/Studien/Speicher_in_der_Energiewende/Agora_Speicherstudie_Web.pdf.

Bundesinstitut für Bau-, Stadt- und Raumforschung (BBSR), Raumordnungsbericht 2011. Bonn 2012 – auch im Internet unter: http://www.bbsr.bund.de/cln_032/nn_23566/BBSR/DE/Veroeffentlichungen/Sonder veroeffentlichungen/2012/ROB2011.html, Zugriff am 12.01.15.

Bundesministerium für Umwelt, Naturschutz und Reaktorsicherheit (BMU) 2012: Bericht der AG 3 Interaktion, Plattform Erneuerbare Energien, o. O., Stand 15.10.2012 – auch im Internet unter: https://www.bmwi.de/BMWi/Redaktion/PDF/A/abschlussbericht-ag-3-platt form-erneuerbare-energien,property=pdf,bereich=bmwi2012,sprache=de,rwb=true.pdf.

Bundesnetzagentur für Elektrizität, Gas, Telekommunikation, Post und Eisenbanen (BNetzA), Leitungsvorhaben aus dem Energieleitungsausbaugesetz – auch im Internet unter: http://www.netzausbau.de/cln_1431/DE/Vorhaben/EnLAG-Vorhaben/EnLAGVorhaben-node.html, Zugriff am 09.01.2015.

Bundesnetzagentur für Elektrizität, Gas, Telekommunikation, Post und Eisenbanen (BNetzA), Status Quo Bundesfachplanung, Dr. Heinz-Jürgen Scheid (Vortrag), Bonn, 28.06.2014 – auch im Internet unter: http://www.netzausbau.de/SharedDocs/Downloads/DE/Veranstaltungen/2014/Buergerdialog/Vortrag_StatusQuo.pdf?__blob=publicationFile.

Bundesnetzagentur für Elektrizität, Gas, Telekommunikation, Post und Eisenbanen (BNetzA), Leitungsvorhaben aus dem Bundesbedarfsplangesetz – auch im Internet unter: http://www.netzausbau.de/cln_1431/DE/Vorhaben/BBPlG-Vorhaben/BBPlG-Vorhaben-node.html, Zugriff am 09.01.2015.

Bundesministerium für Wirtschaft und Energie (BMWi), Zeitreihen zur Entwicklung der erneuerbaren Energien in Deutschland unter Verwendung von Daten der Arbeitsgruppe Erneuerbare Energien-Statistik (AGEE-Stat), o. O., Stand: August 2014 – auch im Internet unter: http://www.erneuerbare-energien.de/EE/Navigation/DE/Service/Erneuerbare_Energien_in_Zahlen/Zeitreihen/zeitreihen.html, Zugriff am 12.01.2015.

Gesetz zur grundlegenden Reform des Erneuerbare-Energien-Gesetzes und zur Änderung weiterer Bestimmungen des Energiewirtschaftsrechts v. 21. Juli 2014 (BGBl. I S. 1066).

Umweltbundesamt (UBA), Reform des Erneuerbare-Energien-Gesetzes, Schriftliche Stellungnahme zur BT-Drucksache 18/1304 – Anhörung im Bundestag am 4. Juni 2014, Dessau-Roßlau 2014 – auch im Internet unter: http://www.umweltbundesamt.de/sites/default/files/medien/376/publikationen/eeg_stellungnahmeuba_final_layoutet.pdf.

Alexander Schink

Bundesfachplanung für den Netzausbau

Abstract

Der Beitrag erläuterte das dreistufige Planungsverfahren auf Bundesebene für den Netzausbau mit nationaler Bedarfsplanung, Bundesfachplanung und Planfeststellung sowie deren Rechtswirkungen.

The article explains the three stage planning procedure at federal level for grid expansion including national requirements planning, federal planning and planning approval as well as their legal effects.

1. Einleitung

Die Energiewende in Deutschland erfordert erhebliche Veränderungen in den Netzstrukturen. Strom wird zukünftig nicht mehr in den industriellen Ballungszentren, sondern vor allem auch durch den Ausbau der Offshore-Windenergie dezentral und weit entfernt von den Verbrauchsschwerpunkten erzeugt. Darüber hinaus wird Deutschland bei der Verwirklichung des europäischen Strommarktes vermehrt Transitland für Strom aus anderen europäischen Ländern sein. Dies alles erfordert vor allem den Ausbau des 380-kV-Höchstspannungsnetzes. Hierüber besteht allgemein Einigkeit. Dabei drängt die Zeit. Der Ausbau muss beschleunigt erfolgen, da der Atomausstieg bis 2022 vollendet sein soll und erneuerbare Energien vermehrt zur Stromversorgung als Ersatz für Atomstrom beitragen müssen.

Zur Beschleunigung des Netzausbaus hat der Gesetzgeber verschiedene Maßnahmen getroffen. Mit dem Energieleitungsausbaugesetz (EnLAG) vom 21.08.2009[1] ist zunächst der vordringliche Bedarf für bestimmte

---

1 (BGBl. I S. 2870), zuletzt geändert durch Art. 3 d. G. v. 23.07.2013 (BGBl. I S. 2543). Vgl. hierzu Hermanns/Austermann, Das neue Energieleitungsausbaugesetz – Bescheinigung des Ausbaus des Hochspannungsnetzes unter besonderer Berücksichtigung des Einsatzes von Erdkabeln, NdsVBl 2010, (175) 175 ff.; Holznagel/Nagel, Verfahrensbeschleunigung nach dem Energieleitungsausbaugesetz – Verfassungsrechtliche Grenzen und Alternativen, DVBl 2010, (669) 669 ff.; Lecheler, Neue Rechtsvorschriften zur – teilweise – Erdverkabe-

Höchstspannungsleitungen festgelegt worden. Durch das Netzausbaubeschleunigungsgesetz Übertragungsnetz (NABEG) vom 28.07.2011[2] wurde das bisherige Zulassungsverfahren für Höchstspannungsleitungen grundlegend neu gestaltet: Die Zulassung von Ländergrenzen überschreitenden 380-kV-Höchstspannungsleitungen erfolgt hiernach in einem dreistufigen Verfahren der

- (gesetzlichen) Bedarfsplanung mit vorlaufenden Szenariorahmen und Netzentwicklungsplan,
- der Bundesfachplanung gemäß §§ 4 ff. NABEG und
- der abschließenden Planfeststellung gemäß §§ 18 ff. NABEG.

Zweck dieses gestuften Planungsverfahrens ist es, die Komplexität der Zulassung von Höchstspannungsleitungen stufenweise abzuarbeiten, indem zunächst der Bedarf durch Gesetz verbindlich festgelegt wird, danach ein für die Planfeststellung verbindlicher (vgl. § 15 Abs. 1 S. 1 NABEG) Trassenkorridor durch die Bundesfachplanung festgelegt wird und schließlich die rechtsverbindliche Zulassung im Planfeststellungsverfahren erfolgt (§§ 18 ff. NABEG). Dieses Verfahren mit auf jeder Planungsstufe verbindlichen (Teil-)Entscheidungen soll vor allem auch einen Beschleunigungseffekt haben, wie aus § 1 S. 1 NABEG folgt. Zweck insbesondere der Verfahrensstufung ist es nach dieser Regelung, den Ausbau von länderübergreifenden

---

lung von Höchstspannungsleitungen, RdE 2010, (41) 41 ff.; Schirmer, Das Gesetz zur Beschleunigung des Ausbaus der Höchstspannungsnetze, DVBl 2010, (1349) 1349 ff.

2 (BGBl. I, S. 1690), zuletzt geändert durch Art. 4 d. G. v. 20.12.2012 (BGBl. I S. 2730). Vgl. hierzu: Calliess/Dross, Neue Netze braucht das Land: Zur Neukonzeption von Energiewirtschaftsgesetz und Netzausbaubeschleunigungsgesetz (NABEG), JZ 2012, (1002) 1002 ff.; Appel, Neues Recht für neue Netze – das Regelungsregime zur Beschleunigung des Stromnetzausbaus nach EnWG und NABEG, UPR 2011, (406) 406 ff.; Durner, Vollzugs- und Verfassungsfragen des NABEG, NuR 2012, (369) 369 ff.; Grigoleit/Weisensee, Das neue Planungsrecht für Elektrizitätsnetze, UPR 2011, (401) 401 ff.; Moench/Ruttloff, Netzausbau in Beschleunigung, NVwZ 2011, (1040) 1040 ff.; Schmitz/Jornitz, Regulierung des deutschen und des europäischen Energienetzes: Der Bundesgesetzgeber setzt Maßstäbe für den kontinentalen Netzausbau, NVwZ 2012, (332) 332 ff.; Sellner/Fellenberg, Atomausstieg und Energiewende 2011 – das Gesetzespaket im Überblick, NVwZ 2011, (1025) 1025 ff.

und grenzüberschreitenden Höchstspannungsleitungen zu beschleunigen und die Dauer der Verfahren bis zum Planfeststellungsbeschluss deutlich zu verkürzen.[3] Dazu trägt weiter die Konzentration der Entscheidung über die Bundesfachplanung und die Planfeststellung der Bundesnetzagentur nach dem Prinzip „One-Stop-Shop", also der Konzentration des Verfahrens in einer Hand bei.[4]

Nachdem inzwischen die 1. Stufe des neuen Rechtsinstrumentariums mit dem Bundesbedarfsplangesetz (BBPlG[5]) verabschiedet worden ist, ist nunmehr die 2. Stufe, die Bundesfachplanung in Angriff genommen worden. Vorarbeiten hierzu durch die Bundesnetzagentur, die die Orientierungsrahmen für die Übertragungsnetzbetreiber für die Antragstellung in der Bundesfachplanung sein sollen, sind inzwischen erarbeitet[6]; der erste Antrag auf Bundesfachplanung liegt vor.[7]

Die Anwendung des neuartigen Instrumentariums der Bundesfachplanung wirft eine Reihe von Rechtsfragen auf, zu deren Klärung die

---

3 Vgl. Appel, Die Bundesfachplanung nach §§ 4 ff. NABEG – Rechtsnatur, Bindungswirkungen und Rechtsschutz, ER 2012, (3) 3 f.; Wolfshohl/Scheuten, in: de Witt/Scheuten (Hrsg.), Kommentar NABEG, München 2013, § 1 NABEG Rn. 13.

4 Vgl. zur Übertragung der Planfeststellung auf die Bundesnetzagentur die Planfeststellungszuweisungsverordnung (PlfZV) v. 23.07.2013 (BGBl. I S. 2582).

5 Gesetz über den Bundesbedarfsplan (Bundesbedarfsplangesetz – BBPlG) v. 23.07.2013 (BGBl. I S. 2543; 2014 I, S. 148); geändert durch Art. 11 d. G. v. 11.07.2014 (BGBl. I S. 1066).

6 Vgl. dazu Bundesnetzagentur, Leitfaden zur Bundesfachplanung nach §§ 4 ff. des Netzausbaubeschleunigungsgesetzes Übertragungsnetz (NABEG), Stand: 07.08.2012; Bundesnetzagentur, Netzausbau Bundesfachplanung, Ein Überblick, Bonn 2014; Bundesnetzagentur, Mustergliederung für die Unterlagen zum Antrag auf Bundesfachplanung, Stand: 07.08.2012, jeweils im Internet unter: http://www.netzausbau.de/DE/Verfahren/Bundesfachplanung/Bundesfachplanung-node.html, Zugriff am 27.01.2015; vgl. auch den Musterantrag der Übertragungsnetzbetreiber: 50Hertz Transmission GmbH (Hrsg.), Antrag auf Bundesfachplanung, Musterantrag nach § 6 NABEG, Teil 1: Grob- und Trassenkorridorfindung, Stand 15.11.2013, Fassung: 8.0.1, im Internet unter: http://www.netzentwicklungsplan.de/sites/default/files/pdf/NABEG_Musterantrag_Teil1.pdf, Zugriff am 27.01.2015.

7 Vgl. Tennet, Antrag nach § 6 NABEG für das Bundesbedarfsplanvorhaben Nr. 4 Wilster-Grafenrheinfeld, abrufbar unter http://suedlink.tennet.eu/fileadmin/antrag/antragstexte/Antrag___6_141010.pdf, Zugriff am 27.01.2015.

vorliegenden Ausführungen einen Beitrag leisten wollen. So ist schon fraglich, welche Rechtsnatur die Bundesfachplanung hat (dazu 2.). Gravierende Probleme weist das Entscheidungsprogramm der Bundesfachplanung auf und zwar insbesondere im Hinblick auf die Frage, inwieweit Ziele der Raumordnung verbindlich sind und welche anderen rechtlichen Regelungen insbesondere des Naturschutzrechts der Bundesfachplanung Grenzen setzen (dazu 3.). Als Abwägungsentscheidung unterliegt die Bundesfachplanung den grundsätzlichen Anforderungen des Fachplanungsrechts an Ermittlung und Bewältigung des Abwägungsmaterials. In diesem Zusammenhang ist insbesondere fraglich, welche Ermittlungstiefe bei der strategischen Umweltprüfung (SUP) als Bestandteil des Verfahrens der Bundesfachplanung (vgl. § 5 Abs. 2 NABEG i. V. m. Anlage 3 Nr. 1.11 UVPG) haben muss. (dazu 4.). Näherer Untersuchung bedarf auch, welche Bindungswirkung von der Bundesfachplanung gemäß § 15 Abs. 1 S. 1 NABEG für die Planfeststellung ausgeht (dazu 5.).

2. Rechtsnatur der Bundesfachplanung

Gemäß § 12 Abs. 2 NABEG enthält die Entscheidung der Bundesnetzagentur über die Bundesfachplanung

1. den Verlauf eines raumverträglichen Trassenkorridors, der Teil des Bundesnetzplanes wird, sowie die an Landesgrenzen gelegenen Länderübergangspunkte; der Trassenkorridor und die Landesübergangspunkte sind in geeigneter Weise kartographisch auszuweisen;
2. eine Bewertung sowie eine zusammenfassende Erklärung der Umweltauswirkungen gemäß § 14k und 14l UVPG das in den Bundesnetzplan aufzunehmenden Trassenkorridors;
3. das Ergebnis der Prüfung alternativer Trassenkorridore.

Die Wirkung der Bundesfachplanung wird in § 15 Abs. 1 S. 1 NABEG dahin beschrieben, dass die Entscheidung nach § 12 NABEG für die Planfeststellungsverfahren nach § 18 ff. NABEG verbindlich ist. Das Prüfprogramm der Bundesfachplanung beschreibt § 5 Abs. 1 S. 3 NABEG dahin, dass die Bundesnetzagentur prüft, ob der Verwirklichung des Vorhabens in einem Trassenkorridor überwiegende öffentliche oder private Belange entgegenstehen. Insbesondere hat sie die Übereinstimmung mit den Erfordernissen der

Raumordnung im Sinne von § 3 Abs. 1 Nr. 1 ROG und die Abstimmung mit anderen raumbedeutsamen Planungen und Maßnahmen im Sinne von § 3 Abs. 1 Nr. 6 ROG und ernsthaft in Betracht kommende Alternativen von Trassenkorridoren zu prüfen. Weiter ist von Bedeutung, dass gemäß § 28 NABEG abweichend von § 15 Abs. 1 ROG in Verbindung mit § 1 S. 2 Nr. 14 ROV für die Errichtung und Änderung von Höchstspannungsleitungen, die unter das NABEG fallen, kein Raumordnungsverfahren stattfindet.

Bei näherer Betrachtung der Bundesfachplanung lässt sich ein ganzes Bündel von Elementen feststellen, mit denen die Bundesfachplanung näher gekennzeichnet werden kann:

- Obwohl im NABEG nicht ausdrücklich geregelt, handelt es sich bei der Bundesfachplanung um eine Planungsentscheidung.[8] Das ergibt sich insbesondere aus § 5 S. 3 NABEG, wonach bei der Bundesfachplanung zu prüfen ist, ob überwiegende öffentliche oder private Belange entgegenstehen. Damit ist für die Bundesfachplanung eine für Planungsentscheidungen typische Entscheidungsstruktur verbindlich vorgegeben: Öffentliche Belange, die für und gegen das Vorhaben sprechen, sind zu ermitteln, zu gewichten und in einer Abwägungsentscheidung daraufhin zu prüfen, welchen Belangen im Einzelfall der Vorrang einzuräumen ist. Die für die planerische Entscheidung geltenden Abwägungsgrundsätze gelten deshalb auch für die Bundesfachplanung.[9]
- Die Entscheidung über die Bundesfachplanung ist weiter eine raumordnerische Entscheidung. Sie enthält Elemente des Raumordnungsverfahrens,

8 Vgl. de Witt, in: de Witt/Scheuten (Hrsg.), Kommentar NABEG, München 2013, § 5 NABEG Rn. 9; Peters/Weingarten/Koch/Prall/Vollprecht/Westermann/Marten, Umweltbelange und raumbezogene Erfordernisse bei der Planung des Ausbaus des Höchstspannungsübertragungsnetzes, Band I. Gesamtdokumentation, in: Umweltbundesamt (Hrsg.), Climate Change 11/2014, im Internet unter: www.umweltbundesamt.de, Zugriff am 27.01.2015, S. 19.

9 Vgl. ebenso für den Bundesfachplan Offshore, der gemäß § 17a Abs. 1 S. 3 EnWG eine gleichgerichtete Entscheidungsstruktur aufweist; Schink, in: Kment (Hrsg.), Kommentar EnWG, Baden-Baden 2014, § 17 Rn. 42. Zu den Anforderungen an die der Bundesfachplanung eigene ebenenspezifische Abwägung unten 4.

der Linienbestimmung und der raumordnerischen Zielbindung.[10] Von manchen wird sie deshalb als ein „modifiziertes Raumordnungsverfahren" bzw. ein „Raumordnungsverfahren auf Bundesebene" angesehen.[11] Die strukturelle Übereinstimmung der Bundesfachplanung mit dem Raumordnungsverfahren ergibt sich schon aus der nahezu wörtlichen Übereinstimmung der für das Raumordnungsverfahren gemäß § 15 Abs. 1 S. 1, 2 ROG geltenden Prüfvorgaben mit dem Prüfprogramm des § 5 S. 4 NABEG. Damit soll der vom Gesetzgeber verfolgten Zielsetzung Rechnung getragen werden, die Übereinstimmung mit den Erfordernissen der Raumordnung in der Bundesfachplanung zu prüfen und eine Abstimmung mit anderen raumbedeutsamen Planungen und Maßnahmen vorzunehmen und damit das Raumordnungsverfahren in der Entscheidung über den Bundesfachplan abzubilden und entbehrlich zu machen.[12] Die Bundesfachplanung ist deshalb (auch) ein Bundesraumordnungsverfahren mit den hieraus folgenden Wirkungen.[13]

- Die Bundesfachplanung enthält überdies Elemente einer Linienbestimmung. Trassenkorridore werden mit verbindlicher Wirkung für die Planfeststellung festgelegt (§ 15 Abs. 1 S. 1 NABEG). Ihr wird eine Linienführung von Trassen und Trassenkorridoren vorgegeben mit der Folge, dass es gerechtfertigt erscheint auf die Bundesfachplanung, die

10 Vgl. dazu Durner, Die »Bundesfachplanung« im NABEG – Dogmatischer Standort, Bindungswirkung, Prüfprogramm und infrastrukturpolitische Modellfunktion, DVBl 2013, (1564) 1567 ff. Vgl. auch Peters u.a., a.a.O. (Fn. 8), S. 3 f.

11 Vgl. Calliess/Dross, a.a.O. (Fn. 2), JZ 2012, (1002) 1102; Erbguth, Energiewende: großräumige Steuerung der Elektrizitätsversorgung zwischen Bund und Ländern, NVwZ 2012, (326) 326 ff.; ders., Trassensicherung für Höchstspannungsleitungen: Systemgerechtigkeit und Rechtsschutz, DVBl 2012, (325) 325 ff.

12 Vgl. dazu Durner, a.a.O. (Fn. 10), DVBl 2013, (1564) 1566; vgl. auch Schink, in: Kment (Hrsg.), Kommentar EnWG, Baden-Baden 2014, § 17a Rn. 44.

13 Vgl. so mit Recht: Erbguth, Energiewende: großräumige Steuerung der Elektrizitätsversorgung zwischen Bund und Ländern, NVwZ 2012, (326) 328; ders., a.a.O. (Fn. 11), DVBl 2012, (325) 325 f.; ders., Unzulängliche Rechtsgrundlagen für die räumliche Steuerung in der Energiewende: rechtspolitische Anmerkungen; in: Hebeler/Hendler/Proelß/Reiff (Hrsg.), Jahrbuch des Umwelt- und Technikrechts 2014, Berlin 2014, S. 124, 185, 191 ff.; Durner, a.a.O. (Fn. 10), DVBl 2013, (1564) 1567.

für die Linienbestimmung bei Verkehrsanlagen geltenden Grundsätze anzuwenden.[14]

- Schließlich enthält die Bundesfachplanung auch Elemente raumordnerischer Zielbindung.[15] Trassen werden durch die Bundesfachplanung in Abstimmung mit anderen raumbedeutsamen Planungen und Maßnahmen mit Verbindlichkeitswirkung für Planfeststellungsverfahren festgelegt. Damit entspricht die Bundesfachplanung dem spezifischen Anforderungs- und Wirkungsprofil standortbezogener Raumordnungsziele.[16] Für Teilaspekte der Vorhabenzulassung, nämlich Standort, Trassen und Trassenführung findet eine abschließende Abwägung statt. Eben dies geschieht auch bei der Aufstellung von Zielen der Raumordnung. Sie müssen gemäß § 7 Abs. 1 S. 1 ROG in Verbindung mit § 4 Abs. 1 Nr. 1 S. 1 ROG endabgewogen sein und können – ebenso wie die Trassenfestlegung der Bundesfachplanung – in nachfolgendem Planfeststellungsverfahren nicht mehr zur Disposition gestellt werden.

Angesichts dieser vielfältigen Regelungswirkungen der Bundesfachplanung lässt sich diese schlecht in bisherige rechtliche Klassifizierungen von Planungsentscheidungen einordnen. Mit Recht wird deshalb davon ausgegangen, dass es sich bei der Bundesfachplanung um einen planerischen Akt „sui generis“ handelt,[17] der am ehesten mit der Flächennutzungsplanung zu vergleichen ist.[18]

---

14 Vgl. so: Durner, a. a. O. (Fn. 10), DVBl 2013, (1564) 1567 f.; Grigoleit/Weisensee, a. a. O. (Fn. 2), UPR 2011, (401) 402; Sellner/Fellenberg, a. a. O. (Fn. 2), NVwZ 2011, (1025) 1031; Steinberg/Wickel/Müller (Hrsg.), Fachplanung, 4. Aufl., Baden-Baden 2012, § 7 Rn. 129.

15 Vgl. Durner, a. a. O. (Fn. 10), DVBl 2013, (1564) 1568; Franzius, Stuttgart 21: Eine Epochenwende?, GewArch 2012, (225) 226.

16 Vgl. so mit Recht: Durner, a. a. O. (Fn. 10), DVBl 2013, (1564) 1568.

17 Vgl. so die Gesetzesbegründung, BT-Drs. 17/6073, S. 9. Ebenso: Appel, a. a. O. (Fn. 3), ER 2012, (3) 4 f.; Schiller, Das Verhältnis der Bundesfachplanung zur Planfeststellung nach dem NABEG, EurUP 2013, (178) 179.

18 Zu dessen Rechtsnatur: Vgl. BVerwG, Urt. v. 19.09.2002 – 4 C 10/01 – BVerwGE 117, 44, 46; Mitschang, in: Battis/Krautzberger/Löhr (Hrsg.), Kommentar BauGB, München 2013, § 5 Rn. 45 f.; ders., Die heutige Bedeutung der Flächennutzungsplanung: Aufgaben, Stand und Perspektiven für ihre Weiterentwicklung, LKV 2007, (102) 106; Jaeger, in: Spannowsky/Uechtritz (Hrsg.), Kommentar BauGB, 2. Aufl., München 2014, § 5 Rn. 10; Gaentzsch/Philipp, in: Schlichter/

3. Entscheidungsstruktur der Bundesfachplanung

Mit der Bestimmung des Rechtscharakters der Bundesfachplanung ist freilich nicht nichts über die Entscheidungsstruktur ausgesagt. Vielmehr lassen sich hiermit nur einige grundsätzliche Fragen der Bundesfachplanung und ihrer Rechtswirkungen beantworten: Verfahrensmäßig ist auch die Bundesfachplanung an die Einhaltung planerischer Abwägungsgrundsätze gebunden,[19] deren inzidente Kontrolle im Rahmen von, gegen Planfeststellungsbeschlüsse gerichteten, verwaltungsgerichtlichen Klagen möglich ist. Aus der Struktur der raumordnerischen Entscheidung folgt insbesondere auch, dass Ergebnis der Bundesfachplanung die Abstimmung und Koordination des Trassenkorridors mit anderen raumbedeutsamen Planungen sein muss. Im Gegensatz zum Ergebnis des Raumordnungsverfahrens ist diese Entscheidung freilich nicht lediglich im Rahmen der Abwägung in der Planfeststellung zu berücksichtigen, sondern nach § 15 Abs. 1 S. 2 NABEG für die Planfeststellung verbindlich. Damit können zwar aus dem Entscheidungsprogramm planerischer Entscheidungen sowie des Raumordnungsverfahrens wichtige Elemente für die Bundesfachplanung als abwägungs- und raumordnerische Entscheidung fruchtbar gemacht werden. Wie im Detail das Entscheidungsprogramm strukturiert ist und welchen rechtlichen Bindungen die Bundesfachplanung dabei unterliegt, ergibt sich hieraus jedoch keineswegs. Diese Frage kann nur aus dem NABEG selbst sowie aus anderen Regelungen abgeleitet werden, die bestimmten Belangen und Entscheidungen in Abwägungsprozessen eine verbindliche Wirkung zuweisen und der abwägenden Entscheidung quasi vorgelagert sind. Im Einzelnen ergeben sich aus dem NABEG sowie aus dem Fachrecht folgende rechtliche Begrenzungen für Entscheidungen in der Bundesfachplanung.

a) Verhältnis zur Raumordnung

Aufgabe der Bundesfachplanung ist es gemäß § 5 Abs. 1 S. 4 NABEG die Übereinstimmung des Trassenkorridors mit den Erfordernissen der

---

Stich/Driehaus/Paetow (Hrsg.), Berliner Kommentar zum BauGB, 26. Lfg. Januar 2014, § 5 Rn. 3.

19 Vgl. dazu unten 4.

Raumordnung im Sinne des § 3 Abs. 1 Nr. 1 ROG zu prüfen und die Abstimmung mit anderen raumbedeutsamen Planungen und Maßnahmen im Sinne von § 3 Abs. 1 Nr. 6 ROG vorzunehmen. Damit nimmt sie – wie ausgeführt – die Funktion eines Raumordnungsverfahrens dar. Fraglich und umstritten ist allerdings, welche Bedeutung Zielen der Raumordnung für die Bundesfachplanung zukommt. Zum einen wird angenommen, dass Ziele der Raumordnung in der Bundesfachplanung keine strikte Bindung entfalten; sie stellten zu berücksichtigende öffentliche Belange dar, die im Rahmen der Abwägungsentscheidung ohne Zielabweichungsverfahren ggf. überwunden werden könnten.[20] Andere vertreten demgegenüber das Gegenteil: Zielen der Raumordnung kommt hiernach in der Bundesfachplanung eine strikte Bindungswirkung zu[21]; sie könnten nur durch Zielabweichungsverfahren nach dem jeweiligen Landesrecht überwunden werden.[22] Eine dritte, vermittelnde Auffassung geht zwar davon aus, dass Ziele der Raumordnung in der Bundesfachplanung bindend sind. Da es sich um eine raumbedeutsame Planung des Bundes handle, könne die Bindungswirkung unter den Voraussetzungen des § 5 ROG jedoch entfallen.[23] Bei näherer Betrachtung ist der zuletzt genannten Auffassung zuzustimmen:

20 Vgl. Sangenstedt, in: Steinbach (Hrsg.), Kommentar NABEG/EnLAG/EnWG, Berlin 2012, § 7 NABEG Rn. 55; Appel, in: Säcker (Hrsg.), Kommentar zum Energierecht, Bd. I, 3. Aufl., München 2014, § 5 NABEG, Rn. 78 ff.; ders., Bundesfachplanung versus landesplanerische Ziele der Raumordnung, NVwZ 2013, (457) 457 ff.; de Witt, a. a. O. (Fn. 8), § 5 Rn. 20 ff.

21 Vgl. Schiller, a.a.O. (Fn. 17), EurUP 2013, (178) 181; Sellner/Fellenberg, a. a. O. (Fn. 2), NVwZ 2011, (1025) 1031.

22 Vgl. so: Ministerkonferenz für Raumordnung (MRO), Verstärkte Nutzung regenerativer Energien und Ausbau der Netze (Positionspapier zu praxisorientierten Prüfmaßstäben für die Raumverträglichkeitsprüfung nach § 5 NABEG), Umlaufbeschluss v. 06.02.2013, im Internet unter: https://www.bmvi.de/SharedDocs/DE/Anlage/StadtUndLand/LaendlicherRaum/mkro-handlungsempfehlung-nabeg.pdf?__blob=publicationFile, Zugriff am 25.01.2015, S. 12.

23 Vgl. so: Peters u. a., a. a. O. (Fn. 8), S. 5 ff.; Wagner/Faßbender/Gleß, in: Posser/Faßbender (Hrsg.), Praxis-Handbuch Netzplanung und Netzausbau, Berlin 2013, § 7 Rn. 131 f.; Mitschang, Netzausbau und räumliche Gesamtplanung, UPR 2015, 1 ff. (im Druck); Runkel, in: Bielenberg/Runkel/Spannowsky (Hrsg.), Kommentar Raumordnungs- und Landesplanungsrecht des Bundes und der Länder, Stand: II/2014, § 4 ROG Rn. 377.

aa) Bundesfachplanung als raumbedeutsame Planung des Bundes

Gemäß § 5 Abs. 1 S. 4 NABEG hat die Bundesfachplanung im Rahmen der Raumverträglichkeitsprüfung die Übereinstimmung mit den Erfordernissen der Raumordnung zu prüfen. Nach § 3 Abs. 1 Nr. 1 ROG gehören hierzu die Ziele der Raumordnung. Ob bei der Entscheidung über den Bundesfachplan die landesrechtlichen Ziele der Raumordnung verbindlich sind, beurteilt sich nach § 4 Abs. 1 ROG. Hiernach sind bei raumbedeutsamen Planungen und Maßnahmen öffentlicher Stellen die Ziele der Raumordnung zu beachten; sie sind für solche Planungen verbindlich. Aus dieser Regelung folgt, dass die Ziele der Raumordnung für die Bundesfachplanung verbindlich sind, wenn es sich hierbei um eine raumbedeutsame Planung einer öffentlichen Stelle handelt. Das ist nach § 3 Abs. 1 Nr. 5 ROG u. a. dann der Fall, wenn die Bundesfachplanung eine Planung einer Bundesbehörde, der Bundesnetzagentur darstellt. Ob dies der Fall ist, ist streitig. Zum Teil wird darauf hingewiesen, dass es sich bei der Bundesfachplanung deshalb nicht um eine staatliche Planungsaufgabe handeln könne, weil die gesetzliche Verpflichtung zum Ausbau der Übertragungsnetze Übertragungsnetzbetreiber trifft; diese sind gemäß § 11 Abs. 1 S. 1 EnWG verpflichtet, ein sicheres, zuverlässiges und leistungsfähiges Energieversorgungsnetz zu betreiben und bedarfsgerecht zu optimieren, zu verstärken und auszubauen, soweit es wirtschaftlich zumutbar ist. Sie unterliegen weiter der Anschlussverpflichtung nach § 17 Abs. 1 EnWG und sind auf Verlangen von Einspeisewilligen verpflichtet, unverzüglich ihre Netze nach dem Stand der Technik zu optimieren, zu verstärken und auszubauen, um Abnahme, Übertragung und Verteilung des Stroms aus erneuerbaren Energien sicherzustellen (§ 12 Abs. 1 EEG).[24] Durch die Planung von Höchstspannungsleitungen kämen die Übertragungsnetzbetreiber deshalb ihrer gesetzlichen Aufgabe nach. Das komme insbesondere auch darin zum Ausdruck, dass die Bundesfachplanung nur auf Antrag der Übertragungsnetzbetreiber durchgeführt wird (§ 6 S. 1 NABEG).[25]

---

24 Vgl. zu dieser Argumentation: Appel, a. a. O. (Fn. 20), NVwZ 2013, (457) 459; Schaller/Henrich, Aktuelle Rechtsfragen der Bundesfachplanung, UPR 2014, (361) 364; Willbrand, in: Posser/Faßbender (Hrsg.), Praxis-Handbuch Netzplanung und Netzausbau, Berlin 2013, § 4 Rn. 8.

25 Vgl. Schaller/Henrich, a. a. O. (Fn. 24).

Diese Feststellungen sind sicherlich zutreffend. Hieraus folgt jedoch nicht, dass es sich bei der Bundesfachplanung um eine Planung Privater und nicht um die Planung einer Bundesbehörde handelt. Bei näherer Betrachtung zeigt sich vielmehr, dass der Bundesgesetzgeber davon ausgegangen ist, dass die Bundesfachplanung eine staatliche Planung darstellt. Das folgt zunächst aus § 5 Abs. 1 S. 1 NABEG, wo es heißt, dass die Bundesnetzagentur in der Bundesfachplanung „Trassenkorridore von im Bundesbedarfsplan aufgeführten Hochspannungsleitungen" bestimmt. Durch diese Formulierung ist deutlich hervorgehoben, dass die Bundesnetzagentur bei der Bundesfachplanung nicht lediglich eine nachvollziehende Abwägung des Antrages eines privaten Planungsträgers vornimmt, sondern eine eigene Entscheidung über die Bundesfachplanung trifft. Das kommt auch dadurch zum Ausdruck, dass der Bundesgesetzgeber in § 5 Abs. 3 S. 1 NABEG formuliert hat, dass die Bundesnetzagentur die Bundesfachplanung in einzelnen Abschnitten der Trassenkorridore durchführen darf, und zwar selbst dann, wenn der Vorhabenträger keinen entsprechenden Antrag gestellt hat. Wichtig im vorliegenden Zusammenhang ist weiter, dass die Bundesnetzagentur bei der Bundesfachplanung nicht an den Antrag der Übertragungsnetzbetreiber gebunden ist. Insbesondere kann sie selbst weitere Alternativen in die Prüfung einbeziehen. Diese Befugnis der Bundesnetzagentur hat nicht eine bloß verfahrensvereinfachende und beschleunigende Wirkung, weil nicht erst ein geänderter Antrag des Übertragungsnetzbetreibers eingereicht werden muss, bevor über die Bundesfachplanung entschieden wird.[26] Vielmehr ist die Entscheidungsbefugnis der Bundesnetzagentur im Bundesfachplan Kennzeichen für eine eigenständige Planung des Bundes, die gerade nicht den typischerweise für die nachvollziehende Abwägung bei privaten Planungen in der Planfeststellung geltenden Grundsätzen verpflichtet ist.[27] Schließlich lässt sich auch aus der

---

26 Vgl. so aber Schaller/Henrich, a.a.O. (Fn. 24), UPR 2014, (361) 365.

27 Vgl. zu diesen Grundsätzen: Kopp/Raumsauer (Hrsg.), Kommentar VwVfG, 14. Aufl., München 2013, § 74 Rn. 15; Schink, in: Knack/Henneke (Hrsg.), Kommentar VwVfG, 10. Aufl., Köln 2014, § 74 Rn. 17; Steinberg/Wickel/Müller (Hrsg.), Fachplanung, 4. Aufl., Baden-Baden 2012, § 3 Rn. 133; Hoppe/Schlarmann/Buchner/Deutsch (Hrsg.), Rechtsschutz bei der Planung von Verkehrsanlagen und anderen Infrastrukturvorhaben, 4. Aufl., Berlin 2011, S. 782 ff.

Verfahrensstufung zwischen Bundesfachplanung und NABEG und der jeweiligen Antragshoheit der Übertragungsnetzbetreiber nicht die Folgerung ziehen, dass es sich hierbei um eine private Planung handelt. Das ergibt sich daraus, dass im Recht der Zulassung von Energiefreileitungen, wo – anders als bei anderen Planungsverfahren – eine enge Verschränkung der Aufgaben der Übertragungsnetzbetreiber und der Netzagentur gesetzlich vorgegeben ist. Diese Verschränkung beginnt schon bei der Bedarfsfestlegung, wo Szenariorahmen und Netzausbauplan auf Überlegungen und Vorstellungen der Übertragungsnetzbetreiber beruhen und setzt sich bei der Bundesfachplanung fort. Diese Aufgabenverschränkung findet sich bei anderen Fachplanungen nicht. Sie ist typisch für die Planung von Energiefreileitungen für Höchstspannungsleitungen und letztlich Konsequenz des Umstandes, dass die Übertragungsnetzbetreiber am Besten in der Lage sind, Bedarf und Trassenverlauf abzuschätzen und vorzustrukturieren. Die Letztentscheidung über Bedarf und Bundesfachplanung wird jedoch nach der eindeutigen gesetzlichen Aussage in § 5 Abs. 1 S. 1 NABEG von der Bundesnetzagentur getroffen.

Handelt es sich bei der Bundesfachplanung um eine Planung einer öffentlichen Stelle des Bundes, finden mit Verweis auf die Ziele der Raumordnung im § 4 Abs. 1 Nr. 1 ROG diese mit der Folge Anwendung, dass Ziele der Raumordnung für die Bundesfachplanung verbindlich sind.

bb) Bedeutung des § 15 Abs. 1 S. 2 NABEG

Etwas anderes folgt auch nicht aus § 15 Abs. 1 S. 2 NABEG. Danach haben Bundesfachplanungen grundsätzlich Vorrang vor Landesplanungen. Hieraus folgern zu wollen, dass die Bundesfachplanung sich über Ziele der Raumordnung generell hinwegsetzen kann, ist nach der Entstehungsgeschichte und systematischen Stellung der Regelung nicht angängig.[28] Das ergibt sich schon aus der systematischen Stellung der Regelung. Sie regelt die Bindungswirkung der Bundesfachplanung und betrifft von daher nicht die Bedeutung von Zielen der Raumordnung für die Aufstellung von

---

28 Vgl. so aber: Durner, a.a.O. (Fn. 2), NuR 2012, (369) 374; Sangenstedt, a.a.O. (Fn. 20), § 15 NABEG Rn. 6 ff, 24 ff.; Appel, a.a.O. (Fn. 20), NVwZ 2013, (457) 460 f.; wie hier: Sellner/Fellenberg, a.a.O. (Fn. 2), NVwZ 2011, 1031; Peters u.a., a.a.O. (Fn. 8), S. 14 f.

Bundesfachplänen, sondern deren Rechtswirkungen für zukünftige Raumordnungsplanungen der Länder. In der amtlichen Begründung kommt dies deutlich zum Ausdruck. Dort heißt es: „Während durch § 5 Abs. 1 sichergestellt wird, dass der Bund präexistenten oder konkret in Erscheinung befindlichen landesplanerischen Maßnahmen Rechnung trägt, geht es bei Absatz 1 umgekehrt im Kern darum, dass die Länder die Ergebnisse der Bundesfachplanung als verbindlich hinnehmen."[29]

Die Länder sollen in späteren Raumordnungsplänen keine Festlegungen treffen dürfen, die der Bundesfachplanung widersprechen.[30] Damit folgt sowohl aus der Entstehungsgeschichte als auch der Systematik der Regelung, dass § 15 Abs. 1 S. 2 NABEG keineswegs regelt, dass sich die Bundesfachplanung über Ziele der Raumordnung hinwegsetzen kann, sondern lediglich zum Ausdruck bringt, dass die Ergebnisse der Bundesfachplanung für nachfolgende Landesplanungen verbindlich sind und die Länder daran hindert, der Bundesfachplanung widersprechende Ziele der Raumordnung aufzustellen.

cc) Begrenzung der Bindungswirkung gemäß § 5 ROG

Das bedeutet jedoch nicht, dass in der Bundesfachplanung eine Abweichung von den Zielen der Raumordnung nur über ein Zielabweichungsverfahren nach § 6 Abs. 2 ROG zulässig wäre. Vielmehr unterliegt die Bindungswirkung der Ziele der Raumordnung bei raumbedeutsamen Planungen und Maßnahmen des Bundes den Beschränkungen des § 5 ROG. Hiernach sind Ziele der Raumordnung für raumbedeutsame Planungen öffentlicher Stellen des Bundes nur dann verbindlich, wenn der zuständige Planungsträger bei Aufstellung des Raumordnungsplanes nach § 10 ROG beteiligt worden ist und er innerhalb einer Frist von zwei Monaten nach Mitteilung des rechtsverbindlichen Ziels nicht widersprochen hat. Da der Bundesnetzagentur in der Regel bei der Aufstellung von Zielen der Raumordnung durch die Länder die Aufgabe der Bundesfachplanung noch nicht übertragen war, könnte aus dieser Bestimmung eine Unverbindlichkeit von Zielen der Raumordnung für die Bundesfachplanung folgen. Denn die Bundesnetzagentur ist bei der Aufstellung

29 BT-Drs. 17/6073, S. 27.
30 Vgl. BT-Drs. 17/6366, S. 19.

landesrechtlicher Ziele der Raumordnung nicht beteiligt worden. Ob dies allerdings dem Sinngehalt des § 5 Abs. 1 ROG entspricht, erscheint zweifelhaft. Allerdings sieht § 5 Abs. 3 S. 1 ROG vor, dass bei Veränderung der Sachlage, die eine Abweichung von den Zielen der Raumordnung erforderlich macht, die öffentliche Stelle des Bundes spätestens sechs Monate ab Kenntnis der veränderten Sachlage nachträglich widersprechen kann. Unter den Voraussetzungen des § 5 Abs. 2 ROG entfällt dann die Bindungswirkung der Ziele der Raumordnung. Dieses Verfahren kann in der Bundesfachplanung dann angewendet werden, wenn sich bei der Trassenfestlegung zeigt, dass Ziele der Raumordnung der Trasse entgegenstehen. Innerhalb von sechs Monaten nach Kenntnis der für die Trassenfestlegung hinderlichen Zielfestlegung kann die Bundesnetzagentur dem Ziel widersprechen. Eine Bindungswirkung kommt diesem Ziel gemäß § 5 Abs. 2 Nr. 2 ROG in diesem Fall dann nicht zu, wenn es für die Trassenfestlegung keine Alternative gibt. Solche Fälle können insbesondere auftreten, wenn Konzentrationszonen mit Ausschlusswirkung in Regionalplänen festgelegt sind und wie ein räumlicher Sperrgürtel für die Festlegung von Trassenkorridoren für Höchstspannungsleitungen wirken. Ähnliches kann für die Darstellung von Siedlungsbereichen in Regionalplänen gelten. Eine Überwindung von landesrechtlichen Zielen zu Abständen zu Höchstspannungsleitungen zu bebauten (Wohn-) Siedlungsbereichen dürfte hingegen nach § 5 Abs. 3 S. 1, 2 Nr. 2 ROG nur ausnahmsweise möglich sein.

b) Entgegenstehende öffentliche und private Belange

Bei der Entscheidung über den Bundesfachplan hat die Bundesnetzagentur weiter zu prüfen, ob der Festlegung des Trassenkorridors öffentliche oder private Belange entgegenstehen. Hierzu wird teilweise vertreten, dass es sich bei der Abwägung bei der Bundesfachplanung um eine so genannte „gewichtete“ Abwägung handle, bei der die Wertung, ob Realisierungsinteressen die entgegenstehenden Belange überwinden, „als solche der verwaltungsgerichtlichen Kontrolle entzogen“ ist, weil § 1 S. 3 NABEG das überwiegende öffentliche Interesse an der Verwirklichung der Höchstspannungsleitungen normiere, so dass diesem Interessen „von vornherein“ Vorrang gegenüber entgegenstehenden öffentlichen wie privaten Belangen

„zukomme".[31] Diese Auffassung ist unzutreffend.[32] Auch in der planerischen Abwägung bei der Entscheidung über den Bundesfachplan sind alle Belange gleichwertig. Eine rechtlich hervorgehobene Bedeutung kann sich – wie bei jeder Abwägungsentscheidung – nur aus gesetzlichen Regelungen ergeben. Ein Ausschluss der verwaltungsgerichtlichen Kontrolle, der der Abwägung immanenten Bewertungsentscheidung, ist nach den auch für die Bundesfachplanung geltenden allgemeinen Regelungen über die Kontrolle planerischer Abwägungsentscheidungen und wegen Art. 19 Abs. 4 GG nicht anzuerkennen.[33] Auch die Kontrolle der Bundesfachplanung ist umfassend; sie findet lediglich nicht unmittelbar, sondern als Inzidentkontrolle bei der Überprüfung von Planfeststellungsbeschlüssen nach § 18 ff. NABEG statt.

Im Übrigen sind in die Prüfung öffentlicher oder privater Belange folgende Aspekte einzubeziehen:

aa) Naturschutzbelange

Nach §§ 34, 36 BNatSchG ist eine FFH-Verträglichkeitsprüfung durchzuführen. Wird ein Trassenkorridor festgelegt, ist ebenenspezifisch zu prüfen, ob eine erhebliche Beeinträchtigung eines FFH-Schutzgebietes vorliegt und ob bei Vorliegen einer solchen Beeinträchtigung für die vorgesehene Trasse eine Abweichungsentscheidung zulässig ist.[34] Die Verträglichkeitsprüfung muss dabei nicht abschließend erfolgen. Vielmehr ist sie lediglich insoweit durchzuführen, als festgestellt werden muss, dass trotzt erheblicher Beeinträchtigung von FFH- oder Vogelschutzgebieten die Planfeststellung innerhalb des Korridors rechtlich möglich ist. In diesem Zusammenhang kommt insbesondere der für die Bundesfachplanung verpflichtend vorgesehenen Alternativenprüfung Bedeutung zu. Denn nur dann, wenn es keine Trassenalternative gibt, mit der das Planungsziel in gleicher Weise verwirklicht werden kann, ist eine Abweichungsentscheidung nach § 34 Abs. 3 BNatSchG überhaupt zulässig.

---

31 Vgl. so: Nebel/Riese, in: Steinbach (Hrsg.), Kommentar NABEG/EnLAG/EnWG, Berlin 2012, § 5 NABEG Rn. 18 f., 71.

32 Wie hier: de Witt, a.a.O. (Fn. 8), § 5 NABEG Rn. 10.

33 Vgl. Ebd., § 5 NABEG Rn. 10.

34 Vgl. Ebd., § 5 NABEG Rn. 13.

Da die artenschutzrechtliche Prüfung auf die Zulassungsentscheidung, nicht aber auf vorlaufende Planungen abzielt, ist auf der Ebene der Bundesfachplanung ebenfalls keine volle artenschutzrechtliche Prüfung durchzuführen. Vielmehr muss lediglich festgestellt werden, ob die Verwirklichung der Höchstspannungsleitung innerhalb der Trasse einen einschlägigen Verbotstatbestand des § 44 Abs. 1 BNatSchG erfüllt und ob ggf. eine artenschutzrechtliche Ausnahme nach § 45 Abs. 7 BNatSchG in Betracht kommt; festzustellen ist, ob artenschutzrechtliche Regelungen der Verwirklichung der Höchstspannungsleitung innerhalb des Trassenkorridors entgegenstehen, ob der Trassenkorridor also „planfeststellungsfest" ist.[35]

bb) 26. BImSchV

Zu beachten sind auch die Anforderungen der 26. BImSchV.[36] Bei Wechselstromleitungen handelt es sich um Niederfrequenzanlagen i. S. d. §§ 3, 4 i. V. m. Anhang 1a Nr. 26 der 26. BImSchV. Die Grenzwerte der 26. BImSchV zur elektrischen Feldstärke und magnetischen Flussdichte finden deshalb Anwendung.[37] Diese sind, wie die Rechtsprechung festgestellt hat, nicht überholt.[38] Für Gleichstromleitungen sind die Anforderungen des § 3a der 26. BImSchV einzuhalten. Auch im Hinblick auf die Einhaltung der Grenzwerte der 26. BImSchV genügt auf der Ebene der Bundesfachplanung eine Grobprüfung, da diese grundsätzlich erst bei der konkreten Festlegung des Trassenverlaufs in der Planfeststellung von Bedeutung sind.[39] Etwas anderes gilt nur dann, wenn konkrete Überschreitungen der Grenzwerte bereits auf der Ebene der Bundesfachplanung vorhersehbar sind und die Realisierung der Trasse deshalb an rechtlichen Hindernissen scheitern würde.[40]

---

35 Vgl. Sangenstedt, a.a.O. (Fn. 20), § 7 NABEG Rn. 99; für den Bundesfachplan Offshore ebenso Schink, a.a. O (Fn. 9), § 17 a EnWG Rn. 53.

36 Sechsundzwanzigste Verordnung zur Durchführung des Bundes-Immissionsschutzgesetzes (Verordnung über elektromagnetische Felder – 26. BImSchV) in der Fassung der Bekanntmachung v. 14.08.2013 (BGBl. I S. 3266).

37 Vgl. BVerwG, Beschl. v. 22.07.2010 – 7 VR 4/10 – ZUR 2010 (533) 534 f.

38 Vgl. ebd.

39 Vgl. Nebel/Riese, a.a.O. (Fn. 31), § 18 NABEG Rn. 114; Appel, a.a.O. (Fn. 20), § 5 NABEG Rn. 38.

40 Vgl. Appel, a.a.O. (Fn. 20), § 5 NABEG Rn. 38; de Witt, a.a.O. (Fn. 8), § 5 NABEG, Rn. 8; § 12 NABEG Rn. 49.

cc) Private Belange

Auch die Prüfung privater Belange hat ebenenspezifisch zu erfolgen. Für raumordnerische Entscheidungen über Konzentrationszonen für den Rohstoffabbau hat das BVerwG es insoweit als ausreichend angesehen, dass eine typisierende Betrachtung erfolgt; die Eigentümerbelange müssten nicht konkret ermittelt und in die Abwägung eingestellt werden.[41] Soweit nicht private Belange in der Öffentlichkeitsbeteiligung konkretisiert worden sind, ist eine solch typisierende Betrachtung privater Belange auch in der Bundesfachplanung zulässig.[42] Denn es muss lediglich eine ebenenspezifische Prüfung stattfinden. Die Vereinbarkeit einer Höchstspannungsleitung innerhalb des festgelegten Trassenkorridors mit privaten Belangen kann grundsätzlich der Planfeststellungsentscheidung überantwortet werden.

4. Umwelt- und Alternativenprüfung

Bei der Bundesfachplanung ist gemäß § 5 Abs. 2 NABEG i. V. m. Anlage 3 Nr. 1.11 UVPG eine strategische Umweltprüfung durchzuführen. Darüber hinaus ist Bestandteil der Bundesfachplanung auch eine Alternativenprüfung; nach § 5 Abs. 1 S. 5 NABEG sind Gegenstand der Prüfung auch etwaige ernsthaft in Betracht kommende Alternativen von Trassenkorridoren.

a) Strategische Umweltprüfung

Umfang und Detaillierungsgrad der für die strategische Umweltprüfung (SUP) notwendigen Untersuchungen bestimmen sich gemäß § 14 Abs. 2 S. 1 UVPG nach den Rechtsvorschriften, die für die Entscheidung über die Ausarbeitung, Annahme oder Änderung des Plans oder Programms maßgebend sind. Der Umweltbericht enthält dabei die Angaben, die mit zumutbarem Aufwand ermittelt werden können, und berücksichtigt den gegenwärtigen Wissensstand und der Behörde bekannte Äußerungen der

---

41 Vgl. BVerwG, Beschl. v. 22.04.2014 – 4 B 56/13 – UPR 2014, 353; BVerwG, Urt. v. 18.01.2011 – 7 B 19/10 – NVwZ 2011, 812 = NWVBL 2011, 382 = UPR 2011, 214.

42 Vgl. Schink, a.a.O. (Fn. 9), § 17 a EnWG Rn. 59 für den Bundesfachplan Offshore.

Öffentlichkeit, allgemein anerkannte Prüfungsmethoden, Inhalt und Detaillierungsgrad des Plans oder Programms sowie dessen Stellung im Entscheidungsprozess (§ 14 f. Abs. 2 S. 2 UVPG). Diese Vorgaben gelten auch für die Durchführung der SUP in der Bundesfachplanung.

Hieraus ergibt sich zunächst, dass die SUP entscheidungsorientiert ist. Der Ermittlungsumfang der SUP richtet sich danach, welche Ermittlungen nach den einschlägigen fachgesetzlichen Planungsvorschriften erforderlich sind.[43] Die Umweltprüfung ist fachgesetzakzessorisch[44] mit der Folge, dass nur solche umweltrelevanten Daten und Fakten ermittelt werden müssen, die nach Maßgabe des jeweiligen Fachrechts für die Entscheidung über die Bundesfachplanung von Bedeutung sind. Die SUP soll die Abwägungsentscheidung des Planungsträgers ordnungsgemäß vorbereiten; er soll in die Lage versetzt werden, eine fehlerfreie Gewichtung und Abwägung vorzunehmen.[45]

Daraus folgt zunächst, dass die Umweltprüfung in der Bundesfachplanung kein Suchverfahren ist. Insoweit gilt nichts anderes wie für die UVP.[46] Vielmehr sind nur solche Fragen zu untersuchen, die für die Entscheidung erheblich sind und nach Lage der Dinge in sie eingestellt werden müssen.[47] Das sind alle öffentlichen und privaten Belange, die für die Entscheidung von Bedeutung sein können. Wie ausgeführt, gehört hierzu insbesondere die Frage der FFH-Relevanz des Trassenkorridors, artenschutzrechtliche Fragestellungen, die einer Zulassung von Energiefreihaltung innerhalb des Trassenkorridors generell entgegenstehen können, Lärmauswirkungen

---

43 Vgl. Erbguth/Schubert, Das Gesetz zur Einführung einer Strategischen Umweltprüfung und zur Umsetzung der Richtlinie 2001/42/EG (SUPG), ZUR 2005, (524) 527; Kment, in: Hoppe/Beckmann (Hrsg.), Kommentar UVPG, 4. Aufl. 2012, § 14 f. Rn. 13; Runge/Schomerus, Klimaschutz in der Strategischen Umweltprüfung – am Beispiel der Windenergienutzung in der Ausschließlichen Wirtschaftszone, ZUR 2007, (410) 412; Erb, Untersuchungsumfang und Ermittlungstiefe in Umweltprüfungen, Berlin 2013, S. 165.

44 Vgl. Kment, a.a.O. (Fn. 43).

45 Vgl. Erb, a.a.O. (Fn. 43), S. 164 f.

46 Vgl. Berkemann/Halama, in: Berkemann/Halama (Hrsg.), Erstkommentierung zum BauGB 2004, § 2 Rn. 129; Erb, a.a.O. (Fn. 43), S. 167; Kment, a.a. O. (Fn. 43), § 14 f. Rn. 26; Mitschang, Fachlich-methodische Anforderungen einer Umweltprüfung im Rahmen der Flächennutzungsplanung, ZfBR 2004, (653) 659.

47 Vgl. Berkemann/Halama, a.a.O. (Fn. 46), § 2 Rn. 109.

auf bebaute Gebiete, aber auch landschaftsästhetische Belange.[48] Die zu untersuchenden Belange müssen dabei raumrelevant sein, d.h. bei einer vergleichbaren Festlegung in einem Raumordnungsplan der Abwägung gemäß § 7 Abs. 2 S. 1 ROG unterliegen.[49] Allerdings sind nicht nur solche Belange zu untersuchen, die bei der Planfeststellung eine unüberwindbare Hürde darstellen würden.[50] Solche Belange stehen rechtlich der Bundesfachplanung entgegen. Das bedeutet jedoch nicht, dass für die Trasse nicht auch andere, sie nur teilweise beeinflussende Umweltbelange zu erheben sind. Nach der Rechtsprechung des BVerwG sind in der SUP alle Auswirkungen des Vorhabens zu ermitteln, die schutzwürdig und nicht geringwertig sind.[51] Im Übrigen ist der Umfang der Prüfungspflicht bei der Bundesfachplanung unter Beachtung des Grundsatzes der Gesetzesakzessorietät nicht begrenzt; die UVP verfolgt einen umfassenden Ansatz und soll hinsichtlich aller relevanten Umweltgüter Erkenntnisse gewinnen, um diese optimal und frühzeitig in die Entscheidung über die Bundesfachplanung einzubeziehen.[52]

Auch für die Trassenfestlegung gilt z.B. das naturschutzrechtliche Vermeidungsgebot. Durch eine Trassenfestlegung, die wertvolle Naturräume schont, kann auf der Ebene der Bundesfachplanung wegen ihrer Verbindlichkeit für nachfolgende Planfeststellungsverfahren gemäß § 15 Abs. 1 S. 1 NABEG dem naturschutzrechtlichen Vermeidungsgebot optimal Rechnung getragen werden. Trassenkorridore können aber nur dann unter Beachtung des naturschutzrechtlichen Vermeidungsgebots festgelegt werden, wenn für die gesamte Fläche der vorgesehenen Trasse und der in die Entscheidung einzubringenden Alternativen die naturräumliche Struktur in einer Weise ermittelt worden ist, die eine Bewertung des Gewichts der naturräumlichen Gegebenheiten einschließlich des Landschaftsbildes

48 Vgl. dazu die Auflistung der relevanten Umweltaspekte im Leitfaden zur Bundesfachplanung der Bundesnetzagentur, a.a.O. (Fn. 6), S. 17 ff.; 50Hertz Transmission GmbH (Musterantrag Bundesfachplanung), a.a.O. (Fn. 6), S. 25; Schiller, a.a.O. (Fn. 17), EurUP 2013, (178) 182.

49 Vgl. Schiller, a.a.O. (Fn. 17).

50 In diesem Sinne: Möglicherweise ebd.

51 Vgl. BVerwG, Urt. v. 25.01.1996 – 4 C 5/95 – BVerwGE 100, 238, 244.

52 Vgl. Schink, Umweltverträglichkeitsprüfung – Verträglichkeitsprüfung – naturschutzrechtliche Eingriffsregelung – Umweltprüfung, NuR 2003, (647) 648.

zulässt. An diesem Beispiel zeigt sich, dass Umweltauswirkungen von Energieleitungstrassen in der Bundesfachplanung häufig detailliert nur für Teilflächen ermittelt werden müssen; im Übrigen jedoch eine Grobanalyse ausreichend ist. Das gilt z. B. für Lärmauswirkungen und optische Einwirkungen auf Siedlungsräume, die nachteilige Beeinflussung von Gewässern und die Beeinträchtigung der Artenvielfalt.

Hinsichtlich der Ermittlungstiefe können für die Bundesfachplanung die generell für raumordnerische Entscheidungen im Regionalplanverfahren bzw. die SUP geltenden Grundsätze herangezogen werden. In der Bundesfachplanung wird ein Trassenkorridor in einer Breite von 500 bis 1.000 m festgelegt.[53] Allerdings ist die genaue Breite des Trassenkorridors gesetzlich nicht festgelegt und kann deshalb auch darunter oder darüber liegen.[54] Eine Detailuntersuchung aller Umweltauswirkungen ist in einem solchen Korridor nicht möglich.[55] Das gilt vor allem auch bei Einbeziehung der ebenfalls auf ihre Umweltauswirkungen hin zu untersuchenden Trassenalternativen. Vor diesem Hintergrund ist für raumordnerische Verfahren und die SUP allgemein anerkannt, dass die Ermittlungstiefe gegenüber derjenigen bei der UVP und der Planfeststellung reduziert ist. Die Ermittlungen müssen verhältnismäßig sein. Da der genaue Verlauf der Stromleitung und der Standort der Leitungsmasten nicht festliegen, können in der Umweltuntersuchung für die Bundesfachplanung die Umweltauswirkungen der Leitungstrasse nicht detailliert prognostiziert werden. Gefordert ist deshalb lediglich eine ebenenspezifisch überschlägige, jedoch keine konkrete Prüfung.[56] Ebenso wie bei der Umweltprüfung in der Raumordnung muss hierbei das, was auf dieser Ebene noch nicht erkennbar ist, nicht berücksichtig werden; Konflikte sind in diesen Fällen auf der Ebene der Planfeststellung nach § 18 ff. NABEG zu lösen.[57] Allerdings gilt auch für die Bundesfachplanung der Grundsatz, dass

53 Vgl. BT-Drs. 17/6073, S. 23.

54 Vgl. auch Schaller/Heinrich, a.a.O. (Fn. 24), UPR 2014, (361) 362; vgl. auch de Witt, a.a. O. (Fn. 8), § 5 NABEG Rn. 14, der die Festlegung eines schmalen Korridors empfiehlt.

55 Vgl. nur de Witt, a.a.O. (Fn. 8), § 5 NABEG Rn. 13.

56 Vgl. Schink, a.a.O. (Fn. 52); Erb, a.a.O. (Fn. 43), S. 167.

57 Vgl. Reidt, in: Grabherr/Reidt/Wysk (Hrsg.), Kommentar LuftVG, Stand: August 2010, § 8 Rn. 155; Schink, Verhältnis der Planfeststellung zur Raumordnung, DÖV 2011, (905) 913.

die Ermittlungen umso detailschärfer sein müssen, je konkreter die Festsetzung ist.[58] Die Entscheidung über die Zulässigkeit des Vorhabens und damit die Frage der Prüfung örtlicher Einzelheiten und der Erfüllung spezifisch fachgesetzlicher Anforderungen bleibt jedoch auch bei der Bundesfachplanung der Entscheidung in der Planfeststellung vorbehalten; mit der Folge, dass Detailuntersuchungen des Standortes in der Bundesfachplanung nicht gefordert werden können.[59] Die gebotene Detailschärfe der Prüfung lässt sich sicherlich nicht für jeden Einzelfall konkret bestimmen. Immerhin kann aber festgestellt werden, dass die Detailschärfe umso konkreter sein muss, je schmaler der Trassenkorridor ist und je mehr er sich der Festlegung einer Leitungstrasse annähert.[60] Darüber hinaus müssen die Umweltwirkungen in jedem Fall soweit ermittelt werden, dass festgestellt werden kann, ob überhaupt die Trasse den vorgesehenen Verlauf nehmen kann, inwieweit aus Vorsorgegründen dem Vermeidungsgebot, etwa hinsichtlich von Lärmauswirkungen und Beeinträchtigungen des Naturhaushaltes Rechnung getragen werden soll und ob die Realisierung einer Leitungstrasse in dem vorgesehenen Korridor überhaupt möglich ist. Eine Detailuntersuchung aller Umweltauswirkungen erfordert dies sicherlich nicht. Hinsichtlich der naturschutzrechtlichen Relevanz wird es vielmehr in der Regel ausreichend sein, Schutzgebiete im Verlauf der Leitungstrasse zu identifizieren, wenn diese durch den Trassenkorridor räumlich nicht betroffen sind. Ähnliches gilt für Wasserschutzgebietsfestsetzungen und andere flächenhafte Schutzgebietsausweisungen. Im Hinblick auf die Lärmbelastung wird es genügen, Siedlungsbereiche zu identifizieren und eine Abschätzung dahin vorzunehmen, ob der vorgesehene Trassenverlauf schutzwürdige Belange in den Siedlungsbereichen verletzt, indem die hierfür geltenden Lärmgrenzwerte überschritten werden.[61]

---

58 Vgl. BVerwG, Urt. v. 15.03.2003 – 4 CN 0/01 – BVerwGE 118, 183, 194; Schink, a.a.O. (Fn. 57).

59 Vgl. BVerwG, Urt. v. 15.03.2003, a.a.O. (Fn. 58) für die Raumordnung; vgl. auch Steinberg, Landesplanerische Standortplanung und Planfeststellung – unter besonderer Berücksichtigung der Planung von Verkehrsflughäfen, DVBl 2010, 142; Schink, a.a.O. (Fn. 57); Schiller, a.a.O. (Fn. 17), EurUP 2013, 178, 182.

60 Vgl. de Witt, a.a.O. (Fn. 8), § 5 NABEG Rn. 14; allgemein: Schink, a.a.O. (Fn. 57).

61 Vgl. weitere Beispiele bei Schiller, a.a.O. (Fn. 17), EurUP 2013, (178) 182.

b) Alternativenprüfung

Wie ausgeführt, erfordert die Bundesfachplanung gemäß § 5 Abs. 1 S. 5 NABEG eine Prüfung etwaiger ernsthaft in Betracht kommender Alternativen von Trassenkorridoren. Diese sind gemäß § 6 Abs. 1 NABEG zu benennen, weiter hat der Vorhabenträger in seinem Antrag Erläuterungen zur Auswahl zwischen den in Betracht kommenden Alternativen unter Berücksichtigung der erkennbaren Umweltauswirkungen und der zu bewältigenden raumordnerischen Konflikte zu geben (§ 6 S. 5 Nr. 2 NABEG). In der Bundesfachplanung müssen deshalb alternative Trassenkorridore identifiziert und im Hinblick auf ihre Umweltauswirkungen so untersucht werden, dass eine Entscheidung zwischen verschiedenen Alternativen zugunsten einer Variante möglich ist. Die Bundesnetzagentur ist dabei nicht verpflichtet, die Bundesfachplanung für die umweltverträglichste Trassenkorridoralternative abzuschließen. Gemäß § 12 Abs. 2 Nr. 3 NABEG enthält die Entscheidung über die Bundesfachplanung vielmehr lediglich das Ergebnis der Prüfung von alternativen Trassenkorridoren. Dabei hat die Bundesnetzagentur § 6 S. 5 Nr. 2 NABEG zu beachten und zu prüfen, welche Alternative unter Berücksichtigung der erkennbaren Umweltauswirkungen und der zu bewältigenden raumordnerischen Konflikte vorzugswürdig ist. Für die Entscheidung zwischen verschiedenen Alternativen gelten dabei die für die Alternativenprüfung generell geltenden Grundsätze:

Zunächst ist zu beachten, dass auch außerhalb des Umweltsektors liegende Rahmenbedingungen berücksichtigt werden müssen.[62] Im Übrigen ist auch in der Bundesfachplanung die Entscheidung für eine bestimmte Alternative nur dann rechtsfehlerhaft, wenn sich eine andere als die gewählte Lösung unter Berücksichtigung aller abwägungserheblichen Belange eindeutig als die bessere, weil öffentliche und private Belange insgesamt schonende Variante hätte aufdrängen müssen.[63]

---

62 Vgl. Kment, a.a.O. (Fn. 43), § 14 Rn. 66 für die SUP.

63 Vgl. BVerwG, Beschl. v. 20.07.1979 – 7 B 21/79 – NJW 1980, (953) 954; BVerwG, Urt. v. 22.03.1982 – 4 C 15/83 – BVerwGE 71, (166) 177; BVerwG, Beschl. v. 20.12.1988 – 7 B 2/88 – BVerwGE 81, (128) 136; BVerwG, Urt. v. 25.01.1996 – 4 C 5/95 – NVwZ 1986, 788; BVerwG, Urt. v. 18.06.1997 – 11 A 65/95 – UPR 1997, 470; BVerwG, Beschl. v. 09.11.1998 – 11 VR 6/98

Im Übrigen gilt auch für die Bundesfachplanung, dass nur so genannte plankonforme Alternativen, d. h. solche in die Prüfung einzubeziehen sind, durch die das Planungsziel, nämlich die Festlegung eines Trassenkorridors insgesamt verwirklicht werden kann. Stehen einem Trassenkorridor öffentliche Belange, die als Sperrriegel für die Zulassung einer Leitungstrasse wirken, entgegen, können deshalb solche Alternativen nach einer Grobprüfung von einer weiteren Prüfung ausgeschieden werden, bei der festgestellt wird, dass wegen des Sperrriegels eine Planfeststellung auf der in Aussicht genommen Trasse rechtlich nicht möglich ist.

Besonderheiten gelten, wenn erhebliche Beeinträchtigungen von FFH- und Vogelschutzgebieten im vorgesehenen Trassenkorridor auftreten werden oder artenschutzrechtliche Verbotstatbestände nach § 44 Abs. 1 BNatSchG durch den vorgesehenen Trassenverlauf verletzt werden, so dass eine Abweichungsentscheidung gem. § 34 Abs. 3 BNatSchG bzw. eine Ausnahme gemäß § 45 Abs. 7 BNatSchG für die Zulassung der Leitungstrasse erforderlich wird. In solchen Fällen ist gemäß § 34 Abs. 3 BNatSchG bzw. 45 Abs. 7 BNatSchG eine Alternativenprüfung vorzunehmen. Diese ist jedoch mit der raumplanerischen Alternativenprüfung in der Bundesfachplanung nicht identisch. Ein Ausscheiden von Alternativen kommt hierbei nur dann in Betracht, wenn die Auswirkungen auf FFH-, Vogelschutzgebiete oder geschützte Arten bei einer anderen Alternative erheblich größer, als bei der in Aussicht genommenen sind.[64]

– juris; OVG Rheinland-Pfalz, Urt. v. 22.12.2010 – 8 C 1060/10.OVG – BauR 2011, 1127; OVG Rheinland-Pfalz, Urt. v. 23.01.2013 – 8 C 10782/12 – NVwZ-RR 2013, 586 = BauR 2013, 1075.

64 Vgl. so für die FFH-Alternativenprüfung: BVerwG, Urt. v. 12.03.2008 – 9 A 3/06 – BVerwGE 130, 299 Rn. 170; Mitschang/Wagner, FFH-Verträglichkeitsprüfung in der Bauleitplanung – planerische und rechtliche Belange, DVBl 2010, (1257) 1267. Für die Alternativenprüfung gemäß § 45 Abs. 7 BNatSchG: Mitschang/Wagner, a. a. O. (Fn. 64), DVBl 2010, (1257) 1257 ff.; BVerwG, Urt. v. 27.01.2000 – 4 C 2/99 – BVerwGE 110, 303; BVerwG, Urt. v. 17.05.2002 – 4 A 28/01 – BVerwGE 116, 254; BVerwG, Beschl. v. 03.06.2010 – 4 B 54/09 – NVwZ 2010, (1289) 1290 f.; de Witt/Geißmann, Artenschutzrechtliche Verbote in der Fachplanung, 2. Aufl., Berlin 2013, Rn. 51 ff. Zu den unterschiedlichen Folgewirkungen einschlägiger Alternativenprüfungen auch Schink, in: Hansmann/Sellner (Hrsg.), Grundzüge des Umweltrechts, 4. Aufl., Berlin 2012, Rn. 112 ff.

c) Abschnittsbildung

Bei der Bundesfachplanung ist eine Abschnittsbildung zulässig. Gemäß § 6 S. 3 NABEG kann der Antrag des Übertragungsnetzbetreibers auf Bundesfachplanung „zunächst auf einzelne angemessene Abschnitte von Trassenkorridoren beschränkt werden." Gemäß § 5 Abs. 3 NABEG ist die Bundesnetzagentur ermächtigt, die Bundesfachplanung in einzelnen Abschnitten durchzuführen, und zwar auch dann, wenn der Vorhabenträger keinen entsprechenden Antrag gestellt hat. Welche rechtlichen Maßstäbe für die Abschnittsbildung gelten, regelt das NABEG nicht. Die Abschnittsbildung dient vor allem dem Zweck, die Komplexität der Entscheidung über die Bundesfachplanung von Höchstspannungsleitungen zwischen den im Bundesbedarfsplangesetz festgelegten Anfangs- und Endpunkten der Leitung zu verringern, indem die Bundesfachplanung nicht insgesamt für den oft mehrere 100 km langen Streckenverlauf, sondern in Teilabschnitten erfolgt.

Die Anforderungen an die Abschnittsbildung hat das BVerwG vor allem im Fernstraßenrecht dahin konkretisiert, dass ein Abschnitt vor dem Hintergrund der konzeptionellen Gesamtplanung zu sehen ist und erst dann als hinreichend ausgewogen angesehen werden kann, wenn er eine selbständige Verkehrsfunktion hat. Die Rechtmäßigkeit der Bildung von Teilabschnitten setzt im Fernstraßenrecht voraus, dass der jeweilige Abschnitt auch dann planerisch sinnvoll ist und bleibt, wenn sich die Verwirklichung der Gesamtplanung der Fernstraße verzögert oder schließlich ganz aufgegeben werden muss.[65] Diese Anforderungen, die das BVerwG für schienengebundene Anlagen nicht übernommen hat,[66] können nicht unbesehen auf Höchstspannungsleitungen übernommen werden.[67]

---

65 Vgl. BVerwG, Beschl. v. 05.06.1992 – 4 NB 21/92 – NVwZ 1992, 1093. Zur Abschnittsbildung im Straßenrecht: Vgl. auch Hoppe/Schlarmann/Buchner/Deutsch (Hrsg.), Rechtschutz bei der Planung von Verkehrsanlagen und anderer Infrastrukturvorhaben, 4. Aufl., Berlin 2011, Rn. 35 ff.; Steinberg/Wickel/Müller (Hrsg.), Fachplanung, 4. Aufl. Baden-Baden 2012, § 3 Rn. 88 ff.

66 Vgl. BVerwG, Beschl. v. 30.12.1996 – 11 VR 25.95 – NVwZ-RR 1997, (525) 526.

67 Das BVerwG hat diese Frage bislang offen gelassen: Vgl. BVerwG, Beschl. v. 22.07.2010 – 7 VR 4/10 – NVwZ 2010, (1486) 1488, Rn. 27 f.; BVerwG, Urt. v. 18.07.2013 – 7 A 4/12 – BVerwGE 147, 184 = NVwZ 2013, 1605 = UPR 2014, 69 = juris Rn. 51.

Das folgt schon daraus, dass Höchstspannungsleitungen nur begrenzt mit vorhandenen Leitungen verknüpft werden können; dies gilt insbesondere für HGÜ-Leitungen, für die auch über längere Streckenabschnitte keine Verknüpfung mit Wechselstromleitungen besteht.[68]

Die Frage, welche Anforderungen in der Bundesfachplanung an die Bildung von Abschnitten gelten, muss deshalb aus dem planerischen Abwägungsgebot entwickelt werden. Die Bildung der Abschnitte muss den Anforderungen des Abwägungsgebotes entsprechen. Sie muss Mittel sachgerechter und überschaubarer Gliederung planerischer Problembewältigung sein.[69] Zu berücksichtigen ist deshalb bei der Abschnittsbildung zunächst, ob bei Anlegung eines grobmaschigen Maßstabes die Trasse vom im Bundesbedarfsplangesetz festgelegten Anfangs- bis zum Endpunkt überhaupt realisierbar ist.[70] Dies erfordert keine detaillierte Prüfung der Zulassungsvoraussetzungen der Bundesfachplanung für die gesamte, im Bundesbedarfsplangesetz festlegte Strecke. Es genügt vielmehr, dass bei grobmaschiger Prüfung der Zulassung der Höchstspannungsleitung in einem Trassenkorridor zwischen dem festgelegten Anfangs- und Endpunkt keine unüberwindbaren Hindernisse entgegenstehen. Die mögliche erhebliche Betroffenheit von FFH- und Vogelschutzgebieten stellt dabei z. B. kein solches Hindernis dar, da gemäß § 34 Abs. 3 BNatSchG Ausnahmen für im überwiegenden öffentlichen Interesse liegende Vorhaben zulässig sind, wenn die Trassenführung alternativlos ist.[71]

Zu berücksichtigen sind im Übrigen Zwangspunkte. Diese liegen der Bundesfachplanung auf der Grundlage des Bundesbedarfsplangesetzes lediglich für die Anfangs- und Endpunkte der Höchstspannungsleitung vor. Durch jeden Abschnitt der Bundesfachplanung werden jedoch neue Zwangspunkte gesetzt mit der Folge, dass spätere Bundesfachplanungen die Anfangs- und Endpunkte bereits getroffener Bundesfachplanungen berücksichtigen müssen.

68 de Witt, a. a. O. (Fn. 8), § 5 NABEG Rn. 43.

69 Vgl. BVerwG, Urt. v. 21.03.1996 – 4 C 19/94 – DVBl 1996, (907) 913 f.; BVerwG, Beschl. v. 30.12.1996 – 11 VR 24/95 –, NVwZ 1997, 684.

70 Vgl. BVerwG, Urt. v. 19.05.1998 – 4 C 11/98 – NVwZ 1999, (528) 530.

71 Vgl. wie hier: de Witt, a. a. O. (Fn. 8), § 5 NABEG Rn. 47.

Im Übrigen muss die Abschnittsbildung frei von sachwidrigen Erwägungen erfolgen.[72] Sachliche Gründe können – ebenso wie in der Verkehrswegeplanung – Fragen der Praktikabilität des Verfahrens, begrenzte Finanzmittel, die Notwendigkeit der Abstimmung mit anderen Planungen, Zuständigkeitsgrenzen – insbesondere bei Ländergrenzen überschreitenden Abschnitten – und eine Begrenzung der Zahl der Betroffenen sein.[73] Sachwidrig ist es hingegen, durch die Bundesfachplanung selbst, Zwangspunkte zu schaffen, um für die Planung insgesamt vollendete Tatsachen zu schaffen.[74]

Im Übrigen kann eine Abschnittsbildung Dritte in ihren Rechten verletzen, wenn sie deren durch Art. 19 Abs. 4 S. 1 GG gewährleisteten Rechtsschutz faktisch unmöglich macht oder dazu führt, dass die abschnittsweise Planfeststellung dem Grundsatz umfassender Problembewältigung nicht gerecht werden kann oder wenn ein dadurch gebildeter Streckenabschnitt der eigenen sachlichen Rechtfertigung vor dem Hintergrund der Gesamtplanung tritt.[75]

Insgesamt muss sich der Abschnitt in der Bundesfachplanung im Rahmen der Gesamtkonzeption halten, wie sie durch das Bundesbedarfsplangesetz vorgegeben ist. Die Alternativenprüfung im nachfolgenden Abschnitt darf durch die Abschnittsbildung im Übrigen nicht verkürzt werden; dies erfordert eine summarische Prüfung dahin, ob der Bundesfachplanung im nachfolgenden Abschnitt unüberwindbare Hindernisse entgegenstehen.[76]

---

72 Vgl. Steinberg/Wickel/Müller (Hrsg.), a. a. O. (Fn. 14), § 3 Rn. 89.

73 Vgl. Ebd.

74 Vgl. Ebd.

75 Vgl. BVerwG, Urt. v. 19.05.1998 – 4 A 9/97 – BVerwGE 107, (1) 14 f. = Buchholz 407.4 § 17 FStrG Nr. 139 S. 267 f. und v. BVerwG, Urt. v. 10.04.1997 – 4 C 5/96 – BVerwGE 104, (236) 243 = Buchholz 407.4 § 17 FStrG Nr. 130 S. 191 jeweils m. w. N.; BVerwG, Urt. v. 18.07.2013, a. a. O. (Fn. 67).

76 Vgl. BVerwG, Urt. v. 12.08.2009 – 9 A 64/07 – BVerwGE 134, 308 Rn. 112 ff. = Buchholz 407.4 § 17 FStrG Nr. 203; BVerwG, Urt. v. 18.07.2013, a. a. O. (Fn. 67); de Witt, a. a. O. (Fn. 8), § 5 NABEG Rn. 48.

d) *Abschichtungsfunktion der Bundesfachplanung*

Gemäß § 23 NABEG ist die UVP in der Planfeststellung gegenüber der strategischen Umweltprüfung bei der Bundesfachplanung auf zusätzliche oder andere erhebliche Umweltauswirkungen der beantragten Stromleitung zu beschränken. Ebenso wie im Verhältnis zwischen SUP und UVP (vgl. § 14 f. Abs. 3 UVPG) ging der Gesetzgeber bei der Regelung des Verhältnisses zwischen Bundesfachplanung und Planfeststellung deshalb davon aus, dass der SUP in der Bundesfachplanung gegenüber der UVP in der Planfeststellung eine Abschichtungswirkung zukommt. Hierdurch soll vor allem eine Beschleunigung erreicht werden: Die Umweltaspekte, die bereits in der Bundesfachplanung geprüft worden sind, sollen auf der Ebene der Vorhabenzulassung in der Planfeststellung nicht nochmals untersucht werden. Das bedeutet vor allem, dass außerhalb des in der Bundesfachplanung festgelegten Trassenkorridors auf der Ebene der Planfeststellung Alternativen nicht nochmals geprüft werden müssen; auch die Raumverträglichkeit des in der Bundesfachplanung festgelegten Trassenkorridors bedarf keiner weiteren Prüfung.[77]

Zweifelhaft erscheint allerdings, ob von der SUP in der Bundesfachplanung eine sehr viel weiter gehende Abschichtungswirkung ausgehen kann. Tendenziell ist dies eher nicht der Fall. Die SUP in der Bundesfachplanung enthält eine ebenenspezifische Prüfung der Umweltauswirkungen des Trassenkorridors. Detailfragen der Umweltauswirkungen von Leitungsmasten und des konkreten Streckenverlaufs der Höchstspannungsleitung werden hingegen nicht untersucht. Daraus folgt, dass insbesondere bei relativ breiten Trassenkorridoren die Umweltprüfung auf der Ebene der Bundesfachplanung eine relativ grobmaschige ist, bei der Detailauswirkungen nicht untersucht werden. So kann für die Auswirkungen auf den Naturhaushalt in der SUP der Bundesfachplanung regelmäßig auf Biotopkartierungen zurückgegriffen werden, während für die Detailuntersuchung der Auswirkung von Standorten von Leitungsmasten und des Verlaufs von Höchstspannungsleitungen Erhebungen vor Ort durch Begehungen erforderlich sind.[78] Für den Lärmschutz werden bei der UVP

---

77 So mit Recht Schiller, a. a. O. (Fn. 17), EurUP 2013, (178) 183.
78 Vgl. Ebd.

des konkreten Trassenverlaufs Lärmprognosen anzustellen sein, während bei der SUP in der Bundesfachplanung eine grobe Einschätzung genügt, welche Lärmbelastung für Siedlungsbereiche noch zumutbar ist. Die Wirkung der Abschichtung ist vor diesem Hintergrund deshalb sehr gering. Sie beschränkt sich im Wesentlichen auf die Eingrenzung des Untersuchungsraumes auf den Trassenkorridor.[79]

6. Wirkung für die Planfeststellung

Gemäß § 15 Abs. 1 S. 1 NABEG ist die Entscheidung über die Bundesfachplanung nach § 12 NABEG für Planfeststellungsverfahren nach §§ 18 ff. NABEG verbindlich. Welche Schlussfolgerungen hieraus im Einzelnen zu ziehen sind, ist umstritten. Zum Teil wird angenommen, dass der Trassenkorridor in der Planfeststellung auch verlassen werden kann, wenn sich herausstellt, dass eine Planfeststellung innerhalb des Korridors tatsächlich oder rechtlich nicht möglich ist.[80] Mit der überwiegenden Auffassung ist dies abzulehnen. Vielmehr ist eine Planfeststellung nur innerhalb des Planungskorridors zulässig, der durch die Bundesfachplanung festgelegt worden ist.[81] Das ergibt sich schon aus dem eindeutigen Wortlaut des § 15 Abs. 1 S. 1 NABEG sowie der amtlichen Begründung.[82] Die Beschränkung des Abwägungsspielraums der Planfeststellungsbehörde durch die Festlegung des Trassenkorridors ist rechtlich zulässig und steht einer umfassenden Bindungswirkung nicht entgegen.[83] Rechtsstaatliche Bedenken bestehen hiergegen nicht, denn dem Gesetzgeber steht es frei eine

---

79 Vgl. Ebd., 183 f.

80 Vgl. Wagner, Bundesfachplanung für Höchstspannungsleitungen – rechtliche und praktische Belange, DVBl 2011, (1453) 1458; Moench/Ruttloff, a. a. O. (Fn. 2), NVwZ 2011, (1040) 1043.

81 Für eine strikte Bindungswirkung in diesem Sinne: Appel, a. a. O. (Fn. 3), ER 2012, (3) 5; Durner, Die aktuellen Vorschläge für ein Netzausbaubeschleunigungsgesetz (NABEG) – Bewertung der Verfassungsmäßigkeit und des Beschleunigungspotentials, DVBl 2011, (853) 859; Durner, a. a. O. (Fn. 2), NuR 2012, (369) 371, 373; Erbguth, a. a. O. (Fn. 11), DVBl 2012, (325) 327; Schmitz/Jornitz, a. a. O. (Fn. 2), NVwZ 2012, (332) 335; Schiller, a. a. O. (Fn. 17), EurUP 2013, (178) 180.

82 Vgl. dazu BT-Drs. 17/6073, S. 27.

83 Vgl. a. A. Wagner, a. a. O. (Fn. 80).

Verfahrensstufung in der Zulassungsentscheidung für Vorhaben vorzusehen und hierbei zu regeln, dass auf einer hochstufigen Ebene abschließende (Teil-)Entscheidungen getroffen werden.[84]

Kann oder soll eine Planfeststellung nicht innerhalb des durch die Bundesfachplanung festgelegten Trassenkorridors erfolgen, ist vor Erlass des Planfeststellungsbeschlusses eine Änderung des Trassenkorridors erforderlich. Eine solche Änderung kann – obwohl nicht ausdrücklich geregelt – in einem parallelen Änderungsverfahren zur Bundesfachplanung vorgenommen werden. Erforderlich ist lediglich, dass im Zeitpunkt der Planfeststellung, der in der Bundesfachplanung festgelegte Trassenkorridor die Flächen erfasst, auf denen die Planfeststellung für die Höchstspannungsleitung erfolgt.[85]

Problematisch sind die Fälle, in denen die Bundesfachplanung rechtswidrig ist. Soweit Abwägungsmängel über die Planerhaltungsregelung des § 15 Abs. 3 S. 3 NABEG i. V. m. § 43e Abs. 4 EnWG nicht relevant sind, – dies sind sie nur dann, wenn sie offensichtlich und auf das Abwägungsergebnis von Einfluss gewesen sind – wird die Bindungswirkung der Bundesfachplanung nach § 15 Abs. 1 S. 1 NABEG nicht eingeschränkt. Liegt ein beachtlicher Abwägungsmangel vor, ist vor Erlass des Planfeststellungsbeschlusses der Fehler der Bundesfachplanung zu heilen, denn nach § 4 S. 2 NABEG ist die Bundesfachplanung Grundlage für die Planfeststellung. Ohne eine rechtswirksame Bundesfachplanung kann deshalb keine Planfeststellung erfolgen.[86]

Die Rechtswirkungen der Bundesfachplanung beschränken sich gemäß § 15 Abs. 1 S. 1 NABEG im Übrigen auf die Planfeststellung von Höchstspannungsleitungen. Insbesondere gehen hiervon keine Rechtswirkungen für die gemeindliche Bauleitplanung oder andere Fachplanungsentscheidungen aus. Solche Wirkungen in Form eines Anpassungsgebotes der Bauleitplanung gemäß § 1 Abs. 4 BauGB bzw. eines Vorrangs der

---

84 Vgl. so für die Bundesfachplanung: Schiller, a.a.O. (Fn. 17), EurUP 2013, (176) 180 unter Hinweis auf BVerwG, Beschl. v. 29.11.2005 – 11 VR 15/95 – NVwZ 1997, (165) 166; BVerwG, Urt. v. 08.06.1995 – 4 C 4/94 – BVerwGE 98, (339) 346 f.

85 Vgl. Schiller, a.a.O. (Fn. 17), EurUP 2013, (176) 180.

86 So mit Recht ebd., S. 181.

Bundesfachplanung vor anderen Planungsentscheidungen können nur dann eintreten, wenn der Trassenkorridor in Raumordnungsplänen als Vorranggebiet dargestellt wird.[87] Auch nach § 38 BauGB hat die Bundesfachplanung gegenüber der Bauleitplanung keinen Vorrang, da sie keine Planfeststellung oder ein Verfahren mit der Wirkung einer Planfeststellung darstellt. Die Verbindlichkeitswirkung gemäß § 15 Abs. 1 S. 1 NABEG gegenüber der nachfolgenden Planfeststellung für Höchstspannungsleitungen ändert hieran nichts. Gegenüber der Bauleitplanung und anderen Fachplanungen wirkt die Bundesfachplanung deshalb lediglich als raumordnerische Entscheidung, die in der Abwägung zu beachten ist. Beim Entgegenstehen gewichtigerer Belange ist die Bundesfachplanung deshalb in der Bauleitplanung überwindbar. Für prioritäre Fachplanungen, bei denen sich das fachplanerische Ziel schon verfestigt hat, hat die Rechtsprechung allerdings eine Rücksichtnahmepflicht der Gemeinden in der bauleitplanerischen Abwägung angenommen.[88] Hieraus kann sich ein verstärktes Gewicht der Bundesfachplanung für die bauleitplanerische Abwägung ergeben; eine Verbindlichkeit ergibt sich hieraus jedoch nicht.

---

87 Zur Möglichkeit der Trassenfestlegung in Raumordnungsplänen: Vgl. Schink, a. a. O. (Fn. 57), DÖV 2011, (905) 909 f.

88 Vgl. BVerwG, Beschl. v. 05.11.2002 – 9 VR 14/02 – BauR 2003, (205) 206; BVerwG, Beschl. v. 14.11.2012 – 4 BN 5/12 – Beck RS 2012, 60289 Rn. 8.

Stephan Mitschang

Möglichkeiten der Gemeinden zur Einflussnahme auf die Trassenbestimmung von 380-kV-Leitungen

Abstract

Der Schwerpunkt des Beitrags betrachtet die Beteiligungsmöglichkeiten der Gemeinden bei der Bundesfachplanung sowie bei der anschließenden Planfeststellung im Rahmen der Trassenbestimmung für Leitungen des Höchstspannungsnetzes.

The focus of the article is on the municipal participation possibilities within the federal planning as well as the following planning approval while defining the spatial localization of lines of the extra high voltage grid.

A. Notwendigkeit des Stromnetzausbaus

In einer hochtechnisierten Lebens- und Arbeitswelt wird Strom zu jeder Zeit in unterschiedlichem Umfang gebraucht. Im Vordergrund steht dabei die Versorgungssicherheit. Ohne dass diese gewährleistet ist, werden in vielen Wirtschafts- und Lebensbereichen erhebliche Schwierigkeiten entstehen. Ziel muss es daher sein, auch bei einem Umstieg auf erneuerbare Energien die Versorgungssicherheit aufrechterhalten zu können. Gegenwärtig sind in diesem Zusammenhang aber noch zwei weitere Entwicklungen von Bedeutung, die einen möglichst zeitnahen Ausbau des Stromnetzes erforderlich werden lassen. Dabei handelt es sich um die zunehmende Einspeisung von erneuerbaren Energien in das vorhandene Stromnetz sowie die sich auf europäischer Ebene vollziehende Ausbildung eines uneingeschränkten europäischen Stromhandels im Sinne eines Europäischen Binnenmarktes im Bereich der Stromversorgung.[1] Zusammengenommen verlangen diese drei Gesichtspunkte einen Ausbau des nationalen Stromnetzes, um dem

---

1 Siehe hierzu umfassende Informationen: http://www.europarl.europa.eu/. Zugriff am 10.03.2015.

steigenden Bedarf an Übertragungskapazität künftig auf verbesserter Grundlage Rechnung tragen zu können.

Wenngleich sich die vorliegende Darstellung im Schwerpunkt auf den Netzausbau von Höchstspannungsleitungen in Deutschland bezieht, ist dennoch darauf hinzuweisen, dass das nationale Stromversorgungsnetz auch nur ein integraler Bestandteil eines künftigen „europäischen Stromnetzes“ sein kann. Daher verwundert es auch nicht, dass auch die Europäische Union sich zusehends des Themas „Netzausbau“ annimmt und mit ihrer Verordnung zu Leitlinien für die transeuropäische Energieinfrastruktur (TEN-E-VO[2]) aus dem letzten Jahr einen weiteren Beitrag zur europäischen Energiepolitik geleistet hat.[3]

Zentrales Element einer leistungsfähigen und zuverlässigen Stromversorgung auf nationaler wie auch auf europäischer Ebene sind die Höchstspannungsnetze.[4] Sie dienen nicht nur der regionalen Stromversorgung, sondern sind auch für den Stromtransport im überregionalen Rahmen sowie auch im internationalen Verbundnetz[5] verantwortlich. Sie müssen sowohl auf kurzfristige Strombedarfsspitzen als auch auf die längerfristige Versorgung mit kleineren Strommengen ausgelegt sein und vor allem auf Dauer funktionieren. Strom muss dann vorhanden sein und auch noch in der Menge, in der er benötigt wird. Dabei ist zu berücksichtigen, dass die Energiepolitik in den letzten Jahren durch tiefgreifende Veränderungen

2 Vgl. Verordnung (EU) Nr. 347/2013 des Europäischen Parlaments und des Rates v. 17.04.2013 zu Leitlinien für die transeuropäische Energieinfrastruktur (ABl. L 115) v. 25.04.2013, S. 39.

3 Im Einzelnen hierzu: Guckelberger, Schnellerer Energienetzausbau durch Unionsrecht?, DVBl 2014, 805 (807 ff.); Fest/Operhalsky, Der deutsche Netzausbau zwischen Energiewende und europäischem Energieinfrastrukturrecht, NVwZ 2014, 1190 (1190 ff.); Dietrich/Steinbach, (Kein) Änderungsbedarf im Energie- und Netzausbaurecht aufgrund der neuen TEN-E Verordnung?, DVBl 2014, 488 (489 ff.); Schadtle, Neue Leitungen braucht das Land – und Europa!, ZNER 2013, 126 (128 ff.); Schneider, Planungs- und Genehmigungsverfahren zum Ausbau des Stromübertragungsnetzes, EnWZ 2013, 339 (343).

4 Höchstspannungen sind elektrische Spannungen ab 150 kV, meistens 220 oder 380 kV.

5 Im europäischen Verbundnetz, also im allgemeinen Stromnetz wird eine Netzfrequenz von 50 Hz verwendet.

geprägt ist.[6] In der Zukunft werden die erneuerbaren Energien einen immer größeren Anteil an der Energieerzeugung haben. Dementsprechend sehen die energiepolitischen Zielsetzungen in § 1 Abs. 2 EEG[7] für die Bundesrepublik Deutschland vor, den Anteil des aus erneuerbaren Energien erzeugten Stroms am Bruttostromverbrauch stetig und kosteneffizient auf mindestens 80% im Jahr 2050 zu erhöhen. Bis zum Jahr 2025 soll dieser Anteil 40–45%[8] und bis zum Jahr 2035 sogar 55 bis 60% betragen. Erreicht werden sollen diese Ziele durch:

- eine Steigerung der installierten Leistung der Windenergieanlagen an Land um 2.500 Megawatt pro Jahr (netto),
- eine Steigerung der installierten Leistung der Windenergieanlagen auf See auf insgesamt 6.500 Megawatt im Jahr 2020 und 15.000 Megawatt im Jahr 2030,
- eine Steigerung der installierten Leistung der Anlagen zur Erzeugung von Strom aus solarer Strahlungsenergie um 2.500 Megawatt pro Jahr (brutto) und
- eine Steigerung der installierten Leistung der Anlagen zur Erzeugung von Strom aus Biomasse um bis zu 100 Megawatt pro Jahr (brutto).[9]

Dabei ist zu berücksichtigen, dass die Stromerzeugung auf der Grundlage von erneuerbaren Energien – anders als die konventionelle Stromerzeugung – einer bevorrechtigten Abnahme bei einer gleichzeitig gesetzlich festgelegten Einspeisevergütung zugänglich gemacht worden ist. Während die konventionelle Stromversorgung relativ verbrauchernah erzeugt wird, finden Netzeinspeisungen aus erneuerbaren Energien aber weitgehend außerhalb (z. B. aus der Windenergie in Brandenburg, Schleswig-Holstein oder Niedersachsen sowie durch die Offshore-Anlagen vor der

---

6 Überblick zur Entwicklung: Fest, Der Netzausbau im Recht der Energiewende, NVwZ 2013, 824 (824 ff.).

7 Gesetz für den Ausbau erneuerbarer Energien (Erneuerbare-Energien-Gesetz) v. 21.07.2014 (BGBl. I S. 1066), zuletzt geändert durch Art. 5 d. G. v. 22.07.2014 (BGBl. I S. 1218).

8 Durch diese Zielsetzung soll außerdem der Anteil der erneuerbaren Energien am gesamten Bruttoendenergieverbrauch bis zum Jahr 2020 auf mindestens 18% erhöht werden (vgl. § 1 Abs. 3 EEG).

9 Vgl. § 3 EEG.

Nordseeküste) der Verbraucher- oder Lastzentren statt, mit der Folge, dass ein Stromtransport zu den verbraucherstarken Agglomerationsräumen, insbesondere im Süden Deutschlands erforderlich wird.[10] Die bestehenden Netze sind dabei in Teilen auch überaltert und neue Übertragungstechnologien noch nicht ausreichend akzeptiert oder bekannt.[11] Daneben werden zunehmend die zentralen, in Form von Kraftwerken existierenden, Energieknoten durch eine Vielzahl von kleineren Anlagen (z. B. Photovoltaikanlagen auf dem Dach oder an der Fassade eines Einfamilienhauses) ersetzt und dadurch auch Kleinstmengen in das Niedrigspannungsnetz eingespeist, wodurch ebenfalls in erster Linie technische Probleme im Verhältnis zu den Hochspannungsnetzen entstehen. Dies führt dazu, dass die vorhandenen Netzstrukturen verbessert[12] und leistungsfähiger ausgestaltet werden müssen,[13] wobei insbesondere

---

10 Hierzu auch: Kment, Der ewige Patient: die Umweltverbandsklage – Einblicke in eine lange Krankenakte und neue Therapieansätze, UPR 2013, 81 (81).

11 Z. B. Hochspannungsgleichstromübertragungsnetze mit spezifischen Netzanforderungen: Vgl. hierzu ausführlich: Spieler, Die Genehmigung von Hochspannungs-Gleichstromleitungen, NVwZ 2012, 1139 (1139 ff.).

12 Z. B. durch den Einsatz von Energiespeichern.

13 Vgl. auch Appel, Neues Recht für neue Netze – das Regelungsregime zur Beschleunigung des Stromnetzausbaus nach EnWG und NABEG, UPR 2011, 406 (407); Leidinger, Abwägung und Alternativenprüfung beim Stromnetzausbau – Zum aktuellen Streitstand, DVBl 2014, 683 (683 ff.); Durner, Die aktuellen Vorschläge für ein Netzausbaubeschleunigungsgesetz (NABEG) – Bewertung der Verfassungsmäßigkeit und des Beschleunigungspotentials, DVBl 2011, 853 (853 ff.); Guckelberger, Smart Grids/Smart Meter zwischen umweltverträglicher Energieversorgung und Datenschutz, DÖV 2012, 613 (616); Grigoleit/Weisensee, Das neue Planungsrecht für Elektrizitätsnetze, UPR 2011, 401 (401); Buschbaum/Reidt, Die Einbeziehung von Nebenanlagen in die Bundesfachplanung und die Planfeststellung nach dem NABEG, UPR 2013, 421 (421); Schulz/Tüngler, Zum Verhältnis des Einspeisemanagements nach dem Erneuerbare-Energien-Gesetz und der Systemverantwortung der Übertragungsnetzbetreiber nach dem Energiewirtschaftsgesetz, RdE 2010, 317 (317); Wagner, Bundesfachplanung für Höchstspannungsleitungen – rechtliche und praktische Belange, DVBl 2011, 1453 (1453); Calliess/Dross, Neue Netze braucht das Land: Zur Neukonzeption von Energiewirtschaftsgesetz und Netzausbaubeschleunigungsgesetz (NABEG), JZ 2012, 1002 (1002 f.); Schadtle, a.a.O. (Fußn. 3), 126 (126); Steinbach, DÖV 2013, 921 (921f.); Scherer, Neue Entwicklungen im Recht der regulierten Netzinfrastrukturen, NVwZ 2010, 1321

die technischen Fragestellungen noch nicht ausreichend und abschließend geklärt sind.[14]

Insoweit besteht weitgehend Einigkeit. Gestritten wird über den erforderlichen Umfang des Ausbaus.[15]

Die nachfolgenden Darlegungen untersuchen die Möglichkeiten der Gemeinden, auf den Netzausbau im Bereich der Höchstspannungsleitungen Einfluss zu nehmen.[16] Dies betrifft zunächst einmal die Beteiligung der Gemeinden an den planungs- und zulassungsrechtlichen Verfahren für die Höchstspannungsleitungen und ihre Nebenanlagen. Daneben werden auch die Möglichkeiten zur Beteiligung der Öffentlichkeit einer tieferen Betrachtung unterzogen, da insoweit regelmäßig eine verfahrensmäßige Verknüpfung besteht. Verständlich werden diese Aussagen aber nur, wenn gleichzeitig auch das System des Netzausbaus bekannt ist, so dass die unterschiedlichen Planungs- und Zulassungsebenen durch die der Netzausbau vollzogen werden soll, mit ihren komplexen Verflechtungen ebenfalls in die Untersuchungen einbezogen werden müssen.[17]

B. Das System der Übertragungsnetze – struktureller Überblick

Vor dem Hintergrund des Übertragungsnetzausbaus und des ihn stützenden gesetzlichen Regelwerks bedarf es, auch aufgrund der Komplexität des Energieübertragungssystems, zunächst der Betrachtung der einzelnen planerischen Maßnahmen, nach denen sich der Netzausbau vollziehen

(1322); Weyer, Der Rechtsrahmen für den Ausbau der Übertragungsnetze in Deutschland, ZNER 2009, 210 (210).

14 Zu Energiespeichern: Vgl. Thomas/Altrock, Einsatzmöglichkeiten für Energiespeicher, ZUR 2013, 579 (579).

15 Vgl. Schiller, Das Verhältnis der Bundesfachplanung zur Planfeststellung nach dem NABEG, EurUP 2013, 178 (178). Guter Überblick zum Stand und zu den Problemen des Netzausbaus bei Fest, a.a.O. (Fußn. 6), 824 ff. Zur Gründung einer Netzentwicklungsinitiative Schleswig-Holstein: Vgl. Wasielewski, Netzentwicklung für regenerativ erzeugte Energien in Schleswig-Holstein, NordÖR 2012, 218 (220 f.).

16 Vgl. unten, insbesondere C. I.2. sowie C. II.3.c. und C. II.4.c.

17 Vgl. unten, insbesondere B.

soll, bevor auf die Zulassung von Leitungsvorhaben durch verschiedene Planungsinstrumente eingegangen wird.

I. Entwicklung

Bis zum Inkrafttreten des EnLAG[18] und dem darin verankerten Instrument des Bedarfsplans[19] im Jahr 2009 unterschied sich die energiewirtschaftsrechtliche Fachplanung maßgeblich vom sonstigen räumlichen Fachplanungsrecht, wie es etwa durch das Straßen- oder Eisenbahnrecht zum Ausdruck gebracht wird. Sie wies nämlich die Besonderheit auf, dass der Bau und der Betrieb der Höchstspannungsnetze nicht in der Verantwortung der öffentlichen Hand lagen, sondern vielmehr privat, von den vier Übertragungsnetzbetreibern, verantwortet wurden. Vor dem Hintergrund der besonderen Bedeutung der Übertragungsnetzinfrastruktur für die Energieversorgung und insbesondere der angesichts der Reaktorkatastrophe im japanischen Fukushima im März 2011 eingeleiteten Energiewende, welche einerseits vom Ausstieg aus der Atomenergie und andererseits von einer verstärkten Hinwendung zu erneuerbaren Energien geprägt ist, wurde dann für die Bundesrepublik Deutschland eine weit reichende Veränderung im Zusammenhang mit der Energieinfrastruktur eingeleitet. Besonders betroffen davon ist der ohnehin schon mit einem Ausbaudefizit belastete Übertragungsnetzbereich, der fortan auch noch durch einen erheblich gesteigerten staatlichen Einfluss flankiert werden sollte.[20]

Für das Übertragungsnetz ist dabei ein mehrstufiger Aufbau von Bedeutung:

---

18 Gesetz zum Ausbau von Energieleitungen (Energieleitungsausbaugesetz – EnLAG) v. 21.08.2009 (BGBl. I S. 2870), zuletzt geändert durch Art. 3 d. G. v. 23.07.2013 (BGBl. I S. 2543).

19 Genauer hierzu unten B. III.3.

20 Glaser, Das Netzausbauziel als Herausforderung für das Regulierungsrecht, DVBl 2012, 1283 (1283); Hermes, Das neue System der Energienetzplanung – verfassungsrechtliche und planungsrechtliche Grundfragen und weiterer Handlungsbedarf, EnWZ 2013, 395 (396); Schirmer/Seiferth, Energiewende und die Zulassung von Netzausbauprojekten, ZUR 2013, 515 (516).

- Ausgestaltung eines Szenariorahmens,
- Netzentwicklungsplanung,
- Bundesbedarfsplanung,
- Bundesfachplanung,
- Sonderregelungen zu Planfeststellungen.[21]

Das Planungs- und Zulassungsverfahren für die Übertragungsnetze ist mehrstufig organisiert. Im Wesentlichen lassen sich zwei Stufen unterscheiden:

- Die erste Stufe besteht aus dem Szenariorahmen, der Netzentwicklungsplanung und der Bundesbedarfsplanung.
- Die zweite Stufe basiert auf der Bundesbedarfsplanung und umfasst die Trassenfindung im Wege der Bundesfachplanung sowie der Durchführung daran anschließender Planfeststellungsverfahren.

Allgemeine Regelungen dazu finden sich im EnWG, Sonderregelungen im NABEG.[22]

II. Heutiger Stand

Die dargestellte Entwicklung im Bereich des Netzausbaus war insgesamt alles andere als geplant und geordnet abgelaufen, so dass bis heute von einem einheitlichen Netzplanungsrecht nicht gesprochen werden kann.[23] Damit einher geht ein nur schwer durchschaubares Gesetzesgeflecht.[24] Regelmäßig hängt das zu durchlaufende Planungs- und Genehmigungsverfahren von der jeweiligen Netzspannung ab.[25] Die nachfolgend angeführten

21 Im Einzelnen: Hermes, a.a.O. (Fußn. 20), 395 (396 ff.); Appel, a.a.O. (Fußn. 13), 406 (407 f.).

22 Netzausbaubeschleunigungsgesetz Übertragungsnetz (NABEG) v. 28.07.2011 (BGBl. I S. 1690) zuletzt geändert durch Art. 4 d. G. v. 20.12.2012 (BGBl. I S. 2730); Kritisch zum tatsächlichen Beschleunigungspotenzial: Vgl. Beckmann, Kritische Anmerkungen zum NABEG hinsichtlich des Beschleunigungspotentials und des Sanktionsregimes, UPR 2013, 331 (332 f.).

23 Faßbender/Becker, in: Posser/Faßbender (Hrsg.), Praxishandbuch Netzplanung und Netzausbau, Berlin 2013, Kap. 1 Rn. 14 und Kap. 2 Rn. 3.

24 Zu den finanziellen Fragen des Stromnetzausbaus: Vgl. Richter/Schulze, Die Finanzierung des Ausbaus von Höchstspannungsnetzen, NVwZ 2014, 835 (835 ff.).

25 Bei Gasleitungen ist es der Leitungsdurchmesser.

Rahmenbedingungen gelten nur für Leitungen an Land und vor der Küste in der 12-Seemeilen-Zone.[26] In struktureller Hinsicht sind hierbei für den Ausbau des Übertragungsnetzes von Bedeutung[27]:

- 23 Vorhaben nach dem EnLAG. Für sie gilt nach § 1 Abs. 1 EnLAG der Bundesbedarfsplan, für ihre Zulassung ist regelmäßig ein Raumordnungsverfahren nach § 15 ROG[28] sowie ein Planfeststellungsverfahren nach den §§ 43 ff. EnWG durchzuführen.
- grenzüberschreitende und länderübergreifende Leitungen nach § 2 Abs. 1 NABEG, die im Bundesbedarfsplan als solche gekennzeichnet sind. Für sie gilt der Bundesbedarfsplan nach § 12e EnWG, für ihre Zulassung ist sowohl eine Bundesfachplanung nach § 4 ff. NABEG, ein Planfeststellungsverfahren nach §§ 18 ff. NABEG, aber kein Raumordnungsverfahren durchzuführen.
- Sonstige Leitungen des Übertragungsnetzes. Für sie gilt der Bundesbedarfsplan nach § 12e EnWG, für ihre Zulassung ist regelmäßig ein Raumordnungsverfahren nach § 15 ROG sowie ein Planfeststellungsverfahren nach den §§ 43 ff. EnWG durchzuführen.

Für Leitungen auf der 110-kV-Ebene gibt es keinen Bedarfsplan. Für ihre Zulassung ist ein Raumordnungsverfahren nach § 15 ROG sowie ein nachfolgendes Planfeststellungsverfahren nach den §§ 43 ff. EnWG durchzuführen. Schließlich gibt es auch noch Leitungsvorhaben, für die weder das Raumordnungsrecht noch das Energierecht ein Planungs- oder Genehmigungserfordernis vorsehen. Dies betrifft solche Leitungsvorhaben mit einer Nennspannung unter 110 kV.[29] Doch gelten

26 Aufgrund der für sie geltenden besonderen Bestimmungen werden im Folgenden Leitungen in der deutschen AWZ oder im Bereich des Festlandsockels (sog. „Offshore-Leitungen") nicht weiter berücksichtigt.

27 Siehe auch: Schneider, Planungs- und Genehmigungsverfahren zum Ausbau des Stromübertragungsnetzes, EnWZ 2013, 339 (340); Vorliegend nicht eingegangen wird auf die besonderen Vorschriften im Zusammenhang mit Leitungen des Bahnstromnetzes, die entweder nach dem NABEG oder dem AEG geplant werden sowie auf Gasversorgungsleitungen.

28 Raumordnungsgesetz v. 22.12.2008 (BGBl. I S. 2986) zuletzt geändert durch Art. 9 d. G. v. 31.07.2009 (BGBl. I S. 2585) einschließlich ergänzender oder modifizierender Regelungen des jeweiligen Landesplanungsrechts.

29 Dies gilt auch für Erdkabelleitungen mit Nennspannungen über 110 kV.

dann insbesondere die allgemeinen Anforderungen des Bau- und Umweltrechts.[30] Dabei ist zu berücksichtigen, dass sich aus dem Fachzulassungsrecht für diese Leitungen meistens keine Verpflichtung zur Prüfung der umfassenden Rechtmäßigkeit[31] des Vorhabens ergibt.[32] Insoweit angesprochen sind etwa Vorhaben, die einer wasserrechtlichen Genehmigung bedürfen,[33] da eine wasserrechtliche Erlaubnis oder Bewilligung nach § 12 Abs. 1 Nr. 2 WHG zu versagen ist, wenn andere Anforderungen nach öffentlich-rechtlichen Vorschriften, wie solche des Bauplanungsrechts, nicht erfüllt werden.

III. Der übergeordnete planerische Rahmen

Vor der Zulassung eines Energieleitungsvorhabens steht mittlerweile ein komplexes, sich gegenseitig ergänzendes, zeitlich sowohl vorlaufendes als auch parallel sich vollziehendes Geflecht planungs- und genehmigungsbezogener Maßnahmen, die im Rahmen gegenseitiger Verknüpfungen und Abhängigkeiten auf einer ersten Stufe des Übertragungsnetzausbaus eine Bedarfsplanung für die Übertragungsnetze konturieren.[34]

1. *Szenariorahmen*

Aufgabe des Szenariorahmens ist es, die Bandbreite wahrscheinlicher Entwicklungen im Übertragungsnetzbereich auf prognostischer Grundlage vor dem Hintergrund der energiepolitischen Zielsetzungen für die nächsten zehn Jahre abzubilden. Der Szenariorahmen findet seine rechtliche Verankerung in § 12a Abs. 1 S. 1 EnWG[35]. Hiernach sind

---

30 Z. B. des Immissionsschutzrechts oder des Waldrechts.

31 Überdies sehen die meisten Landesbauordnungen die Erteilung einer Baugenehmigung für solche Vorhaben nicht vor.

32 Vgl. Wagner/Faßbender/Gläß, in: Posser/Faßbender (Hrsg.), Praxishandbuch Netzplanung und Netzausbau, Berlin 2013, Kap. 7 Rn. 152 ff.

33 Bauplanungsrechtliche Tatbestände sind auch für die Beurteilung naturschutz- und artenschutzfachlicher Prüfungen maßgeblich.

34 Zur Entwicklung sowie zum Aufbau: Vgl. Antweiler, Bedarfsplanung für den Stromnetzausbau – Rechtsverstöße und Rechtsfolgen, NZBau 2013, 337 (338).

35 Gesetz über die Elektrizitäts- und Gasversorgung (Energiewirtschaftsgesetz – EnWG) v. 07.07.2005 (BGBl. I S. 1970, 3621), zuletzt geändert durch Art. 6 d. G. v. 21.07.2014 (BGBl. I S. 1066).

die Betreiber der Übertragungsnetze verpflichtet, jährlich einen gemeinsamen Szenariorahmen zu erarbeiten. Dieser dient im Weiteren dann als Grundlage für den Netzentwicklungsplan sowie außerdem auch für einen speziellen Offshore-Netzentwicklungsplan[36]. Die Szenarien sollen für die nächsten zehn Jahre die Bandbreite wahrscheinlicher Entwicklungen im Rahmen der mittel- und langfristigen energiepolitischen Ziele der Bundesregierung abdecken. Der Szenariorahmen soll mindestens drei Entwicklungspfade (Szenarien) umfassen, wobei eines der Szenarien die wahrscheinliche Entwicklung für die nächsten zwanzig Jahre darstellen muss. Für den Szenariorahmen legen die Übertragungsnetzbetreiber nach § 12a Abs. 1 S. 4 EnWG angemessene Annahmen für die jeweiligen Szenarien zu Erzeugung, Versorgung und Verbrauch von Strom sowie dessen Austausch mit anderen Ländern zu Grunde und berücksichtigen geplante Investitionsvorhaben der europäischen Netzinfrastruktur. Dabei müssen die Übertragungsnetzbetreiber bereits den Entwurf des Szenariorahmens der Regulierungsbehörde[37] vorlegen (vgl. § 12a Abs. 2 S. 1 EnWG). Diese macht nach § 12a Abs. 2 S. 2 EnWG den Entwurf dann auf ihrer Internetseite öffentlich bekannt und gibt der Öffentlichkeit,[38] einschließlich tatsächlicher und potenzieller Netznutzer, den nachgelagerten Netzbetreibern sowie den Trägern öffentlicher Belange Gelegenheit zur Äußerung.[39] Dadurch soll schon auf dieser frühen Stufe des Netzausbaus dem Akzeptanzgedanken Rechnung getragen werden, indem die Öffentlichkeit sowie die Träger öffentlicher Belange die Möglichkeit erhalten,

---

36 Vgl. hierzu § 17b EnWG.

37 Regulierungsbehörde ist nach § 54 Abs. 1 EnWG die Bundesnetzagentur (BNetzA). Der erste Szenariorahmen stammt v. 20.12.2011. Hierzu: Schütte/Winkler, Aktuelle Entwicklungen im Bundesumweltrecht, ZUR 2012, 193 (193 f.). Der heute maßgebliche 4. Szenariorahmen 2025 wurde der BNetzA von den Übertragungsnetzbetreibern am 30.04.2014 vorgelegt. Die Öffentlichkeit konnte sich v. 12.05. bis zum 23.06.2014 schriftlich zum Entwurf äußern und/oder am Workshop am 28.05.2014 in Berlin teilnehmen.

38 Diese Möglichkeit bestand in der Zeit v. 12. bis 23.06.2014 entweder durch schriftliche Stellungnahme und/oder durch Teilnahme an einem Workshop am 28.05.2014 in Berlin.

39 Für die Akzeptanz des Szenariorahmens ist dies wichtig, denn aus ihm ergeben sich maßgebliche Auswirkungen auf den anschließend zu ermittelnden Netzausbaubedarf; Vgl. auch Steinbach a. a. O. (Fußn. 13), 921 (924).

sich zum Szenariorahmen zu äußern. Im Bereich der räumlichen Fachplanung ist dies ein neuer Weg, der nicht zuletzt das Ergebnis der Diskussionen um das Projekt „Stuttgart 21" widerspiegelt.

Der BNetzA obliegt es, nach § 12c Abs. 6 EnWG durch Festlegung nähere Bestimmungen zur Ausgestaltung des nach § 12a Abs. 2 EnWG durchzuführenden Verfahrens der Öffentlichkeitsbeteiligung zu treffen. Genehmigt wird der Szenariorahmen unter Berücksichtigung der Ergebnisse der Öffentlichkeitsbeteiligung[40] ebenfalls von der BNetzA. Dies regelt § 12a Abs. 3 EnWG. Aus der Anforderung, dass die Szenarien die Bandbreite wahrscheinlicher Entwicklungen im Rahmen der mittel- und langfristigen energiepolitischen Ziele der Bundesregierung abdecken, wird deutlich, dass die den Szenarien zu Grunde liegenden prognostischen Annahmen zunächst energiepolitische Zielsetzungen der Bundesregierung voraussetzen, an die auch die BNetzA gebunden ist.[41] Dadurch wird im Übrigen auch der einer Prognose zu Grunde liegende fachliche Spielraum eingefangen, in dem eine zwingende Verknüpfung von fachlicher Prognose und energiepolitischen Zielsetzungen der Bundesregierung hergestellt wird.[42]

Spezielle Anforderungen an die Beteiligung bei Fortschreibung des Szenariorahmens enthält § 12d EnWG. Hiernach kann sich die Beteiligung der Öffentlichkeit, einschließlich tatsächlicher und potenzieller Netznutzer, der nachgelagerten Netzbetreiber sowie der Träger öffentlicher Belange nach § 12a Abs. 2, § 12b Abs. 3 und § 12c Abs. 3 EnWG nach der erstmaligen Bestätigung des Netzentwicklungsplans auf Änderungen des Szenariorahmens gegenüber dem Vorjahr beschränken. Allerdings muss mindestens alle drei Jahre sowie in den Fällen des § 12c Abs. 1 S. 3 EnWG ein vollständiges Verfahren nach den §§ 12a bis 12c EnWG durchgeführt werden.

---

40 Diese spielen auch noch einmal bei der Erstellung einer zusammenfassenden Erklärung für den Netzentwicklungsplan eine Rolle (vgl. § 12b Abs. 4 S. 1 EnWG).

41 Hermes, a.a.O. (Fußn. 20), 395 (396).

42 Leidinger, a.a.O. (Fußn. 13), 683 (685) schließt daraus zu Recht, dass durch die BNetzA insoweit keine „Richtigkeitskontrolle" sondern vielmehr lediglich eine „Plausibilitätskontrolle" vorgenommen werden kann.

2. *Netzentwicklungsplanung*

Der genehmigte Szenariorahmen stellt die Grundlage für die Ausarbeitung des nationalen Netzentwicklungsplans dar.[43] Auch seine Erarbeitung fällt in den Aufgabenbereich der Übertragungsnetzbetreiber. Der Netzentwicklungsplan[44] enthält Aussagen darüber, welche Maßnahmen für eine bedarfsgerechte Optimierung, Verstärkung oder für den Netzausbau erforderlich sind, um in zehn Jahren einen funktionierenden Netzbetrieb gewährleisten zu können. Dabei kommt das sog. „NOVA-Prinzip“[45] zur Anwendung, welches einer Optimierung des Netzbetriebs den Vorrang vor einer Netzverstärkung oder einem Netzausbau einräumt. Genaue Trassen enthält der Netzentwicklungsplan noch nicht, vielmehr werden lediglich die Anfangs- und Endpunkte festgelegt. Zu unterscheiden sind der Netzentwicklungsplan Strom für die Maßnahmen an Land (NEP) und der Offshore-Netzentwicklungsplan (NEP-O)[46] für den Anschluss der Windparks auf See.

Was das Verfahren angeht, so ist der Entwurf des Netzentwicklungsplans, einschließlich aller weiteren erforderlichen Informationen nach § 12b Abs. 3 S. 1 EnWG von den Übertragungsnetzbetreibern vor Vorlage bei der BNetzA im Internet auf den Seiten der Übertragungsnetzbetreiber zu veröffentlichen.[47] Darin liegt ein wichtiger Unterschied zum

43 Kritisch: Kment, Regulierungsrecht – Zukunfts- oder Auslaufmodell?, ZVglRWiss 2013, 123 (130 f.).

44 Die BNetzA hat gegenwärtig den Netzentwicklungsplan Strom 2023 und den Offshore-Netzentwicklungsplan 2023 bestätigt. Darin wurden von 90 vorgeschlagenen Maßnahmen 56 bestätigt (im Offshore-Bereich 8 von 10). Insgesamt werden rund 2.800 km an Optimierungs- und Verstärkungsmaßnahmen in Bestandstrassen sowie ca. 2.650 km an neuen Leitungstrassen vorgesehen. Es waren mehr als 7.000 Stellungsnahmen zu berücksichtigen. Vgl. BNetzA, Netzentwicklungspläne 2023 und Umweltbericht, im Internet unter:http://www.netzausbau.de/cln_1431/DE/Bedarfsermittlung/Bravo/NEP-UB_Bravo/NEP-UB_Bravo-node.html. Zugriff am 25.08.2014.

45 Vgl. BNetzA, Netzentwicklungspläne und Umweltbericht, im Internet unter: http://www.netzausbau.de/cln_1431/DE/Verfahren/NEP-UB/NEP-UB-node.html. Zugriff am 25.08.2014.

46 Er enthält vor allem Angaben darüber, in welcher zeitlichen Abfolge Leitungen zwischen den Windparks und dem Stromnetz an Land errichtet werden sollen.

47 Der Entwurf des NEP 2014 stand v. 16.04. bis 28.05.2014 zur Konsultation und soll auf Grundlage der eingegangenen Stellungnahmen bis Herbst 2014 zu

Szenariorahmen, denn nach § 12a Abs. 2 S. 2 EnWG ist dort die BNetzA in dieser Verpflichtung. Im Rahmen der Veröffentlichung soll erneut der Öffentlichkeit, einschließlich tatsächlicher und potenzieller Netznutzer, nachgelagerten Netzbetreibern, den Trägern öffentlicher Belange und den Energieaufsichtsbehörden der Länder die Möglichkeit zur Äußerung eingeräumt werden. Es handelt sich neben dem Szenariorahmen hier schon um die zweite Beteiligungsstufe für Träger öffentlicher Belange und die Öffentlichkeit. Die BNetzA kann nach § 12c Abs. 6 EnWG durch Festlegung auch für die Netzentwicklungsplanung nähere Bestimmungen zur Ausgestaltung des nach § 12b Abs. 3 durchzuführenden Verfahrens der Öffentlichkeitsbeteiligung treffen. Die Betreiber von Elektrizitätsverteilernetzen sind verpflichtet, mit den Übertragungsnetzbetreibern so zusammenzuarbeiten, dass eine sachgerechte Erstellung des Netzentwicklungsplans gewährleistet ist. Sie sind insbesondere dazu verpflichtet, den Übertragungsnetzbetreibern für die Erstellung des Netzentwicklungsplans notwendige Informationen auf Anforderung unverzüglich zur Verfügung zu stellen (§ 12b Abs. 3 S. 3 EnWG).

Was den notwendigen Inhalt des Netzentwicklungsplans betrifft, so muss er zunächst alle Maßnahmen enthalten, die nach den Szenarien des Szenariorahmens[48] erforderlich sind, um die Anforderung, die Bandbreite wahrscheinlicher Entwicklungen im Rahmen der mittel- und langfristigen energiepolitischen Ziele der Bundesregierung abzudecken, zu erfüllen (§ 12b Abs. 2 EnWG). Überdies berücksichtigt der Netzentwicklungsplan den gemeinschaftsweiten Netzentwicklungsplan nach Art. 8 Abs. 3b der Verordnung (EG) Nr. 714/20[49] und vorhandene Offshore-Netzpläne. Inhaltliche Gegenstände des nationalen Netzentwicklungsplans sind

einem zweiten zu veröffentlichenden Entwurf gebracht werden. Vgl. 50Hertz Transmission GmbH/Amprion GmbH/TenneT TSO GmbH/TransnetBW GmbH, Netzentwicklungsplan 2014, erster Entwurf, im Internet unter: http://www.netzentwicklungsplan.de/netzentwicklungsplan-2014-erster-entwurf, Zugriff am 25.08.2014.

48 Vgl. oben B. III.1.

49 Verordnung (EG) des Europäischen Parlaments und des Rates v. 13.07.2009 über die Netzzugangsbedingungen für den grenzüberschreitenden Stromhandel und zur Aufhebung der Verordnung (EG) Nr. 1228/2003 (ABl. v. 14.08.2009 L 211, 15).

insoweit alle wirksamen Maßnahmen zur bedarfsgerechten Optimierung, Verstärkung und zum Ausbau des Netzes, die in den nächsten zehn Jahren für einen sicheren und zuverlässigen Netzbetrieb erforderlich sind (vgl. § 12b Abs. 1 S. 2 EnWG). Darüber hinaus enthält der Netzentwicklungsplan § 12b Abs. 1 S. 3 EnWG auch Angaben über:

1. alle Netzausbaumaßnahmen, die in den nächsten drei Jahren ab Feststellung des Netzentwicklungsplans durch die BNetzA für einen sicheren und zuverlässigen Netzbetrieb erforderlich sind,
2. einen Zeitplan für alle Netzausbaumaßnahmen sowie
3.
   a. Netzausbaumaßnahmen als Pilotprojekte für eine verlustarme Übertragung hoher Leistungen über große Entfernungen sowie
   b. den Einsatz von Hochtemperaturleiterseilen als Pilotprojekt mit einer Bewertung ihrer technischen Durchführbarkeit und Wirtschaftlichkeit,
4. den Stand der Umsetzung des vorhergehenden Netzentwicklungsplans und im Falle von Verzögerungen, die dafür maßgeblichen Gründe der Verzögerungen,
5. Angaben zur zu verwendenden Übertragungstechnologie.

Nach § 12b Abs. 4 S. 1 EnWG ist dem Netzentwicklungsplan außerdem auch eine zusammenfassende Erklärung beizufügen über die Art und Weise, wie die Ergebnisse der Beteiligungen sowohl zum Entwurf des Szenariorahmen als auch zum Entwurf des Netzentwicklungsplans in dem Netzentwicklungsplan berücksichtigt wurden und aus welchen Gründen der Netzentwicklungsplan nach Abwägung mit den geprüften, in Betracht kommenden anderweitigen Planungsmöglichkeiten[50] gewählt wurde. Nach § 12b Abs. 1 S. 1 EnWG müssen die Übertragungsnetzbetreiber wiederum der BNetzA jährlich zum 3. März, erstmalig aber erst zum 3. Juni 2012, einen gemeinsamen nationalen Netzentwicklungsplan zur Bestätigung vorlegen.

Die BNetzA prüft dann nach § 12c Abs. 1 S. 1 EnWG den Netzentwicklungsplan in Hinblick auf seine Übereinstimmung mit den Anforderungen gemäß § 12b Abs. 1, 2 und 4 EnWG und unterzieht ihn damit einer staatlichen

50 Im Einzelnen hierzu: Leidinger, a. a. O. (Fn. 13), 683 (686 ff.).

Kontrolle.[51] Die Prüfung bezieht sich allerdings nicht auf die ordnungsgemäße Durchführung der Öffentlichkeitsbeteiligung nach § 12b Abs. 3 EnWG, so dass Verstöße insoweit sanktionslos bleiben.[52] Denn diese Regelung wird von § 12c Abs. 1 S. 1 EnWG nicht in Bezug genommen. Außerdem wird die BNetzA gemäß § 12c Abs. 1 S. 2 EnWG sogar dazu ermächtigt, im Falle eines negativen Prüfergebnisses[53] Änderungen des Entwurfs durch die Übertragungsnetzbetreiber zu verlangen. Ein insoweit geänderter Netzentwicklungsplan ist der BNetzA unverzüglich vorzulegen.[54]

Im Übrigen obliegt der BNetzA auch die Durchführung einer strategischen Umweltprüfung. Entsprechende Anforderungen lassen sich § 12c Abs. 2 S. 1 EnWG entnehmen. Frühzeitig, während des Verfahrens zur Erstellung des Netzentwicklungsplans nach § 12b EnWG[55] hat die BNetzA zur Vorbereitung des Bedarfsplans nach § 12e EnWG einen Umweltbericht[56] zu erstellen, der den Anforderungen des § 14g UVPG[57] entsprechen muss.[58] Auch in diesem Zusammenhang stellen die Übertragungsnetzbetreiber der BNetzA die erforderlichen Informationen zur Verfügung. Allerdings ist schon an dieser Stelle auf eine Besonderheit hinzuweisen. Da der nationale Netzentwicklungsplan jährlich zu erarbeiten ist, der Bundesbedarfsplan[59] aber nur mindestens alle drei Jahre, ist für den Fall, dass letzterer nicht aufgestellt wird, für den jährlichen Netzentwicklungsplan auch keine strategische

---

51 Erbguth, Energiewende: großräumige Steuerung der Elektrizitätsversorgung zwischen Bund und Ländern, NVwZ 2012, 326 (327).

52 Zu Recht: Schirmer/Seiferth, a.a.O. (Fußn. 20), 515 (516).

53 Hermes, a.a.O. (Fußn. 20), 395 (396).

54 Vgl. § 12c Abs. 5 EnWG.

55 Und des Offshore-Netzentwicklungsplans nach § 17b EnWG.

56 Dabei bezieht der Umweltbericht den Umweltbericht zum Bundesfachplan Offshore nach § 17a Abs. 3 EnWG ein und kann außerdem auf zusätzliche oder andere als im Umweltbericht zum Bundesfachplan Offshore nach § 17a Abs. 3 EnWG enthaltene erhebliche Umweltauswirkungen beschränkt werden.

57 Gesetz über die Umweltverträglichkeitsprüfung (UVPG) i. d. F. der Bekanntmachung v. 24.02.2010 (BGBl. I S. 94), zuletzt geändert durch Art 10 d. G. v. 25.07.2013 (BGBl. I S. 2749).

58 Hierzu ausführlich: Calliess/Dross, Alternativenprüfungen im Kontext des Netzausbaus – Überlegungen mit Blick auf die Strategische Umweltprüfung des Bundesbedarfsplans Übertragungsnetze, ZUR 2013, 76 (76 f.).

59 Vgl. unten B. III.3.

Umweltprüfung durchzuführen. Dies greift § 12e Abs. 5 EnWG für den Bundesbedarfsplan auf. Soweit nur geringfügige Änderungen des Bundesbedarfsplans vorgenommen werden, ist eine strategische Umweltprüfung nur dann durchzuführen, wenn im Rahmen eines Screenings ermittelt worden ist, dass erhebliche Umweltauswirkungen zu erwarten sind.

Hat die BNetzA die Prüfung des Netzentwicklungsplans abgeschlossen, beteiligt sie auf einer weiteren Beteiligungsstufe noch einmal unverzüglich die Behörden, deren Aufgabenbereich berührt wird sowie die Öffentlichkeit. Dies verlangt § 12c Abs. 3 S. 1 EnWG. Gegenstand der Beteiligung ist der Entwurf des Netzentwicklungsplans und in den Fällen des § 12e EnWG, wo der Netzentwicklungsplan auch als Entwurf für den Bundesbedarfsplan dient, auch der Umweltbericht. Beides ist sechs Wochen lang am Sitz der BNetzA auszulegen und darüber hinaus auf der Internetseite zur Förderung der Akzeptanz öffentlich bekannt zu machen. Die betroffene Öffentlichkeit kann sich dann bis zwei Wochen nach Ende der Auslegung äußern (vgl. § 12c Abs. 3 S. 4 EnWG). Der BNetzA steht auch hier nach § 12c Abs. 6 EnWG die Möglichkeit offen, durch Festlegung nähere Bestimmungen zur Ausgestaltung des nach § 12c Abs. 3 EnWG durchzuführenden Verfahrens der Öffentlichkeitsbeteiligung zu treffen.

Nach Durchführung des Planungsverfahrens bestätigt[60] bzw. genehmigt die BNetzA den jährlichen Netzentwicklungsplan unter Berücksichtigung des Ergebnisses der Behörden- und Öffentlichkeitsbeteiligung mit Wirkung[61] für die Übertragungsnetzbetreiber (§ 12c Abs. 4 S. 1 EnWG).[62] Der nationale Netzentwicklungsplan erhält dadurch rechtliche Verbindlichkeit.[63]

---

60 Nach § 12c Abs. 4 S. 3 EnWG ist die Bestätigung nicht selbstständig durch Dritte anfechtbar. Differenziert Appel, a.a.O. (Fußn. 13),406 (412) bejahend für Dritte, verneinend für Vorhabenträger; Moench/Ruttloff, Netzausbau in Beschleunigung, NVwZ 2011, 1040 (1042) verneinend in Bezug auf die Vereinbarkeit dieser Bestimmung mit Unionsrecht.

61 Zu den Folgen: Vgl. Schirmer/Seiferth, a.a.O. (Fußn. 20), 515 (517).

62 Vgl. hierzu die entsprechenden Downloads auf der Homepage der BNetzA: 50Hertz Transmission GmbH/Amprion GmbH/TenneT TSO GmbH/TransnetBW GmbH, Netzentwicklungsplan 2014, erster Entwurf, im Internet unter http://www.netzentwicklungsplan.de/netzentwicklungsplan-2014-erster-entwurf, Zugriff am 25.08.2014.

63 Kment, Grundstrukturen der Netzintegration Erneuerbarer Energien, UPR 2014, 81 (84). Vgl. auch § 65 Abs. 2a S. 1 EnWG.

Der bestätigte Netzentwicklungsplan hat insoweit sowohl eine planungsrechtliche Bedeutung und zwar als Entwurf für den Bundesbedarfsplan, als auch eine regulierungsrechtliche Wirkung und zwar dergestalt, dass die Übertragungsnetzbetreiber verpflichtet sind, die in ihm enthaltenen Maßnahmen zur bedarfsgerechten Optimierung, Verstärkung und zum Ausbau des Netzes für einen Zeitraum von zehn bis zwanzig Jahren zu realisieren.[64] Die BNetzA kann sogar bestimmen, welcher Übertragungsnetzbetreiber für die Durchführung bestimmter Maßnahmen des Netzentwicklungsplans verantwortlich ist.[65] Sollten nach Ablauf von drei Jahren nach Verbindlichkeit des Netzentwicklungsplans diese Maßnahmen noch nicht getätigt, aber nach wie vor relevant sein, fordert die BNetzA den Übertragungsnetzbetreiber nach § 65 Abs. 2a S. 1 EnWG mit Fristsetzung zur Durchführung entsprechender Investitionen auf.[66]

Wie mit der Öffentlichkeitsbeteiligung im Rahmen der Fortschreibung des Netzentwicklungsplans umzugehen ist, regelt § 12d EnWG. Hiernach kann sich die Beteiligung der Öffentlichkeit, einschließlich tatsächlicher und potenzieller Netznutzer, der nachgelagerten Netzbetreiber sowie der Träger öffentlicher Belange nach § 12a Abs. 2, § 12b Abs. 3 und § 12c Abs. 3 EnWG nach der erstmaligen Bestätigung des Netzentwicklungsplans auf Änderungen des Netzentwicklungsplans gegenüber dem Vorjahr beschränken. Allerdings muss mindestens alle drei Jahre sowie in den Fällen des § 12c Abs. 1 S. 3 EnWG ein vollständiges Verfahren nach den §§ 12a bis c EnWG durchgeführt werden.

3. *Bundesbedarfsplanung (und Bundesbedarfsplangesetz)*

Der Bundesbedarfsplan[67] ist in § 12e EnWG geregelt. Zunächst übermittelt die BNetzA den Netzentwicklungsplan[68] mindestens alle drei Jahre der Bundesregierung als Entwurf für einen Bundesbedarfsplan

---

64 Hermes, a.a.O. (Fußn. 20), 395 (396 f.); ders., Planungsrechtliche Sicherung einer Energiebedarfsplanung – ein Reformvorschlag, ZUR 2014, 259 (260).

65 Siehe auch: Moench/Rutloff, a.a.O. (Fußn. 60), 1040 (1042).

66 Zur Begründung der Investitionspflicht: Vgl. § 12 Abs. 1 und 3 sowie § 12c Abs. 4 EnWG.

67 Zu den umweltprüfungsrechtlichen Anforderungen: Vgl. oben B. III.2.

68 Und den Offshore-Netzentwicklungsplan.

(§ 12e Abs. 1 S. 1 EnWG). Entsprechend der Gesetzesbegründung[69] stellt der von der BNetzA bestätigte nationale Netzentwicklungsplan die Grundlage für die Ausarbeitung des Entwurfs für einen Bundesbedarfsplan dar. Aus dem Wortlaut in § 12e Abs. 1 S. 1 EnWG ergibt sich dies nicht eindeutig. Danach handelt es sich bei dem bestätigten nationalen Netzentwicklungsplan und dem „Entwurf für einen Bundesbedarfsplan“ um ein identisches Plandokument. Letzteres vermag nicht zu überzeugen. Denn insoweit wäre es der Bundesregierung untersagt, Änderungen am Netzentwicklungsplan vorzunehmen. Vielmehr käme ihr nur eine Weiterleitungsfunktion zu, die nicht nur nicht notwendig wäre, sondern auch ansonsten den ausdrücklich gesetzlich normierten energiepolitischen Einwirkungen[70] auf die Übertragungsnetzinfrastruktur zuwider laufen würde. Überdies wird in diesem Zusammenhang auch darauf hingewiesen,[71] dass insoweit das in § 76 Abs. 1 GG[72] normierte Initiativrecht der Bundesregierung im Hinblick auf das Einbringen von Gesetzesvorlagen unterlaufen würde.

In ihrem Entwurf[73] für einen Bundesbedarfsplan kennzeichnet die BNetzA nach § 12e Abs. 2 S. 1 EnWG in Form einer Liste die länderübergreifenden und grenzüberschreitenden Höchstspannungsleitungen.[74] Durch diese Kennzeichnung unterscheidet sich der Bundesbedarfsplan vom Netzentwicklungsplan, denn dieser ist inhaltlich allein an den Anforderungen des § 12b Abs. 1 S. 3 EnWG ausgerichtet. Der Kennzeichnung ist erhebliche Bedeutung beizumessen, da die im Bundesbedarfsplan gekennzeichneten Leitungen dem Anwendungsbereich des NABEG[75] zugeordnet werden.

---

69 BT-Drs. 17/6072, 69.

70 Z. B. bei der Ausgestaltung des Szenariorahmens: Vgl. oben B. III.1.

71 Schirmer/Seiferth, a.a.O. (Fußn. 20), 515 (517).

72 Grundgesetz für die Bundesrepublik Deutschland v. 23.05.1949 (BGBl. I S. 1), zuletzt geändert durch Art. 2 d. G. v. 11.07.2012 (BGBl. I S. 1478).

73 Dem Entwurf ist eine Begründung beizufügen (§ 12e Abs. 2 S. 2 EnWG).

74 Dies gilt auch für die Anbindungsleitungen von den Offshore-Windpark-Umspannwerken zu den Netzverknüpfungspunkten an Land.

75 Vgl. § 2 Abs. 1 NABEG. Zur Entstehung: Vgl. Wagner, a.a.O. (Fußn. 13), 1453 (1453 f.).

An diesem Umstand können die rechtlich wichtigsten Auswirkungen[76] des Bundesbedarfsplans festgemacht werden:

- Von allgemeiner Bedeutung ist zunächst, dass nach § 12e Abs. 4 S. 1 EnWG mit dem Erlass des Bundesbedarfsplans für die darin enthaltenen Vorhaben die energiewirtschaftliche Notwendigkeit und der vordringliche Bedarf im Sinne einer Planrechtfertigung[77] gesetzlich festgestellt[78] sind, und zwar mit rechtlicher Verbindlichkeit für den Netzbetreiber sowie auch für die das Planfeststellungs- bzw. Plangenehmigungsverfahren nach den §§ 43 ff. EnWG und §§ 18 NABEG durchführenden Behörden.
- Außerdem ist von besonderer Bedeutung, dass für alle als länderübergreifend oder grenzüberschreitend gekennzeichneten Höchstspannungsleitungen nunmehr das Regime der Bundesfachplanung nach den Bestimmungen der §§ 4 ff. NABEG sowie auch der besonderen Planfeststellung nach den §§ 18 ff. NABEG zur Anwendung kommt.

Darüber hinaus ist auch noch darauf hinzuweisen, dass § 4 BBPlG für die in den Bedarfsplan aufgenommenen Vorhaben[79] die Anwendbarkeit von

76 Hermes, a.a.O. (Fußn. 64), 259 (260).

77 Antweiler, a.a.O. (Fußn. 34), 337 (338); Grigoleit/Weisensee, a.a.O. (Fußn. 13), 401 (402); Durner, Vollzugs- und Verfassungsfragen des NABEG, NuR 2012, 369 (370). Zu in den Bedarfsplan aufgenommenen Vorhaben nach § 1 Abs. 2 EnLAG hat die Rechtsprechung (vgl. BVerwG, Urt. v. 18.07.2013 – 7 A 4/12 – NVwZ 2013, 1605 (1608)) Zielkonformität und Bedarf im Sinne der Planrechtfertigung durch den Gesetzgeber mit Verbindlichkeit auch für die Gerichte bereits festgestellt und für die verfassungsrechtlichen Anforderungen als genügend angesehen. Nur, wenn im Hinblick auf einen künftigen Bedarf jegliche Notwendigkeit fehlt, werden die Grenzen des dem Gesetzgeber zustehenden weiten Gestaltungs- und Prognosespielraums bei der Bedarfsfeststellung überschritten und die Bedarfsfeststellung damit verfassungswidrig.

78 Ruge, Neues vom Netzausbau: Bundesbedarfsplangesetz, EnWZ 2013, 435 (436); Appel, a.a.O. (Fußn. 13), 406 (408).

79 Dies gilt auch für Verfahren, die Maßnahmen zur Vorbereitung der Baudurchführung, namentlich zur Vorbereitung der Ausschreibung und Ausführungsplanung zum Gegenstand haben. Vgl. BVerwG, Beschl. v. 09.12.2012 – 7 VR 10/12 – NVwZ 2013, 78 Rn. 6.

§ 50 Abs. 1 Nr. 6 VwGO[80] bestimmt und damit für den Rechtsschutz die erst- und letztinstanzliche Zuständigkeit des Bundesverwaltungsgerichts.[81] Die Bundesregierung legt sodann den Entwurf eines Bundesbedarfsplans gemäß § 12e Abs. 1 S. 2 EnWG dem Bundesgesetzgeber vor. Auch dieser ist nicht an den ihm vorgelegten Entwurf für einen Bundesbedarfsplan gebunden.[82] Der Bundesbedarfsplan wird sodann nach § 12e Abs. 4 S. 1 EnWG durch den Bundesgesetzgeber erlassen.

Hiervon hat der Bundesgesetzgeber mittlerweile Gebrauch gemacht und ein Bundesbedarfsplangesetz[83] erlassen.[84] Damit stehen die Anfangs- und Endpunkte der künftigen Höchstspannungsleitungen fest. Für im BBPlG enthaltene 36 Vorhaben[85] werden die energiewirtschaftliche Notwendigkeit und der vordringliche Bedarf als Bundesbedarfsplan gemäß § 12e EnWG mit Verbindlichkeit für die Übertragungsnetzbetreiber gesetzlich festgestellt. Für 16 der im BBPlG aufgelisteten Vorhaben wurde eine Kennzeichnung als länderübergreifend oder grenzüberschreitend vorgenommen.

Für die Öffentlichkeit bestehen im Rahmen der Bedarfsplanung Mitwirkungsmöglichkeiten in zweierlei Hinsicht: Bei den Konsultationen

- zum energiepolitischen Szenariorahmen[86] sowie
- zum Netzentwicklungsplan.[87]

---

80 Verwaltungsgerichtsordnung (VwGO) i. d. F. der Bekanntmachung v. 19.03.1991 (BGBl. I S. 686), zuletzt geändert durch Art. 26 d. G. v. 10.10.2013 (BGBl. I S. 3786).

81 Zur Verfassungsmäßigkeit: Vgl. BVerwG, Beschl. v. 24.05.2012 – 7 VR 4/12 – NuR 2012, 710 Rn. 20 ff.; Urt. v. 26.09.2013 – 4 VR 1.13 – UPR 2014, 106, 107.

82 Leidinger, a. a. O. (Fußn. 13), 683 (689); Appel, a. a. O. (Fußn. 13), 406 (408); Moench/Rutloff, a. a. O. (Fußn. 60), 1040 (1042); Kment, a. a. O. (Fußn. 63), 81 (84).

83 Gesetz über den Bundesbedarfsplan (Bundesbedarfsplangesetz – BBPlG) v. 23.07.2013 (BGBl I 2013 S. 2543; BGBl. I 2014 S. 148), zuletzt geändert durch Art. 11 d. G. zur grundlegenden Reform des Erneuerbare-Energien-Gesetzes und zur Änderung weiterer Bestimmungen des Energiewirtschaftsrechts v. 21.07.2014 (BGBl. I S. 1066).

84 Ausführlich hierzu: Ruge, a. a. O. (Fußn. 78), 435 (435 ff); Antweiler, a. a. O. (Fußn. 34), 337 (337 ff.).

85 Vgl. Anlage 1 zu § 1 Abs. 1 BBPlG.

86 Vgl. oben B. III.1.

87 Vgl. oben. B. III.2.

Dabei ist darauf hinzuweisen, dass durch Art. 11 des „Gesetzes zur grundlegenden Reform des Erneuerbare-Energien-Gesetzes und zur Änderung weiterer Bestimmungen des Energiewirtschaftsrechts“ das BBPlG geändert und insoweit eine Modifizierung der Kennzeichnungen vorgenommen wurde. Begründet werden die vorgenommenen Änderungen mit einer größeren Flexibilität bei der Planung und Realisierung von Netzausbauvorhaben und einer Steigerung der Akzeptanz für Ausbaumaßnahmen.[88] So wurde gegenüber der vormals geltenden Anlagenfassung für die Vorhaben der Nr. 4[89] und der Nr. 30[90] die Kennzeichnung mit dem Großbuchstaben „C“[91] gestrichen. Zurückzuführen ist dies auf eine Änderung des § 2 Abs. 2 S. 1 BBPlG-2013. Nach der alten Fassung der Vorschrift konnten die im Bundesbedarfsplan mit „B“ gekennzeichneten Vorhaben als Pilotprojekte errichtet und betrieben werden. Um dabei aber auch den Einsatz von Erdkabeln testen zu können, konnten nach § 2 Abs. 2 S. 2 BBPlG-2013 die zusätzlich mit „C“ gekennzeichneten Vorhaben[92] auf technisch und wirtschaftlich effizienten Teilabschnitten als Erdkabel errichtet und betrieben oder geändert werden. Die vorgenommene Neuregelung sieht nunmehr eine Erweiterung der Möglichkeiten zur teilweisen Erdverkabelung auf alle Pilotvorhaben nach § 2 Abs. 2 S. 1 BBPlG vor. Dementsprechend lautet § 2 Abs. 2 S. 2 BBPlG: „Um den Einsatz von Erdkabeln bei Pilotprojekten nach Satz 1 zu testen, können diese auf technisch und wirtschaftlich effizienten Teilabschnitten als Erdkabel errichtet und betrieben oder geändert werden, wenn die Anforderungen nach § 2 Absatz 2 Satz 1 Nummer 1 oder Nummer 2 des Energieleitungsausbaugesetzes erfüllt sind.“ Nur bei Vorhaben oder Abschnitten von Vorhaben, die in der Trasse mit bestehenden oder bereits zugelassenen Hoch- oder Höchstspannungsfreileitungen zum Zwecke der Bündelung errichtet, betrieben oder geändert werden sollen, ist eine Erdverkabelung ausgeschlossen. Die Erdverkabelung erstreckt sich damit auf Neubauvorhaben, im

88 Vgl. BT-Drs. 0157/14, 304.
89 Vorhaben „Höchstspannungsleitung Wilster – Grafenrheinfeld; Gleichstrom“.
90 Vorhaben „Höchstspannungsleitung Oberzier – Bundesgrenze (BE); Gleichstrom“.
91 Mit dem Großbuchstaben „C“ wurden Pilotprojekte für Erdkabel im Sinne von § 2 Abs. 2 S. 2 BBPlG-2013 gekennzeichnet.
92 Das sind die vorgenannten Vorhaben nach Nr. 4 und 30 der Anlage 1.

Einzelfall – aus Gründen der geringeren Eingriffsintensität gegenüber einer parallel zu errichtenden Kabeltrasse mit neuen und andersartigen Umweltauswirkungen[93] – auch als Parallelführung mit einer bestehenden Hoch- oder Höchstspannungsfreileitung. Die Voraussetzung, dass es sich dabei um ein Pilotvorhaben handeln muss, bleibt freilich bestehen, so dass nicht alle Vorhaben nunmehr auf ihre technische und wirtschaftliche Effizienz in Teilabschnitten geprüft werden müssen.

Nach § 2 Abs. 1 S. 1 und 2 BBPlG sind die im Bundesbedarfsplan mit „A1" gekennzeichneten Vorhaben länderübergreifend, die mit „A2" gekennzeichneten Vorhaben grenzüberschreitend im Sinne von § 2 Abs. 1 NABEG. Dies gilt auch für solche Vorhaben, die mit „A1" und „B" gekennzeichnet sind, da sich aus § 2 Abs. 1 NABEG ergibt, dass es für den Anwendungsbereich des NABEG allein auf die Kennzeichnung nach § 12e Abs. 4 S. 1 EnWG im Bundesbedarfsplan ankommt. Die Übertragungsnetzbetreiber als Vorhabenträger können nun für die so gekennzeichneten Leitungsvorhaben Anträge auf Bundesfachplanung[94] vorbereiten.

Die im Bundesbedarfsplan mit „B" gekennzeichneten Vorhaben können als Pilotprojekte für eine verlustarme Übertragung höherer/hoher Leistungen über große Entfernungen nach § 12b Abs. 1 S. 3 Nr. 3a EnWG errichtet und betrieben werden.

Die mit „B" gekennzeichneten Pilotprojekte können auf Verlangen der für die Zulassung der Vorhaben zuständigen Behörde auf technisch und wirtschaftlich effizienten Teilabschnitten als Erdkabel errichtet, betrieben und geändert werden, wenn die Anforderungen nach § 2 Abs. 2 S. 1 Nr. 1 oder Nr. 2 EnLAG erfüllt sind. Die angeführten Bestimmungen des EnLAG enthalten Anforderungen an die Zulassung von Erdkabelleitungen,

93 Diese Änderung in § 2 Abs. 2 S. 4 BBPlG als vorgenommene Erweiterung der Möglichkeiten der Erdverkabelung ist auf eine Empfehlung des Ausschusses für Wirtschaft und Energie zurückzuführen (vgl. BT-Drs. 18/1891, 218).

94 Vgl. hierzu die „Mustergliederung zum Antrag auf Bundesfachplanung": BNetzA, Bundesfachplanung oder Raumordnungsverfahren?, im Internet unter http://www.netzausbau.de/cln_1431/DE/Verfahren/Bundesfachplanung/Bundesfachplanung-node.html, Zugriff am 25.08.2014.

die in den hier interessierenden Aspekten[95] im Folgenden kurz zusammengefasst werden sollen.[96] So können vier in § 2 Abs. 1 EnLAG angeführte Leitungsvorhaben oder Leitungen nach den Maßgaben von Abs. 2 als Erdkabel errichtet, betrieben oder geändert werden. Durch diese Vorhaben soll der Einsatz von Erdkabeln getestet werden. § 2 Abs. 2 EnLAG verlangt insoweit, dass im Falle des Neubaus, auf Verlangen der für die Zulassung des Vorhabens zuständigen Behörde, eine Höchstspannungsleitung auf einem technisch und wirtschaftlich effizienten Teilabschnitt als Erdkabel zu errichten und zu betreiben oder zu ändern ist, wenn die Leitung

1. in einem Abstand von weniger als 400 Meter zu Wohngebäuden errichtet werden soll, die im Geltungsbereich eines Bebauungsplans oder im unbeplanten Innenbereich im Sinne des § 34 BauGB[97] liegen, falls diese Gebiete vorwiegend dem Wohnen dienen oder
2. in einem Abstand von weniger als 200 Meter zu Wohngebäuden errichtet werden soll, die im Außenbereich im Sinne des § 35 BauGB liegen.

Für die in § 2 Abs. 1 EnLAG angeführten Leitungsvorhaben und Leitungen kann zur besseren Durchsetzungsfähigkeit nach § 2 Abs. 3 EnLAG

---

95 Ergänzend ist noch darauf hinzuweisen, dass § 2 Abs. 4 EnLAG eine spezifische Kostenregelung enthält und dass nach § 3 EnLAG dem Deutschen Bundestag nach Ablauf von jeweils drei Jahren ein durch mehrere Ministerien erstellter Bericht, erstmalig zum 01.10.2012 (vgl. Unterrichtung v. 07.12.2012, Bericht nach § 3 des Energieleitungsausbaugesetzes in BT-Drs. 17/11871, 3 ff.) vorzulegen ist, in dem eine Aussage zu treffen ist, ob der Bedarfsplan der Entwicklung der Elektrizitätsversorgung anzupassen ist. Die Empfehlungen fanden ihre Berücksichtigung in einer Änderung des EnLAG (vgl. Art. 3 des Zweiten Gesetzes über Maßnahmen zur Beschleunigung des Netzausbaus v. 23.07.2013 (BGBl. I S. 2543)). Dies führte zur Streichung des im Bedarfsplan des EnLAG angeführten Vorhabens in Nr. 22.

96 Ausführlich hierzu: Schirmer, Das Gesetz zur Beschleunigung des Ausbaus der Höchstspannungsnetze, DVBl 2010, 1349 (1352 ff.); Elspaß/Schwoon, Energiewende ohne Erdkabel?, NVwZ 2012, 1066 (1066 ff.); Herbold/Pleiner, Die Netzanbindung von Kraftwerken durch Erdkabel auf Hoch- und Höchstspannungsebene, UPR 2013, 258 (258 ff.).

97 Baugesetzbuch i. d. F. v. 23.09.2004 (BGBl. I S. 2414), zuletzt geändert durch Art. 2 d. G. v. 15.07.2014 (BGBl. I S. 954).

ergänzend zu § 43 S. 1 Nr. 1 EnWG ein Planfeststellungsverfahren durchgeführt werden.

Nach § 2 Abs. 3 BBPlG können die durch den Buchstaben „D“ gekennzeichneten Vorhaben ebenfalls als Pilotprojekte errichtet, betrieben oder verändert werden. Sie nutzen, anders als die mit „B“ gekennzeichneten Vorhaben, den Einsatz von Hochtemperaturleiterseilen, also einer differenten Übertragungstechnik, und zwar im Sinne von § 12b Abs. 1 S. 3 Nr. 3b EnWG. Sogar für die nicht mit „D“ gekennzeichneten Vorhaben des Bundesbedarfsplans kann die für die Zulassung zuständige Behörde den Einsatz von Hochtemperaturleiterseilen genehmigen, wenn dies technisch und wirtschaftlich effizient ist. Für alle Leitungsvorhaben des Bundesbedarfsplanes, die nicht dem NABEG unterfallen, weil sie nicht länderübergreifend oder grenzüberschreitend sind, sind die zuständigen Landesbehörden aufgefordert, ein Raumordnungsverfahren einzuleiten.

Die verbleibenden Kennzeichnungen für die einzelnen Vorhaben sind damit reduziert und stellen sich nach der Änderung des BBPlG durch das „Gesetz zur grundlegenden Reform des Erneuerbare-Energien-Gesetzes und zur Änderung weiterer Bestimmungen des Energiewirtschaftsrechts“ im Einzelnen folgendermaßen dar.

A1 – Länderübergreifende Leitung im Sinne von § 2 Abs. 1 BBPlG.
A2 – Grenzüberschreitende Leitung im Sinne von § 2 Abs. 1 BBPlG.
B – Pilotprojekt für verlustarme Übertragung hoher Leistungen über große Entfernungen im Sinne von § 2 Abs. 1 S. 1 BBPlG.
D – Pilotprojekt für Hochtemperaturleiterseile im Sinne von § 2 Abs. 3 S. 2 BBPlG.

C. Zulassung von Höchstspannungsleitungen

Die übergeordneten planerischen Maßnahmen, insbesondere die Bundesbedarfsplanung,[98] stellen die wichtigsten Grundlagen für die Zulassung der Energieleitungsvorhaben zur Verfügung. Die zweite Stufe des Ausbaus der Übertragungsnetze umfasst die Trassenfindung im Wege der

98 Vgl. vorangehend B. III.3.

Bundesfachplanung[99] (sog. „Grobplanung“[100]) sowie die daran anschließende Durchführung von Planfeststellungs- und Plangenehmigungsverfahren (sog. „Feinplanung“[101]).[102]

§ 2 Abs. 1 definiert den Anwendungsbereich des NABEG. Hiernach werden von diesem Gesetz nur die Errichtung oder Änderung von länderübergreifenden oder grenzüberschreitenden Höchstspannungsleitungen,[103] die im Bundesbedarfsplan als solche gekennzeichnet sind, erfasst. Darüber hinaus werden nach § 2 Abs. 3 NABEG auch der Neubau von Höchstspannungsleitungen mit einer Nennspannung von mindestens 110 kV sowie Bahnstromfernleitungen erfasst, sofern die Leitungen zusammen mit einer Hochspannungsleitung nach § 2 Abs. 1 NABEG auf einem Mehrfachgestänge geführt werden können und die Planungen so rechtzeitig beantragt werden, dass die Einbeziehung ohne wesentliche Verfahrensverzögerung für die Bundesfachplanung oder Planfeststellung möglich ist. Demgegenüber gelten die Vorschriften des NABEG nicht für Vorhaben nach dem EnLAG (§ 2 Abs. 4 NABEG).[104]

I. Stufe 1: Bundesfachplanung

Aufgabe der Bundesfachplanung ist die Findung eines raumverträglichen Trassenkorridors,[105] innerhalb dessen dann eine Entscheidung über die

99 Hierzu: Schütte/Winkler, Aktuelle Entwicklungen im Bundesumweltrecht, ZUR 2011, 554 (554 ff.); Durner, a.a.O. (Fußn. 77), 369 (370 ff.).

100 Nach den §§ 4 bis 17 NABEG. Vgl. Wagner, a.a.O. (Fußn. 13), 1453 (1454).

101 Nach den §§ 18 bis 24 NABEG. Vgl. Wagner, a.a.O. (Fußn. 13), 1453 (1454).

102 Maßgebliche Bedeutung für die Ausgestaltung dieser zweiten Stufe des Ausbaus hatte ein Sondergutachten des Sachverständigenrats für Umweltfragen (SRU) „Wege zur 100% erneuerbaren Stromversorgung“ aus dem Jahr 2011, 297 ff. Dazu auch Calliess/Dross, a. a. O. (Fußn. 13), 1002 (1003 ff.).

103 Und Anbindungsleitungen von den Offshore-Wind-Umspannwerken zu den Netzverknüpfungspunkten an Land.

104 Der Grund hierfür ist darin zu sehen, dass bereits laufende Raumordnungs- und Planfeststellungsverfahren der zuständigen Landesbehörden nicht verzögert werden sollten. So Appel, a.a.O. (Fußn. 13), 406 (408).

105 Nach der Legaldefinition in § 3 Abs. 1 NABEG sind Trassenkorridore im Sinne dieses Gesetzes „die als Entscheidung der Bundesfachplanung

genaue Lage und die Gestalt des Vorhabens im Rahmen eines Planfeststellungsverfahrens herbeizuführen ist.[106] Diese Trassenkorridore kennzeichnen eine vorhabenbezogene Planung.[107] Sie sollen regelmäßig eine Breite von 500 bis 1.000 Metern[108] besitzen und stellen so eine räumliche Konkretisierung des im Bundesbedarfsplan nur abstrakt festgelegten Netzausbaus dar.

1. *Wesentliche Verfahrensaspekte*

Im Wesentlichen ist das Verfahren für die Bundesfachplanung in den §§ 5 ff. NABEG[109] geregelt, wobei den Bestimmungen in §§ 12 Abs. 2 sowie 15 Abs. 1 NABEG eine besondere Bedeutung in Bezug auf die Bindungswirkung der Bundesfachplanung zukommt. So ist nach § 5 Abs. 1 S. 1 NABEG zunächst die BNetzA dafür zuständig, in der Bundesfachplanung die Trassenkorridore der im Bundesbedarfsplan aufgeführten Höchstspannungsleitungen zu bestimmen. Sie hat dabei mehrere Aufgaben und Maßnahmen zu erfüllen, nämlich zu prüfen[110], ob

- der Verwirklichung des Vorhabens in einem Trassenkorridor überwiegende öffentliche oder private Belange entgegenstehen (§ 5 Abs. 1 S. 3 NABEG),
- das Vorhaben mit den Erfordernissen der Raumordnung im Sinne von § 3 Abs. 1 Nr. 1 ROG übereinstimmt (§ 5 Abs. 1 S. 4 NABEG),
- das Vorhaben mit anderen raumbedeutsamen Planungen und Maßnahmen im Sinne von § 3 Abs. 1 Nr. 5 ROG abzustimmen ist (§ 5 Abs. 1 S. 4 NABEG),
- ernsthaft in Betracht kommende Alternativen von Trassenkorridoren in Betracht kommen (§ 5 Abs. 1 S. 5 NABEG),
- eine strategische Umweltprüfung durchzuführen ist (§ 5 Abs. 2 NABEG).

---

auszuweisenden Gebietsstreifen, innerhalb derer die Trasse einer Stromleitung verläuft und für die die Raumverträglichkeit festgestellt werden soll oder festgestellt ist."

106 Vgl. § 4 Abs. 1 S. 1 NABEG.
107 Schirmer/Seiferth, a. a. O. (Fußn. 20), 515 (520).
108 Vgl. BT-Drs. 17/6073, 23.
109 Zur Entwicklung: Wagner, a. a. O. (Fußn. 13), 1453 (1453 f.).
110 Zu den damit verbundenen Anforderungen: Vgl. Leidinger, a. a. O. (Fußn. 13), 683 (690 f.).

Eingeleitet wird das Verfahren der Bundesfachplanung durch den Antrag[111] des Vorhabenträgers, hier also des Übertragungsnetzbetreibers nach § 6 Abs. 1 S. 1 NABEG. Dieser Antrag muss folgende Angaben enthalten:

- Einen Vorschlag für den beabsichtigten Verlauf des für die Ausbaumaßnahme erforderlichen Trassenkorridors sowie eine Darlegung der in Frage kommenden Alternativen.
- Erläuterungen zur Auswahl zwischen den in Frage kommenden Alternativen unter Berücksichtigung der erkennbaren Umweltauswirkungen und der zu bewältigenden raumordnerischen Konflikte.
- Soweit ein vereinfachtes Verfahren der Bundesfachplanung nach § 11 für die gesamte Ausbaumaßnahme oder für einzelne Streckenabschnitte durchgeführt werden soll, die Darlegung der dafür erforderlichen Voraussetzungen.

Dies setzt eine Entscheidung darüber voraus, ob die Durchführung des Verfahrens durch das vereinfachte Verfahren[112] nach § 11 NABEG erfolgen soll, eine Abschnittbildung vorgesehen ist und welche Trassenkorridoralternativen geprüft und in die Abwägung eingestellt werden sollen.[113] Es folgen die in den §§ 7 ff. NABEG geregelten weiteren Verfahrensschritte mit ihren wesentlichen Elementen bestehend aus der Antragskonferenz, einem spezifischen Vorschlagsrecht der Länder, einer umfassenden

---

111 Die vier Übertragungsnetzbetreiber haben aus Gründen der effizienten und konsistenten Verfahrensdurchführung seit dem Frühjahr 2013 einen mit der BNetzA abgestimmten Musterantrag für die Bundesfachplanung erarbeitet. Vgl. 50Hertz Transmission GmbH/Amprion GmbH/TenneT TSO GmbH/TransnetBW GmbH, Musterantrag der deutschen Übertragungsnetzbetreiber im Rahmen der Bundesfachplanung veröffentlicht, im Internet unter: http://www.netzentwicklungsplan.de/content/musterantrag-der-deutschen-übertragungsnetzbetreiber-im-rahmen-der-bundesfachplanung, Zugriff am 25.08.2014.

112 Dann kann die Behörden- sowie Öffentlichkeitsbeteiligung unterbleiben (§ 9 Abs. 7 NABEG). Zu weiteren Vorteilen: Vgl. § 11 NABEG. Allerdings muss eine Vorprüfung zu dem Ergebnis kommen, dass eine strategische Umweltprüfung nicht erforderlich ist.

113 Zu Recht: Leidinger, Antragstellung für die Bundesfachplanung und die Planfeststellung – beschleunigter Netzausbau durch beschleunigte Verfahren?, ET 2013, 89 (90).

Beteiligung von Behörden, Trägern öffentlicher Belange und der Öffentlichkeit sowie ein Erörterungstermin.[114] Am Ende des Verfahrens der Bundesfachplanung steht dann binnen sechs Monaten nach Vorliegen der vollständigen Unterlagen die Entscheidung der BNetzA nach § 12 NABEG. Danach muss diese

- den Verlauf eines raumverträglichen Trassenkorridors[115], der Teil des Bundesnetzplans wird sowie die an Landesgrenzen gelegenen Länderübergangspunkte enthalten und diese kartografisch in geeigneter Weise ausweisen,
- eine Bewertung sowie eine zusammenfassende Erklärung der Umweltauswirkungen gemäß den §§ 14k und 14l UVPG des in den Bundesnetzplan aufzunehmenden Trassenkorridors enthalten und
- das Ergebnis der Prüfung von alternativen Trassenkorridoren darlegen.

Die zu treffende Entscheidung liegt allein in der Verantwortung[116] der BNetzA.[117] Ihr ist auch eine Begründung beizufügen, in der die Raumverträglichkeit im Einzelnen darzustellen ist (§ 12 Abs. 2 S. 2 NABEG). Sie ist nach § 13 Abs. 1 NABEG den Beteiligten nach § 9 Abs. 1 NABEG schriftlich oder elektronisch zu übermitteln und nach Abs. 2 an den Auslegungsorten gemäß § 9 Abs. 3 NABEG sechs Wochen zur Einsicht auszulegen sowie auf der Internetseite der BNetzA zu veröffentlichen.[118] Eine isolierte Zusendung der Entscheidung der BNetzA an Einwender im Rahmen der Öffentlichkeitsbeteiligung ist nicht vorgesehen.[119] Schließlich werden nach § 17 NABEG, die durch die Bundesfachplanung bestimmten

---

114 Im Einzelnen hierzu nachgehend unter C. I.2.

115 Eine Ausnahme hiervon sieht § 12 Abs. 3 NABEG bei der Durchführung eines vereinfachten Verfahrens vor. Dann sind die Trassenkorridore nicht aufzunehmen, sondern nur die bestehenden Trassen oder das Ergebnis eines Raumordnungsplans oder der Bundesfachplanung.

116 Hermes, a.a.O. (Fußn. 20), 395 (397).

117 Zu den geringeren Anforderungen bei der Durchführung eines vereinfachten Verfahrens: Vgl. § 12 Abs. 3 NABEG.

118 Weitere verfahrensrechtliche Anforderungen enthalten § 9 Abs. 4 und § 1 Abs. 2 S. 2 und 3 sowie Abs. 3.

119 Willbrand, in: Posser/Faßbender (Hrsg.), Praxishandbuch Netzplanung und Netzausbau, Berlin 2013, Kap. 4 Rn. 84.

Trassenkorridore[120] in den bei der BNetzA geführten Bundesnetzplan nachrichtlich aufgenommen und sind von dieser einmal pro Kalenderjahr im Bundesanzeiger zu veröffentlichen.

Gewissermaßen außerhalb des dargelegten Verfahrens zur Bundesfachplanung bestehen noch zwei weitere Möglichkeiten, kommunale Belange einzubringen, nämlich ein gesetzlich ausdrücklich geregeltes Einwendungsrecht der Länder in § 14 NABEG[121] sowie im Übrigen nach § 32 NABEG auch die Einberufung einer Sitzung des Bundesfachplanungsbeirats.[122]

2. *Möglichkeiten kommunaler Einflussnahmen*

Auf dieser Beteiligungsstufe erhalten die Länder und Gemeinden in mehrfacher Hinsicht die Möglichkeit, sich mittelbar sowie auch unmittelbar am Verfahren der Bundesfachplanung zu beteiligen. Auf wesentliche Aspekte dieser Beteiligungsoptionen soll im Folgenden eingegangen werden. Anzuführen sind:

- die Antragskonferenz nach § 7 Abs. 1 NABEG,
- das Vorschlagsrecht der Länder nach § 7 Abs. 3 NABEG,
- die Behörden- und Öffentlichkeitsbeteiligung nach § 9 NABEG,
- der Erörterungstermin nach § 10 NABEG,
- das Einwendungsrecht der Länder nach § 14 NABEG,
- der Bundesfachplanungsbeirat nach § 32 NABEG.

a. Antragskonferenz nach § 7 Abs. 1 NABEG

Die Bundesfachplanung unterliegt einem spezifischen, nach den §§ 5 ff. NABEG geregelten Verfahren. Auch hier führt die BNetzA unverzüglich nach der Einreichung des Antrags durch den Übertragungsnetzbetreiber als Vorhabenträger eine Antragskonferenz[123] durch mit dem Ziel, in einer Art Vorverfahren Gegenstand und Umfang der für die Trassenkorridore

---

120 Darunter fallen auch die für Anbindungsleitungen und grenzüberschreitende Stromleitungen im Bundesfachplan Offshore ausgewiesenen Trassen oder Trassenkorridore.

121 Siehe unten C. I.2.e.

122 Vgl. unten C. I.2.f.

123 Bei Durchführung eines vereinfachten Verfahrens kann die Antragskonferenz nach § 7 Abs. 7 NABEG unterbleiben.

vorzunehmenden Bundesfachplanung zu erörtern (§ 7 Abs. 1 S. 1 und 2 NABEG). Bereits hier soll erörtert werden, inwieweit Übereinstimmung der beantragten Trassenkorridore mit den Erfordernissen der Raumordnung der betroffenen Länder besteht oder hergestellt werden kann und in welchem Umfang und Detaillierungsgrad Angaben in den Umweltbericht nach § 14g UVPG aufzunehmen sind.[124] Zur Antragskonferenz werden nach § 7 Abs. 2 NABEG der Vorhabenträger und die betroffenen Träger öffentlicher Belange, deren Aufgabenbereich berührt wird, insbesondere die für die Landesplanung zuständigen Landesbehörden sowie die Vereinigungen im Sinne von § 3 Abs. 2 NABEG durch die BNetzA eingeladen. Im Gesetz ausdrücklich benannt werden als Träger öffentlicher Belange, deren Aufgabenbereich berührt wird, zwar die Landesplanungsbehörden, doch rechnen zu den Trägern öffentlicher Belange natürlich auch die Gemeinden. Sie können sich im Rahmen der Antragskonferenz unmittelbar einbringen. Die Vereinigungen sowie die Träger öffentlicher Belange werden sogar mittels Zusendung des Antrags auf Bundesfachplanung nach § 6 NABEG eingeladen. Die Antragskonferenz ist öffentlich;[125] die Öffentlichkeit wird darüber informiert, kann an der Antragskonferenz zwar teilnehmen, hat aber – zumindest bei strenger Auslegung – kein Beteiligungs- und auch kein Rederecht, da es sich nicht um eine Öffentlichkeitsbeteiligung handelt.[126] Ob dies in der Verfahrenspraxis einerseits durchzusetzen ist sowie andererseits bei einer auf Akzeptanz der Öffentlichkeit angewiesenen Planung eine sinnvolle Vorgehensweise darstellt, wird sich zeigen. Ergebnis der Antragskonferenz ist jedenfalls der Untersuchungsrahmen, dem der Übertragungsnetzbetreiber nachgehen muss, um der BNetzA eine geeignete Entscheidungsbasis zur Verfügung zu stellen.

b. Vorschlagsrecht der Länder nach § 7 Abs. 3 NABEG

Die Länder, auf deren Gebiet ein Trassenkorridor voraussichtlich verlaufen wird, können außerdem nach § 7 Abs. 3 S. 1 NABEG sogar Vorschläge

124 Nach § 7 Abs. 1 S. 4 NABEG soll dadurch den Anforderungen des Scoping nach § 14f Abs. 4 S. 2 UVPG Rechnung getragen werden.

125 Im Einzelnen § 7 Abs. 2 S. 2 NABEG.

126 Willbrand, a.a.O. (Fußn. 119), Kap. 4 Rn. 48, die zu Recht darauf hinweist, dass dies nur in eingeschränktem Maße für die Akzeptanz der Leitungstrassen durch die Öffentlichkeit förderlich ist.

für den beabsichtigten Verlauf des für die Ausbaumaßnahme erforderlichen Trassenkorridors machen sowie in Frage kommende Alternativen darlegen. Allerdings ist die BNetzA gemäß § 7 Abs. 3 S. 2 NABEG weder an den Antrag des Vorhabenträgers noch an die Vorschläge der Länder gebunden. Sie kann einen anderen Trassenkorridor und Untersuchungsrahmen bestimmen und greift dadurch recht weit in die planerische Gestaltungsfreiheit des Vorhabenträgers ein.[127] In diesem Punkt unterscheidet sich die Bundesfachplanung vom vormals gebräuchlichen Raumordnungsverfahren, bei dem nicht durch den Vorhabenträger eingebrachte Trassenalternativen von der Raumordnungsbehörde auch nicht geprüft werden.

Auf der Grundlage der Ergebnisse der Antragskonferenz legt die BNetzA gemäß § 7 Abs. 4 NABEG sodann einen Untersuchungsrahmen für die Bundesfachplanung fest und bestimmt die nach § 8 NABEG einzureichenden Unterlagen. Sehr optimistisch ist dabei die nach § 7 Abs. 5 NABEG einzuhaltende Frist von zwei Monaten für die Festlegung des Untersuchungsrahmens.[128] In einer von der BNetzA festzulegenden angemessenen Frist legt dann der Vorhabenträger Unterlagen über eine raumordnerische Beurteilung und die Strategische Umweltprüfung der Trassenkorridore vor.

c. Behörden- und Öffentlichkeitsbeteiligung nach § 9 NABEG

Es folgt spätestens zwei Wochen nach Vorlage der vollständigen Unterlagen einschließlich des vorhabenbezogenen Umweltberichts eine umfassende Behörden- und Öffentlichkeitsbeteiligung.[129] Auch hierbei haben die Gemeinden die Möglichkeit, unmittelbar Stellung zu beziehen, und zwar in zweifacher Hinsicht. Im Rahmen der Beteiligung der Träger öffentlicher Belange sind Städte, Gemeinden und Landkreise als von dem Vorhaben betroffene Gebietskörperschaften und ihrer Eingliederung in den staatlichen Verwaltungsaufbau zu beteiligen.[130] Ihnen stehen dazu bis zu drei

127 Leidinger, a.a.O. (Fußn. 113), 89 (91).

128 Willbrand, a.a.O. (Fußn. 119), Kap. 4 Rn. 53.

129 Bei Durchführung eines vereinfachten Verfahrens kann sowohl die Beteiligung der Öffentlichkeit als auch die der Behörden sowie der Träger öffentlicher Belange nach § 9 Abs. 7 NABEG unterbleiben.

130 § 9 Abs. 1 NABEG spricht einerseits von einer Beteiligung der „anderen Behörden" nach § 14h UVPG, andererseits fordert § 9 Abs. 2 NABEG die Träger öffentlicher Belange zur Abgabe einer Stellungnahme auf. Da Abs. 1

Monate zur Verfügung. Die Frist wird nach § 9 Abs. 2 S. 1 NABEG von der BNetzA festgelegt. Soweit eigene subjektiv-öffentliche Rechte wie die kommunale Selbstverwaltung oder körperschaftliches Eigentum betroffen sind, ist darüber hinaus eine Beteiligung im Zuge der allgemeinen Öffentlichkeitsbeteiligung, die durch Auslegung der Unterlagen für die Dauer eines Monats[131] an den Sitzen der BNetzA und ihren den Trassenkorridoren nächstgelegenen Außenstellen nach § 9 Abs. 3 NABEG erforderlich. Nunmehr kann in Ermangelung einschränkender Voraussetzungen jede Person,[132] einschließlich der Vereinigungen, innerhalb der Auslegungsfrist von einem Monat nach Ablauf der Veröffentlichungsfrist schriftlich oder zur Niederschrift bei einer Auslegungsstelle eine Äußerung zu den vorgesehenen Trassenkorridoren machen. Sowohl für die Beteiligung der Träger öffentlicher Belange als auch für die Öffentlichkeitsbeteiligung gilt eine Präklusionsregelung dergestalt, dass nach Ablauf der Frist eingegangene Stellungnahmen nicht mehr berücksichtigt werden, es sei denn, die vorgebrachten Belange sind für die Rechtmäßigkeit der Bundesfachplanung von Bedeutung.[133] § 9 Abs. 6 S. 3 NABEG regelt darüber hinaus, dass Rechtsansprüche durch die Einbeziehung der Öffentlichkeit nicht begründet werden und die Verfolgung von Rechten im nachfolgenden Zulassungsverfahren unberührt bleiben.[134] Damit kann ein Dritter, dessen verspätete Stellungnahme zurückgewiesen wurde, seine Belange sowohl später als auch in einem gerichtlichen Verfahren gegen den Planfeststellungsbeschluss geltend machen.

---

auf Abs. 2 verweist, ist davon auszugehen, dass in beiden Fällen sowohl Behörden als auch Träger öffentlicher Belange angesprochen sind. So zu Recht: Willbrand, a.a.O. (Fußn. 119), Kap. 4 Rn. 63.

131 Ergänzend findet nach § 9 Abs. 4 zeitgleich und ebenfalls für einen Monat eine Veröffentlichung der Unterlagen im Internet statt, die nach § 3 Abs. 3 und 4 NABEG bekannt zu machen ist.

132 Da Einschränkungen nicht vorgenommen werden, handelt es sich um eine „Jedermann-Beteiligung“. So Wagner, a.a.O. (Fußn. 13), 1453 (1455) und de Witt, in: de Witt/Scheuten (Hrsg.), NABEG Kommentar, München 2013, § 5 Rn. 40.

133 Vgl. § 9 Abs. 2 S. 3 und § 9 Abs. 6 S. 2 NABEG.

134 Keine materielle Präklusion. Vgl. Willbrand, a.a.O. (Fußn. 119), Kap. 4 Rn. 70.

d. Erörterungstermin nach § 10 NABEG

In einem Erörterungstermin[135] werden dann die rechtzeitig erhobenen Einwendungen mit dem Vorhabenträger und denjenigen, die Einwendungen erhoben haben, mündlich von der BNetzA erörtert, ohne dass dieser allerdings gesetzliche Vorgaben zum Verfahrensablauf gemacht werden.[136] Wie sich aus dem Wortlaut dieser in § 10 Abs. 1 S. 1 NABEG enthaltenen Bestimmung entnehmen lässt, ist der Erörterungstermin – anders als die Antragskonferenz – nicht öffentlich, obwohl gerade die Verfahrenstransparenz ein wichtiges Ziel des NABEG darstellt.[137] Nicht ausdrücklich geregelt ist der Fall, dass aufgrund von Anregungen oder Stellungnahmen von Behörden bzw. Trägern öffentlicher Belange eine Änderung an der Bundesfachplanung vorgenommen wird und inwieweit dann eine erneute Beteiligung[138] stattfinden muss, so dass sich die Gemeinden erneut zu diesen Planänderungen äußern können. Insbesondere bei inhaltlichen Veränderungen, gerade wenn sie die Trassenkorridore betreffen und neue oder andere Betroffenheiten bei den Gemeinden auslösen, dürfte eine umfassende erneute Beteiligung erforderlich sein.

e. Einwendungsrecht der Länder nach § 14 NABEG

Nach § 14 NABEG haben wiederum die Länder, die von der Bundesfachplanung betroffen werden, noch einmal das Recht, begründete Einwendungen gegen die Bundesfachplanung zu erheben. Dies muss innerhalb einer Frist von einem Monat nach Übermittlung der Entscheidung der BNetzA erfolgen, wobei die BNetzA ihrerseits wiederum innerhalb der gleichen Frist nach Eingang der Einwendungen dazu Stellung zu nehmen hat. Doch handelt es sich nur um „eine neuartige, aber zahnlose Einwendungsbefugnis“[139]. So muss die Frage nach den zusätzlichen über die Beteiligung an der Antragskonferenz nach § 6 S. 3 und § 7 Abs. 2 S. 1 NABEG, das Vorschlagsrecht nach § 7 Abs. 3 NABEG und die

135 Zu den Anforderungen, wann auf einen Erörterungstermin verzichtet werden kann: Vgl. § 10 S. 2 NABEG.

136 Insoweit empfiehlt sich eine Orientierung am planfeststellungsrechtlichen Ablauf eines Erörterungstermins: Vgl. § 76 Abs. 6 VwVfG.

137 Vgl. BT-Drs. 17/6073, 2.

138 Vergleichbar zu § 4a Abs. 3 BauGB.

139 Erbguth, a. a. O. (Fußn. 51), 326 (327).

Behördenbeteiligung nach § 9 Abs. 1 NABEG hinausgehenden Aspekten der Länder gestellt werden, damit die getroffene Entscheidung der BNetzA noch einmal geändert oder ergänzt wird? Außerdem resultieren aus einer Nichtbeteiligung der Länder weder eine Präklusion[140], noch ergibt sich aus einer Einwendung des Bundeslandes eine Verpflichtung für die BNetzA, die Bundesfachplanung zu ändern oder zu ergänzen.[141] Es steht vielmehr im Ermessen der BNetzA, ob und in welchem Umfang sie die Einwendungen der Länder aufgreift und die Bundesfachplanung ändert oder ergänzt.[142]

f. Bundesfachplanungsbeirat nach § 32 NABEG

Schließlich ist auch noch der bei der BNetzA eingerichtete Bundesfachplanungsbeirat zu erwähnen, über den ebenfalls kommunale Belange, zumindest mittelbar, eingebracht werden können.[143] Nach § 32 Abs. 1 S. 2 NABEG besteht der Bundesfachplanungsbeirat aus Vertretern der BNetzA, den Ländern und der Bundesregierung. Das Gremium hat zur Aufgabe, die BNetzA in Grundsatzfragen zur Bundesfachplanung und zur Aufstellung des Bundesnetzplans sowie zu den Grundsätzen der Planfeststellung zu beraten. Außerdem ist er gegenüber der BNetzA nach § 32 Abs. 2 NABEG berechtigt, allgemeine Auskünfte und Stellungnahmen einzuholen. Die BNetzA und die zuständigen Landesbehörden sind insoweit in nicht personenbezogener Form gegenseitig auskunftspflichtig. Dem entspricht die Regelung in § 32 Abs. 3 NABEG, dass sowohl die BNetzA als auch mindestens zwei Länder die Einberufung der ansonsten regelmäßig stattfindenden, aber nicht öffentlichen Sitzungen verlangen kann.

II. Stufe 2: Planfeststellung

Höchstspannungsleitungen dürfen nur nach vorheriger Planfeststellung realisiert werden. Dazu erforderlich ist die Durchführung eines entsprechenden Planfeststellungsverfahrens. Im Rahmen dieses im Folgenden noch näher zu betrachtenden Verwaltungsverfahrens besteht für die Gemeinden

---

140 Ebenda.

141 Willbrand, a.a.O. (Fußn. 119), Kap. 4 Rn. 87 der von einem „fristgebundenen Petitionsrecht“ spricht.

142 Appel, a.a.O. (Fußn. 13), 406 (413).

143 Vgl. Wagner, a.a.O. (Fußn. 13), 1453 (1455).

auch die Möglichkeit, ihre eigenen Belange bei der Entscheidungsfindung einzubringen. Bei Höchstspannungsleitungen ist allerdings zu differenzieren zwischen Leitungsvorhaben, die auf der Grundlage der §§ 18 ff. NABEG und nach den §§ 43 ff. EnWG planfestgestellt werden. Zwar bestehen insoweit viele Gemeinsamkeiten, aber auch Unterschiede.

1. *Zuständigkeiten*

Soweit einige Bundesgesetze nicht ausdrücklich die Zuständigkeit von Bundesbehörden[144] geregelt haben, fällt die Durchführung von Planfeststellungsverfahren grundsätzlich in die Verwaltungskompetenz der Länder.[145] Allerdings ermächtigt § 2 Abs. 2 NABEG die Bundesregierung, für länderübergreifende oder grenzüberschreitende Höchstspannungsleitungen die BNetzA[146] in die Pflicht zu nehmen. Die zeitgleich mit dem BBPlG am 27. Juli 2013 in Kraft getretene Planfeststellungszuweisungsverordnung[147] regelt dies im Einzelnen und bestimmt die BNetzA als zuständige Behörde für die Durchführung von Planfeststellungsverfahren für

- die mit „A1" in der Anlage zum BBPlG gekennzeichneten länderübergreifenden Höchstspannungsanlagen und
- die mit „A2" in der Anlage zum BBPlG gekennzeichneten grenzüberschreitenden Höchstspannungsleitungen, soweit diese nicht in den Anwendungsbereich der Seeanlagenverordnung (SeeAnlV[148]) fallen.

---

144 Z. B. das Bundesamt für Seeschifffahrt und Hydrographie bei Seekabeln.

145 Vgl. § 31 Abs. 2 NABEG.

146 Steinbach, a.a.O. (Fußn. 13), 921 (924) spricht von einer „Behördenidentität" zwischen Raumordnungs- und Planfeststellungsbehörde durch die insbesondere auch Doppelprüfungen vermeidbar sein sollen.

147 Verordnung über die Zuweisung der Planfeststellung für länderübergreifende und grenzüberschreitende Höchstspannungsleitungen auf die Bundesnetzagentur (PlfZV) v. 23.07.2013 (BGBl I S. 2582).

148 Verordnung über Anlagen seewärts der Begrenzung des deutschen Küstenmeeres (SeeAnlV) v. 23.01.1997 (BGBl. I S. 57), zuletzt geändert durch Art. 1 d. VO v. 29.08.2013 (BAnz. 2013 AT 20–08–2013 V1).

Die BNetzA ist damit die für die Bundesfachplanung sowie auch für die Durchführung von länderübergreifenden und grenzüberschreitenden Planfeststellungsverfahren zuständige Behörde,[149] soweit diese mit „A1" und „A2" in der Anlage zum BBPlG gekennzeichnet sind.[150] Dadurch sollen Konzentrations- und Beschleunigungseffekte herbeigeführt werden.

2. *Aufgabe der Planfeststellung*

Durch die Planfeststellung wird die Verwirklichung eines konkreten Leitungsvorhabens öffentlich-rechtlich zugelassen. Auf einige grundsätzliche Aspekte ist in diesem Zusammenhang dennoch hinzuweisen.

Materielle Bedeutung kommt in jedem Planfeststellungsverfahren dem Abwägungsgebot zu. Dieses verlangt, dass

- eine Abwägung überhaupt stattfindet,
- in die Abwägung an Belangen eingestellt wird, was nach Lage der Dinge in sie eingestellt werden muss,
- weder die Bedeutung der betroffenen öffentlichen und privaten Belange verkannt noch der Ausgleich zwischen ihnen in einer Weise vorgenommen wird, der zur objektiven Gewichtigkeit einzelner Belange außer Verhältnis steht.[151]

Auch § 18 Abs. 3 S. 1 NABEG enthält ebenso wie § 43 S. 3 EnWG eine solche Anforderung. Danach sind bei der Planfeststellung, die von dem Vorhaben berührten öffentlichen und privaten Belange im Rahmen der zu treffenden Abwägungsentscheidungen zu berücksichtigen. Je nach

---

149 Verfassungsrechtliche Bedenken bei Moench/Rutloff, a. a. O. (Fußn. 60), 1040 (1041); Grigoleit/Weisensee, a. a. O. (Fußn. 13), 401 (402); Antweiler, a. a. O. (Fußn. 34), 337 (339); „erhebliche Zweifel bei Durner, a. a. O. (Fußn. 13), 853 (857 f.); A. A. Appel, a. a. O. (Fußn. 13), 406 (411 f.); Schmitz/Jornitz, Regulierung des deutschen und des europäischen Energienetzes: Der Bundesgesetzgeber setzt Maßstäbe für den kontinentalen Netzausbau, NVwZ 2012, 332 (334); Sellner/Fellenberg, Atomausstieg und Energiewende 2011 – das Gesetzespaket im Überblick, NVwZ 2011, 1025 (1032) sowie Krappel, Die Zuständigkeit der Bundesnetzagentur für die Planung und Zulassung von Höchstspannungstrassen, DVBl 2013, 551 (558).

150 Hierzu: Hermes, a. a. O. (Fußn. 20), 395 (400); Vgl. auch Entwurf der PlfZV, BR-Drs. 333/13, 9.

151 Vgl. BVerwG, Urt. v. 14.02.1975 – IV C 21/74 – NJW 1975, 1373 (1375).

örtlicher Situation können solche Belange ganz unterschiedlicher Art sein und etwa landwirtschaftliche, eigentumsrechtliche, umweltbezogene oder auch kommunale Angelegenheiten betreffen. Die Planfeststellungsbehörde hat dabei einen planerischen Gestaltungsspielraum, der auch nur eine eingeschränkte gerichtliche Kontrolle zulässt. Dabei kann sich die Planfeststellungsbehörde sowohl über einzelne private und öffentliche Belange hinwegsetzen, sie also hintenanstellen und damit auch gegen den Willen von Betroffenen entscheiden. Besondere Bedeutung kommt bei Höchstspannungsleitungen der Planrechtfertigung zu. Im Anwendungsbereich des NABEG ist diese anders als bei vielen anderen Planfeststellungsverfahren für fachplanerische Vorhaben nämlich gesetzlich vorgegeben. Nach § 1 S. 3 NABEG ist die Realisierung von Stromleitungen, die in den Anwendungsbereich des NABEG fallen, aus Gründen eines überragenden öffentlichen Interesses erforderlich. In ähnlicher Form ist für Planfeststellungsverfahren nach den §§ 43 ff. EnWG die gesetzgeberische Bedarfsentscheidung für bestimmte Stromleitungsvorhaben durch § 1 Abs. 2 EnLAG zu berücksichtigen. Die Feststellungen des Bundesbedarfsplans in Bezug auf die energiewirtschaftliche Notwendigkeit und den vordringlichen Bedarf gelten nach § 12e Abs. 4 EnWG auch für die Durchführung von Planfeststellungen bzw. Plangenehmigungen nach den §§ 43 ff. EnWG.

Am Ende des Planfeststellungsverfahrens steht der Planfeststellungsbeschluss als umfassende, sämtliche Aspekte des Vorhabens erfassende Regelung. § 75 Abs. 1 VwVfG regelt dies so, dass durch die Planfeststellung

- die Zulässigkeit des Vorhabens einschließlich der notwendigen Folgemaßnahmen an anderen Anlagen im Hinblick auf alle von ihm berührten öffentlichen Belange festgestellt,
- alle anderen behördlichen Entscheidungen, insbesondere öffentlich-rechtliche Genehmigungen, Verleihungen, Erlaubnisse, Bewilligungen, Zustimmungen und Planfeststellungen neben der Planfeststellung nicht erforderlich sind,
- alle öffentlich-rechtlichen Beziehungen zwischen dem Vorhabenträger und den durch den Plan Betroffenen rechtsgestaltend geregelt werden.

Für den Vorhabenträger bringt diese Konzentrationswirkung deutliche Vorteile. Insbesondere kann eine Anfechtung nur durch eine verwaltungsgerichtliche Klage gegen den Planfeststellungsbeschluss erfolgen.[152] Allerdings darf eine Höchstspannungsleitung, ohne dass ein Planfeststellungsbeschluss vorliegt, auch nicht errichtet werden. Dem Planfeststellungsbeschluss kommt außerdem auch eine enteignungsrechtliche Vorwirkung zu, um an für die Realisierung des Vorhabens erforderliches fremdes Grundeigentum zu gelangen. Dabei wird die Zulässigkeit des Eingriffs in fremdes Grundeigentum bereits im Planfeststellungsbeschluss entschieden, so dass das gegebenenfalls notwendige Enteignungsverfahren[153] nur noch die Art und das Ausmaß der Entschädigung zum Gegenstand hat.

Der umfassenden Regelung aller Gesichtspunkte durch den Planfeststellungsbeschluss liegt ein ebenso umfassendes Verwaltungsverfahren zugrunde mit weit reichenden Anforderungen sowohl an eine Behörden- als auch an eine Öffentlichkeitsbeteiligung, in deren Rahmen nicht nur Einwendungen gegen oder Stellungnahmen zu dem Vorhaben getroffen werden können, sondern darüber hinaus auch Aufgaben der Information sowie die Einhaltung von Verfahrensrechten erfüllt werden müssen.

3. *Planfeststellungsverfahren nach den §§ 18 NABEG*

a. Anwendungsbereich

Die Frage nach dem Anwendungsbereich ist nicht ganz leicht zu beantworten. Mehrere Aspekte spielen dabei eine Rolle. Zunächst bestimmt § 18 Abs. 1 NABEG, dass die Errichtung und der Betrieb sowie die Änderung von Leitungen im Sinne von § 2 Abs. 1 NABEG planfeststellungsbedürftig sind. Nach dieser Vorschrift werden länderübergreifende oder grenzüberschreitende Leitungen, die im BBPlG nach § 12e Abs. 4 S. 1 EnWG gekennzeichnet sind, vom Planfeststellungserfordernis erfasst. In das Planfeststellungsverfahren können auch die für den Betrieb von Energieleitungen notwendigen Anlagen, insbesondere

---

152 Zu den Anforderungen einer Klage auf Rücknahme eines Planfeststellungsbeschlusses und zur Unterscheidung auf Aufhebung: Vgl. neuerdings BVerwG, Urt. v. 31.07.2012 – 4 A 7001/11, 4 A 7002/11, 4 A 7003/11 – NVwZ 2013, 297 (298 f.).

153 Zu Stromleitungen, ausdrücklich: BVerwG, Urt. v. 11.07.2002 – 4 C 9/00 – ZfBR 2003, 59 (60).

die Konverterstationen bei Gleichstromübertragungsleitungen oder auch Umspannanlagen[154] und Netzverknüpfungspunkte, integriert und durch Planfeststellung zugelassen werden.[155] Voraussetzung hierfür ist allerdings ein entsprechender Antrag des Vorhabenträgers.[156] Die Entscheidung liegt dabei im Ermessen der Zulassungsbehörde. Außerdem sind die planfeststellungsrechtlichen Vorschriften des NABEG maßgeblich für den Neubau von Hochspannungsleitungen mit einer Nennspannung von mindestens 110 kV, sofern diese Leitungen zusammen mit einer Höchstspannungsleitung nach § 2 Abs. 1 auf einem Mehrfachgestänge geführt werden können. Allerdings müssen die Planungen so rechtzeitig beantragt werden, dass die Einbeziehung ohne wesentliche Verfahrensverzögerung für die Bundesfachplanung oder Planfeststellung möglich ist. Treffen mehrere Vorhaben zusammen, können diese auf der Grundlage von § 26 NABEG[157] ebenfalls in den Anwendungsbereich des NABEG einbezogen werden, selbst wenn diese nicht in den Bundesnetzplan aufgenommen worden sind. Zuständige Behörde für die Planfeststellung ist die BNetzA, die auch den Bundesnetzplan führt und diesen einmal pro Kalenderjahr im Bundesanzeiger veröffentlicht.[158] Keiner Planfeststellung bedürfen unwesentliche Änderungen oder Erweiterungen. Sie können durch ein Anzeigeverfahren zugelassen werden.[159]

Nach § 2 Abs. 4 und 5 NABEG werden Vorhaben, die im EnLAG aufgeführt sind sowie Leitungsabschnitte, die von der SeeAnlV erfasst werden, von den Bestimmungen des NABEG nicht erfasst.

---

154 Hierzu Elspaß, Planung und Genehmigung von Nebenanlagen im Kontext der Bedarfsplanung für Höchstspannungsleitungen, NVwZ 2014, 489 (489 ff.); Buschbaum/Reidt, a. a. O. (Fußn. 13), 421 (421 ff.).

155 Zur Problematik: Spieler, a. a. O. (Fußn. 11), 1139 (1142 f.).

156 Vgl. § 18 Abs. 2 NABEG.

157 Danach kann in Planfeststellungsverfahren für in den Bundesnetzplan aufgenommene Höchstspannungsleitungen eine einheitliche Entscheidung für die Errichtung, den Betrieb sowie die Änderung von Hochspannungsfreileitungen mit einer Nennspannung von 110 kV oder mehr beantragt werden, sofern diese Leitungen mit einer Leitung nach § 2 Abs. 2 NABEG auf einem Mehrfachgestänge geführt werden.

158 Vgl. § 17 NABEG.

159 Zu den Voraussetzungen: Vgl. § 25 NABEG.

b. Wesentliche Verfahrensaspekte

Das Planfeststellungsverfahren gestaltet sich nach den in erster Linie verfahrensrechtlichen Bestimmungen der §§ 18 ff. NABEG. Ergänzend gelten sowohl für das Planfeststellungsverfahren sowie daran anknüpfende Verfahren auf der Grundlage von § 18 Abs. 3 S. 2 NABEG nach Maßgabe von § 43 S. 6 EnWG auch die §§ 72 bis 78 VwVfG. Soweit an einigen Stellen des NABEG direkt auf das VwVfG verwiesen wird,[160] soll die vom VwVfG abweichende Regelung des EnWG ausgeschlossen und die des VwVfG als maßgeblich bestimmt werden.

Mit dem Antrag des Vorhabenträgers an die zuständige Behörde beginnt das Verfahren.[161] Dabei ist es möglich, den Antrag zunächst nur auf einzelne angemessene[162] Abschnitte der Trasse zu beziehen. Dem Antrag sollen zunächst Angaben zur Festlegung des Untersuchungsrahmens für die Durchführung einer UVP (nach § 20 NABEG) entnommen werden können und daher das geplante Vorhaben in allgemein verständlicher Form darstellen (§ 19 S. 3 NABEG). Folgende Angaben müssen enthalten sein:

- Ein Vorschlag für den beabsichtigten Trassenverlauf und Trassenalternativen,
- Erläuterungen zur Auswahl zwischen den in Frage kommenden Alternativen unter Berücksichtigung der erkennbaren Umweltauswirkungen,
- Eine Darlegung der Voraussetzungen, soweit es sich um eine unwesentliche Änderung im Sinne von § 25 NABEG handelt.[163]

Auf der Grundlage des eingereichten Antrags führt die Planfeststellungsbehörde unverzüglich nach Einreichung eine Antragskonferenz[164] mit dem

160 Vgl. z. B. § 22 Abs. 7 NABEG.

161 Vgl. § 19 NABEG.

162 Die „Angemessenheit“ muss im Zusammenhang mit Höchstspannungsleitungen an der umfassenden Konfliktbewältigung in Bezug auf das gesamte Vorhaben orientiert werden und nicht, wie etwa im Fernstraßenrecht, an der „Selbstständigkeit“ des Abschnitts. Zu Recht: Schirmer/Seiferth, a. a. O. (Fußn. 20), 515 (522).

163 Vgl. § 19 S. 4 NABEG.

164 Bei nur unwesentlichen Änderungen im Sinne von § 25 NABEG kann die Antragskonferenz unterbleiben.

Vorhabenträger sowie den betroffenen Trägern öffentlicher Belange[165] und Vereinigungen durch, legt binnen einer Frist von zwei Monaten auf Grund der Ergebnisse der Antragskonferenz[166] einen Untersuchungsrahmen für die Planfeststellung fest und bestimmt den erforderlichen Inhalt der nach § 21 NABEG einzureichenden Unterlagen (§ 20 Abs. 3 NABEG). In diesem Zusammenhang ist darauf hinzuweisen, dass nach § 29 NABEG von der zuständigen Behörde, also der BNetzA, auf Vorschlag oder mit Zustimmung des Vorhabenträgers und auf dessen Kosten ein Dritter (sog. „Projektmanager") beauftragt werden kann, der einzelne Verfahrensschritte, wie etwa die Erstellung von Verfahrensleitplänen, eine Fristenkontrolle oder die Auswertung der eingereichten Stellungnahmen, vorbereitet und durchführt. Ziel ist die Verfahrensbeschleunigung.

Nun erst reicht der Vorhabenträger auf der Grundlage der Ergebnisse der Antragskonferenz den nach § 20 Abs. 3 NABEG bearbeiteten Plan, bestehend aus Zeichnungen und Erläuterungen, die das Vorhaben, seinen Anlass und die betroffenen Grundstücke und Anlagen erkennen lassen, bei der Planfeststellungsbehörde mit dem Ziel ein, dass ein Anhörungsverfahren durchgeführt wird.[167] Die Planfeststellungsbehörde hat die Möglichkeit, über den bereits festgelegten Untersuchungsrahmen hinaus die Vorlage von Gutachten zu verlangen oder selbst einzuholen.[168] Für die Unterlagen, die für die Durchführung einer UVP vorzulegen sind, soll im Hinblick auf § 5 und § 14f Abs. 3 UVPG auf die in der Bundesfachplanung eingereichten Unterlagen Bezug genommen werden.[169] Nach Eingang der vom Vorhabenträger eingereichten Unterlagen hat die Planfeststellungsbehörde nach § 21 Abs. 5 S. 1 und 2 NABEG eine Überprüfung auf Vollständigkeit binnen eines Monats vorzunehmen, und zwar formal als auch durch eine Plausibilitätskontrolle. Gegebenenfalls ist dem Vorhabenträger unverzüglich unter Fristsetzung die Ergänzung der Unterlagen aufzugeben. Erst nach Abschluss

165 Hierzu genauer unten C. II.3.c.aa.

166 Die Antragskonferenz bezieht sich nach § 20 Abs. 1 S. 2 NABEG auf Gegenstand, Umfang und Methoden der Unterlagen nach § 6 UVPG sowie sonstige für die Planfeststellung erhebliche Fragen.

167 Vgl. § 21 Abs. 1 und 2 NABEG.

168 Vgl. § 21 Abs. 3 NABEG.

169 Hierzu schon oben unter C. I.1.

der Vollständigkeitsprüfung hat die Planfeststellungsbehörde dem Vorhabenträger die Vollständigkeit der Unterlagen schriftlich zu bestätigen (§ 21 Abs. 5 S. 3 und 4 NABEG).

Das Anhörungsverfahren ist in § 22 NABEG geregelt und dient einer umfassenden Behörden- und Öffentlichkeitsbeteiligung. In Bezug auf die Durchführung der Umweltprüfung wird im Verhältnis zur Bundesfachplanung von der Möglichkeit der Abschichtung Gebrauch gemacht. Die Untersuchungen sollen nach § 23 NABEG nur noch auf zusätzliche oder andere erhebliche Umweltauswirkungen der beantragten Stromleitung erstreckt und damit der Untersuchungsumfang eingeschränkt werden.[170] Das Verfahren endet nach § 24 Abs. 1 NABEG mit dem Planfeststellungsbeschluss durch die Planfeststellungsbehörde.

Nach § 27 NABEG kann der Vorhabenträger verlangen, dass nach Abschluss des Anhörungsverfahrens eine vorzeitige Besitzeinweisung durchgeführt wird. Eine nahezu wortgleiche Regelung enthält § 44b Abs. 1a EnWG. Allerdings kann nach § 27 Abs. 2 S. 1 NABEG ebenfalls nach Abschluss des Anhörungsverfahrens und damit vor Feststellung des Plans auch ein vorzeitiges Enteignungsverfahren durchgeführt werden.[171] Das ist gegenüber den planfeststellungsrechtlichen Bestimmungen in § 45 EnWG neu und anders, denn dort wird für die Durchführung des Enteignungsverfahrens ein festgestellter oder genehmigter Plan vorausgesetzt.

Den planfeststellungsrechtlichen Bestimmungen des NABEG lassen sich keine Vorschriften zum Rechtsschutz entnehmen. Allerdings verweist § 18 Abs. 3 S. 2 NABEG auf die Anwendbarkeit von §§ 43 ff. EnWG und insoweit auch auf § 43e EnWG, der Regelungen zur gerichtlichen Überprüfung enthält.

c. Möglichkeiten kommunaler Einflussnahmen

Ansatzpunkte für eine kommunale Beteiligung ergeben sich im Rahmen des Planfeststellungsverfahrens an mehreren Stellen. Hervorzuheben sind:

---

170 Leidinger, a.a.O. (Fußn. 113), 89 (91) sieht darin eine erhebliche Entlastung und Beschleunigung des Verfahrens.

171 Kritisch hierzu: Moench/Rutloff, a.a.O. (Fußn. 60), 1040 (1044), die dies für verfassungswidrig halten.

- Die Antragskonferenz nach § 20 NABEG.
- Das Anhörungsverfahren nach § 22 Abs. 2 bis 6 NABEG.
- Der Erörterungstermin nach § 22 Abs. 7 NABEG.

aa. Antragskonferenz nach § 20 NABEG

Unverzüglich, nachdem der Vorhabenträger seinen Antrag eingereicht hat, führt die Planfeststellungsbehörde eine Antragskonferenz durch. Beteiligte sind der Vorhabenträger, die betroffenen Träger öffentlicher Belange sowie die Vereinigungen. Ziel der Antragskonferenz ist ein Scoping, bei dem nicht nur der Untersuchungsrahmen für die UVP, sondern auch für alle sonst das Vorhaben betreffende erhebliche Fragen abgesteckt werden sollen. Zu den Trägern öffentlicher Belange zählen auch die Gemeinden. Wie bei der Bundesfachplanung[172] werden auch hier die Vereinigungen und Träger öffentlicher Belange mittels Zusendung des Antrags eingeladen.[173] Die Antragskonferenz ermöglicht es, sowohl der Planfeststellungsbehörde als auch den betroffenen Trägern öffentlicher Belange schon sehr frühzeitig Einfluss auszuüben, in dem die eigenen Belange vorgetragen werden und dadurch auf einen mit den kommunalen Entwicklungsabsichten einvernehmlichen Trassenverlauf eingewirkt werden kann. Der Vorhabenträger kann insoweit erkennen, ob die von ihm angedachte Trassenführung auf Widerstände trifft und wie diesen gegebenenfalls Abhilfe verschafft werden kann. Als Ergebnis kann sich für den Vorhabenträger sogar eine andere als die ursprünglich beabsichtige, weiter zu verfolgende Trasse darstellen, für die dann der Untersuchungsrahmen für das weitere Verfahren bestimmt wird.[174] Die Antragskonferenz ist auch hier – wie bei der Bundesfachplanung – zwar öffentlich,[175] doch ist die Öffentlichkeit für eine Beteiligung nach § 20 Abs. 2 S. 3 NABEG nicht vorgesehen.

---

172 Vgl. oben C. I.

173 Nach § 20 Abs. 2 S. 2 NABEG kann dies auch auf elektronischem Wege erfolgen.

174 Zu Recht: Schirmer/Seiferth, a. a. O. (Fußn. 20), 515 (522).

175 Informiert wird nach § 20 Abs. 2 S. 3 Hs. 2 NABEG über das amtliche Verkündungsblatt, die Internetseite der Planfeststellungsbehörde sowie in örtlichen Tageszeitungen, die in dem Gebiet verbreitet sind, auf das sich das Vorhaben voraussichtlich auswirken wird.

bb. Anhörungsverfahren nach § 22 Abs. 2 bis 6 NABEG

Erst jetzt beginnt das Anhörungsverfahren[176] nach § 22 NABEG. Sind vom Vorhabenträger die vollständigen Planunterlagen bei der Planfeststellungsbehörde eingereicht, werden diese an die von dem beantragten Vorhaben berührten Träger öffentlicher Belange sowie die Vereinigungen schriftlich oder elektronisch durch die Planfeststellungsbehörde innerhalb von zwei Wochen übermittelt (§ 22 Abs. 1 NABEG). Auch hierbei haben die Gemeinden die Möglichkeit, in doppelter Hinsicht ihren Belangen Ausdruck zu verleihen. Im Rahmen der Beteiligung der Träger öffentlicher Belange sowie im Zuge der allgemeinen Öffentlichkeitsbeteiligung, soweit eben eigene, subjektiv-öffentliche Rechte wie die kommunale Selbstverwaltung oder körperschaftliches Eigentum betroffen sind.

Ihnen und anderen Träger öffentlicher Belange sowie den vom Vorhaben berührten Raumordnungsbehörden der Länder ist die Möglichkeit der Äußerung durch Stellungnahme innerhalb einer von der Planfeststellungsbehörde zu setzenden Frist[177] von maximal drei Monaten gegeben und dadurch erneut ihren Belangen Einfluss zu verleihen.[178] In diesem Zusammenhang wird erneut dem Abschichtungsgedanken im Rahmen des zweistufigen Zulassungssystems Rechnung getragen, denn die schriftlich oder elektronisch abzugebenden Stellungnahmen dürfen sich nicht auf in der Bundesfachplanung bereits vorgebrachte Gegenstände beziehen.[179] Bei der Anhörung ist allerdings zu differenzieren. Während den Trägern öffentlicher Belange einschließlich der berührten Raumordnungsbehörden der Länder und den Vereinigungen zwar die Planunterlagen übermittelt werden, besteht für die Vereinigungen nicht die Möglichkeit, Stellungnahmen vorzubringen. Ihnen wird vielmehr – wie allen Privaten – im Rahmen der Öffentlichkeitsbeteiligung Gelegenheit gegeben, ihre Einwendungen gegen

---

176 Das Anhörungsverfahren kann nach § 22 Abs. 8 NABEG entfallen, wenn nur unwesentliche Änderungen vorliegen.

177 Nach Ablauf der Frist eingehende Stellungnahmen sind präkludiert, es sei denn, die vorgebrachten Belange sind für die Rechtmäßigkeit der Entscheidung von Bedeutung (vgl. § 22 Abs. 2 S. 4 NABEG).

178 Auf die Ausführungen zur Bundesfachplanung kann verwiesen werden. Vgl. oben C. I.

179 Vgl. § 22 Abs. 2 S. 2 und 3 NABEG.

den Plan zu erheben. Dies ergibt sich aus § 22 Abs. 2 S. 1 NABEG i. V. m. § 22 Abs. 6 S. 2 NABEG.[180]

Ebenfalls innerhalb von zwei Wochen nach Vorlage der vollständigen Unterlagen wird durch die Planfeststellungsbehörde die Auslegung der Unterlagen für die Dauer eines Monats zum Zwecke der Öffentlichkeitsbeteiligung veranlasst (§ 20 Abs. 3 S. 1 NABEG). Auf der Grundlage von § 43a Nr. 1 EnWG erfolgt die Auslegung innerhalb von zwei Wochen nach Zugang des Plans in den Gemeinden, in denen sich das Vorhaben voraussichtlich auswirkt[181] sowie zeitgleich die Veröffentlichung für ebenfalls einen Monat im Internet. Die Bekanntmachung der Auslegung sowie der Veröffentlichung im Internet soll eine Woche vor Beginn der Auslegung erfolgen und muss

- dem Planungsstand entsprechende Angaben über den Verlauf der Trassenkorridore und den Vorhabenträger,
- Informationen darüber, wo und wann die Unterlagen zur Einsicht ausgelegt werden sowie
- Hinweise auf die Einwendungsfrist unter Angabe des jeweils ersten und letzten Tages

enthalten (§ 22 Abs. 3 S. 3 NABEG). Während der Auslegungszeit sowie zwei weitere Wochen danach können jede Person[182] sowie auch die Vereinigungen, deren Belange durch das Vorhaben berührt werden, nach § 22 Abs. 6 NABEG schriftlich bei der Planfeststellungsbehörde oder zur Niederschrift bei einer Auslegungsstelle Einwendungen gegen den Plan erheben. Eine Präklusionsregelung fehlt dabei für die Öffentlichkeitsbeteiligung,[183] so dass insoweit § 73 Abs. 4 S. 3 VwVfG heranzuziehen ist.

---

180 Wiesendahl, in: de Witt/Scheuten (Hrsg.), NABEG Kommentar, München 2013, § 22 Rn. 11 und 62.

181 Die Bekanntmachung erfolgt hier in gleicher Weise wie bei den Trägern öffentlicher Belange einschließlich Raumordnungsbehörden der Länder.

182 Da Einschränkungen nicht vorgenommen werden, handelt es sich auch hier wie bei der Bundesfachplanung um eine „Jedermann-Beteiligung".

183 Vgl. demgegenüber die für die Bundesfachplanung geltenden Bestimmungen in § 9 Abs. 6 S. 2 i. V. m. § 9 Abs. 2 S. 3 NABEG.

cc. Erörterungstermin nach § 22 Abs. 7 NABEG

Am Ende des Anhörungsverfahrens steht der Erörterungstermin.[184] Nach § 22 Abs. 7 S. 1 NABEG führt die Planfeststellungsbehörde einen Erörterungstermin durch, bei dem die Anforderungen des § 73 Abs. 6 S. 1 bis 5 VwVfG einzuhalten sind.

Ihnen können detaillierte Maßgaben zur Pflicht der Erörterung, zu Form und Fristen der Bekanntmachung, zur Benachrichtigung der Einwender sowie zur Ersetzung der Benachrichtigung durch eine öffentliche Bekanntmachung entnommen werden. Auf die Bestimmung in § 73 Abs. 6 S. 7 VwVfG, wonach die Erörterung innerhalb von drei Monaten nach Ablauf der Einwendungsfrist abzuschließen ist, wird dabei ebenso wenig abgestellt wie auf diejenige Regelung in § 73 Abs. 6 S. 7 VwVfG, wonach für die Erörterung die Vorschriften über die mündliche Verhandlung im förmlichen Verwaltungsverfahren gelten.[185]

4. Planfeststellungsverfahren nach den §§ 43 EnWG

Die §§ 43 ff. EnWG beinhalten das für Leitungsvorhaben „normale" Zulassungsrecht. Gerade erst sind durch Art. 6 des „Gesetzes zur grundlegenden Reform des Erneuerbare-Energien-Gesetzes und zur Änderung weiterer Bestimmungen des Energiewirtschaftsrechts"[186] auch einzelne planfeststellungsrechtliche Bestimmungen geändert worden.

a. Anwendungsbereich

Der Anwendungsbereich des „normalen" Planfeststellungserfordernisses ist grundlegend danach zu beschreiben, dass sich die Zulassung derjenigen Vorhaben, die vom NABEG erfasst werden, nach den planfeststellungsrechtlichen Bestimmungen der §§ 18 ff. NABEG in Verbindung mit § 2 Abs. 1 BBPlG richtet. Alle von dieser Bestimmung nicht erfassten Leitungsvorhaben unterfallen den energiewirtschaftlichen Vorschriften über die Planfeststellung nach den §§ 43 ff. EnWG. In diesem Sinne sind nach

184 Er ist mindestens eine Woche vorher ortsüblich bekannt zu machen, kann aber entfallen, wenn nur unwesentliche Änderungen im Sinne von § 25 NABEG vorgesehen sind (vgl. § 22 Abs. 8 NABEG).

185 Siehe hierzu § 67 Abs. 1 S. 3, Abs. 2 Nr. 1 und 4, Abs. 3 und § 68 VwVfG.

186 V. 21.07.2014 (BGBl. I S. 1066).

§ 43 S. 1 EnWG im Wesentlichen[187] die Errichtung sowie der Betrieb sowie die Änderung von

- Hochspannungsfreileitungen, ausgenommen Bahnstromfernleitungen,[188] mit einer Nennspannung von 110 kV oder mehr (Nr. 1),
- Hochspannungsleitungen, die zur Netzanbindung von Windenergieanlagen auf See im Sinne des § 5 Nr. 36 des EEG vom 25. Oktober 2008 in der jeweils geltenden Fassung im Küstenmeer als Seekabel und landeinwärts als Freileitung oder Erdkabel bis zu dem technisch und wirtschaftlich günstigsten Verknüpfungspunkt des nächsten Übertragungs- oder Verteilernetzes verlegt werden soll (Nr. 3) und
- Grenzüberschreitende Gleichstrom-Hochspannungsleitungen, die nicht unter Nr. 3 fallen und die im Küstenmeer als Seekabel verlegt werden sollen sowie deren Fortführung landeinwärts als Freileitung oder Erdkabel bis zu dem technisch und wirtschaftlich günstigsten Verknüpfungspunkt des nächsten Übertragungs- oder Verteilernetzes (Nr. 4) sowie
- Gleichstrom-Hochspannungsleitungen nach § 2 Abs. 2 BBPlG[189] (Nr. 5)
- planfeststellungsbedürftig durch die nach Landesrecht zuständige Behörde. § 43 S. 4 EnWG ergänzt § 43 S. 1 EnWG um Hochspannungsleitungen mit einer Nennspannung von 110 kV im Küstenbereich von Nord- und Ostsee, die in einem 20 Kilometer breiten Korridor, der längs der Küstenlinie[190] landeinwärts läuft, verlegt werden sollen. Hiernach kann auch für die Errichtung und den Betrieb sowie die Änderung eines

187 Ebenfalls nach § 43 S. 1 Nr. 2 EnWG planfeststellungsbedürftig sind Gasversorgungsleitungen mit einem Durchmesser von mehr als 300 Millimeter, die vorliegend aber nicht in Bezug genommen werden, da es sich hierbei nicht um Höchst- oder Hochspannungsleitungen handelt.

188 Diese werden von den planfeststellungsrechtlichen Bestimmungen des § 18 des Allgemeinen Eisenbahngesetzes (AEG) v. 27.12.1993 (BGBl. I S. 2378), zuletzt geändert durch Art. 4 Abs. 120 d. G. v. 07.08.2013 (BGBl. I S. 3154) erfasst.

189 Vgl. Art. 7 des „Gesetzes zur grundlegenden Reform des Erneuerbare-Energien-Gesetzes und zur Änderung weiterer Bestimmungen des Energiewirtschaftsrechts“ in Bezug auf die Änderungen bei Erdkabelverwendung.

190 Die Küstenlinie ist die in den Seegrenzkarten des Bundesamtes für Schifffahrt und Hydrographie dargestellte Küstenlinie (vgl. § 43 S. 5 EnWG).

Erdkabels ein Planfeststellungsverfahren durchgeführt werden. Inwieweit dies zum Tragen kommt, liegt im Ermessen der Zulassungsbehörde.

Nach § 2 Abs. 2 BBPlG können die im Bundesbedarfsplan mit „B“ gekennzeichneten Vorhaben als Pilotprojekte für eine verlustarme Übertragung hoher Leistungen über große Entfernungen nach § 12b Abs. 1 S. 3 Nr. 3a EnWG errichtet und betrieben werden (vgl. § 2 Abs. 2 S. 1 BBPlG). Unabhängig davon, ob diese Pilotprojekte auf der Grundlage von § 2 Abs. 1 S. 2 BBPlG zu Testzwecken auch als Erdkabel errichtet, betrieben und geändert werden können oder dies gemäß § 2 Abs. 2 S. 3 BBPlG sogar auf Verlangen der für die Zulassung des Vorhabens zuständigen Behörde erfolgt, sind dabei zwei wesentliche Voraussetzungen zu erfüllen:

- Die Nutzung von Erdkabeln ist auf technisch und wirtschaftlich effiziente Teilabschnitte beschränkt.
- Es müssen stets die Anforderungen[191] nach § 2 Abs. 2 S. 1 Nr. 1 oder Nr. 2 des EnLAG erfüllt sein.

Diese Maßgaben der S. 2 und 3 gelten allerdings nach § 2 Abs. 2 S. 4 BBPlG nicht für den Fall, dass das Pilotprojekt in der Trasse einer bestehenden oder bereits zugelassenen Hoch- oder Höchstspannungsfreileitung errichtet werden soll.[192] Davon bleiben die Regelungen in § 43 S. 1 Nr. 3 und 4 EnWG unberührt.

---

191 Nach § 2 Abs. 2 S. 1 Nr. 1 und 2 EnLAG ist der Erdkabelausbau nur zulässig, wenn die Leitung in einem Abstand von weniger als 400 Meter zu Wohngebäuden errichtet werden soll, die im Geltungsbereich eines Bebauungsplans oder im unbeplanten Innenbereich im Sinne des § 34 BauGB liegen, falls diese Gebiete vorwiegend dem Wohnen dienen (Nr. 1) oder die Leitung in einem Abstand von weniger als 200 Meter zu Wohngebäuden errichtet werden soll, die im Außenbereich nach § 35 BauGB liegen (Nr. 2).

192 Bei der Realisierung der Pilotprojekte wird insoweit eine Parallelführung eines Erdkabels mit einer bestehenden Höchst- oder Hochspannungsleitung möglich. Der sinnvolle Ausschluss einer Erdverkabelungsmöglichkeit bleibt dort bestehen, wo eine Hochspannungs-Gleichstrom-Übertragungs(HGÜ)-Leitung in einer bestehenden Trasse errichtet werden soll und insoweit eine geringere Eingriffsintensität gegenüber einer parallel zu errichtenden Kabeltrasse mit neuen und andersartigen Umweltauswirkungen erreicht werden kann. Vgl. BT-Drs. 18/1891, 218.

§ 43 S. 2 und S. 7 EnWG eröffnen dem Vorhabenträger die Möglichkeit, auf seinen Antrag hin, für ein an und für sich nicht planfeststellungsbedürftiges Vorhaben ein Planfeststellungsverfahren durchzuführen. Diese besteht für:

- den Betrieb von für Energieleitungen notwendigen Anlagen, insbesondere Umspannanlagen und Netzverknüpfungspunkte, (§ 43 S. 2 EnWG),
- die Errichtung und den Betrieb sowie die Änderung eines Erdkabels mit einer Nennspannung von 110 kV, ausgenommen Bahnstromfernleitungen (§ 43 S. 7 Hs. 1 EnWG) sowie
- Abschnittsbildungen, wenn die Erdverkabelung in unmittelbarem Zusammenhang mit dem beantragten Abschnitt einer Freileitung steht (§ 43 S. 7 Hs. 2 EnWG).

Da nach dieser Bestimmung auch Abschnittsbildungen planfeststellungsfähig sind, ist es nicht mehr erforderlich, die Erdverkabelung einer Hochspannungsleitung insgesamt planfestzustellen. Außerdem ist im Unterschied zu § 43 S. 4 EnWG, wo es im Ermessen der Zulassungsbehörde steht, ob eine Erdverkabelung durchgeführt wird, nach § 43 S. 7 EnWG ein Antrag des Vorhabenträgers erforderlich, über den dann die Zulassungsbehörde im Ermessen zu entscheiden hat.

b. Wesentliche Verfahrensaspekte

Verfahrensrechtlich orientieren sich die Vorschriften über die Planfeststellung nach den §§ 43 ff. EnWG an den aus dem Fachplanungsrecht für Infrastrukturmaßnahmen bekannten Bestimmungen. Insoweit bestimmt zunächst § 43 S. 6 EnWG, dass für das Planfeststellungsverfahren die §§ 72 bis 78 VwVfG nach Maßgabe des EnWG gelten. Dies gilt entsprechend, wenn das Verfahren landesrechtlich durch ein Verwaltungsverfahrensgesetz geregelt ist.[193]

Das Verfahren besteht im Wesentlichen aus dem Anhörungsverfahren nach § 43a EnWG einschließlich der Behörden- und Öffentlichkeitsbeteiligung und einem abschließenden Erörterungstermin, das sich nach § 73 VwVfG zu richten hat, aber spezifische Maßgaben durch das EnWG bereithält. Dies gilt auch für den Planfeststellungbeschluss nach

193 Vgl. § 43 S. 8 EnWG.

§ 43b EnWG.[194] Zu erklären ist dies vor dem Hintergrund der Zielsetzungen der Vorschriften, nämlich einem zügigen Netzausbau Rechnung zu tragen, so dass in der Folge, an verschiedenen Stellen der Verfahrensvorschriften Beschleunigungselemente enthalten sind.[195] Dies betrifft in erster Linie die Regelungen über

- ein anstelle des Planfeststellungsverfahrens tretendes Anzeigeverfahren bei unwesentlichen Änderungen (§ 43f EnWG),
- die Beauftragung eines Projektmanagers zur Vorbereitung und Durchführung bestimmter Verfahrensschritte (§ 43g EnWG),[196]
- die Duldung von Vorarbeiten (§ 44 EnWG),[197]
- die Veränderungssperre (§ 44a Abs. 1 EnWG) und die Entschädigung von insoweit verursachten Vermögensnachteilen (§ 44a Abs. 2 EnWG) und die Ausgestaltung eines Vorkaufsrechts (§ 44a Abs. 3 EnWG),
- die vorzeitige Besitzeinweisung des Vorhabenträgers durch die Enteignungsbehörde (§ 44b EnWG),
- die Enteignung (§ 45 EnWG) und das dabei einzuhaltende Entschädigungsverfahren (§ 45a EnWG) sowie
- die Parallelführung von Planfeststellungs- und Enteignungsverfahren (§ 45b EnWG)

c. Möglichkeiten kommunaler Einflussnahmen

Die Gemeinden sind natürlich auch am Planfeststellungsverfahren nach den §§ 43 ff. EnWG zu beteiligen. Da sich das Planfeststellungsverfahren des EnWG weitgehend an den planfeststellungsrechtlichen Bestimmungen des

---

194 Diese Bestimmung enthält im Wesentlichen Sonderregelungen zur bereits beantragten Errichtung und zum Betrieb von Vorhaben nach § 43 S. 1 EnWG sowie Maßgaben in Bezug auf die Umweltprüfungspflichten.

195 Vgl. BT-Drs. 17/6073, 34 sowie außerdem Schirmer/Seiferth, a.a.O. (Fußn. 20), 515 (524 f.).

196 § 43g S. 2 EnWG weist allerdings darauf hin, dass die Entscheidung über den Planfeststellungsantrag allein bei der zuständigen Behörde liegt. Insbesondere können die zu treffenden Abwägungsentscheidungen nicht auf einen Dritten übertragen werden. In Bezug auf die Bauleitplanung befindet sich eine ähnliche Bestimmung in § 4b BauGB, zu der mittlerweile auch schon erhebliche praktische Erfahrung vorliegt, in Bezug auf die Bundesfachplanung ist auf § 29 NABEG zu verweisen. Vgl. hierzu schon oben C. II.3.b.

197 Vgl. BVerwG, Beschl. v. 09.04.2014 – 4 VR 1/14 – juris.

VwVfG orientiert, sollen im Folgenden die abweichenden Regelungen des EnWG, orientiert an den Einflussnahmemöglichkeiten der Gemeinden, näher dargestellt werden. Einschlägig sind dabei die Bestimmungen über[198]

- das Anhörungsverfahren nach 73 VwVfG i. V. m. § 43a Nr. 1 bis 4 EnWG sowie
- den Erörterungstermin nach § 73 VwVfG i. V. m. § 43a Nr. 5 EnWG.

aa. Anhörungsverfahren nach § 73 VwVfG i. V. m. § 43a Nr. 1 bis 4 EnWG

Das Anhörungsverfahren beginnt mit der Einreichung des Plans[199] durch den Vorhabenträger bei der Anhörungsbehörde (§ 73 Abs. 1 S. 1 VwVfG). Innerhalb eines Monats nach Zugang des vollständigen Plans fordert die Anhörungsbehörde die Behörden, deren Aufgabenbereich durch das Vorhaben erfasst wird, zur Stellungnahme auf und veranlasst, dass der Plan in den Gemeinden, in denen sich das Vorhaben voraussichtlich auswirken wird, ausgelegt wird (§ 73 Abs. 2 VwVfG). Die Beteiligung der Behörden richtet sich nach dem jeweiligen Gegenstand der Planfeststellung und ist dabei in einem weiten Sinne zu verstehen, so dass über den Behördenbegriff die Träger öffentlicher Belange allgemein angesprochen sind.[200] Gemeinden nehmen auch hier eine Doppelstellung ein. Zunächst werden sie als Fachbehörde beteiligt und können überdies aber auch im Rahmen der Öffentlichkeitsbeteiligung aufgerufen sein, sich zu beteiligen, soweit sie in ihrer Eigenschaft als Selbstverwaltungskörperschaft etwa in ihrer Planungshoheit beeinträchtigt oder ihre gemeindlichen Einrichtungen[201] betroffen sind. Versäumt sie ihre Beteiligung im

198 Eine Antragskonferenz ist ausdrücklich nicht vorgesehen, gleichwohl können Vorberatungen stattfinden, in den Fällen des § 5 UVPG sogar auf Antrag des Vorhabenträgers, um die Auswirkungen eines Vorhabens auf die Umwelt zu erörtern.

199 Einschließlich Zeichnungen und Erläuterungen (vgl. § 73 Abs. 1 S. 2 VwVfG).

200 Reidt/Schiller, in: Bauer/Heckmann/Ruge/Schallbruch (Hrsg.), Verwaltungsverfahrensgesetz mit rechtlichen Aspekten des E-Government, Wiesbaden 2012, § 73 Rn. 16 f.

201 Z. B. durch die Statusbezeichnung „anerkannter Erholungsort“. Vgl. BVerwG, a.a.O. (Fußn. 77), 1605 (1612); a.a.O. (Fußn. 81), 106 (108); Urt. v. 06.11.2013 – 9 A 9/12 – BeckRS 2013, 48937 Rn. 20 ff.

Rahmen der Öffentlichkeitsbeteiligung, ist sie mit ihren Einwendungen präkludiert, auch wenn sie sich vorher als Fachbehörde schon eingebracht hat. Das BVerwG hat es aber als ausreichend angesehen, wenn sich aus der Stellungnahme der Gemeinde bei der Behördenbeteiligung ergibt, dass sie über die Wahrnehmung ihrer öffentlichen Aufgaben hinaus, auch ihre subjektiven eigenen Rechte geltend gemacht hat und dies fristgerecht erfolgt ist.[202] Anders als nach § 73 Abs. 2 VwVfG erfolgt nach § 43a Nr. 1 EnWG die Auslegung des Plans innerhalb von zwei Wochen nach Zugang des Plans und damit um zwei Wochen beschleunigt. Innerhalb dieser Frist werden auch die Naturschutzvereinigungen und sonstigen anerkannten Umweltvereinigungen von der Auslegung benachrichtigt[203] und es wird ihnen Gelegenheit zur Stellungnahme gegeben.[204]

Nach § 73 Abs. 3a VwVfG hat die Anhörungsbehörde den Gemeinden eine Frist für die Abgabe ihrer Stellungnahme von bis zu drei Monaten zu setzen. Dabei sind Stellungnahmen, die nach Ablauf der gesetzten Frist eingehen, zu berücksichtigen, wenn der Planfeststellungsbehörde die vorgebrachten Belange bekannt sind oder hätten bekannt sein müssen oder für die Rechtmäßigkeit der Entscheidung von Bedeutung sind (§ 73 Abs. 3a S. 2 Hs. 1 VwVfG). Im Übrigen steht es in ihrem Ermessen, zu spät eingegangene Stellungnahmen zu berücksichtigen. Dies bestimmt § 73 Abs. 3a S. 2 Hs. 2 VwVfG.

Die Gemeinden wiederum haben den Plan innerhalb von drei Wochen nach Zugang für die Dauer eines Monats zur Einsicht auszulegen.[205] Öffentlichkeits- und Behördenbeteiligung finden insoweit parallel statt. Die Gemeinden haben die Auslegung vor ihrem Beginn ortsüblich bekannt zu machen und dabei den Bekanntmachungshinweisen gemäß

---

202 BVerwG, Urt. v. 09.02.2005 – 9 A 62/03 – NVwZ 2005, 813 (815).

203 Dies erfolgt nach § 43a Nr. 2 S. 2 EnWG durch ortsübliche Bekanntmachung der Auslegung nach § 73 Abs. 5 S. 1 VwVfG in den Gemeinden.

204 Weitere Maßgaben zum Umgang mit den Stellungnahmen sowie zum Erörterungstermin enthält § 43a Nr. 3 EnWG. Besondere Regelungen zur Beteiligung von Vereinigungen enthält schließlich § 43a Nr. 6 EnWG, und zwar in Bezug auf nachträgliche Änderung der Planunterlagen. Vgl. auch OVG Lüneburg, Beschl. v. 03.12.2013 – 7 MS 4/13 – NuR 2014, 501 (504 f.).

205 Zu den Möglichkeiten des Verzichts: Vgl. § 73 Abs. 3. S. 2 VwVfG.

in § 73 Abs. 5 VwVfG Folge zu leisten. Nach § 73 Abs. 4 VwVfG kann jeder, dessen Belange durch das Planvorhaben berührt werden, bis zwei Wochen nach Ablauf der Auslegungsfrist schriftlich oder zur Niederschrift bei der Anhörungsbehörde oder bei der Gemeinde Einwendungen gegen den Plan erheben.[206] Dies gilt auch für die Gemeinden, soweit sie eine Verletzung ihrer Planungshoheit oder sonstiger eigener Angelegenheiten, etwa ihres Grundeigentums sowie auch ihrer Finanzhoheit geltend machen können.

Sonderregelungen zur Präklusion von Einwendungen enthält § 43a Nr. 7 EnWG. Hiernach sind Einwendungen gegen den Plan oder dessen Änderung nach Ablauf der Einwendungsfrist ausgeschlossen.[207] Auf die Rechtsfolgen ist in der Bekanntmachung der Auslegung oder bei der Bekanntgabe der Einwendungs- oder Stellungnahmefrist sowie in der Benachrichtigung der Vereinigungen hinzuweisen. Für die Gemeinden von Bedeutung ist, dass nach § 43a Nr. 7 S. 4 Hs. 1 EnWG abweichend von § 73 Abs. 3a S. 2 VwVfG Stellungnahmen, die nach Ablauf der Frist von bis zu drei Monaten eingehen, auch noch nach Fristablauf berücksichtigt werden. Sie sind allerdings stets zu berücksichtigen, wenn später von einer Behörde vorgebrachte öffentliche Belange der Planfeststellungsbehörde auch ohne ihr Vorbringen bekannt sind oder hätten bekannt sein müssen oder für die Rechtmäßigkeit der Entscheidung von Bedeutung sind (§ 43a Nr. 7 S. 5 EnWG).

bb. Erörterungstermin nach § 73 VwVfG i. V. m. § 43a Nr. 5 EnWG

Nach § 43a Nr. 5 S. 1 EnWG hat die Anhörungsbehörde rechtzeitig erhobenen Einwendungen mit den Vorhabenträgern und denjenigen, die Einwendungen erhoben haben, mündlich zu erörtern.[208] Die Erörterung ist nicht öffentlich. Der Erörterungstermin ist nach § 73 Abs. 6 S. 2 VwVfG

206 Nicht ortsansässige Betroffene, deren Person und Aufenthalt bekannt sind, sollen nach § 43a Nr. 4 EnWG auf Veranlassung der Anhörungsbehörde von der Auslegung in der Gemeinde benachrichtigt werden. Eine Ermittlungspflicht besteht insoweit anders als nach § 73 Abs. 5 S. 3 VwVfG bei § 43a Nr. 4 EnWG nicht.

207 Zu Einwendungen von Vereinigungen: Vgl. § 43a Nr. 3 und 6 EnWG.

208 Zu den – praktisch wohl kaum relevanten – Voraussetzungen, wann ein Erörterungstermin nicht stattfinden muss: Vgl. § 43a Nr. 5 S. 2 EnWG.

mindestens eine Woche vorher ortsüblich bekannt zu machen. Nähere Anforderungen hierzu enthalten die Bestimmungen in § 73 Abs. 6 S. 3 bis 6 VwVfG.[209]

Zur Beschleunigung des Verfahrens wird der Anhörungsbehörde nach § 43a Nr. 5 S. 3 EnWG eine Frist für die Erörterung gesetzt. Sie muss innerhalb von drei Monaten nach Ablauf der Einwendungsfrist die Erörterung abschließen und außerdem ihre Stellungnahme wiederum innerhalb eines Monats[210] nach Abschluss der Erörterung anfertigen und an die Planfeststellungsbehörde weiterleiten. Darin enthalten sein müssen der Plan, die Stellungnahmen der Behörden, die Stellungnahmen der Vereinigungen und die nicht erledigten Einwendungen.[211]

---

209 Abweichend kann auch schon im Zusammenhang mit § 73 Abs. 5 S. 2 VwVfG der Erörterungstermin bestimmt werden. Vgl. § 73 Abs. 7 VwVfG.

210 Wird auf die Erörterung verzichtet, verbleibt der Anhörungsbehörde nur eine Frist von sechs Wochen, die nach Ablauf der Einwendungsfrist beginnt. Vgl. § 43a Nr. 5 S. 5 EnWG.

211 So auch § 73 Abs. 9 VwVfG.

Gernot Schiller

Finanzielle Ausgleichsmaßnahmen für Gemeinden beim Neubau von 380-kV-Stromleitungen

Abstract

Der Beitrag stellt die derzeitige Rechtslage zu Ausgleichszahlungen und -vereinbarungen sowie Schranken des allgemeinen Verwaltungs- und des Kommunalrechts im Hinblick auf finanzielle Ausgleichsmaßnahmen dar.

The article explains the legal situation of compensatory payments and agreements as well as the limits for these mechanisms within the administrative and municipal law.

I. Einleitung

Der Widerstand in der Bevölkerung gegen den Neubau von 380-kV-Freileitungen im Zuge der sogenannten „Energiewende" ist groß. Die Gründe hierfür sind vielfältiger Natur. Zuvorderst wird geltend gemacht, dass die Freileitungen der örtlichen Bevölkerung keinen Nutzen bringen, während sie unter dem täglichen Anblick der Beeinträchtigungen des Orts- und Landschaftsbildes sowie der elektromagnetischen Strahlung leide.[1] Weiter wird argumentiert, der Netzausbau diene nicht nur – wie von den Netzbetreibern und Vertretern der Politik immer wieder öffentlichkeitswirksam verkündet werde – dem Transport von Strom aus erneuerbaren Energieanlagen, sondern auch und vor allem dem Transport von Kohlestrom und ausländischen Atomstrom. Zudem diene der Netzausbau auch der Schaffung eines europäischen Stromtransitmarktes, von dem die deutsche Bevölkerung keinen Nutzen habe; aufgrund seiner geografischen Lage sei Deutschland aber Hauptleidträger. Schließlich beruhen die Widerstände auch auf einem – bei größeren Infrastrukturprojekten immer stärker zu

1 In diese Richtung auch die Begründung zum Gesetzentwurf über Maßnahmen zur Beschleunigung des Netzausbaus Elektrizitätsnetze (sog. Energiepaket 2011), BT-Drs. 17/6073, S. 35.

beobachtenden – „Sankt-Florians-Prinzip“, nach dem man zwar bereit ist, den Nutzen aus der Infrastruktur zu ziehen, die damit einhergehenden Nachteile aber nicht zu tragen gewillt ist.

Aufgrund dieser Vorbehalte ist eine allgemeine Diskussion entstanden, ob man durch finanzielle Ausgleichszahlungen des Vorhabenträgers zur Steigerung der Akzeptanz bei umstrittenen Infrastrukturprojekten beitragen kann. Spätestens seit „Stuttgart 21“ sind vielfältige Vorschläge gemacht worden, wie man durch eine verbesserte Öffentlichkeitsbeteiligung, mehr Verfahrenstransparenz und sonstige Begleitmaßnahmen die notwendige Akzeptanz in der Bevölkerung für die Infrastrukturprojekte verstärken kann. Dies ist sinnvoll, führt doch fehlende Akzeptanz zu vermehrten Klagen gegen die Zulassungen der Infrastrukturprojekte. Es besteht die Gefahr, dass die ohnehin anspruchsvollen gesetzlichen Vorschriften, die bei der Zulassung von Infrastrukturprojekten zu beachten sind, von den Gerichten tendenziell enger ausgelegt und damit weiter verschärft werden. Dies alles führt zu Zeitverzögerungen, der gerade beim notwendigen Netzausbau verheerend ist. Die überlange Verfahrensdauer bei der Zulassung von Leitungsprojekten führt bereits jetzt dazu, dass die Übertragungsnetzbetreiber netz- und markttechnische Maßnahmen (§ 13 Abs. 1 und 2 EnWG[2]) ergreifen müssen, um die Netzstabilität weiterhin aufrecht zu erhalten. Dies kann so weit gehen, dass Betreiber von Windenergieanlagen ihren produzierten Strom zeitweilig nicht in das Netz einspeisen dürfen. Über kurz oder lang wird dies zu einer Gefährdung der Energiewende führen.

Der vorliegende Beitrag geht der Frage nach, inwieweit finanzielle Ausgleichsmaßnahmen an vom Netzausbau betroffene Gemeinden zulässig und welche rechtlichen Vorgaben hierbei zu beachten sind. Dabei werden sich die Ausführungen auf die 380-kV-Übertragungsnetzebene beschränken. Für die 110-kV-Verteilernetzebene gelten im Grundsatz ähnliche Erwägungen, wenn gleich sich hier die Fragen aufgrund der weitgehenderen Erdverkabelung nicht in gleichem Maße stellen.

2 Energiewirtschaftsgesetz (EnWG) v. 07.07.2005 (BGBl. I S. 1970, 3621), zuletzt geändert durch Art. 6 d. G. v. 21.07.2014 (BGBl. I S. 1066).

II. Rechtslage im Planfeststellungsrecht

1. Die Errichtung von 380-kV-Freileitungen unterliegt einem umfassenden Planfeststellungsvorbehalt (§ 43 Satz 1 EnWG, § 18 Abs. 1 NABEG[3]). Wirft man einen Blick in das Planfeststellungsrecht, bleibt für finanzielle Ausgleichszahlungen an Gemeinden durch den Vorhabenträger nur ein sehr geringer Anwendungsbereich. Das Planfeststellungsrecht kennt solche Ausgleichsvereinbarungen nicht ausdrücklich. Gemäß § 74 Abs. 2 Satz 3 VwVfG[4] (i. V. m. § 43 Satz 6 EnWG bzw. § 18 Abs. 3 Satz 2 NABEG) besteht lediglich die Möglichkeit, dass die Planfeststellungsbehörde im Planfeststellungsbeschluss finanzielle Entschädigungszahlungen zugunsten der Gemeinde beauflagt. Voraussetzung hierfür ist nach der gefestigten Rechtsprechung des Bundesverwaltungsgerichts aber, dass die Entschädigungszahlung aufgrund ihres Surrogatcharakters dem Ausgleich für unzumutbare Nachteile oder Betroffenheiten, d. h. Eingriffe in gemeindliche Rechtspositionen, dient. Dies ist bei Beeinträchtigungen des Landschaftsbildes nicht der Fall, da das Landschaftsbild weder ein Rechtsgut der Gemeinde noch der betroffenen örtlichen Bevölkerung ist. Nach der Rechtsprechung sind optische Belastungen des Ortsbildes nur dann zugleich eine Verletzung des Selbstverwaltungsrechts der Gemeinden gemäß Art. 28 Abs. 2 GG[5], wenn die Maßnahme die Gemeinde entscheidend prägt und hierdurch nachhaltig auf das Gemeindegebiet und die Entwicklung der Gemeinde eingewirkt wird. Dies wird man nur in atypischen Situationen bejahen können (z. B. wenn eine Gemeinde bereits durch vorhandene Stromfreileitungen massiv vorbelastet ist etwa in der Nähe eines Umspannwerkes).[6] Ob Schutzauflagen auch zu Gunsten abwägungserheblicher gemeindlicher Belange

---

3 Netzausbaubeschleunigungsgesetz Übertragungsnetz (NABEG) v. 28.07.2011 (BGBl. I S. 1690), zuletzt geändert durch Art. 4 d. G. v. 20.12.2012 (BGBl. I S. 2730).

4 Verwaltungsverfahrensgesetz (VwVfG) in der Fassung der Bekanntmachung v. 23.01.2003 (BGBl. I S. 102), zuletzt geändert durch Art. 3 d. G. v. 25.07.2013 (BGBl. I S. 2749).

5 Grundgesetz (GG) für die Bundesrepublik Deutschland in der im Bundesgesetzblatt Teil III, Gliederungsnummer 100- 1, veröffentlichten bereinigten Fassung, zuletzt geändert durch Art. 1 d. G. v. 23.12.2014 (BGBl. I S. 2438).

6 Vgl. BVerwG, Beschl. v. 15.04.1999 – 4 VR 18.98 – NVwZ-RR 1999, 554.

zulässig sind, ist bislang nicht abschließend geklärt.[7] Für sonstige nichtqualifizierbare Nachteile durch ein Planvorhaben kommt die Beauflagung eines Ausgleichsanspruchs jedenfalls nicht in Betracht.

Finanzielle Ausgleichszahlungen können auch nicht als Teil des planfestzustellenden Leitungsvorhabens dargestellt werden. Zwar bestimmt nach ständiger Rechtsprechung des Bundesverwaltungsgerichts der Vorhabenträger, wie sein Planvorhaben aussieht.[8] Es wäre daher nicht von vornherein ausgeschlossen, dass finanzielle Ausgleichszahlungen von Vorhabenträgern im Planantrag enthalten sind und als Teil des Planvorhabens tituliert werden. Dies scheitert aber aus rechtlicher Sicht daran, dass es sich bei den Ausgleichszahlungen nicht um einen Teil des Leitungsvorhabens handelt und die Ausgleichzahlungen auch nicht der Umschreibung des Leitungsvorhabens dienen. Vielmehr sollen die Ausgleichszahlungen Nachteile durch die Verwirklichung des Planvorhabens ausgleichen. Da sich solche Ausgleichszahlungen rechtlich als eine Belastung des Vorhabenträgers darstellen, selbst wenn dieser im Einzelfall zu solchen Zahlungen „freiwillig“ bereit ist, bedarf es einer Rechtsgrundlage, an der es fehlt.

2. An der Rechtslage hat sich auch durch das Inkrafttreten des „Energiepaketes 2011“ nichts geändert. Das als Teil dieses Energiepaktes verabschiedete Gesetz über Maßnahmen zur Beschleunigung des Netzausbaus Elektrizität vom 28.07.2011[9] hat eine ausdrückliche gesetzliche Regelung nicht aufgenommen. Lediglich mittelbar hat der Gesetzgeber die Möglichkeit solcher Ausgleichszahlungen anerkannt. Gemäß § 5 Abs. 4 StromNEV[10] und § 11 Abs. 2 Satz 1 Nr. 8b ARegV[11] werden finanzielle Ausgleichszahlungen des Vorhabenträgers ausdrücklich als Kosten des Netzbetriebs bzw. als nicht beeinflussbare Kostenteile, die nicht dem

---

7 Vgl. BVerwG, Beschl. v. 31.01.2011 – 7 B 55.10 – NVwZ 2011, 567.

8 Vgl. etwa BVerwG, Urt. v. 11.07.2001 – 11 C 14.00 – BVerwGE 114, 364, 368; vgl. a. BVerwG, Urt. v. 04.07.1988 – 7 C 88.87 – BVerwGE 80, 21, 24; ferner Reidt/Schiller, in: Bauer/Heckmann/Ruge/Schallbruch/Schulz (Hrsg.), VwVfG Kommentar, 2. Aufl. 2014, § 73 Rn. 11.

9 BGBl. I S. 1690.

10 Stromnetzentgeltverordnung (StromNEV) v. 25.07.2005 (BGBl. I S. 2225), zuletzt geändert durch Art. 7 d. G. v. 21.07.2014 (BGBl. I S. 1066).

11 Anreizregulierungsverordnung (ARegV) v. 29.10.2007 (BGBl. I S. 2529), zuletzt geändert durch Art. 9 d. G. v. 21.07.2014 (BGBl. I S. 1066).

Effizienzvergleich und damit der Entgeltregulierung unterliegen, angesehen. Erfasst werden allerdings nur Zahlungen für Freileitungen auf Transportnetzebene, d. h. 380-kV-Spannungsebene, und bis zu einer Höhe von 40.000,00 Euro pro Trassenkilometer. Ausweislich der Gesetzesbegründung[12] geht der Gesetzgeber von der grundsätzlichen Zulässigkeit solcher Ausgleichszahlungen aus, ohne dies allerdings näher zu problematisieren. Dies gilt sowohl für die Errichtung neuer Leitungen, die in einer neuen Trasse gebaut werden sollen, als auch für Leitungen, die sich bereits im Planungsstadium befinden. Der Gesetzgeber stellte sich offensichtlich vor, dass die Ausgleichszahlungen auf einem freiwilligen Angebot des Übertragungsnetzbetreibers beruhen. Insoweit entfaltet § 74 Abs. 2 Satz 3 VwVfG auch keine Sperrwirkung, da solche Ausgleichszahlungen außerhalb des Planfeststellungsverfahrens und damit nicht in den Zulassungsverfahren für die Energieleitungen geregelt werden (s. unter III. 2.).

Im Gesetzgebungsverfahren war von Seiten der Übertragungsnetzbetreiber eine ausdrückliche gesetzliche Grundlage gefordert worden. So sollte ein entsprechender neuer § 1a EnLAG eingefügt werden. Der Bundesrat brachte ferner eine Initiative ein, nach der ein neuer § 28a NABEG einen Zahlungsanspruch der Gemeinden gegen die Übertragungsnetzbetreiber vorsah.[13] Die Bundesregierung lehnte dies ab, da sie hierfür keine finanzverfassungsrechtliche Grundlage sah. Es handele sich bei dem Zahlungsanspruch um eine unzulässige nicht steuerliche Abgabe. Ob diese Begründung so tragfähig ist, erscheint zumindest zweifelhaft. Jedenfalls besteht weiterhin keine ausdrückliche Rechtsgrundlage für finanzielle Ausgleichszahlungen an Gemeinden.

III. Öffentlich-rechtliche Vorgaben für finanzielle Ausgleichszahlungen

1. Allgemeines

Finanzielle Ausgleichszahlungen erfordern den Abschluss einer entsprechenden Vereinbarung zwischen Vorhabenträger und Gemeinde. Bei der (freiwilligen) Ausgleichsvereinbarung dürfte es sich um einen öffentlich-rechtlichen

12 Vgl. BT-Drs. 17/6073, S. 35.
13 Vgl. BT-Drs. 17/6249, S. 13, 18.

Vertrag i. S. d. § 54 Satz 1 VwVfG handeln. Zwar könnte man der Sache nach auch an eine privatrechtliche Schenkung denken, allerdings steht die Ausgleichsvereinbarung im Zusammenhang mit der Zulassung des planfeststellungsbedürftigen Leitungsvorhabens und weist damit eine besondere Nähe zum öffentlichen Recht auf.

Je nach Ausgestaltung der Ausgleichsvereinbarung kann zugleich ein Austauschvertrag i. S. d. § 56 VwVfG vorliegen. Ein hierfür erforderlicher gegenseitiger Austausch von Vertragsleistungen kann etwa auf Seiten der Gemeinde in einer „Wohlwollenspflicht" der Gemeinde gegenüber dem Leitungsvorhaben oder in einem Rechtsmittelverzicht begründet sein. Nach der Rechtsprechung des Bundesverwaltungsgerichts liegt ein Austauschvertrag i. S. d. § 56 VwVfG allerdings auch bei einem fehlenden Leistungsaustausch vor, d. h. also bei einseitigen Verträgen. Ein solcher Fall eines „hinkenden" Austauschvertrags ist dann gegeben, wenn der Private zwar keinen einklagbaren Leistungsanspruch gegen die Behörde hat, die Leistung der Behörde aber unter der stillschweigenden Bedingung einer Gegenleistung des Privaten steht oder Geschäftsgrundlage für eine solche Gegenleistung ist.[14] Der Übertragungsnetzbetreiber beabsichtigt mit der Gewährung von Ausgleichszahlungen an die Gemeinde zwar nicht zwingend einen Verzicht auf Rechtsschutzmöglichkeiten der Gemeinde, wohl aber ein gewisses Wohlwollen und eine Akzeptanzförderung in der örtlichen Bevölkerung. Mit der finanziellen Ausgleichszahlung sollen auch Vorteile für den Übertragungsnetzbetreiber verbunden sein, die zu einem beschleunigten Bau der benötigten Freileitungen führen. Damit sind Ausgleichszahlungen letztlich nicht voraussetzungslos vereinbart.

2. Keine Sperrwirkung des Planfeststellungsrechts

Das Planfeststellungsrecht steht dem Abschluss einer freiwilligen Ausgleichsvereinbarung nicht entgegen. Die Ausgleichsvereinbarung mit den Gemeinden lässt die Regelungen über das Planfeststellungsverfahren nach den §§ 43 ff. EnWG, §§ 18 ff. NABEG unberührt. Die Vereinbarung hat insbesondere keine Auswirkungen auf das planerische Abwägungsge-

14 Vgl. BVerwG, Urt. v. 16.05.2000 – 4 C 4.99 – BVerwGE 111, 162, 169; Urt. v. 24.08.1994 – 11 C 14.93 – BVerwGE 96, 326, 330.

bot der Planfeststellungsbehörde (§ 43 Satz 3 EnWG, § 18 Abs. 3 Satz 1 NABEG). Die Planfeststellungsbehörde ist nicht Vertragspartnerin und kann auch nicht etwa durch das Leitungsvorhaben betroffene Belange der Gemeinde in ihrer Bedeutung geringer bewerten, weil die Gemeinde eine Ausgleichszahlung erhält. Umgekehrt enthält das Planfeststellungsrecht auch keine Regelungen, nach der der Vorhabenträger keine freiwilligen vertraglichen Vereinbarungen mit Gemeinden oder Betroffenen von Planvorhaben abschließen darf, deren Inhalt über die gesetzlichen Entschädigungsverpflichtungen hinausgehen. § 74 Abs. 2 Satz 3 VwVfG ist insoweit nicht abschließend, sondern legt lediglich das gesetzliche „Minimum" fest, das im Planfeststellungsbeschluss geregelt werden muss und zu dessen Umsetzung der Vorhabenträger durch die Planfeststellungsbehörde zu verpflichten ist. Geht der Vorhabenträger über diese gesetzliche Verpflichtung hinaus, begegnet dies insoweit keinen Bedenken. Die von der Rechtsprechung zur Bauleitplanung entwickelten Grund-sätze vertraglicher Vorwegbindungen[15] gelten für die Ausgleichsvereinbarung nicht, da die Planfeststellungsbehörde gerade nicht vertraglich gebunden wird und damit in ihrer nachvollziehenden Abwägung frei bleibt.

3. Vorgaben des Vertragsrechts

Schranken für den Inhalt einer Ausgleichsvereinbarung ergeben sich zunächst aus dem allgemeinen Verwaltungsrecht. Gemäß § 56 Abs. 1 Satz 1 VwVfG muss die vertragliche Gegenleistung, die die Behörde sich versprechen lässt, für einen bestimmten Zweck im Vertrag vereinbart sein und der Behörde zur Erfüllung ihrer öffentlichen Aufgaben dienen. Das hieraus abzuleitende Erfordernis einer konkreten Zweckbestimmung dürfte im Ergebnis nicht erfordern, dass in der Ausgleichsvereinbarung eine ausdrückliche Zweckbestimmung für die Verwendung der Ausgleichszahlung festgelegt wird. Aus der Tatsache, dass der Gesetzgeber ausweislich der Begründung zur Einführung des § 5 Abs. 4 StromNEV[16] eine solche Zweckbindung nicht für notwendig erachtet hat, wird man allerdings noch nicht herleiten können, dass die Anforderungen des § 56 Abs. 1 Satz 1 VwVfG

---

15 Vgl. grdl. BVerwG, Urt. v. 05.07.1974 – IV C 50.72 – BVerwGE 45, 309, 316 ff.

16 Vgl. BT-Drs. 17/6073, S. 35.

für Ausgleichsvereinbarungen nicht oder nur eingeschränkt gelten sollen. Dies erscheint schon aufgrund des fehlenden Niederschlags dieser Auffassung in der Verordnung zweifelhaft. § 5 Abs. 4 StromNEV anerkennt nur Ausgleichsvereinbarungen, ohne deren Inhalt näher zu konkretisieren. Ob eine Zweckbindung erforderlich ist, lässt die Verordnung offen. Die Anforderungen, die § 56 Abs. 1 Satz 1 VwVfG an die notwendige Zweckbestimmung stellt, sind allerdings nicht sonderlich hoch. Die Rechtsprechung hat es etwa genügen lassen, dass sich bei einer im Vertrag ausdrücklich benannten „nicht zweckgebundenen Zuwendung“ der Leistungszweck aus dem gesamten Vertragsinhalt ergibt. Die Anforderungen an die Bestimmtheit des Zwecks dürften nicht überspannt werden.[17] Vor diesem Hintergrund muss eine ausdrückliche Mittelverwendung in der Ausgleichsvereinbarung nicht geregelt werden. Vielmehr reicht es, wenn ausweislich der Präambel oder eines Paragraphen die Geldzahlung als Ausgleich für mögliche Beeinträchtigungen durch die Stromleitung und die Erhöhung deren Akzeptanz bei den Gemeindeeinwohnern erfolgt. Der Leistungszweck besteht dann ersichtlich im Ausgleichsgedanken und kann dem Vertragstext hinreichend sicher im Wege der Auslegung entnommen werden.

Nach dem Kopplungsverbot (§ 56 Abs. 1 Satz 2 VwVfG) muss ein Sachzusammenhang zwischen der Leistung und der Gegenleistung, wie sie in der Ausgleichsvereinbarung vereinbart werden, bestehen. Die Vereinbarung darf nicht Grundlage für einen „Ausverkauf von Hoheitsrechten“ der Behörde sein, indem hoheitliche Entscheidungen von (zusätzlichen) wirtschaftlichen Gegenleistungen abhängig gemacht werden.[18] Mit den finanziellen Ausgleichszahlungen sollen in erster Linie nicht genau quantifizierbare Nachteile der Gemeinden im Trassenverlauf kompensiert werden. Nicht ausgeschlossen werden kann allerdings, dass es zumindest gewünschter Nebeneffekt solcher Zahlungen ist, dass einzelne Gemeinden ihre negative Grundhaltung zum Leitungsprojekt aufgeben. Dem wird man nicht entgegenhalten können, dass die Ausgleichszahlungen an alle betroffenen

---

17 Vgl. BVerwG, Urt. v. 16.05.2000 – 4 C 4.99 – BVerwGE 111, 162, 168.

18 Vgl. grdl. BVerwG, Urt. v. 06.07.1973 – IV C 22.72 – BVerwGE 42, 331, 338 f.; seitdem st. Rspr., vgl. nur BVerwG, Urt. v. 16.05.2000 – 4 C 4.99 – BVerwGE 111, 162, 169; Bonk/Neumann, in: Stelkens/Bonk/Sachs (Hrsg.), VwVfG Kommentar, 8. Aufl. 2014, § 56 Rn. 49.

Gemeinden unabhängig von ihrer Grundhaltung zum Leitungsprojekt gewährt werden. Grund für die Ausgleichszahlungen ist gerade die vorherrschende Skepsis in der örtlichen Bevölkerung gegenüber dem Leitungsbau. Gerade auch unter Berücksichtigung dieser Nebeneffekte wird man nicht von vornherein ausschließen können, dass es sich vorliegend um einen unzulässigen Verkauf von Hoheitsrechten handelt. Zwar entscheiden nicht die Gemeinden, sondern die Planfeststellungsbehörde über die Zulassung des Leitungsprojekts. Die Gemeinde wird im Planfeststellungsverfahren aber insoweit hoheitlich tätig, als sie als Trägerin der kommunalen Planungshoheit eine Stellungnahme zum Leitungsvorhaben abgibt. Durch die Beeinträchtigungen ihres Ortsbildes entstehen den Gemeinden im Regelfall auch keine unmittelbaren finanziellen Nachteile. Durch die Ausgleichszahlungen entsteht demnach eine Bereicherung, der kein entsprechender Aufwand gegenübersteht. Ein Gericht könnte daher das Abkaufen des „Wohlwollens“ der Gemeinde als unzulässigen Verkauf von Hoheitsrechten interpretieren.

Um dies zu verhindern, sollte in der Ausgleichsvereinbarung ausdrücklich klargestellt werden, dass die hoheitlichen Rechte und Pflichten der Gemeinde von der Annahme der Ausgleichszahlung unberührt bleiben. Der Abschluss der Ausgleichsvereinbarung soll die Position der Gemeinde zum Leitungsvorhaben unberührt lassen. Der notwendige Sachzusammenhang besteht dadurch, dass der Leistungszweck – der Ausgleich von Beeinträchtigungen durch die Leitung und die Steigerung der Akzeptanz bei den Gemeindebewohnern – in einem inneren Zusammenhang mit der Geldzahlung des Übertragungsnetzbetreibers steht. Auf die Akzeptanzsteigerung besteht kein gesetzlicher Anspruch. Die Geldzahlung dient auch keinem anderen öffentlichen Interesse. Dass die Beeinträchtigungen des Ortsbildes durch das Leitungsvorhaben für die Gemeinden keine unmittelbaren finanziellen Nachteile bedeuten, dürfte hieran nichts ändern. Für die Erhöhung der Akzeptanz des Leitungsvorhabens reicht nicht die bloße Vereinnahmung des Geldbetrags durch die Gemeinde. Vielmehr wird sie diverse Maßnahmen (z.B. Ortsbildverschönerungen, Pflanzungen zur Reduzierung der Blickbeziehungen) durchführen, um die Beeinträchtigungen für die Gemeinde und ihre Bewohner zu reduzieren. Die Auswahl der Maßnahmen obliegt dem Gestaltungsspielraum der Gemeinde. Der Finanzierung solcher Maßnahmen dient die Geldzahlung.

Ferner ergibt sich aus § 56 Abs. 1 Satz 2 VwVfG das Angemessenheitsprinzip der Gegenleistung. Dies bedeutet, dass behördliche Leistung und Gegenleistung des Bürgers in einem ausgewogenen Verhältnis zueinander stehen müssen.[19] Die Gegenleistung darf keine unzumutbare Belastung für den Vertragspartner darstellen.[20] Nach der insofern gebotenen Gesamtwürdigung der Umstände hängt die Frage der Angemessenheit in erster Linie von den vertraglich vereinbarten Pflichten der Gemeinde und der Höhe der Ausgleichszahlung ab. Überschreiten die Vertragsparteien den in § 5 Abs. 4 StromNEV und § 11 Abs. 2 Satz 1 Nr. 8b ARegV genannten Höchstbetrag von 40.000,00 Euro pro Trassenkilometer nicht, spricht vieles dafür, dass ein ausgewogenes Verhältnis auch dann vorliegt, wenn sich die Gemeinde nicht zu expliziten Leistungen verpflichtet. Maßstab für die Angemessenheit ist vielmehr der Vorteil, den solche Ausgleichszahlungen für die Akzeptanz des Netzausbaus haben, der sich aber letztlich nicht genau quantifizieren lässt. Sollen die Ausgleichszahlungen höher ausfallen, wird man etwa zum Vergleich auf die durchschnittlichen Kosten für eine Bauverzögerung pro Monat abstellen müssen.

4. Kommunalrechtliche Vorgaben

Bei der Vereinbarung finanzieller Ausgleichszahlungen sind zudem die Regelungen des Kommunalrechts zu beachten. Dass die Ausgleichszahlung in ihrer Wirkung einer Schenkung nahekommt, begegnet keinen Bedenken. Den Kommunalrechtsvorschriften der Bundesländer ist ein allgemeines Schenkungsverbot nicht zu entnehmen. Teilweise sehen die Kommunal- und Gemeindeordnungen sogar ausdrücklich die Möglichkeit der Annahme von Schenkungen durch die Gemeinde vor, verknüpfen dies aber mit dem Erfordernis der Erfüllung öffentlicher Aufgaben und setzen verfahrensrechtliche Hürden.

Die Annahme einer Ausgleichszahlung verstößt auch nicht von vornherein gegen das kommunale Finanzrecht. Die Kommunal- und Gemeindeordnungen sehen weitgehend übereinstimmend vor, dass die Gemeinden ihre Ausgaben aus Beiträgen und Gebühren sowie Steuern zu finanzieren

19 Vgl. Bonk/Neumann, a.a.O. (Fn. 18), § 56 Rn. 54.
20 Vgl. BVerwG, Urt. v. 25.11.2005 – 4 C 15.04 – BVerwGE 124, 385, 291; Urt. v. 06.07.1973 – IV C 22.72 – BVerwGE 42, 331, 345.

haben. Daneben dürfen sich die Gemeinden aber auch sonstige Einnahmequellen (öffentlich- und privatrechtliche Entgelte, Konzessionsabgaben etc.) eröffnen.[21] Aus den Kommunal- und Gemeindeordnungen folgt keine Beschränkung auf Steuern, Gebühren und Beiträge und auch kein Verbot nicht hoheitlicher Abgaben. Dies gilt auch in den Bundesländern, in denen die Kommunal- und Gemeindeordnung sonstige Einnahmen nicht ausdrücklich erwähnt. Auch sonstige Einnahmen wie etwa aus Schenkungen etc. sind zulässig, zumal wenn sie einmaliger Natur sind. Soweit teilweise aus den Kommunal- und Gemeindeordnungen eine Rangfolge der Einnahmequellen als verbindliches Haushaltsrecht abgeleitet wird[22], steht dies der Vereinnahmung sonstiger Einnahmen nicht entgegen. Hieraus ergibt sich nur eine Subsidiarität der Erhebung von Gemeindesteuern, nicht aber der Vereinnahmung sonstiger Einnahmen.[23]

Die fehlende Zweckbindung der Ausgleichszahlung steht auch im Einklang mit den Vorgaben des kommunalen Haushaltsrechts. Sie bedeutet nicht, dass die Gemeinde das für sie geltende Haushaltsrecht nicht anzuwenden hat. Sie muss die Ausgleichszahlung ordnungsgemäß vereinnahmen, d. h. insbesondere eine Rechnungslegung am Ende des Haushaltsjahres vornehmen. Ggf. ist auch der Erlass einer Nachtragshaushaltssatzung notwendig. Materiell-rechtliche Hürden ergeben sich hieraus aber nicht. Es handelt sich in erster Linie um formelle Erfordernisse.

IV. Strafrechtliche Schranken

Beim Abschluss von freiwilligen Vereinbarungen über Ausgleichszahlungen an Gemeinden besteht immer die Gefahr, dass ein strafrechtlich relevantes Verhalten durch die Handelnden verwirklicht wird. Zu denken ist in erster Linie auf Seiten der Gemeinde an den Straftatbestand der Vorteilsnahme (§ 331 StGB[24]) und auf Seiten der Übertragungsnetzbetreiber

---

21 Vgl. Gern, Kommunalrecht, 3. Aufl. 2003, Rn. 673b ff.

22 Vgl. so etwa VGH München, Beschl. v. 01.02.2007 – 4 ZB 06.2567 – NVwZ-RR 2008, 53 m. w. N.

23 Vgl. Gern, a. a. O. (Fn. 21), Rn. 676.

24 Strafgesetzbuch (StGB) in der Fassung der Bekanntmachung vom 13.11.1998 (BGBl. I S. 3322), zuletzt geändert durch Art. 1 d. G. v. 21.01.2015 (BGBl. I S. 10).

an den Straftatbestand der Vorteilsgewährung (§ 333 StGB). Die Frage ist viel diskutiert worden im Zusammenhang mit dem Abschluss städtebaulicher Verträge, in denen sich etwa ein Privatbürger zur Finanzierung von gemeindlichen Einrichtungen (Schulen, Kindergärten etc.) gegen Schaffung von Baurecht verpflichtet.[25] Ferner steht der Vorwurf der Untreue (§ 266 StGB) im Raum.

1. Korruptionsvorschriften

Durch den Abschluss von Ausgleichsvereinbarungen besteht regelmäßig keine Gefahr einer Strafbarkeit wegen Bestechung bzw. Bestechlichkeit (§§ 332, 334 StGB). Hierfür fehlt es an dem notwendigen Finalzusammenhang.

Problematisch ist hingegen die Strafbarkeit wegen Vorteilsnahme bzw. -gewährung (§§ 331, 333 StGB). Mit der Strafbarkeit soll das Vertrauen der Allgemeinheit in die fehlende Käuflichkeit von Trägern staatlicher Funktionen und damit in die Sachlichkeit staatlicher Entscheidungen geschützt werden.[26] Die Annahme einer Geldzahlung einer Privatperson durch einen Gemeindebediensteten ohne einen entsprechenden Anspruch stellt daher grundsätzlich eine Vorteilsnahme gemäß § 331 StGB dar. Erfasst werden auch Fälle einer Drittzuwendung, also Fälle, in denen sich der Amtsträger den Vorteil nicht für sich, sondern für einen Dritten, hier die Gemeinde, gewähren lässt.[27] Vorteil ist hierbei weit zu verstehen und jede Leistung des Zuwendenden, auf die der Amtsträger keinen Anspruch hat und die seine wirtschaftliche, rechtliche oder auch nur persönliche Lage objektiv verbessert. Dies soll selbst dann zu bejahen sein, wenn die Geldzahlung ein

---

25 Vgl. etwa Grziwotz, Zur Strafbarkeit von Amtsträgern beim Abschluß städtebaulicher Verträge, BauR 2000, 1437, 1437 ff.; ders., Nochmals – Städtebaulicher Vertrag und Strafrecht, BauR 2001, 1530, 1530 ff.; Burmeister, Strafrechtliche Risiken städtebaulicher Verträge, BauR 2003, 1129, 1129 ff.; Otto, Unzulässige Klauseln in städtebaulichen Verträgen und Fragen zu ihrer strafrechtlichen Relevanz, ZfBR 2006, 320, 320 ff.

26 Vgl. BGH, Urt. v. 28.10.1986 – 5 StR 244.86 – NJW 1987, 1340, 1342; Urt. v. 25.07.1960 – 2 StR 91.60 – BGHSt 15, 88, 96 f.

27 Vgl. OVG Lüneburg, Urt. v. 10.08.2010 – 1 KN 218.17 – juris Rn. 110; vgl. auch BGH, Urt. v. 23.10.2002 – 1 StR 541.01 – BGHSt 48, 44; Urt. v. 23.05.2002 – 1 StR 372.01 – BGHSt 47, 295.

angemessenes Entgelt für die von dem Amtsträger vertraglich zu erbringenden Leistungen darstellt.[28] Die in der Literatur zum Teil für geboten gehaltene einschränkende Auslegung[29] hat jedenfalls in der Rechtsprechung noch keinen Niederschlag gefunden. Die Gerichte halten vielmehr explizit Zuwendungen zur „allgemeinen Klimapflege" oder zur Gewinnung generellen Wohlwollens des Amtsträgers für einen relevanten Vorteil.[30] Schließlich setzt die Strafbarkeit gemäß § 331 StGB eine Unrechtsvereinbarung, d. h. eine inhaltliche Verknüpfung von Dienstausübung und Vorteilszuwendung, voraus. Dies ist nach der Neufassung der Vorschrift durch das Korruptionsbekämpfungsgesetz 1997[31] auch der weite Bereich der unspezifischen Zuwendungen, die nicht eine konkrete Diensthandlung honorieren, sondern allgemeines „Wohlwollen" und „Entgegenkommen" schaffen sollen.[32] Für die nach der Rechtsprechung erforderliche Gesamtabwägung aller Umstände sind so Gesichtspunkte wie die Plausibilität einer behaupteten oder sonst in Betracht kommenden Zielsetzung, die Stellung des Amtsträgers, die Beziehung des Vorteilsgebers zu den dienstlichen Aufgaben des Amtsträgers, die Vorgehensweise bei dem Angebot sowie Art, Wert und Zahl der Vorteile bedeutsam.[33]

Nach der dargelegten weiten Auslegung durch die Rechtsprechung des Bundesgerichtshofs ist der Vorteilsbegriff durch den Abschluss einer Ausgleichsvereinbarung erfüllt. Maßgeblich für die Strafbarkeit der Beteiligten ist demnach, ob eine sogenannte Unrechtsvereinbarung vorliegt. Hieran fehlt es regelmäßig, sofern die Ausgleichsvereinbarung hinreichend transparent ist. Hierfür bedarf es in der Regel ergänzender Sicherheitsmaßnahmen beim Abschluss der Ausgleichsvereinbarung. Gegen das Vorliegen

---

28 Vgl. st. Rspr., vgl. nur BGH, Urt. v. 26.05.2011 – 3 StR 492.10 – StV 2012, 19; Urt. v. 21.06.2007 – 4 StR 99.07 – NStZ 2008, 216 m. w. N.

29 Vgl. Schreiber/Rosenau/Combé/Wrackmeyer, Zur Strafbarkeit der Annahme von geldwerten Zuwendungen durch Städte und Gemeinden nach § 331 StGB, GA 2005, 265, 274 ff.

30 Vgl. BGH, Urt. v. 21.06.2007 – 4 StR 69.07 – NStZ-RR 2007, 309; Urt. v. 28.10.2004 – 3 StR 301.03 – BGHSt 47, 295.

31 Gesetz zur Bekämpfung der Korruption (Korruptionsbekämpfungsgesetz, KorrBG) v. 13.08.1997 (BGBl. I S. 2038).

32 Vgl. Fischer, StGB Kommentar, 62. Aufl. 2015, § 331 Rn. 22.

33 Vgl. BGH, Urt. v. 14.10.2008 – 1 StR 260.08 – NJW 2008, 3580.

einer Unrechtsvereinbarung sprechen das Vorliegen eines objektiv (von der örtlichen Bevölkerung so wahrgenommenen) ausgleichsfähigen Nachteils, der Wille des Verordnungsgebers (s. § 5 Abs. 4 StromNEV), die Einbindung von Verbänden (Städte- und Gemeindebund, Bundesverband für Energie- und Wasserwirtschaft) und obersten Landesbehörden, das Herbeiführen von Gremienentscheidungen bei der Gemeinde (Gemeinderat), das Bestehen eines festen (nicht verhandelbaren) Zuwendungskonzepts oder die Veröffentlichung einer Mustervereinbarung etwa auf der Homepage des Übertragungsnetzbetreibers.

Für den Straftatbestand der Vorteilsgewährung (§ 333 StGB), der nur durch ein Verhalten von Mitarbeitern des Übertragungsnetzbetreibers erfüllt werden kann, gilt Entsprechendes, da die Tathandlungen denen des § 331 StGB spiegelbildlich entsprechen.[34]

§ 331 Abs. 3 StGB lässt die Strafbarkeit entfallen, wenn durch die zuständige Aufsichtsbehörde die Ausgleichsvereinbarung vor ihrem Abschluss genehmigt worden ist. Die Praxis hat allerdings gezeigt, dass die zuständigen Kommunalaufsichtsbehörden in aller Regel eine solche Genehmigung nicht erteilen, da das Kommunalrecht der Bundesländer keinen Genehmigungsvorbehalt kennt. Die Legalisierungswirkung einer Genehmigung ist daher in aller Regel für die Übertragungsnetzbetreiber nicht erreichbar.

2. Untreue

Eine Strafbarkeit wegen Untreue nach § 266 StGB der handelnden Vorstandsmitglieder beim Übertragungsnetzbetreiber scheidet in aller Regel aus. Die mit den Ausgleichszahlungen verbundenen Verbesserungen des Rufs des Übertragungsnetzbetreibers lässt einen Vermögensschaden entfallen. Die Erwägungen, die zum Abschluss der Ausgleichsvereinbarung beim Übertragungsnetzbetreiber angestellt worden sind, sollten allerdings zur vorsorglichen Absicherung hinreichend dokumentiert werden (z. B. durch eine Geschäftsführungsvorlage).

34 Vgl. Fischer, a. a. O. (Fn. 32), § 333 Rn. 3.

V. Mögliche Inhalte einer Ausgleichsvereinbarung

Im Folgenden sollen – resultierend aus den vorgenannten rechtlichen Vorgaben – einige Hinweise auf mögliche Inhalte einer Ausgleichsvereinbarung sowie zum Procedere gegeben werden:

- In der Ausgleichsvereinbarung muss zunächst der Berechnungsmaßstab für den Ausgleichsbetrag festgelegt werden. Die genaue Festlegung liegt im Ermessen des Übertragungsnetzbetreibers. Er sollte allerdings einen Maßstab wählen, der einfach und nachvollziehbar ist. Sachgerecht erscheint etwa die Orientierung der Höhe des Ausgleichsbetrags an der Trassenlänge auf dem Gemeindegebiet. Angeknüpft werden kann auch an die Höhe der Masten oder an die Fläche im Gemeindegebiet, die durch den Schutzstreifen betroffen ist.
- Ein Verwendungszweck für den Ausgleichsbetrag auf Seiten der Gemeinde sollte nicht festgelegt werden.[35] Welche öffentlichen Aufgaben die Gemeinde mit dem Geldbetrag erfüllt, bleibt ihr vorbehalten. Insbesondere liegt es in ihrem Ermessen, durch welche Maßnahmen eine höhere Akzeptanz bei der örtlichen Bevölkerung erreicht werden kann. Eine Festlegung des Verwendungszwecks für bestimmte Maßnahmen könnte im Übrigen dazu führen, dass der Übertragungsnetzbetreiber die Zweckerfüllung prüfen müsste, was nicht in seinem Interesse liegt.
- Gemeindliche Leistungspflichten sollten nur zurückhaltend vereinbart werden. Insbesondere sollte keine Kooperationspflicht der Gemeinde während der Zulassungs- und Bauphase geregelt werden. Eine solche Regelung würde zwingend dazu führen, dass das Kopplungsverbot und das Angemessenheitsprinzip des § 56 Abs. 1 Satz 2 VwVfG Anwendung fänden. Insbesondere das Verbot eines Verkaufs von Hoheitsrechten dürfte bei solchen Kooperationspflichten nicht unproblematisch sein. Von vornherein unzulässig wäre ein Verzicht der Gemeinde auf bauleitplanerische Ausweisung von Wohngebieten im Schutzstreifen der Stromleitung oder in der Nähe des geplanten Trassenverlaufs. § 1 Abs. 3 Satz 2 BauGB[36]

---

35 Vgl. ebenso die Gesetzesbegründung, BT-Drs. 17/6073, S. 35.

36 Baugesetzbuch (BauGB) in der Fassung der Bekanntmachung v. 23.09.2004 (BGBl. I S. 2414), zuletzt geändert durch Art. 1 d. G. v. 20.11.2014 (BGBl. I S. 1748).

bestimmt, dass niemand einen Anspruch auf Bauleitplanung hat. Dies gilt auch für vertragliche Vereinbarungen.[37]

- Der Abschluss der konkreten Ausgleichsvereinbarung sollte erst mit Bestandskraft des Planfeststellungsbeschlusses erfolgen, um schwierige Rückabwicklungen zu vermeiden und im Übrigen auch nicht den Eindruck zu erwecken, dass der Übertragungsnetzbetreiber Einfluss auf die Rechtsschutzmöglichkeit der Gemeinde nehmen will.
- Weiter ist eine Regelung für den Fall der Änderung des Leitungsvorhabens sinnvoll. Auch nach Erlass des Planfeststellungsbeschlusses besteht immer die Gefahr, dass Änderungen im Trassenverlauf durch eine Planänderung (§ 76 VwVfG) vorgenommen werden. Entfällt dadurch die Betroffenheit der Gemeinde, sollte dies grundsätzlich auch Auswirkungen auf den erhaltenen Ausgleichsbetrag haben.
- Die Ausgleichsvereinbarung darf nicht individuell mit jeder betroffenen Gemeinde ausgehandelt, sondern sollte als Mustervereinbarung vom Übertragungsnetzbetreiber festgelegt werden. Die Mustervereinbarung sollte vor dem Abschluss der konkreten Ausgleichsvereinbarung mit einer Gemeinde möglichst transparent gehandhabt werden (z.B. Bekanntgabe auf der Homepage des Übertragungsnetzbetreibers). Anspruchsberechtigt sind alle vom Trassenverlauf betroffene Gemeinden.
- Gegenüber der Mustervereinbarung besteht ein Verbot von Änderungen durch Individualabreden. Individuelle Verhandlungen einzelner Gemeinden mit dem Übertragungsnetzbetreiber sind ausgeschlossen. Nebenabreden dürfen gegenüber der Mustervereinbarung nicht getroffen werden. Alles andere würde die Gefahr einer Unrechtsvereinbarung und damit der Strafbarkeit bewirken.
- Aus Transparenzgründen ist weiter die Erarbeitung von FAQ, d. h. von standardisierten Antworten auf die wichtigsten Fragen im Zusammenhang mit der Ausgleichsvereinbarung, sinnvoll. Die FAQ sollten ebenfalls auf die Homepage des Übertragungsnetzbetreibers gestellt werden, um eine möglichst große Transparenz herzustellen.
- Die Geschäftsführung des Übertragungsnetzbetreibers sollte eine interne Verfahrensanweisung für seine Mitarbeiter entwerfen und sie sich von

---

37 Vgl. OVG Münster, Urt. v. 06.06.2005 – 10 145.04.NE – BauR 2005, 1577; VGH Kassel, Beschl. v. 06.03.1985 – 3 N 207.85 – NVwZ 1985, 831.

den Mitarbeitern unterschreiben lassen. Darin sollte nochmals klargestellt werden, dass individuelle Vereinbarungen mit einzelnen Gemeindemitarbeitern unzulässig sind.

VI. Fazit

Das Planfeststellungsrecht lässt eine Festlegung finanzieller Ausgleichszahlungen der Übertragungsnetzbetreiber an Gemeinden zur Steigerung der Akzeptanz von Leitungsvorhaben bei der örtlichen Bevölkerung im Planfeststellungsbeschluss nicht zu. Zahlungen auf der Grundlage freiwilliger Ausgleichsvereinbarungen können hingegen in für alle Beteiligten rechtlich sicherer Weise erfolgen, sofern die einschränkenden Vorgaben insbesondere aus dem Strafrecht und dem öffentlichen Vertragsrecht beachtet werden. Die Schaffung einer ausdrücklichen Rechtsgrundlage für finanzielle Ausgleichsvereinbarungen wäre freilich zur weiteren Erhöhung der Rechtssicherheit wünschenswert. Hierbei sollte auch darüber nachgedacht werden, ob das Instrument der Ausgleichsvereinbarung insgesamt für Infrastrukturgroßprojekte eröffnet wird, um auch dort festzustellende Akzeptanzdefizite abbauen zu helfen. Eine Rechtsgrundlage könnte etwa systematisch in die §§ 72 ff. VwVfG eingefügt werden.

Stefan Lütkes

Naturschutz und Netzausbau

Abstract

Der Beitrag erläutert die Umweltprüfverfahren auf den verschiedenen Stufen der Bundesfachplanung und sich hieraus ergebende Anforderungen an den Detaillierungsgrad der Prüfung.

The article explains the environmental assessment procedures on different levels of the federal planning and the resulting requirements for the assessment in the level of detail.

Naturschutz und Netzausbau

Im Spannungsfeld von Naturschutz und Netzausbau sind wichtige Weichenstellungen zu treffen, um sowohl die Energiewende voranzubringen als auch Natur und biologische Vielfalt generationenübergreifend zu schützen. Die Energiewende erfordert eine leistungsfähige Infrastruktur, folglich einen Ausbau der Leitungen und Netze. Der Ausbau führt notwendigerweise zu einer Veränderung der Landschaft. Gleichzeitig muss aber die Natur und die biologische Vielfalt ganz konkret bei der Realisierung der einzelnen Projekte erhalten und geschützt werden (Art. 20a GG[1]). Es muss also nach Möglichkeiten gesucht werden, den Netzausbau und den Naturschutz zu vereinbaren.

Eine Kooperation zwischen Befürwortern des Netzausbaus und Naturschützern kann diesen Vorgang erleichtern. Eine frühzeitige Natura 2000-Verträglichkeitsuntersuchung kann klären, ob Schutzgebiete von dem Netzausbau erheblich beeinträchtigt werden und mit welchen Maßnahmen dies zu vermeiden wäre. Bei einer frühzeitigen Einbindung von Nutzergruppen, Naturschutzbehörden und -verbänden kann gemeinsam eine Trassenführung entwickelt werden, die allen Belangen gerecht wird.

---

1 Grundgesetz (GG) für die Bundesrepublik Deutschland in der im Bundesgesetzblatt Teil III, Gliederungsnummer 100–1, veröffentlichten bereinigten Fassung, zuletzt geändert durch Art. 1 d. G. v. 23. Dezember 2014 (BGBl.I S. 2438).

Im Bereich des Netzausbaus wird nach dem Planungsgrundsatz der Trassenbündelung verfahren. Eine Trassenwahl, die sich an gegebenen Vorbelastungen orientiert, ist häufig verhältnismäßiger als eine neue Zerschneidung der Landschaft. Durch diesen Grundsatz ist es möglich, sensible Lebensräume von neuen Leitungen freizuhalten. Dabei sind nach Ansicht von Naturschützern insbesondere, aber nicht ausschließlich Schutzgebiete zu berücksichtigen.

I. Frühzeitige Beteiligung

Generell gilt: Frühzeitige und umfassende Beteiligungsmöglichkeiten sind hilfreich, um Planungsfehler zu vermeiden. Bedenken von Naturschutzvertretern und Bürgern sollen früh erkannt und ernst genommen werden. Wenn es zusätzlich zu Antragskonferenzen einen fortwährenden Austausch mit zwar verbindlichen Fristen, aber nachvollziehbaren Entscheidungen gibt, lassen sich Konflikte entschärfen oder Kompromisse finden.

Dies verdeutlicht die Aussage eines NABU-Vertreters zum ökologischen Trassenmanagement:

> *„Stromtrassen zeigen sich oft als breite Schneisen in der Landschaft. Denn unter Freileitungen dürfen keine höheren Bäume stehen und über Erdkabeln gar keine Gehölze. Statt dort jedoch alle zehn Jahre alles kahl zu schlagen, lässt sich vielerorts durch behutsame, regelmäßige Rückschnitte, die Stufung der künstlichen Waldränder sowie Mahd- oder Beweidungsmodelle ein Mehrwert für die Natur erzielen. Insbesondere dort, wo monotone Forsten gequert werden, fördert ein ökologisches Trassenmanagement die Vielfalt an Pflanzen- und Tierarten. So profitiert z. B. das selten gewordene Haselhuhn von einer niederwaldartigen Bewirtschaftung unter Stromtrassen und auch andere Arten des „Niederwaldes" werden gefördert. Da sich der lokale Waldcharakter und das Mikroklima durch Schneisen ändert, sollten hingegen unzerschnittene, naturnahe Wälder keine Öffnung durch Stromtrassen erfahren und möglichst umgangen werden."*[2]

II. Stufen des Netzausbaus

Die Energiewende und das Zusammenwachsen des europäischen Stromnetzes machen in den kommenden Jahren einen umfassenden Ausbau der

---

2 Diese Aussage stammt von Eric Neuling: Vgl. Bundesministerium für Umwelt, Naturschutz, Bau und Reaktorsicherheit, Netzausbau mit der Natur, 2014, S. 11.

deutschen Hochspannungsnetze erforderlich. Der Netzausbau hat zum Ziel, die Netzlandschaft möglichst schnell dem Ausstieg aus der Atomenergie und dem Umstieg auf die erneuerbaren Energien anzupassen.

Der Netzausbau erfolgt regelmäßig in einem Verfahren mit fünf aufeinanderfolgenden Stufen. Zur Einführung werden die verschiedenen Stufen des Netzausbaus dargestellt und aufgezeigt, auf welcher Ebene welche Naturschutzbelange berücksichtigt werden müssen.

1. *Zusammenfassung der ersten bis dritten Stufe*

Auf der ersten Stufe, dem Szenariorahmen, wird die Entwicklung des Strombedarfs für die kommenden zehn Jahre in Deutschland entwickelt. Anhand dieser Informationen wird auf der zweiten Stufe in dem Netzentwicklungsplan ermittelt, welcher Netzbedarf in den nächsten zehn Jahren entsteht (Neue Stromproduktionszentren oder -verbrauchszentren müssen an neue Netze angeschlossen werden). Gleichzeitig mit dem Netzentwicklungsplan gibt es eine erste Umweltprüfung, die aufgrund des noch frühen Stadiums des Netzausbaus nur unüberwindbare Hindernisse, die durch Naturbelange entstehen, berücksichtigen kann. Diese Umweltplanung ist sehr ungenau und daher hier zu vernachlässigen. Auf der dritten Stufe wird aus den Ergebnissen der zweiten Stufe (Netzentwicklungsplan und erste Umweltprüfung) unter Beteiligung der Bundesnetzagentur, der Bundesregierung und Bundesrat/Bundestag ein formelles Gesetz erarbeitet (Bundesbedarfsplangesetz).

Die Stufen 1 bis 3 sind weniger geeignet, Naturschutzbelange mit einzubeziehen. Grund hierfür ist, dass in diesem Stadium der Planung noch kein Bereich festgelegt ist, in dem Netze ausgebaut werden; damit gibt es auch noch keine Bereiche für Verträglichkeitsprüfungen. Wenn man in diesem frühen Stadium der Planung bereits detaillierte Verträglichkeitsprüfungen fordern würde, müsste man konsequenterweise im gesamten Bundesgebiet die Verträglichkeit des Netzausbaus mit Naturschutzbelangen untersuchen (weil es eben noch keine Trassenkorridore o. Ä. gibt).

Insbesondere auf den Stufen 4 und 5 kommt den Naturschutzbelangen eine besondere Bedeutung zu.

2. *Vierte Stufe: vorgelagerte Planungsebenen Bundesfachplanung/ Raumordnung*

Durch das Bundesbedarfsplangesetz stehen nun die Anfangs- und Endpunkte der Trassen fest. Im vierten Schritt werden in der Bundesfachplanung die Trassenkorridore bestimmt. Dies sind bis zu 1.000 Meter breite Streifen, in denen später einmal die Leitungen verlaufen werden. Bei Vorhaben in einem Land macht dies die Landesbehörde, für länderübergreifende und grenzüberschreitende Vorhaben ist die Bundesnetzagentur zuständig. Für alle Vorhaben des Bundesbedarfsplans, die nur ein einzelnes Bundesland betreffen, beginnt die zuständige Landesbehörde ein Raumordnungsverfahren, um über den Antrag zu entscheiden.

Im Rahmen der Bundcsfachplanung gibt es eine erneute Strategische Umweltprüfung. Sie ist unabhängig von der Strategischen Umweltprüfung im Rahmen des Bundesbedarfsplans. Da nun ein konkreter Trassenkorridor betrachtet wird, können die Umweltauswirkungen erstmals detailliert für den betroffenen Raum untersucht werden.

Das Ergebnis der Strategischen Umweltprüfung – den vorhabenbezogenen Umweltbericht – legt die Bundesnetzagentur zusammen mit den kompletten Antragsunterlagen öffentlich aus. Hierzu kann jeder Stellung nehmen. Die Bundesnetzagentur prüft alle eingehenden Stellungnahmen und erörtert sie bei einer Veranstaltung mit den Einwendern, Behörden, Vereinigungen und dem Vorhabenträger. Den Abschluss der Bundesfachplanung bildet die Entscheidung der Bundesnetzagentur für einen konkreten Trassenkorridor.

Auf dieser Stufe werden neben der strategischen Umweltprüfung (Grundlage: UVPG) auch noch durch andere Untersuchungen die Verträglichkeit des Vorhabens mit der Umwelt sichergestellt.

a. FFH-Verträglichkeitsprüfung:

Zur FFH-Verträglichkeitsprüfung auf der Ebene vorgelagerter Planungsentscheidungen hat der EuGH im Urteil zum Vertragsverletzungsverfahren gegen das Vereinigte Königreich Großbritannien und Nordirland vom 20.10.2005[3] festgehalten:

---

3 EuGH, Urt. v. 20.10.2005 – C-6/04 – juris, Rn. 54.

„Wie der Gerichtshof bereits entschieden hat, hängt nach Artikel 6 Absatz 3 [FFH-RL] das Erfordernis einer Prüfung von Plänen oder Projekten auf ihre Verträglichkeit davon ab, dass die Wahrscheinlichkeit oder Gefahr besteht, dass sie das Gebiet erheblich beeinträchtigen. Unter Berücksichtigung des Vorsorgeprinzips ist der notwendige Grad der Wahrscheinlichkeit dann erreicht, wenn anhand objektiver Umstände nicht ausgeschlossen werden kann, dass ein Plan oder Projekt das fragliche Gebiet erheblich beeinträchtigt."

Der EuGH differenziert nicht zwischen „vorgelagerten Planungsebenen" und der eigentlichen Projektzulassung. Es gilt das allgemeine Kriterium der Wahrscheinlichkeit oder Gefahr einer erheblichen Beeinträchtigung des Schutzgebietes eben auch für vorgelagerte Planungsentscheidungen. Daraus ergibt sich, dass die Durchführung einer FFH-Verträglichkeitsprüfung u. U. auch schon auf einer vorgelagerten Planungsebene erforderlich ist. In § 36 BNatSchG[4] ist die Linienbestimmung, die nach § 16 FStrG[5] für Bundesfernstraßen und nach § 13 WaStrG[6] für Bundeswasserstraßen durchzuführen ist, ausdrücklich als vorgelagertes Planungsverfahren, das eine Verträglichkeitsprüfung auslösen kann, genannt.

Entscheidung des OVG Lüneburg[7]:

In seiner Entscheidung vom 17. Oktober 2013 hat sich das OVG Lüneburg bereits zur Notwendigkeit einer FFH-Verträglichkeitsprüfung auf der vorgelagerten Planungsebene (hier: Raumordnung) geäußert. Nach Ansicht des OVG reicht es nicht aus, bei der nach § 7 Abs. 6 ROG[8] und Art. 6 Abs. 3 FFH-RL[9] erforderlichen Prüfung nur die möglicherweise in durch Beeinträchtigungen betroffenen Natura 2000-Gebiete zu benennen und die

4 Bundesnaturschutzgesetz (BNatSchG) v. 29. Juli 2009 (BGBl. I S. 2542), zuletzt geändert durch Art. 4 Abs. 100 d. G. v. 7. August 2013 (BGBl. I S. 3154).

5 Bundesfernstraßengesetz (FStrG) v. 6. August 1953 (BGBl. I S. 903), zuletzt geändert durch Art. 7 d. G. v. 31. Mai 2013 (BGBl. I S. 1388).

6 Bundeswasserstraßengesetz (WaStrG) v. 2. April 1968 (BGBl. 1968 II S. 173), zuletzt geändert durch Art. 4 Abs. 125 d. G. v. 7. August 2013 (BGBl. I S. 3154).

7 OVG Lüneburg, Urt. v. 17.10.2013 – 12 KN 277/11 – juris, Leitsatz 2.

8 Raumordnungsgesetz (ROG) v. 22. Dezember 2008 (BGBl. I S. 2986), zuletzt geändert durch Art. 9 d. G. v. 31. Juli 2009 (BGBl. I S. 2585).

9 Richtlinie 92/43/EWG (FFH-RL) des Rates v. 21. Mai 1992 zur Erhaltung der natürlichen Lebensräume sowie der wildlebenden Tiere und Pflanzen (ABl. L 206 v. 22.7.1992, S. 7).

weitere Prüfung auf die nachfolgende Planung oder das Genehmigungsverfahren zu verschieben. Dieses Vorgehen reicht nach Ansicht des OVG zwar für die Umweltprüfung, nicht aber für die FFH-Verträglichkeitsprüfung aus. Nach § 7 Abs. 6 ROG und Art. 6 Abs. 3 FFH-RL ist in diesem Zusammenhang eine detailliertere Prüfung erforderlich.

Eine FFH-Verträglichkeitsprüfung auf Ebene der Raumordnung kann nicht dieselbe Konkretisierung und Aussagegenauigkeit aufweisen wie eine FFH-Verträglichkeitsprüfung, die auf Zulassungsebene durchgeführt wird.

Werden indes auf der Ebene der Raumplanung bereits abschließende Entscheidungen getroffen, wie etwa die raumplanerische Ausweisung von Vorranggebieten, müssen schon auf Ebene der Raumordnung die relevanten Auswirkungen genauso detailliert geprüft werden, wie auf der Zulassungsebene.

Zusammengefasst für die FFH-Verträglichkeitsprüfung heißt dies: Es muss eine Prüfung nach den Maßstäben der FFH-Richtlinie durchgeführt werden. Diese darf nicht auf die letzte Planungsebene verschoben werden. Diese Prüfung ist aber naturgemäß aufgrund des breiten Trassenkorridors und des noch nicht abgeschlossenen Planverfahrens mit Unsicherheiten belastet. Daher ist es erforderlich, auch auf der letzten Planungsebene eine detailliertere FFH-Verträglichkeitsprüfung durchzuführen.

Hinweise zur Durchführung (Standardisierungsansätze) einer FFH-Verträglichkeitsprüfung auf vorgelagerter Planungs- und Zulassungsebene finden sich u. a. in den Leitfäden zur Verkehrsinfrastruktur auf Bundesebene[10].

---

10 Vgl. z. B. Eisenbahn-Bundesamt (EBA), Umwelt-Leitfaden zur eisenbahnrechtlichen Planfeststellung und Plangenehmigung sowie für Magnetschwebebahnen, Teil V: Behandlung besonders und streng geschützter Arten in der eisenbahnrechtlichen Planfeststellung, 2010, S. 8 – auch im Internet unter: http://www.eba.bund.de/SharedDocs/Publikationen/DE/Infothek/PF/Umweltauswirkungen/23__Umwelt-Leitfaden__Teil__5,templateId=raw,property=publicationFile.pdf; Bundesministerium für Verkehr, Bau und Wohnungswesen (BMVBW), Leitfaden zur FFH-Verträglichkeitsprüfung im Bundesfernstraßenbau, 2004, S. 13 ff. – auch im Internet unter: http://www.bund.net/fileadmin/bundnet/pdfs/naturschutz/20090605_naturschutz_vertraeglichkeitspruefung_leitfaden.pdf; Bundesministerium für Verkehr, Bau und Stadtentwicklung (BMVBS), Leitfaden zur FFH-Verträglichkeitsprüfung an Bundeswasserstraßen, 2008, S. 11 ff. – auch

b. Artenschutz

Anders sieht es beim Artenschutz aus: Die Zugriffsverbote des § 44 Abs. 1 BNatSchG knüpfen an konkreten Realhandlungen an; der grundsätzlich individuenbezogene Schutzansatz des Artenschutzrechts steht einer frühzeitigen, abgeschichteten Konfliktlösung tendenziell entgegen.

Im Artenschutzrecht findet daher grundsätzlich eine Verlagerung der artenschutzrechtlichen Prüfung auf die Zulassungsebene statt. Auf Planungsebene muss jedoch abgeklärt werden, dass der Realisierung der Planung nicht dauerhaft und zwangsläufig die Zugriffsverbote des § 44 Abs. 1 BNatSchG entgegenstehen werden. Daher kann man sich im Rahmen der artenschutzrechtlichen Prüfung im Rahmen der Projektzulassung regelmäßig auf bereits vorliegende Ergebnisse aus vorgreiflichen Planungsebenen stützen.

Obwohl sich die artenschutzrechtliche Prüfung für die vorgelagerten Planungsebenen in rechtlichen Vorgaben nicht wiederfindet, ist eine frühzeitige Berücksichtigung der artenschutzrechtlichen Belange auf der vorgelagerten Zulassungs- und Planungsebene angebracht, um Konflikte auf nachgelagerten Ebenen zu vermeiden.

c. Zusammenfassung, Naturschutz auf vorgelagerten Planungsebenen

Die der eigentlichen Planfeststellung vorgelagerten Planungsebenen gewinnen zunehmend an Bedeutung für die Zulassung eines Vorhabens und auch für die Berücksichtigung von Belangen des Naturschutzes. Dies ist bedingt durch die zahlreichen Vorhaben aus dem Bereich der erneuerbaren Energien, aber auch durch die Planung von Vorhaben des mit der veränderten Energieerzeugung einhergehenden Netzausbaus. Neben der strategischen Umweltprüfung werden hier eine erste FFH-Verträglichkeitsuntersuchung sowie eine spezielle artenschutzrechtliche Untersuchung durchgeführt.

Insgesamt finden sich für die Prüfung des Arten- und Gebietsschutzes auf der vorgelagerten Planungsebene bisher wenig Hinweise oder Prüfungsempfehlungen. Daher kann sowohl das Potenzial für eine inhaltliche Standardsetzung als auch der Bedarf, solche Empfehlungen zu entwickeln,

---

im Internet unter: http://www.bafg.de/DE/08_Ref/U1/02_Arbeitshilfen/03_FFH_Leitfaden/ffh-leitfaden.pdf?__blob=publicationFile.

als sehr hoch eingeschätzt werden. Trotzdem wird einheitlich sowohl für die artenschutzrechtliche Prüfung als auch für die FFH-Verträglichkeitsprüfung ein abgeschichtetes, an den Konkretisierungsgrad der jeweiligen Planungsebene angepasstes Prüfprogramm empfohlen (je weiter die Planung vorangeschritten ist/ detaillierter die Planung ist, desto genauer muss nach den einschlägigen Vorschriften geprüft werden).

3. *Fünfte Stufe: Planfeststellung*

Der Planfeststellungsbeschluss legt wie eine Baugenehmigung alle wichtigen Details der zukünftigen Höchstspannungsleitung fest. Dazu gehören der genaue Verlauf der Trasse und die zu verwendende Übertragungstechnik. Grundlage der Planfeststellung sind das Raumordnungsverfahren oder die Bundesfachplanung aus Schritt vier. Auf der Grundlage des ergangenen Planfeststellungsbeschlusses kann das Vorhaben realisiert werden.

Auch das Planfeststellungsverfahren beginnt mit einem Antrag des Übertragungsnetzbetreibers. Dieser Antrag enthält Pläne und Beschreibungen eines konkreten Leitungsvorhabens und Erläuterungen zu den Umweltauswirkungen. Nach Eingang des vollständigen Antrags führen die Bundesnetzagentur oder die zuständige Landesbehörde eine Antragskonferenz mit den Trägern öffentlicher Belange sowie den Vereinigungen und Verbänden durch.

Die entsprechende Behörde prüft die Auswirkungen des geplanten Bauvorhabens im Rahmen einer Umweltverträglichkeitsprüfung. Diese Prüfung ist sehr viel konkreter als bei der Bundesfachplanung, da nun detaillierte Informationen zur geplanten Leitung vorliegen. Unter anderem sind jetzt genaue Maststandorte und Wege, auf denen später Baufahrzeuge fahren können, bekannt.

Auch auf Planebene müssen neben der eher allgemeinen Umweltverträglichkeitsprüfung nochmal eine FFH-Verträglichkeitsprüfung und eine spezielle artenschutzrechtliche Prüfung durchgeführt werden. Diese Instrumente des Naturschutzes stehen nebeneinander und die Prüfungen müssen unabhängig voneinander die Verträglichkeit des Vorhabens mit Natur und Umwelt nachweisen. Die Prüfungen haben auch unterschiedliche Zielrichtungen: Bei der Umweltverträglichkeitsprüfung geht es um die allgemeine Umweltverträglichkeit eines Vorhabens; bei der Verträglichkeitsprüfung geht es um einen naturschutzrechtlichen Ausschnitt, spezifisch unter dem Gesichtspunkt des Gebiets- und Artenschutzes. Auf die Umweltverträglichkeitsprüfung wird hier nicht detaillierter eingegangen, weil die FFH-Verträglichkeitsprüfung und die spezielle artenschutzrechtliche Prüfung sich in diesem Zusammenhang als speziellere Naturschutzinstrumente darstellen und damit dem Thema entsprechend hier behandelt werden.

Naturschutz auf Planfeststellungsebene

a. FFH-Verträglichkeitsprüfung

Bei der FFH-Verträglichkeitsprüfung auf der Planfeststellungsebene hat das BVerwG mit seinem Urteil vom 12. März 2008[11] die rechtlichen Rahmenbedingungen für eine FFH-Verträglichkeitsprüfung auf der Planfeststellungsebene gesetzt. Nach Ansicht des BVerwG empfiehlt sich daher folgendes Vorgehen: Zunächst hat die Verträglichkeitsprüfung in einem ersten Schritt eine sorgfältige Bestandserfassung und -bewertung der von dem Projekt maßgeblich betroffenen Gebietsbestandteile zu leisten. Auf dieser Basis sind sodann die Einwirkungen des Vorhabens zu ermitteln und zu bewerten. Das BVerwG stellt in seiner Entscheidung die Wichtigkeit der Bestandserfassung und -bewertung in diesem Zusammenhang noch einmal deutlich dar.

b. Bestandserfassung und -bewertung

Um die projektbedingten Einwirkungen zutreffend auf ihre Erheblichkeit hin beurteilen zu können, hat die Verträglichkeitsprüfung in einem ersten Schritt eine sorgfältige Bestandserfassung und -bewertung zu leisten. Hierfür sind nur die Lebensraumtypen maßgeblich, die Gegenstand der gebietsbezogenen Erhaltungsziele sind, einschließlich der für den Lebensraum charakteristischen Arten. Wurde dies ermittelt, bedarf es zunächst einer Bestandserfassung für das konkret betroffene Gebiet. Hierfür bedarf es zumindest einer Abschätzung der jeweiligen Populationsgröße und der Angabe einer Tendenz. Die Untersuchungen dürfen nach Ansicht des BVerwG aber die Tiere nicht unverhältnismäßig belasten, etwa indem sie ihre körperliche Integrität beeinträchtigen.

---

11 Vgl. BVerwG, Urt. v. 12.03.2008 – 9 A 3/06 – juris, Leitsatz 4.

Zur Bestandserfassung und -bewertung kann auch auf Daten und Erkenntnisse aus vorgelagerten Planungen zurückgegriffen werden, soweit diese für den betroffenen Raums ausreichen aussagekräftig und noch hinreichend aktuell sind.

Der maßgebliche Untersuchungsraum ist grundsätzlich nur das betroffene Schutzgebiet. Dabei ist das „Gebiet" ein geografisch definierter Bereich mit einer klar umgrenzten Fläche.

Charakteristische Arten: Zur Bestandserfassung und Bewertung bedarf es auch der Ermittlung des Erhaltungszustands der charakteristischen Arten. Nach Ansicht des BVerwG können die charakteristischen Arten den Umfang der gebotenen Bestandserfassung beeinflussen. Dabei sind alle nach dem Stand der Fachwissenschaft für ein Gebiet charakteristischen Arten einzubeziehen, auch wenn diese (noch) nicht in den Standard-Datenbögen genannt sind. Dabei sind insbesondere Arten für die Prüfung auszuwählen, die eine Indikatorfunktion für die Auswirkungen des Vorhabens auf den Lebensraumtyp besitzen.

Methodik: Die Erfassungs- und Bewertungsmethodik der Verträglichkeitsprüfung ist nicht normativ festgelegt. Hier muss aber der für die Verträglichkeitsprüfung allgemein maßgebliche Standard der Arbeit nach „besten wissenschaftlichen Erkenntnissen" eingehalten werden. Untersuchungsmethoden, die in der Fachwissenschaft als überholt gelten, sind damit nicht zulässig. Angesichts der Vielzahl von Arten und der wechselnden Zusammensetzung in den Lebensraumtypen kann aber nicht gefordert werden, dass eine „stückgenaue", flächendeckende Ermittlung durchgeführt werden muss. Bei der konkreten Entscheidung ist mehr als Plausibilität und Stimmigkeit nicht zu erreichen. Bei der Bestanderfassung ist der Behörde insoweit eine fachliche Einschätzungsprärogative zuzuerkennen.

Die Ermittlung und Bewertung der Einwirkungen des Vorhabens auf die Schutzgüter der FFH-Verträglichkeitsprüfung ist Voraussetzung für die Bewertung der Auswirkungen. Wenn der Bestand nach den besten wissenschaftlichen Erkenntnissen ermittelt ist, können die konkreten Auswirkungen des Vorhabens auf den Bestand bewertet werden. Dabei wird eine plausible, realistische Einschätzung der Behörde gefordert.

c. Artenschutzrechtliche Prüfung

Bei der artenschutzrechtlichen Verträglichkeitsprüfung ist, anders als bei der FFH-Verträglichkeitsprüfung (s. o.), bisher noch kein verfahrensrechtlicher Rahmen entwickelt worden. Es ist nach Ansicht des BVerwG aber eine am „Maßstab praktischer Vernunft"[12] ausgerichtete Prüfung erforderlich, aber auch ausreichend.

Die notwendige Bestandsaufnahme ergibt sich regelmäßig aus den bereits vorhandenen Erkenntnissen und einer Erfassung vor Ort. Erst durch diese Gesamtschau kann sich die Behörde eine hinreichende Erkenntnisgrundlage verschaffen. Es ist auch zulässig, mit Prognosewahrscheinlichkeiten, Schätzungen und Worst-Case-Betrachtungen zu arbeiten, sofern der Sachverhalt dadurch angemessen erfasst werden kann. Dabei muss auch kein lückenloses Art-Inventar erstellt werden, die Bestandserfassung muss nur so weit reichen, dass Intensität und Tragweite der Beeinträchtigungen angemessen erfasst werden können. Den „wahren Bestand" von Flora und Fauna eines Naturraums abzubilden ist ohnehin unmöglich.

Die Bestandserfassung muss aber Daten beinhalten, denen sich in Bezug auf das Eingriffsgebiet die Häufigkeit und Verteilung der geschützten Arten sowie deren Lebensstätten entnehmen lassen, um dem individuenbezogenen Schutzansatz des § 44 Abs. 1 BNatSchG gerecht zu werden. Im Zusammenhang mit dem Störungsverbot des § 44 Abs. 1 Nr. 2 BNatSchG muss der Erhaltungszustand der Art ermittelt werden.

Die Untersuchungen dürfen nicht in einem unangemessenen Verhältnis zum Erkenntnisgewinn stehen, im Einzelfall können daher auch Stichproben ausreichend sein. Untersuchungen „ins Blaue hinein" sind nicht gefordert. Die betroffenen Tiere und Pflanzen sollten durch die Untersuchungen selbst so wenig wie möglich beeinträchtigt werden.

III. Netzausbau und Vogelschutz

Beim Netzausbau stellt sich das Sonderproblem des Vogelschutzes. Insbesondere Vögel sind von den Auswirkungen des Netzausbaus betroffen. Der Vogelschutz im Bereich des Netzausbaus wird auf unterschiedliche Weise gewährleistet.

---

12 BVerwG, Urt. v. 12.03.2008 – 9 A 3/06 – juris, Rn. 124.

Im Bereich der Mittelspannungsleitungen schreibt § 41 BNatSchG vor, das neu zu errichtende Mittelspannungsleitungen zum Schutz gegen Stromschlag konstruktiv so auszuführen sind, dass Vögel gegen Stromschlag geschützt sind. An bestehenden Masten mussten die notwendigen Maßnahmen zur Sicherung gegen Stromschlag bis zum 31. Dezember 2012 durchgeführt werden. Da Mittelspannungsleitungen im Bereich des Netzausbaus nur eine untergeordnete Rolle spielen, wird hierauf nicht weiter eingegangen.

Im Bereich der Hoch- und Höchstspannungsleitungen sind nach DIN VDE 0210, Abschnitt 8.10 vogelfreundliche Mastkonstruktionen einzusetzen um die Gefahr insbesondere von Kollisionen mit den Leitungen zu verhindern. Im Folgenden wird dargestellt, welche Gefahren von neuen Hochspannungsleitungen infolge des Netzausbaus für Vögel ausgehen und welche Maßnahmen zum Schutz der Vögel ergriffen werden können. Vögel stellen die Tierartengruppe mit dem höchsten Konfliktpotenzial an Freileitungen dar. Gefahrenquellen sind hauptsächlich Stromschlag/Leitungsanflug und Meideverhalten.

1. *Stromschlag-/Kollisionsgefahr*

Zur Verringerung der Stromschlag- und Kollisionsgefahr sind nach DIN VDE 0210, Abschnitt 8.10 vogelfreundliche Mastkonstruktionen einzusetzen. Danach sind die Bauteile so auszubilden, dass den Vögeln keine Sitzgelegenheit in gefahrbringender Nähe von spannungsführenden Teilen gegeben wird.

Die Gefahr der Kollision mit Leitungen (Leitungsanflug) steigt insbesondere nachts und bei schlechter Sicht. Die meisten Kollisionen erfolgen mit dem ganz oben angeordneten, sehr dünnen und einzeln hängenden Erdseil. Die Vögel kollidieren mit diesem, weil sie versuchen, dem weiter unten angeordneten, besser sichtbaren Leitungsbündel auszuweichen. Greifvögel weichen z. B. grundsätzlich nach oben aus, sie kollidieren dann mit dem Erdseil, weil sie diesem nicht mehr rechtzeitig ausweichen können. Eine besondere Gefahr besteht auch für gebietsunkundige Zugvögel oder unerfahrene Jungvögel, die aufgrund von Störungen fluchtartig auffliegen.

Kollisionen sind sowohl von Einzelvögeln als auch kleineren Gruppen bis hin zu Massenanflügen dokumentiert. In besonders konfliktträchtigen

Bereichen ist ein Vogelverlust von bis zu 700 Vögeln pro Jahr und Leitungskilometer möglich. Dabei ist in Bundesländern mit Küsten und Anteilen am norddeutschen Tiefland eine Kollisionsgefährdung mit besonders hohen Verlustraten zu erwarten, weil sie durch die küstennahe Lage zwischen Skandinavien und Mitteleuropa als Drehscheibe des nord-, ost- und mitteleuropäischen Vogelzugs gelten.

Als mögliche Vermeidungsmaßnahmen kommen in Betracht: Eine mögliche Maßnahme gegen den Leitungsanflug ist die Reduzierung der Anzahl von Kollisionsebenen. Dazu wäre es günstig, möglichst alle Leiter in einer Ebene anzuordnen, was jedoch an Grenzen der Realisierbarkeit stößt.

Als Maßnahme gegen den Leitungsanflug eignet sich aber insbesondere die optische Markierung von besonders stark betroffenen Trassenabschnitten, um eine bessere Sichtbarkeit der Leitungen für die Vögel zu gewährleisten.

Es gibt verschiedene Vogelschutzmarker, die man am Erdseil in einem Abstand zwischen ca. 10 bis 25 m anbringt. Dadurch erkennen die Vögel die Leitungen besser und können rechtzeitig ausweichen. In Deutschland kommen je nach Netzbetreiber hauptsächlich Schwarz-Weiß- und Spiral-Marker zur Anwendung. Die Schwarz-Weiß-Marker haben aufgrund ihres Kontrasts eine gute Wirksamkeit bei bedeckter Witterung und Dämmerung. Nachts erzielen die Blinkmarker eine bessere Schutzwirkung. Andere Marker, etwa orange oder gelbe, werden grundsätzlich schlechter wahrgenommen und sind weniger effektiv.

Durch verschiedene Studien in unterschiedlichen Regionen Deutschlands mit unterschiedlichen Habitattypen konnte eine Senkung des Kollisionsrisikos um 60 bis 90 % durch diese beweglichen, schwarz-weißen Markierungen belegt werden.

2. *Vogelschutzmarker*[13]

Auf dem Bild sieht man Vogelschutzmarker, die an einer Hochspannungsleitung angebracht sind. Die einzelnen Glieder des Markers können sich unabhängig voneinander bewegen. Die Bewegbarkeit erhöht die Sichtbarkeit für die Vögel.

---

13 Bundesministerium für Umwelt, Naturschutz, Bau und Reaktorsicherheit (BMUB), Netzausbau mit der Natur, 2014, S. 13.

Die Marker auf dem Foto sind keine Schwarz-Weiß-Marker (die in Deutschland am häufigsten eingesetzt werden). Schwarz-Weiß-Marker sehen etwa so aus:

Abb. 1: Schwarz-Weiß-Vogelschutzmarker.

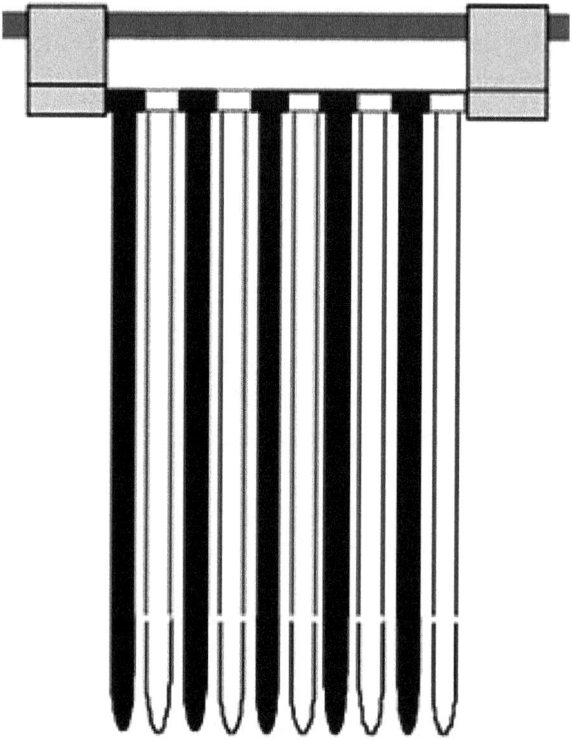

Quelle: BMUB, Netzausbau mit der Natur, 2014, S. 13.

Die Schwarz-Weiß-Marker sehen also damit so aus, wie die auf dem Foto gezeigten Marker, bei denen die einzelnen Stäbe zusätzlich abwechselnd schwarz und weiß markiert sind.

Die Vogelschutzmarker müssen unterschiedliche Anforderungen erfüllen: Sie müssen wind-, witterungs- und eislastbeständig sein und dürfen das Schwingverhalten des Leiters nicht negativ beeinflussen. Dazu ist insbesondere wichtig, dass sie rutschfest auf dem Leiter angebracht sind.

Die Montage kann mit dem Hubschrauber oder mit einem Leitungsfahrwagen bzw. Leitungsfahrrad erfolgen.

Die Wirksamkeit der Vogelschutzmarker ist in den häufigsten Fällen nicht aufgrund von Witterungsunbeständigkeit oder falscher Konstruktion eingeschränkt, sondern aufgrund der falschen Montage an den Hoch-/Höchstspannungsleitungen.

Insbesondere bei der Montage mit dem Leitungsfahrwagen (häufiger als bei der Montage mit dem Leitungsfahrrad) kann das Problem auftreten, dass die Marker, auch bedingt durch die Eigentorsion des Leiters (Verdrehung des Kabels um die eigene Längsachse) sich am Kabel verdrehen. Die Eigentorsion entsteht durch die Belastung mit dem Leitungsfahrrad (Leitungswagen).

Abb. 2: Nicht fachgereicht angebrachter Schwarz-Weiß-Marker.

Quelle: Forum Netztechnik/Netzbetrieb im VDE, Technischer Hinweis zu Vogelschutzmarkierungen an Hoch- /Höchstspannungsleitungen, noch nicht veröffentlicht, Stand: 13.08.2014, Bild 3.

Auf dem Foto sieht man einen nicht fachgerecht angebrachten Schwarz-Weiß-Marker, der sich an der Leitung verdreht hat.

Die Beweglichkeit und die Sichtbarkeit der Markierung können hier im schlimmsten Fall sogar eingeschränkt sein, damit hätte die Markierung keinen effektiven Nutzen mehr. Gerade die Beweglichkeit der einzelnen Glieder des Markers sorgt für eine bessere Sichtbarkeit der Vögel. Ein wie hier nicht fachgerecht angebrachter Marker kann also nicht dazu beitragen, die Gefahr des Leitungsanflugs durch die Vögel zu verhindern.

Bei fachgerechtem Einbau unter Beachtung der Eigentorsion des Leiters kann die Verdrehung des Markers unproblematisch verhindert werden.

3. Lebensraumverluste aufgrund von Meidungen

Die Masten dienen Greifvögeln als Ansitzwarten für die Jagd, daher meiden Beutetiere wie Wasser- und Wiesenvögel die Umgebung der Leitungen und verlieren dadurch an Lebensraum. Dies ist dem Prädationsdruck geschuldet.

Durch aufragende Masten im Offenland kann eine Störwirkung entstehen. Die Trassenführung sollte die Lebensräume von gefährdeten Vogelarten möglichst umgehen. Notfalls können auch Ausweichbiotope angelegt bzw. aufgewertet werden.

Das Meideverhalten kann durch Vogelschutzmarker nicht verhindert werden. Als Alternative kommen Erdkabel in Betracht, soweit dadurch nicht andere Schutzgüter zu stark beeinträchtigt werden. Erdkabel kosten aber das ca. zwei- bis vierfache von Freileitungen. Die Kabeltechnik ist auch nicht grundsätzlich vorzugswürdig, da hier andere umweltseitige Konflikte auftreten können, wie z. B. die Beeinträchtigung der Böden und der Verlust sensibler Biotope.

Hartmut Reck

Praxisbericht: Bericht eines Energieversorgers zur Umsetzung der Energiewende auf kommunaler Ebene

Abstract

Der Bericht informiert über die Umsetzung der Energiewende auf kommunaler Ebene aus Sicht des Energieversorgers EnBW und dessen Rolle als Moderator, Organisator, Koordinator und Partner von Städten und Gemeinden.

The report informs about the management of the „Energiewende“ on municipal level from the view of the energy company EnBW. It explains their multi-role play as moderator, organiser, coordinator and partner for cities and municipalities.

Zusammenfassung

Nachhaltigkeit schafft man am besten gemeinsam. Die Energiewende machen – auch auf lokaler Ebene: Eine Herausforderung, die auch große Potenziale für die zukünftige Entwicklung freisetzen kann, wenn alle – Verwaltung, Bürgerschaft und Unternehmertum – an einem Strang ziehen.

Umstieg auf erneuerbare Energien, Effizienz im Umgang mit wertvollen Ressourcen, ökologisch verträgliche Mobilität: das sind Schlüsselthemen des Projekts Energiewende, das die Energielandschaft Deutschlands nachhaltig verändern wird. Diese Aspekte – gepaart mit einer starken Einbindung bürgerschaftlicher Verantwortung – sind Haupttreiber des Konzeptes der Nachhaltigen Stadt. Um jedoch auf dieser Ebene aktiv zu werden, ist es von nicht geringer Bedeutung, dass auch die übergeordneten Infrastrukturen entsprechend fit für die Zukunft gemacht werden. Der Netzausbau ist bereits Teil einer nachhaltigen Energieversorgung bzw. der Energiewende. Die Energiewirtschaft sieht es als große Herausforderung und zugleich als einen ganz klaren Auftrag und Mission, diese aktiv mitzugestalten.

Wenn wir von einer nachhaltigen Stadt reden, dann reden wir von Lebenskultur und Wirtschaftsraum. Die vier Teilbereiche „Bürgerbeteiligung“, „Klimaschutzkonzepte“, „dezentrale Energieversorgung“ und „Stadtentwicklung/ Energieeffizienz“ zeigen deutlich, dass diese Themen ineinandergreifen und sich gegenseitig beeinflussen.

Der Marktplatz als Lebensraum einer Stadt ist ein Ort des Dialogs, der Kommunikation oder auch des Angebots regionaler Produkte und Dienstleistungen. Darunter fällt natürlich auch das Angebot an Wohnraum und damit die Frage, mit der man sich – im Vorgriff auf das Themenfeld „Stadtentwicklung“ – beschäftigen muss, nämlich ob in einer Stadt genügend adäquater Wohnraum zur Verfügung steht und man sich als Otto Normalverbraucher ein entsprechendes Objekt anschaffen kann.

Ein weiterer Aspekt ist der angesprochene Punkt „Wirtschaftsraum“. Für die Gestaltungskraft einer Kommune unabdingbar, da es vonseiten der Kommune hoheitliche Aufgaben zu erfüllen gilt, die Investitionen bedürfen, was nur durch eine gesunde Wirtschaftsstruktur bewerkstelligt werden kann.

Aber auch der Wunsch nach Naherholung ist ein großes und wichtiges Themenfeld, das im Rahmen nachhaltiger Stadtentwicklung zu beachten und weiterzuverfolgen ist, um als Stadt seinen Bewohnern nicht nur gesunde Lebensverhältnisse zu ermöglichen, sondern gleichzeitig auch attraktiv für Neubürger zu sein und sich im Wettbewerb mit anderen Kommunen von diesen abzusetzen. Das Ziel einer nachhaltigen Energieversorgung für eine Kommune ist eine emissionsgeminderte, energieeffiziente und dezentrale Versorgung. Aus Sicht eines Energieversorgers lässt sich festhalten, dass dies nur durch große Investitionen – beispielsweise in die Infrastruktur der Stromnetze – erreicht werden kann.

Darüber hinaus lassen sich eine Vielzahl kleiner Investitionen hinzuaddieren, die auf individueller Ebene der Bürger – Bau eines Niedrigstenergiehauses, Einbau einer neuen Heizungsanlage u. a. – stattfinden und auch einen erheblichen Beitrag zur Umsetzung der Energiewende leisten. Hierfür ist auch die Lebenssituation des Einzelnen ausschlaggebend, da der Bürger als Homo oeconomicus und somit Nutzenmaximierer darauf bedacht ist, seine vorhandenen finanziellen Mittel so einzusetzen, um damit den für sich größten Nutzen zu erzielen.

Bezogen auf die Lebensqualität in Wohnquartieren oder attraktiven Stadtquartieren lässt sich festhalten, dass um bestimmte Ansprüche, die die Bürger und Nutzer dieser Quartiere an sie stellen, zu erfüllen, auch hier Aspekte der Energiewende mit in die jeweiligen Entwicklungsstrategien einbezogen werden müssen. Ein weiterer Punkt ist das große Feld der Mobilität. In der Erstellung bzw. grundsätzlichen Bereitstellung nachhaltiger Mobilitätskonzepte und selbiger Angebote ist natürlich vorrangig die Kommune als „Hausherrin" in der Führungsposition. Hierbei ist es nicht mit einer Verbesserung des ÖPNV getan, sondern es bedarf einer Optimierung der gesamten Reisekette von Tür zu Tür und der damit erforderlichen Verknüpfung unterschiedlichster Verkehrsträger.

Damit sich eine Stadt nachhaltig entwickeln kann, ist zweifelsohne eine sichere Infrastruktur notwendig. Wurden in der Vergangenheit die Aufgaben der Stadt zur Daseinsvorsorge im Rahmen durchgeführter Privatisierungen immer weiter eingegrenzt und scheinen heutzutage nicht mehr über die Wasserversorgung hinauszureichen, so hat mit der Digitalisierung und Vernetzung der Welt das Thema Breitbandversorgung gerade in den Flächenstaaten eine besondere Bedeutung. Hier gilt es Infrastrukturen zu schaffen, zu erhalten oder auszubauen, um den geänderten Kommunikationsbedürfnissen der Bevölkerung Rechnung zu tragen, aber auch gerade bezogen auf das Internet der Dinge[1] zukunftsweisende Kapazitäten zu Verfügung zu haben.

Bezogen auf den Klimaschutz ist es wichtig zu wissen, wie denn eine Stadt in ökologischer Hinsicht aufgestellt ist. Um Schutzmaßnahmen für die Zukunft zu erarbeiten, ist die bilanzielle Aufnahme des Status Quo

1 Unter dem Internet der Dinge versteht man den Anschluss sämtlicher Endgeräte an das Internet zum Zwecke des Datenaustausches. Hierbei reicht die Bandbreite von EC-Lesegeräten, Geldautomaten, mit Sensoren ausgestatteten Traktoren oder Mähdreschern hin zu Kühlschränken, die mit dem nächsten Supermarkt „die nächste Bestellung durchgehen". Allen Geräten bzw. Maschinen gemeinsam ist, dass sie, um online kommunizieren zu können, einen entsprechenden Anschluss benötigen, samt IP-Adresse. Gerade vor der Zunahme internetfähiger Geräte musste ein neues Adresssystem entwickelt werden, um auch in Zukunft ausreichend verfügbare „Anschlüsse" zu haben. (Vgl. hierzu: o. A., Neue IP-Adressen: Das Internet wird umgebaut, FAZ, http://www.faz.net/aktuell/wirtschaft/neue-ip-adressen-das-internet-wird-umgebaut-11775996.html, Zugriff am 07.10.2014).

notwendig. Die CO_2-Bilanz einer Stadt gibt einen Überblick inwieweit nicht nur die einzelnen Wirtschaftssektoren, sondern auch die Bürger als Gesamtheit zum CO_2-Ausstoß einer Kommune beitragen und damit abgeleitet, in welchen Handlungsfeldern Ressourcen geschont und Wertstoffkreisläufe initiiert werden können. Diese Aspekte werden auch in Zukunft zunehmend von Kommunen und Bürgern eingefordert.

Das Thema Autonomie wird in Zukunft ebenfalls an Bedeutung gewinnen – und das nicht nur in energetischer, sondern auch in finanzieller Hinsicht. Denn hierdurch erlangt bzw. erhält sich eine Kommune ihre Gestaltungskraft und kann aktiv an ihrer – energetischen – Zukunft arbeiten. Was kann eingespart werden, was wird unvermeidlich gebraucht, und wie kann dieser verbleibende Anteil selbst erzeugt werden?

Im Verlauf der Entwicklung des Geschäftsbereichs „Nachhaltige Stadt“ hat sich deutlich gezeigt, dass es vier zentrale Handlungsfelder gibt, nämlich „Bürgerbeteiligung“, „Klimaschutzkonzepte“, „dezentrale Energieerzeugung“ sowie „Stadtentwicklung und Energieeffizienz“.

Bürgerbeteiligung

Hierbei geht es zuallererst darum, die Leute zu sensibilisieren und auf das Thema aufmerksam zu machen, um zu sehen, wo das Motiv für jeden einzelnen sitzt, um sich zu engagieren.

Klimaschutzkonzepte

Im Rahmen von Klimaschutzkonzepten können Maßnahmen zur Minderung des CO_2-Ausstoßes diskutiert und priorisiert werden, womit sich für die Kommunen ein Zielkorridor ergibt, innerhalb dessen die beabsichtigte kommunale Entwicklung verlaufen soll. Dieser Zielkorridor ist jedoch nicht in jeder Kommune identisch, sondern unterscheidet sich mitunter stark. Der Grund dafür liegt auf der Hand: Keine Kommune gleicht einer anderen bis ins kleinste Detail. Die Umsetzung der im Konzept entwickelten Maßnahmen kann zu einer regionalen Wertschöpfung beitragen, das geforderte Controlling der aufgeführten Maßnahmen soll das Klimaschutzkonzept auf Langfristigkeit trimmen und zu einer tiefer verankerten gesamtgemeindlichen Nachhaltigkeit führen.

Dezentrale Energieversorgung

Zum Thema „dezentrale Energieversorgung" lässt sich festhalten, dass dies nur durch eine sichergestellte Finanzierung erfolgen kann[2]. Um langfristig auch die Strompreise für die Endverbraucher in einem vertretbaren Rahmen zu halten, gilt es die EEG-Umlage, die gegenwärtig bei etwa 6,3 Cent je Kilowattstunde liegt, entsprechend zu gestalten.

In den letzten Jahre konnte man durch die Energiewende einen Wandel feststellen, innerhalb dessen die klassischen Konsumenten zu Prosumenten wurden, also Konsumenten, die einen (bilanziellen) Teil des eigenen Stromverbrauchs selbst produzieren bzw. den produzierten Strom in das vorhandene Netz einspeisen. Investitionen in die eigene Photovoltaik- bzw. Solarthermie-Anlage als Teil einer diversifizierten Geldanlage, zuallererst aber vor dem Hintergrund steigender Strompreise, bieten ein gewisses Maß an elektrischer Autarkie zu erreichen. Der klassische Kunde erkennt also das Potenzial zur Stromerzeugung, welches sein Dach bietet und verwertet dies als Homo oeconomicus meistbringend. Allerdings ist auch aufgrund rechtlicher Vorgaben ein Teil des Stroms individuell zu nutzen.

Energieversorger sind nun also mit der Situation konfrontiert, dass das klassische Rollenverständnis und die Hierarchieebenen Erzeuger – Verbraucher aufgebrochen und abgeflacht werden, was auch eine Anpassung der bestehenden Infrastrukturen erfordert. Einerseits drängen durch die Dezentralisierung stetig mehr „virtuelle" Kraftwerke auf den Markt, die aufgrund des Einspeisevorrangs ihren erzeugten Strom privilegiert abgeben dürfen, andererseits allerdings muss auch weiterhin ein hohes Maß an Sicherheit bei der Stromversorgung gewährleistet werden – eine Grundvoraussetzung für eine funktionierende Wirtschaft und eine Selbstverständlichkeit in einer hochentwickelten Volkswirtschaft wie der Deutschlands.

Mobilität als neue städtische Herausforderung

Dieser Wandel in der Energieerzeugung, aber auch durch die immer weiter steigenden Ansprüche an eine selbstverständlich konstant zur Verfügung

---

2 Zum Thema „dezentrale Energieversorgung" siehe auch den Beitrag „Erneuerbare Energien und Netzausbau – Sachstand und Zielsetzungen" von Carla Vollmer in diesem Band.

stehende Versorgungsinfrastruktur, eröffnen für Energieversorger neue Geschäftsfelder. Hier ist beispielsweise das Thema „Mobilität" hervorzuheben. Es gibt bereits eine Vielzahl an Konzepten zur elektrischen Fortbewegung. Allerdings ist die Verknüpfung der einzelnen Verkehrsträger untereinander, also eine Straffung der gesamten „Reisekette" und der Umstieg zwischen einzelnen Verkehrsmitteln noch ein großes Optimierungsfeld, welches es auch intelligent zu vernetzen gilt. Viele Kommunen wollen eine Regelung dieses Feldes nicht dem Markt überlassen, sondern gerade in der E-Mobilität Zeichen setzen, progressiv vorangehen und Leuchttürme entwickeln.

Stadtentwicklung – vom Eigenheim zur Eigenversorgung

Nachhaltige Stadtentwicklung ist nicht erst seit Beginn der Energiewende ein Thema, welches die Betroffenen bewegt und mitunter auch spaltet. Mit Veröffentlichung des Berichts des „Club of Rome" zu den „Grenzen des Wachstums" im Jahre 1972[3], in dem erstmals die Endlichkeit der Ressourcen auf der Erde ins Bewusstsein der Menschheit gerückt war, konnte allmählich, wenn auch äußerst langsam, ein Umdenken in der Flächeninanspruchnahme festgestellt werden. Das erklärte Ziel der Bundesregierung, die tägliche Flächenversiegelung in Deutschland bis zum Jahr 2020 auf 30 Hektar zu begrenzen[4] und die in das Baurecht eingeführte Bodenschutzklausel[5], sollen einerseits dazu beitragen, Boden als nicht erneuerbare Ressource vorausschauend zu nutzen. Diese flächenmäßige Zügelung der Neuinanspruchnahme von bislang ungenutztem Boden geht Hand in Hand

3 Vgl. hierzu: The Club of Rome, The Limits of Growth, im Internet unter: http://www.clubofrome.org/?p=1161; ferner: http://www.clubofrome.org/, Zugriff am 07.10.2014.

4 Vgl. Bundesministerium für Umwelt, Naturschutz, Bau und Reaktorsicherheit, Flächenverbrauch – Worum geht es?, im Internet unter: http://www.bmub.bund.de/themen/strategien-bilanzen-gesetze/nachhaltige-entwicklung/strategie-und-umsetzung/reduzierung-des-flaechenverbrauchs/, Zugriff am 07.10.2014.

5 Vgl. § 1a Abs. 2 S. 1 HS. 1 BauGB (Baugesetzbuch in der Fassung der Bekanntmachung v. 23.09.2004 (BGBl. I S. 2414), zuletzt geändert durch Art. 1 d. G. v. 15.07.2014 (BGBl. I S. 954)): „Mit Grund und Boden soll sparsam und schonend umgegangen werden".

mit einer Verschärfung von Energiestandards bei Neubauten, die ihre letzte Novellierung (Stand Oktober 2014) in der Energieeinsparverordnung 2014[6] gefunden hat. Mit diesen beiden großen Klammern gilt es nun, Städte energieeffizienter, sparsamer und innovativer zu machen. Dies kann einerseits durch neuartige Methoden der Konzeptentwicklung stattfinden, die sich im rechtlich aufgespannten Rahmen bewegen, oder aber durch die Einführung zukunftsweisender Technologien in den einzelnen Haushalten, oder aber in öffentliche Infrastrukturen zur Optimierung des (Energie-)Einsatzes.

Neuerdings wird ein großes Augenmerk auf das Thema „Smart Home" gerichtet – die Schaffung intelligenter Häuser und Wohnungen, in denen sich über ein Mobiltelefon die Haustechnik überwachen und steuern lässt und somit von einer „Außenposition" die gewünschte „Wohlfühlatmosphäre" zuhause geschaffen werden kann, bevor man wieder zurück ist. Diese Möglichkeiten erleichtern nicht nur die Arbeiten im Haushalt, sondern können auch einen Beitrag zur Energieeinsparung und Kostensenkung[7] leisten.

Über diese Aspekte, die ja, gerade auf den Haushalt bezogen, Individuallösungen sind, wird auch die nachbarschaftliche Kooperation eine wachsende Bedeutung erfahren. Hier sind Lösungen im Wärmebereich zu erwarten, die in einem Aufbau von Mikronetzen zu sehen sind, zu denen sich mehrere Nachbarn zusammenschließen und ihre Wärmeversorgung gemeinsam ermöglichen. Neben einer effizienteren Versorgung der Teilnehmer mit Wärme ist es darüber hinaus bereits technologisch möglich, dies auch über Batteriespeicher auf dem Stromsektor zu großen Teilen und phasenweise umzusetzen.

Das Konzernprojekt „Nachhaltige Stadt"

Das Thema „Stadtentwicklung und Energieeffizienz" wurde erstmals im Rahmen des Projektes „Nachhaltige Stadt" in dem oberschwäbischen

6 Verordnung über energiesparenden Wärmeschutz und energiesparende Anlagentechnik bei Gebäuden (Energieeinsparverordnung – EnEV) v. 24.07.2007 (BGBl. I S. 1519), zuletzt geändert durch Art. 1 d. VO v. 18.11.2013 (BGBl. I S. 3951).

7 Betrieb der Haushaltsgeräte während Schwachlastzeiten und dementsprechend niedrigeren Strompreisen.

Mittelzentrum Leutkirch im Allgäu konzernintern angegangen. Ziel ist ein energieeffizientes, emissionsgemindertes, dezentral versorgtes Gemeinwesen, das seinen Bürgern vor allem eines bietet: Lebensqualität – für heutige und für kommende Generationen. Wenn also Daseinsvorsorge eine der Kernaufgaben kommunaler Politik darstellt, trägt die Entwicklung nachhaltiger Strukturen entscheidend dazu bei, diese Aufgabe erfolgreich zu erfüllen: Das Projekt ist ein Bürgerprojekt, in das sich jeder einbringen kann und in dem viele Verantwortung übernehmen – vom interessierten Einzelnen bis hin zur Umweltinitiative und zum regionalen Unternehmen. Die Nachhaltige Stadt ist die zukunftsfähige Stadt.

Jede Stadt ist anders – hat individuelle bauliche, wirtschaftliche und geografische Voraussetzungen, setzt eigene Schwerpunkte bei der Infrastrukturentwicklung, muss spezifische soziale Gegebenheiten berücksichtigen. Deshalb kann es auch keinen „Königsweg" zur Nachhaltigen Stadt geben. Ganz im Gegenteil: Bei der Nachhaltigen Stadt geht es darum, dass eine Kommune ihren ureigenen Weg in eine nachhaltige Zukunft finden kann.

Die dabei vorrangigen Handlungsfelder lassen sich wie folgt zusammenfassen:

- Verstärkter Einsatz erneuerbarer, dezentraler Energieerzeugung – mit dem mittelfristigen Ziel, den eigenen Energiebedarf so weit wie möglich selbst zu decken und dabei optimale Versorgungssicherheit zu wahren,
- Effizientere Nutzung von Ressourcen im öffentlichen wie im privaten Bereich,
- Verringerung von CO_2-Ausstoß und Umweltbelastung,
- Intensive Einbindung der Bürger in Entscheidungs- und Umsetzungsprozesse,
- Stärkung der Eigenverantwortung und des gesellschaftlichen Engagements,
- Schaffung eines positiven Lebensumfelds – für heute und morgen.

Öffentliche Einrichtungen, private Haushalte, Unternehmen und Verkehr: An diesen Punkten setzen die konkreten Konzepte zur Umsetzung der Nachhaltigen Stadt an. Energieerzeugung, Energieverbrauch und Mobilität – das sind die „Stellschrauben", die über ein Mehr oder Weniger an Nachhaltigkeit entscheiden. Um mit dem eingesetzten Engagement die bestmöglichen Ergebnisse zu erzielen, kommt auch in dieser Phase ein zentraler Grundsatz der Nachhaltigen Stadt zum Tragen: Der Blick geht weg von isolierten Einzelmaßnahmen hin zu maßgeschneiderten Konzepten, die immer das Ganze und die langfristige Perspektive im Blick behalten.

In einer Nachhaltigen Stadt bewegt sich viel: Innovative Ideen werden Wirklichkeit, die Infrastruktur entwickelt sich dynamisch weiter und Bürger werden zu aktiven Gestaltern eines zukunftsorientierten Lebensumfelds. Und das prägt nicht nur die Energielandschaft. Bürgerschaftliches Selbstbewusstsein, Kultur, Bildung, Wirtschaft und das Image Ihrer Stadt: All dies erhält kräftige Impulse. Denn eine Nachhaltige Stadt setzt Signale – weit über die Stadtgrenzen hinaus. Die Nachhaltige Stadt ist ein Gemeinschaftsprojekt par excellence: Nachhaltigkeit geht alle an, jeder kann erfolgreich zum „Macher" werden, und vielfältige Mitentscheidungsmöglichkeiten gewährleisten, dass sich eine große Mehrheit der Bevölkerung mit den Zielen der Nachhaltigen Stadt identifiziert. Das sorgt für Resonanz auf zahlreichen Ebenen: Initiativen, die sich der ökologisch orientierten Stadtentwicklung verschrieben haben, erhalten auf lange Sicht neue Energie. Kindergärten und Schulen bieten unmittelbare Anlässe, die Themen Energie und Umweltschutz auf den Stundenplan zu setzen. Veranstaltungen rund um das Thema Nachhaltigkeit, von Aktionstagen zur E-Mobilität über Kunst- und Filmprojekte bis hin zu bunten Umweltfesten, machen die Stadt zu einem lebendigen Markt der Möglichkeiten.

In Leutkirch wurde mit der Stadtverwaltung und den Bürgern gemeinschaftlich versucht, sich dem Thema Energiewende und Nachhaltigkeit nicht nur theoretisch zu nähern, sondern auch Maßnahmen zu deren Umsetzung zu entwickeln. Deshalb wurde für ein Wohnquartier mit ca. 150 Wohneinheiten, welches in den 1990er Jahren errichtet wurde, in einer Studie die Errichtung eines Nahwärmenetzes untersucht, das ausgehend von einem Seniorenwohnheim, in welchem die Erneuerung eines Blockheizkraftwerkes anstand, das Gebiet mit Wärme versorgen soll.

Es zeigt sich, dass nur über eine Integration der genannten Aspekte in eine gemeinsame Entwicklungsstrategie erfolgversprechende Handlungsstrategien entwickelt werden können, die der Kommune und ihren Bewohnern langfristig positiven Nutzen bringen.

Heinz G. Bienek

Praxisbericht: Erneuerbare Energien in der räumlichen Planung – Bericht aus Sachsen

Abstract

Der Fokus des Berichts aus Sachsen liegt auf der Flächensicherung und Steuerung von Windenergieanlagen im Freistaat auf der Ebene der Regionalplanung nach den Vorgaben des Landesentwicklungsplans 2013.

The report explains the spatial securement and planning of wind energy turbines in the federal state of Saxony at the regional planning level influenced by requirements of the state development plan from 2013.

Zusammenfassung

1. Erneuerbare Energien sind unverzichtbarer Bestandteil einer zukunftsgerichteten Energiepolitik:
   - o Erneuerbare Energien (EE) als Bestandteil eines energiepolitisch im Freistaat Sachsen beschlossenen und auch zweckmäßigen Energiemixes;
   - o Anteil EE am Bruttostromverbrauch bis 2022 auf 28 % steigern gemäß dem Energie- und Klimaprogramm Sachsen 2012 vom 12.03.2013 (EKP);
   - o weiterer Bestandteil im Freistaat Sachsen auch die Braunkohle als heimischer Energieträger.
2. Der Ausbau der Windenergie im Freistaat Sachsen als ertragsreichstes Element der Erneuerbaren Energien kann nur mit dem Bürger gelingen:
   - o Ausbauziel gemäß EKP: bis 2022 2.200 GWh/a (Stand 2012: 1.700 GWh/a);
   - o höchster Ertrag durch Windenergie innerhalb der EE;
   - o Privilegierung von Windenergieanlagen (WEA) im Außenbereich, anders als von Freiflächen-PV-Anlagen;

- o Biomasseanlagen: Bindungswirkung landesplanerischer Vorgaben nur bei bebauungsplanbedürftigen Vorhaben;
- o Auswahl von Positivflächen für Biomasseanlagen im Rahmen einer Planung nach § 35 Abs. 3 Satz 3 BauGB schwierig;
- o EKP: umfassende Bürgerbeteiligung sowohl bei Neustandorten für WEA als auch bei Repowering;
- o aber nicht nur durch die öffentliche Verwaltung, sondern auch durch die Betreiber von WEA.

3. Für eine abschließende und flächendeckende Konzentrationsplanung ist die Ebene der Regionalplanung am geeignetsten und zweckmäßigsten:

- o Verhinderung einer „Verspargelung" der Landschaft;
- o daher bewusste Ausweisung von Vorrang- und Eignungsgebieten (v. a. mit Ausschlusswirkung) und Sinnhaftigkeit einer abschließenden Konzentrationsplanung auf Ebene der Regionalplanung;
- o entsprechende Vorgabe im Landesentwicklungsplan des Freistaates Sachsen 2013 (LEP 2013): abschließende und flächendeckende Ausweisung von Vorrang- und Eignungsgebieten zur Konzentration und Steuerung der Windenergienutzung;
- o i. d. R. Letztabgewogenheit auch im Hinblick auf das Landschaftsbild;
- o Ermöglichung eines Repowering, insbesondere um Windenergieanlagen (WEA) außerhalb der Vorrang- und Eignungsgebiete zu beseitigen (Landschaftsbild, Akzeptanz in der Bevölkerung);
- o hohe Siedlungsdichte in Sachsen als beschränkende Rahmenbedingung;
- o Priorisierung technogen vorbelasteter Standorte durch Vorgabe des LEP 2013;
- o möglichst keine Nutzung von Waldgebieten;
- o Bedeutung der gemeindlichen Bauleitplanung: Konkretisierung, aber nicht Konterkarieren der Ziele der Raumordnung[1].

1 Vgl. § 1 Abs. 4 BauGB i.V.m. § 4 Abs. 1 ROG.

4. Im Freistaat Sachsen wird die Frage, ob der Windenergienutzung substanziell Raum verschafft wird, durch einen (dynamischen) Verweis des LEP 2013 auf die Ausbauziele des Energie- und Klimaprogrammes Sachsen konkretisiert:
   - o Ertragsorientierung als (starkes) Indiz für die Substanzialität, keine Flächenvorgaben („sächsischer Weg“);
   - o bestätigende Entscheidung des SächsOVG, aber kein „Automatismus“ bei Prüfung der Substanzialität;
   - o Sachverständigenanhörung im Sächsischen Landtag zum LEP 2013.
5. Die Planungsregionen im Freistaat Sachen weisen unterschiedliche topographische und siedlungsstrukturelle Gegebenheiten auf, die eine zu starke landesweite Pauschalierung verbieten:
   - o v. a. unterschiedliche hohe Siedlungsdichte;
   - o in zwei Planungsregionen Flächeninanspruchnahme durch Braunkohlentagebau;
   - o auch nach Länderöffnungsklausel gem. § 249 Abs. 3 BauGB Beibehaltung des systematischen Ansatzes der bundesgesetzlichen Privilegierung von WEA gem. § 35 Abs. 1 Nr. 5 BauGB flankiert vom Planungsvorbehalt des § 35 Abs. 3 Satz 3 BauGB;
   - o Änderung der Anforderungen der Rechtsprechung an die Konzentrationsplanung (v. a. wegen Ausschlusswirkung in mehreren Planungsschritten) aus Anlass der Änderung des § 249 Abs. 3 BauGB zu erwarten?

Jörg Finkeldei

Praxisbericht: Erneuerbare Energien in der räumlichen Planung – Bericht aus Brandenburg

Abstract

Der Bericht aus Brandenburg erläutert die brandenburgische Energiestrategie 2030 mit energiepolitischen Leitlinien und dazugehörigen Maßnahmen.

The report from the federal state of Brandenburg explains the state energy strategy 2030 including energy politics and related measures.

Zusammenfassung

Brandenburg ist ein Energieland mit Tradition. Das Lausitzer Braunkohlenrevier hat als eine der drei großen Lagerstätten in Deutschland die Industriegeschichte mitgeprägt. Zu DDR-Zeiten kamen 85 Prozent des Stromes aus Braunkohlenkraftwerken. Seit der Wende und der wirtschaftlichen Transformation vollzog sich auch ein energiewirtschaftlicher Strukturwandel. Die Braunkohlenförderung sank auf die Hälfte. Neue klimafreundlichere Energieträger und Erneuerbare Energien (Wind, Sonne) nahmen an Bedeutung zu. Im Jahr 2010 betrug der Anteil Erneuerbarer Energien am Primärenergieverbrauch 16,9 Prozent (Bundesdurchschnitt: 9,9 Prozent), bis 2030 soll er auf 32 Prozent gesteigert werden. In vielen ländlichen Gebieten wird mehr Strom aus Erneuerbaren Energiequellen produziert als verbraucht.[1]

Die brandenburgische Landesregierung hat mit der **Energiestrategie 2030**[2] die energiepolitischen Leitlinien und dazugehörigen Maßnahmen

1 Vgl. Gemeinsame Landesplanungsabteilung Berlin-Brandenburg, Energie und Klima, im Internet unter: http://gl.berlin-brandenburg.de/energie/index.html, Zugriff am 18.02.2015.

2 Ministerium für Wirtschaft und Europaangelegenheiten des Landes Brandenburg (Hrsg.), Energiestrategie 2030 des Landes Brandenburg, im Internet unter: http://www.energie.brandenburg.de/media/bb1.a.2865.de/Energiestrategie_2030.pdf, Zugriff am 18.02.2015.

beschlossen, um den Herausforderungen aus dem globalen Klimawandel und der Ressourcenknappheit aktiv und vorausschauend zu begegnen. Im Vordergrund stehen Erneuerbare Energien, Energieeffizienz, Energiesparen und CO_2-Emissionen. Neben dem Ausbau der Erneuerbaren Energien als eine tragende Säule des zukünftigen Energiemix setzt die Energiestrategie 2030 einen Schwerpunkt auf die Systemintegration der Erneuerbaren Energien, denn ohne den weiteren Ausbau von Speichern und Netzen sind der Nutzung von Windkraft, Biomasse, solarer Strahlungsenergie und Geothermie enge Grenzen gesetzt. Einen weiteren Schwerpunkt der Energiestrategie 2030 bilden die Themen **Akzeptanz und Beteiligung**. Denn die Energiewende kann nur gelingen, wenn auch vor Ort eine Akzeptanz für den Ausbau der Erneuerbaren Energien und die erforderliche Netzinfrastruktur geschaffen werden kann. Die Energiestrategie 2030 orientiert sich daher an Umwelt- und Klimaverträglichkeit, Versorgungssicherheit, Wirtschaftlichkeit sowie Akzeptanz und Beteiligungsmöglichkeiten der Bürgerinnen und Bürger.

Die nationalen und internationalen Zielsetzungen, rechtlichen Rahmenbedingungen und technologischen Entwicklungen sind die wesentlichen Leitplanken für den weiteren Weg des Energielandes Brandenburg. Die Brandenburger Energiepolitik bewegt sich dabei in einem Spannungsfeld von Umwelt- und Klimaverträglichkeit, Wirtschaftlichkeit, Versorgungssicherheit sowie Akzeptanz und Beteiligung.

Das **Energieland Brandenburg** steht auf seinem Weg zu einer verlässlichen, ökologisch verträglichen, gesellschaftlich akzeptierten und wirtschaftlich nachhaltigen Energieversorgung vor Zielkonflikten und Interessengegensätzen, mit denen offen und konsensorientiert umgegangen werden muss.

Handlungsfelder und strategische Maßnahmenbereiche

Die quantitativen und qualitativen Ziele der Energiestrategie 2030 sollen über sieben zentrale Handlungsfelder umgesetzt werden. Die Handlungsfelder sind durch zwölf Bereiche unterlegt, in denen jeweils durch konkrete Projekte und strategische Maßnahmen die Umsetzung der Energiestrategie 2030 vorangetrieben werden soll.

Abb. 1: Aus den sechs strategischen Zielen (I–VI) der Energiestrategie 2030 leiten sich entsprechende Handlungsfelder (1–7) sowie gezielte Maßnahmenbereiche (A–L) ab.

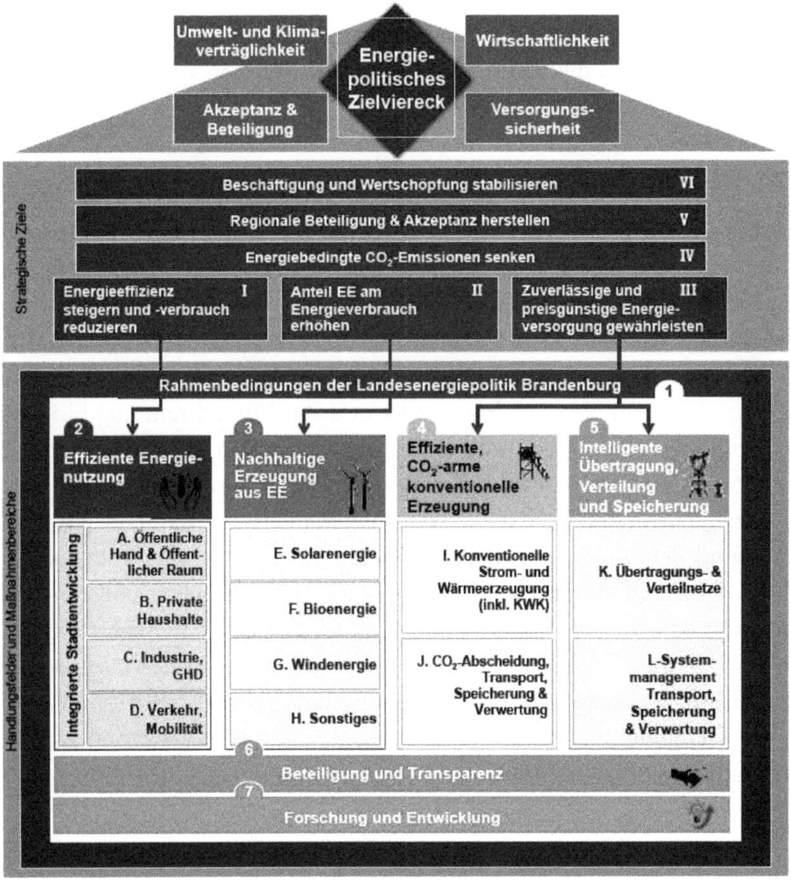

Quelle: Ministerium für Wirtschaft und Europaangelegenheiten des Landes Brandenburg (Hrsg.), Energiestrategie 2030 des Landes Brandenburg, im Internet unter: http://www.energie.brandenburg.de/media/bb1.a.2865.de/Energiestrategie_2030.pdf. Zugriff am 18.02.2015. S. 48.

Die sieben Handlungsfelder bestimmen das Handlungskonzept der Energiestrategie 2030. Das Erreichen des Zielszenarios soll mit Hilfe eines Kataloges strategischer Maßnahmen erfolgen. Der Katalog der strategischen Maßnahmen ist zentrales Umsetzungswerkzeug und beinhaltet die im Prozess der Erarbeitung dieser Strategie zusammengetragenen und priorisierten Leitprojekte und Projekte und bündelt diese für die einzelnen Maßnahmenbereiche. Mit diesen Leitprojekten und Projekten sollen die Herausforderungen in den einzelnen Maßnahmenbereichen bewältigt werden, um so die quantitativen und qualitativen strategischen Ziele des Leitszenarios 2030 zu erreichen.

Entwicklung der Erneuerbaren Energieträger

Die Entwicklung der einzelnen regenerativen Energieträger hin zu den in der Energiestrategie 2020 angestrebten Zielvorgaben verlief sehr unterschiedlich. So ist das Ziel bei der Biomasse[3] (49 Petajoule) mit einem erreichten Stand von 65,5 Petajoule in 2010 bereits übertroffen. Dabei ist ein Großteil des Primärenergieverbrauchs der Biomasse (rund 30 Prozent, ca. 20 Petajoule) auf den Import und die Mitverbrennung biogener Reststoffe in Kraft-, Heiz- und Industriekraftwerken zurückzuführen. In der Biomassestrategie des Landes Brandenburg[4] wird eingeschätzt, dass das gegenwärtig zur Verfügung stehende energetische Biomassepotenzial auf Grund der Altersstruktur der Wälder von rund 44 Petajoule bis zum Jahr 2016 auf ca. 40 Petajoule sinken wird. Selbst bei einer vollständigen Ausschöpfung des heimischen Potenzials werden deshalb auch weiterhin Importe notwendig sein, um die Zielstellungen der Energiestrategie 2020 zu erfüllen. Es wird davon ausgegangen, dass sich der Schwerpunkt der Biogaserzeugung auf effiziente Neuanlagen und das Repowering von Bestandsanlagen verlagern wird.[5]

---

3 Vgl. Ministerium für Umwelt, Gesundheit und Verbraucherschutz des Landes Brandenburg (Hrsg.), Biomassestrategie des Landes Brandenburg, im Internet unter: http://www.mlul.brandenburg.de/media_fast/4055/bmstrategie.pdf, Zugriff am 18.02.2015, S. 6.

4 Ebd.

5 Vgl. Ministerium für Wirtschaft und Europaangelegenheiten des Landes Brandenburg (Hrsg.), a. a. O. (Fn. 2), S. 24.

Abb. 2: Anteil der Erneuerbaren Energieträger am Primärenergieverbrauch.

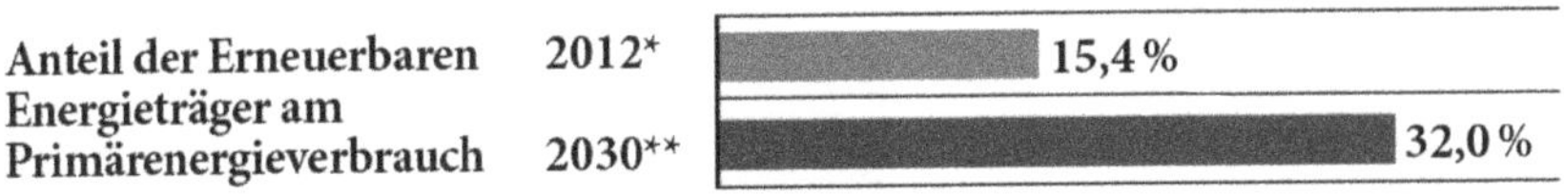

Die Erneuerbaren Energien tragen immer stärker zur Erzeugung von Strom, Wärme und Kraftstoffen bei. Ihr Anteil am Primärenergieverbrauch betrug 2012 bereits 15,4 Prozent. Damit ist das Ziel der Energiestrategie in diesem Punkt schon zur Hälfte erreicht.

Quelle: Flyer ZAB ZukunftsAgentur Brandeburg GmbH, Energie in Brandenburg, im Internet unter: https://www.zab-brandenburg.de/de/Wir-%C3%BCber-uns/Downloadcenter, Zugriff am 18.02.2015.[6]

Bereits mit der Energiestrategie 2020 hat das Land Brandenburg zur Erreichung der 55 Petajoule bei der Windenergie (ca. 7.500 Megawatt installierte Leistung) einen erforderlichen Flächenbedarf von 555 km² definiert. Dies entspricht knapp 2 Prozent der Landesfläche. Die Umsetzung der Energiestrategie 2020 zeigt, dass sich selbst angesichts dieses scheinbar kleinen Anteils zunehmend Vorbehalte und Nutzungskonkurrenzen entwickeln (z. B. in Bezug auf Denkmal-, Landschafts-, Natur- und Artenschutz, andere Freiraumnutzungen und -schutzansprüche, Immissionsschutz für wohnbauliche Nutzung und v. a. m.). Zur Realisierung müssen daher bereits jetzt gesellschaftliche Kompromisse gefunden werden.[7]

6 Vgl. i. V. m. ZukunftsAgentur Brandenburg GmbH (Hrsg.), 4. Monitoringbericht zur Energiestrategie des Landes Brandenburg, im Internet unter: https://www.zab-energie.de/de/Energiestrategie-2030/Monitoring/Bericht-Land-Brandenburg, Zugriff am 18.02.2014, S. 8.

7 Vgl. Ministerium für Wirtschaft und Europaangelegenheiten des Landes Brandenburg (Hrsg.), a. a. O. (Fn. 2), S. 25.

Abb. 3: Windkraftanlagen – Installierte elektrische Leistung [MW].

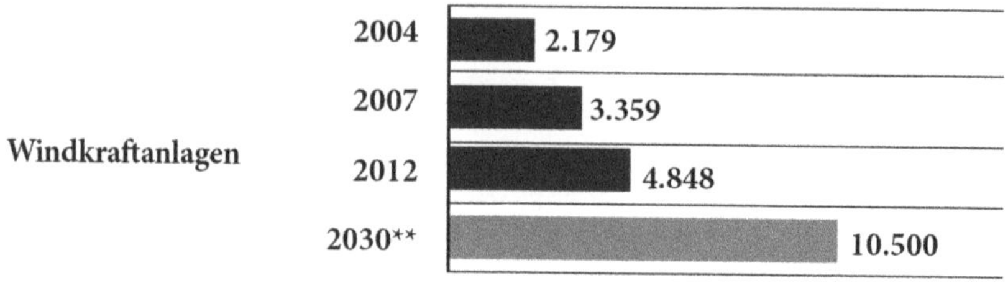

Nachdem seit 2008 immer weniger neue Windkraftleistung installiert worden war, stieg der Zubau 2012 an. Vom Zielwert für 2030 ist fast die Hälfte erreicht.

Quelle: Flyer ZAB ZukunftsAgentur Brandeburg GmbH, Energie in Brandenburg, im Internet unter: https://www.zab-brandenburg.de/de/Wir-%C3%BCber-uns/Downloadcenter. Zugriff am 18.02.2015.[8]

Zur Erreichung des in der Energiestrategie 2020 festgelegten Ausbauziels bei der Photovoltaik hätten seit 2004 durchschnittlich circa 171 Megawatt pro Jahr zugebaut werden müssen. Bis 2008 wurde dieser erforderliche Zubau nicht erreicht. In den Jahren 2009 (188 Megawatt) und 2010 (343 Megawatt) ist jedoch eine ansteigende Dynamik zu verzeichnen. Die mit der EEG-Novelle 2009[9] eingeführte gleitende Degression der Einspeisevergütungen wurde im Jahr 2010 insbesondere bei der Photovoltaik-Förderung mit außerordentlichen Kürzungen verstärkt. Insgesamt reduzierte sich die Einspeisevergütung 2010 um rund 30 Prozent. Inwieweit bis 2020 die für das bisherige Ziel von 2.750 Megawatt erforderlichen Zubauraten erreicht werden können, ist daher unter den derzeitigen Rahmenbedingungen sehr schwer abschätzbar.[10]

8 Vgl. i. V. m. ZukunftsAgentur Brandenburg GmbH (Hrsg.), a. a. O. (Fn. 6).

9 Gesetz zur Neuregelung des Rechts der Erneuerbaren Energien im Stromverbrauch und zur Änderung damit zusammenhängender Vorschriften v. 25. Oktober 2008 (BGBl. I S. 2074).

10 Vgl. Ministerium für Wirtschaft und Europaangelegenheiten des Landes Brandenburg (Hrsg.), a. a. O. (Fn. 2), S. 25.

Abb. 4: Photovoltaikanlagen – Installierte elektrische Leistung [MW].

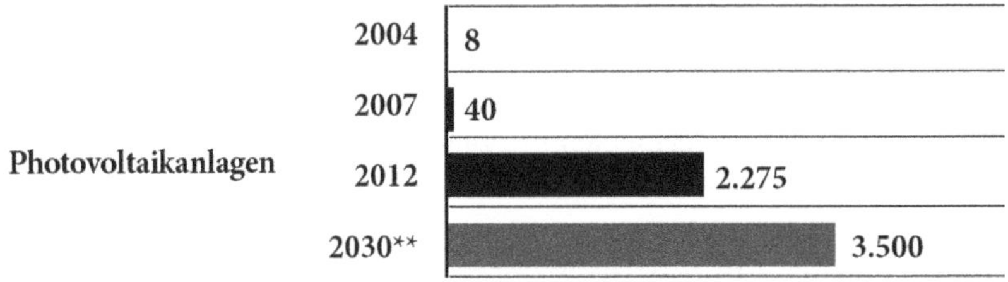

Die Leistung von Photovoltaikanlagen hat sich 2012 binnen eines Jahres fast verdoppelt. Damit sind bereits zwei Drittel des Ziels für 2030 erreicht.
Quelle: Quelle: Flyer ZAB ZukunftsAgentur Brandeburg GmbH, Energie in Brandenburg, im Internet unter: https://www.zab-brandenburg.de/de/Wir-%C3%BCber-uns/Downloadcenter, Zugriff am 18.02.2015.[11]

Räumliche Steuerung

Die Gewinnung von Energie ist mit Raumansprüchen verbunden. Braunkohle, Windparks, große Solarparks, Biomasseanlagen, Energiepflanzenkulturen treten in Konkurrenz mit anderen Nutz- und Schutzansprüchen und verändern die Kulturlandschaft. Durch eine räumliche Steuerung und raumverträgliche Gestaltung können Nutzungskonflikte gemindert werden.

Die teilweise erheblich divergierenden Interessen der vom Kohleabbau betroffenen Menschen, der bergbautreibenden Unternehmen und der Natur werden hierzu in Braunkohlenplänen untereinander und gegeneinander abgewogen, bevor die Landesregierung durch Rechtsverordnung Planungssicherheit schafft.

Aber auch für die Nutzung und den weiteren Ausbau der regenerativen Energien, deren Anteil am Gesamtenergieverbrauch weiter steigen soll, sind räumliche Konzepte, ggf. auch eine räumliche Steuerung erforderlich. Dies übernehmen im Land Brandenburg die Regionalen Planungsgemeinschaften. Insbesondere werden in den Regionen Regionalpläne zur Konzentration von Windenergieanlagen (in Windeignungsgebieten) aufgestellt bzw. fortgeschrieben.

11 Vgl. i. V. m. ZukunftsAgentur Brandenburg GmbH (Hrsg.), a. a. O. (Fn. 6).

Die Raumordnung widmet sich darüber hinaus dieser Thematik auf Ebene des Bundes durch Unterstützung vom Modellvorhaben, auf Ebene der Länder Berlin und Brandenburg durch die Erarbeitung eines Gemeinsamen Raumordnungskonzeptes Energie und Klima (GRK)[12] sowie durch die Unterstützung der Regionalen Planungsgemeinschaften bei der Umsetzung regionaler Energiekonzepte[13].

Länderöffnungsklausel zur Vorgabe von Mindestabständen zwischen Windenergieanlagen und zulässigen Nutzungen (§ 249 Absatz 3 BauGB[14])

Die Neuregelung fügt dem § 249 BauGB, der seit der Klimaschutznovelle 2011[15] bereits Regelungen zur Windenergie enthält, den neuen Absatz 3 an. Die Regelung zielt auf Windenergieanlagen im Außenbereich. § 149 Absatz 3 Satz 1 BauGB sieht vor, dass die Länder bestimmen können, dass der Privilegierungstatbestand des § 35 Absatz 1 Nummer 5 BauGB auf Vorhaben, die der Erforschung, Entwicklung oder Nutzung der Windenergie dienen, nur Anwendung findet, wenn sie einen bestimmten Abstand zu den im Landesgesetz bezeichneten zulässigen baulichen Nutzungen einhalten. Für die Errichtung und den Betrieb von Windenergieanlagen finden die übrigen einschlägigen Rechtsvorschriften weiterhin Anwendung. Dies gilt insbesondere für die immissionsschutzrechtlichen Regelungen, unter anderem die TA Lärm[16], sowie für die Vorgaben aus

12 Gemeinsame Landesplanungsabteilung Berlin-Brandenburg (Hrsg.), Gemeinsames Raumordnungskonzept Energie und Klima für Berlin und Brandenburg (GRK), im Internet unter: http://gl.berlin-brandenburg.de/energie/grk.html, Zugriff 18.02.2015.

13 Vgl. z.B. Regionale Planungsgemeinschaft Havelland-Fläming (Hrsg.) Integriertes regionales Energie- und Klimaschutzkonzept Kurzbericht, im Internet unter: http://www.havelland-flaeming.de/PDF/REK/REK%20IHF_Kurzbericht.pdf, Zugriff am 11.02.2015.

14 Baugesetzbuch (BauGB) v. 23. September 2004 (BGBl. I S. 2414), zuletzt geändert durch Art. 1 d. G. v. 20. November 2014 (BGBl. 1748).

15 Gesetz zur Förderung des Klimaschutzes bei der Entwicklung in den Städten und Gemeinden v. 22. Juli 2011 (BGBl. I S. 1509).

16 Sechste Allgemeine Verwaltungsvorschrift zum Bundes-Immissionsschutzgesetz (Technische Anleitung zum Schutz gegen Lärm – TA Lärm) v. 26. August 1998 (GMBl. Nr. 26/1998 D. 503).

dem Luftverkehrsgesetz[17] und dem Schutzbereichsgesetz[18]. Nach § 249 Absatz 3 Satz 2 BauGB sind die Einzelheiten, insbesondere zur Abstandsfestlegung und zu den Auswirkungen der festgelegten Abstände auf Ausweisungen in geltenden Flächennutzungsplänen und Raumordnungsplänen, in den Landesgesetzen nach § 249 Absatz 3 Satz 1 BauGB zu regeln. Hierbei sind auch die Anforderungen des Artikels 28 Absatz 2 GG[19] zu beachten. Die Länder können dabei unter anderem auch Abweichungen von den festgelegten Abständen zulassen.

Für die Inanspruchnahme der Länderöffnungsklausel besteht **in Brandenburg kein Erfordernis**, da mit der Regionalplanung ein erprobtes Instrument zur Steuerung der Abstände von Windenergieanlagen existiert. In den Bundesländern, in denen entsprechende landesplanerische Instrumente nicht vorhanden sind und der Ansiedlungsdruck nicht so groß ist, kann eine landesgesetzliche Regelung zu Mindestabständen aber durchaus hilfreich sein.

Ein Landesgesetz ist nur sehr bedingt geeignet Abstandsregelungen zu treffen, da dieses nicht die Ausgewogenheit eines regionalplanerischen Standortkonzepts ersetzen kann, welches dezidiert die räumlichen und topografischen Erfordernisse, insbesondere zu den schutzwürdigen Nutzungen, berücksichtigt. Nur im Rahmen einer regional verorteten Planung kann eine rechtssichere Abwägung der widerstreitenden Belange erfolgen. Nicht alle Regional- und Flächennutzungspläne in Brandenburg haben der gerichtlichen Überprüfung standgehalten. Gerade dies zeigt aber auch, wie anspruchsvoll und kompliziert die Festlegung von Mindestabständen ist. Dies legt die Messlatte für die Begründung und Festlegung einer pauschalen Abstandsregelung durch ein Landesgesetz besonders hoch.

---

17 Luftverkehrsgesetz (LuftVG) v. 1. August 1922 (RGBl. 1922 I S. 681), zuletzt geändert durch Art. 2 Abs. 175 d. G. v. 7. August 2013 (BGBl. I S. 3154).

18 Schutzbereichsgesetz (SchBerG) in der im Bundesgesetzblatt Teil III, Gliederungsnummer 54–2, veröffentlichten bereinigten Fassung, zuletzt geändert durch Art. 2 Abs. 11 d. G. v. 12. August 2005 (BGBl. I S. 2354).

19 Grundgesetz (GG) für die Bundesrepublik Deutschland in der im Bundesgesetzblatt Teil III, Gliederungsnummer 100–1, veröffentlichten bereinigten Fassung, zuletzt geändert durch Art. 1 d. G. v. 23. Dezember 2014 (BGBl. I S. 2438).

In Brandenburg hat sich das gestufte Planungssystem von Landes-, Regional- und Bauleitplanung mit seinen umfangreichen Beteiligungsmöglichkeiten für die Bürger über Jahre hinweg grundsätzlich bewährt, um eine sinnvolle und wirksame Steuerung der Abstände von Windenergieanlagen zu gewährleisten. Vor diesem Hintergrund wird dem unmittelbaren Dialog von Bürgern und Planverfassern im Planungsprozess der Vorzug vor einem formellen Gesetzgebungsverfahren eingeräumt.

Wilhelm Söfker

Erweiterung der planungsrechtlichen Grundlagen für Windenergieanlagen durch Bauleitplanung

Abstract

Der Beitrag erläutert die Erweiterungen der planungsrechtlichen Grundlagen für Windenergieanlagen durch die Bauleitplanung unter Berücksichtigung der Länderöffnungsklausel nach § 249 Abs. 3 BauGB.

The article explains the extension of the legal bases for the spatial planning of wind energy turbines by land-use planning regarding the „Länderöffnungsklausel" in Article 249 par. 3 Federal Building Code.

1. Zur Ausgangslage

Die Erweiterung der planungsrechtlichen Grundlagen für Windenergieanlagen durch Bauleitplanung betrifft folgende Regelungsbereiche:

- Die privilegierte Zulässigkeit von Windenergieanlagen im Außenbereich, insbesondere nach § 35 Abs. 1 Nr. 5 BauGB, enthält eine grundsätzlich weitreichende planungsrechtliche Grundlage außerhalb der planungsrechtlichen Absicherung durch Bebauungspläne, wie sie das BauGB im Grundsatz für gewerbliche Anlagen vorsieht.
- Diese privilegierte Zulässigkeit von Windenergieanlagen im Außenbereich kann auf Grund der erst kürzlich eingeführten Länderöffnungsklausel des § 249 Abs. 3 BauGB durch Landesgesetz eingeschränkt werden.
- Auf Grund der privilegierten Zulässigkeit von Windenergieanlagen im Außenbereich sind Windenergieanlagen dort bauplanungsrechtlich zulässig, wenn ihnen nicht öffentliche Belange entgegenstehen und die ausreichende Erschließung gesichert ist.
- Durch Flächennutzungsplanung i. S. d. § 35 Abs. 3 Satz 3 BauGB kann die privilegierte Zulässigkeit von Windenergieanlagen im Außenbereich auf bestimmte Standorte beschränkt sein.

- Die Zulässigkeit von Windenergieanlagen an den betreffenden Standorten muss auch nach den einschlägigen fachgesetzlichen Vorschriften gegeben sein, wie z. B. nach Landesbauordnung, Bundes-Immissionsschutzgesetz, Naturschutzrecht[1].
- Unabhängig hiervon kann die Zulässigkeit von Windenergieanlagen durch Bebauungspläne abgesichert sein und werden.

Hieran knüpft die Frage an, wie durch Bauleitplanung eine Erweiterung der planungsrechtlichen Grundlagen herbeigeführt werden kann.

2. Einschränkung der planungsrechtlichen Grundlagen für Windenergieanlagen durch die Länderöffnungsklausel (§ 249 Abs. 3 BauGB) und Möglichkeiten der Bebauungsplanung

Durch ein Landesgesetz kann auf Grund der Länderöffnungsklausel die privilegierte Zulässigkeit von Windenergieanlagen im Außenbereich eingeschränkt werden.

> *§ 249 Abs. 3 BauGB[2] lautet:*
> *(3) Die Länder können durch bis zum 31. Dezember 2015 zu verkündende Landesgesetze bestimmen, dass § 35 Absatz 1 Nummer 5 auf Vorhaben, die der Erforschung, Entwicklung oder Nutzung der Windenergie dienen, nur Anwendung findet, wenn sie einen bestimmten Abstand zu den im Landesgesetz bezeichneten zulässigen baulichen Nutzungen einhalten. Die Einzelheiten, insbesondere zur Abstandsfestlegung und zu den Auswirkungen der festgelegten Abstände auf Ausweisungen in geltenden Flächennutzungsplänen und Raumordnungsplänen, sind in den Landesgesetzen nach Satz 1 zu regeln. Die Länder können in den Landesgesetzen nach Satz 1 auch Abweichungen von den festgelegten Abständen zulassen.*

Macht ein Land von dieser gesetzgeberischen Befugnis Gebrauch – sie bedeutet eine Änderung des § 35 BauGB nicht durch Bundesgesetz, sondern

---

1 vgl. § 29 Abs. 2 BauGB.

2 Eingefügt durch das Gesetz zur Einführung einer Länderöffnungsklausel zur Vorgabe von Mindestabständen zwischen Windenergieanlagen und zulässigen Nutzungen v. 15.07.2014 (BGBl I S. 954), nach Art. 2 am 01.08.2014 in Kraft getreten; S. auch Mitschang/Reidt, Die Einführung der Länderöffnungsklausel zur Regelung von Mindestabständen zwischen Windenergieanlagen und zulässigen Nutzungen im Baugesetzbuch, BauR 2014, 1232.

durch Landesgesetz –, hat dies die Folge, dass Windenergieanlagen im Sinne des § 35 Abs. 1 Nr. 5 BauGB nur in den Teilen des Außenbereichs privilegiert zulässig sind, die außerhalb der im Landesgesetz bestimmten Abstände zu baulichen Nutzungen errichtet werden. Ein solches Landesgesetz bedeutet daher eine (deutliche) räumliche Einschränkung der planungsrechtlichen Grundlagen für Windenergieanlagen im Außenbereich nach § 35 Abs. 1 Nr. 5 BauGB.

Unter dem Gesichtspunkt des Themas dieses Beitrages stellt sich die Frage, ob die Bauleitplanung die Möglichkeit hat, unabhängig von solchen Einschränkungen der privilegierten Zulässigkeit von Windenergieanlagen im Außenbereich (§ 35 BauGB), Windenergieanlagen auch in den Teilen planungsrechtlich abzusichern, in denen Windenergieanlagen nicht mehr im Außenbereich privilegiert zulässig sind. Die Frage ist zu bejahen:

Die Länderöffnungsklausel erstreckt sich nicht auf andere Regelungsbereiche des BauGB als die in § 249 Abs. 3 BauGB angegebenen. Insbesondere lässt sie die im BauGB zentral verankerte und von den Gemeinden als zuständige Planungsträger wahrzunehmende Aufgabe der Bauleitplanung unberührt, wie sie in § 1 Abs. 1 und § 2 Abs. 1 Satz 2 BauGB geregelt ist.

Dazu gehört auch die Möglichkeit, die bauplanungsrechtliche Zulässigkeit von Windenergieanlagen – wie bei jedem anderen Vorhaben auch – durch Aufstellung von Bebauungsplänen herbeizuführen, die zur planungsrechtliche Zulässigkeit im Sinne des § 30 BauGB führt. Denn diese Aufgabe der Bauleitplanung kann durch Landesgesetz auf Grund der Länderöffnungsklausel des § 249 Abs. 3 BauGB, die sich allein auf die Modifizierung der Zulässigkeit von Windenergieanlagen nach § 35 Abs. 1 Nr. 5 BauGB bezieht, nicht eingeschränkt werden. Die Gemeinden haben daher die grundsätzliche Möglichkeit, für einen Standort innerhalb der Flächen, für die nach dem Landesgesetz die privilegierte Zulässigkeit von Windenergieanlagen im Außenbereich nicht mehr gilt, einen Bebauungsplan für die Windenergie, z. B. ein Sondergebiet für die Windenergie, aufzustellen.

Für das Thema dieses Beitrages nicht unmittelbar relevant, an dieser Stelle dennoch zu erwähnen ist die weitere Folge einer landesgesetzlichen Einschränkung der privilegierten Zulässigkeit von Windenergieanlagen im Außenbereich nach § 249 Abs. 3 BauGB. Sie besteht darin, dass es grundsätzlich möglich ist, für die Teile des Außenbereichs, für die die privilegierte Zulässigkeit von Windenergieanlagen nach § 35 Abs. 1 Nr. 5 BauGB weiter gilt, eine Steuerung durch den Flächennutzungsplan i. S. d. § 35 Abs. 3 Satz 3 BauGB vorzusehen. Ob sie mit Rücksicht auf die ggf. starken räumlichen Beschränkungen der privilegierten Zulässigkeit von Windenergieanlagen im Außenbereich noch angezeigt oder praktikabel ist, ist eine Frage, die sich nach den konkreten Verhältnissen beurteilt und daher nicht allgemein bejaht oder verneint werden kann.

3. Änderung einer steuernden Flächennutzungsplanung i. S. d. § 35 Abs. 3 Satz 3 BauGB

Eine Erweiterung der planungsrechtlichen Grundlagen durch Bauleitplanung hat besondere Bedeutung, wenn auf der Ebene des Flächennutzungsplans eine (wirksame) Steuerung im Sinne des § 35 Abs. 3 Satz 3 BauGB besteht und daher Windenergieanlagen im Außenbereich nur in den im Flächennutzungsplan ausgewiesenen Flächen für die Windenergie privilegiert zulässig sind. In diesen Fällen kann die Erweiterung der planungsrechtlichen Grundlagen eine Änderung oder Ergänzung der betreffenden Flächennutzungspläne erfordern. Gesichtspunkte hierfür sind:

- Zusätzliche Ausweisung von Flächen für „Windparks“,
- Änderung und Erweiterung von schon bisher ausgewiesenen Flächen zu Gunsten leistungsstarker, moderner Windenergieanlagen,
- ggf. damit verbunden eine Neuordnung der Standorte für die Windenergie,
- in diesem Rahmen auch Möglichkeiten der planungsrechtlichen Absicherung des Repowering von Windenergieanlagen.

Zu unterscheiden sind verschiedene methodische Vorgehensweisen:

a) Die Gemeinde erstellt ein neues Plankonzept für den Außenbereich und stellt die Standorte für die Windenergie insgesamt neu dar, wobei im Ergebnis die planungsrechtlichen Grundlagen für die Windenergie ausgeweitet werden.

Die an ein solches „Plankonzept für den Außenbereich“ zu stellenden Anforderungen können in wesentlichen Beziehungen als durch die Rechtsprechung geklärt angesehen werden. Allerdings hat die Planungspraxis derzeit Schwierigkeiten für eine rechtssichere Handhabung, und zwar unter zwei Gesichtspunkten:

- Ermittlung und Dokumentation der harten Tabuzonen,
- Beurteilung der Frage, ob der Windenergie in substanzieller Weise Raum verschafft wird.

(1) Zur Ermittlung und Dokumentation der harten Tabuzonen

Aktuell besteht vor allem für die Planungspraxis die Schwierigkeit, wie der Pflicht zur Ermittlung und Dokumentation der harten Tabuzonen im gesamten Außenbereich der Gemeinde, auf den sich die Steuerung durch Flächennutzungsplan i. S. d. § 35 Abs. 3 Satz 3 BauGB bezieht, rechtssicher entsprochen werden kann. Diese Pflicht besteht nach der Rechtsprechung des BVerwG seit dem Urteil vom 13.12.2012 – 4 CN 1/11 –[3] für die Flächennutzungsplanung und dem Urteil vom 11.04.2013 – 4 CN 2/12 –[4] für die Regionalplanung.

Auszugehen ist davon, dass nach der Rechtsprechung des BVerwG bei einem Flächennutzungsplan i. S. d. § 35 Abs. 3 Satz 3 BauGB ein Plankonzept für den Außenbereich zu erstellen ist. Jenes umfasst:

- die Ermittlung der harten Tabuzonen,
- die Ermittlung der weichen Tabuzonen (nach Abwägungsgrundsätzen)
- und in den verbleibenden Potenzialflächen die Darstellung der Flächen für die Windenergie (nach Abwägungsgrundsätzen).

Harte Tabuzonen sind solche, in denen die Errichtung und der Betrieb von Windenergieanlagen aus tatsächlichen und/ oder rechtlichen Gründen schlechthin ausgeschlossen sind. Über diese harte Tabuzone kann die Gemeinde nicht nach Abwägungsgrundsätzen entscheiden. Dagegen werden weiche Tabuzonen von der Gemeinde eigenverantwortlich bestimmt. In ihnen sollen nach dem planerischen Willen der Gemeinde Windenergieanlagen nicht vorgesehen werden. Zwar dürfen sie anhand einheitlicher Kriterien ermittelt und vorab ausgeschieden werden, bevor (in den verbleibenden sog. Potenzialflächen) diejenigen Belange abgewogen werden, die im Einzelfall für und gegen die Nutzung einer Fläche für die Windenergie sprechen.

---

3 Vgl. BVerwG Urt. v. 13.12.2012 – 4 CN 1/11 – BVerwGE 145, 231 = NVwZ 2013, 257.

4 Vgl. BVerwG Urt. v. 11.04.2013 – 4 CN 2/12 – NVwZ 2013, 1017 = ZfBR 2013, 569.

Da die harten Tabuzonen der Abwägung durch die Gemeinde entzogen sind, anders die weichen Tabuzonen – sie sind disponibel und unterliegen der Abwägung (§ 1 Abs. 7 BauGB) – muss, so das BVerwG, der Gemeinde bei ihrer planerischen Entscheidung der Unterschied zwischen den beiden Tabuzonen bewusst sein, andernfalls liegt ein Fehler im Abwägungsvorgang vor, der zur Unwirksamkeit der Planung nach Maßgabe des § 214 Abs. 1 Satz 1 Nr. 1 BauGB führen kann.

Folge für die Praxis ist: Die harten Tabuzonen des Plangebiets, also des Gebiets, auf das sich das „Plankonzept für den Außenbereich" erstreckt, sind zu ermitteln und zu dokumentieren. Dies bedeutet: Auch für die Teile des Außenbereichs, für die eine Ausweisung für die Windenergie nicht geplant ist, muss ermittelt werden, dass diese Teile des Außenbereichs harte Tabuzonen sind, weil sie für Windenergieanlagen aus tatsächlichen und/oder rechtlichen Gründen nicht in Betracht kommen.

Die Flächen, für die unmittelbar Darstellungen für die Windenergie getroffen werden sollen, müssen selbstverständlich grundsätzlich dafür geeignet sein, dass auf ihnen Windenergieanlagen zugelassen und errichtet werden können (Grundsatz des § 1 Abs. 3 Satz 1 BauGB: Nicht erforderlich ist ein Bauleitplan, wenn seiner Verwirklichung auf unabsehbare Zeit rechtliche und tatsächliche Hindernisse im Wege stehen).

Die obergerichtliche Rechtsprechung enthält allerdings in Umsetzung der zitierten Urteile des BVerwG zur Einordnung in harte Tabuzonen teils unterschiedliche Auffassungen oder lässt Fragen offen. Von den zahlreichen Themen für harte Tabuzonen seien hier beispielhaft vier mit unterschiedlichen Aussagen in der obergerichtlichen Rechtsprechung genannt[5]:

- *Zum Lärmschutz:*
  OVG Lüneburg, Beschluss vom 16.05.2013 – 12 LA 49/12 –[6]: „Die Prognose der Gemeinde, welche Mindestabstände etwa zur Einhaltung der TA Lärm erforderlich sind, muss danach unter Rückgriff auf Erfahrungswerte lediglich vertretbar erscheinen." **OVG Koblenz**, Urteil vom

5 Aus den zitierten Entscheidungen ergeben sich auch unterschiedliche Auffassungen zur Behandlung anderer harter Tabuzonen.

6 OVG Lüneburg, Beschl. v. 16.05.2013 – 12 LA 49/12 – juris, Rn. 23.

16.05.2013 – 1 C 11003/12.OVG –[7]: „Rechtliche Vorgaben könnten sich insoweit nur aus dem Immissionsschutzrecht (§ 5 Abs. 1 Nr. 1 BImSchG) ergeben. ... Dies hätte aber Berechnungen auf der Grundlage der für die Lärmimmissionen maßgeblichen Parameter ... erfordert. ... Ob Anderes dann gelten kann, wenn die planende Gemeinde im Wege einer willkürfreien Typisierung unter Rückgriff auf Erfahrungswerte eine untere Grenze für die einzuhaltenden Abstände bestimmt, die – auch unter den für den Betrieb einer Windkraftanlage denkbar günstigsten Umständen – in jedem Falle eingehalten werden müssen, braucht hier nicht entschieden zu werden. Ein Abstand von 800 m um Siedlungsflächen zur Vermeidung von unzumutbaren Immissionen kann in der Regel nicht als hartes Tabukriterium gewertet werden." **OVG Münster,** Urteil vom 01.07.2013 – 2 D 46/12.NE –[8]: „Immissionsschutzrechtlich bedingte harte Tabuzonen können nur ausnahmsweise solche Flächen sein, in denen der Betrieb von Windkraftanlagen absehbar unüberwindbar – zwangsläufig und auf Dauer – zum Nachteil der Nachbarschaft gegen § 5 Abs. 1 Satz 1 Nr. 1 BImSchG – oder gegen das bauplanungsrechtliche Gebot der Rücksichtnahme – verstoßen wird. Um dies festzustellen, kann die Gemeinde nicht regelhaft pauschal auf Mindestabstände zu Siedlungsflächen zurückgreifen und diese als harte Tabuzonen klassifizieren. ..."

- *Zu Landschaftsschutzgebieten:*
  OVG Münster, Urteil vom 01.07.2013 – 2 D 46/12.NE –[9]: „Darüber hinaus können unter Umständen je nach Planungssituation wohl Landschaftsschutzgebiete (§ 26 BNatSchG) ... als harte Tabuzonen behandelt werden." **OVG Lüneburg,** Urteil vom 28.08.2013 – 12 KN 11/10 –[10]: „... Angesichts dessen kann der Senat offenlassen, ob und inwieweit es sich bei weiteren vom Antragsgegner als ‚Ausschlusskriterium' behandelten Flächen ... ‚Landschaftsschutzgebiete' teilweise mitsamt Mindestabständen um harte Tabuzonen handelt."

---

7 OVG Koblenz, Urt. v. 16.05.2013 – 1 C 11003/12.OVG – ZfBR 2013, 688 = NuR 2013, 816.
8 OVG Münster, Urt. v. 01.07.2013 – 2 D 46/12.NE – DVBl 2013, 1129 = DVBl 2013, 783.
9 OVG Münster, a.a.O. (Fn. 7).
10 OVG Lüneburg, Urt. v. 28.08.2013 – 12 KN 11/10 – juris, Rn. 25.

- *Zu FFH-Gebieten:*
  OVG Münster Urteil vom 01.07.2013 – 2 D 46/12.NE –[11]: „Darüber hinaus können unter Umständen je nach Planungssituation wohl ... Natura 2000-Gebiete (§ 31 ff. BNatSchG; FFH-Gebiete) als harte Tabuzonen behandelt werden." **OVG Koblenz,** Urteil vom 16.05.2013 – 1 C 11003/12. OVG –[12]: „Ein FFH-Gebiet kann in der Regel nicht als hartes Tabukriterium gewertet werden." **OVG Lüneburg,** Urteil vom 28.08.2013 – 12 KN 146/12 –[13]: „Angesichts dessen kann der Senat offenlassen, ob und inwieweit es sich bei weiteren vom Antragsgegner als ‚Ausschlusskriterium' behandelten Flächen, FFH-Gebiete', ‚EU-Vogelschutzgebiete', ‚Avifaunistisch wertvolle Gebiete' (von internationaler und nationaler Bedeutung) ... teilweise mitsamt Mindestabständen um harte Tabuzonen handelt. ... "

- *Zum Wald:*
  Für die Annahme harter Tabuzonen: **OVG Münster,** Urteil vom 01.07.2013 – 2 D 46/12.NE –[14]: „ ... werden zu den harten Tabuzonen ... regelmäßig zusammenhänge Waldflächen ... zählen können."; **VGH Kassel,** Urteil vom 17.03.2011 – 4 C 883/10.N –[15]: „ ... weil sie wegen ihrer vielfältigen ökologischen, sozialen und wirtschaftlichen Funktionen in der Regel zu erhalten seien." Anderer Auffassung: **OVG Lüneburg,** Urteil vom 28.08.2013 – 12 KN 22/10 –[16]: „Anderes gilt allerdings für die ‚Ausschlusskriterien' ... ‚Waldflächen'.[17] Mit diesen Kriterien sind nicht Gebiete erfasst, in denen die Windenergienutzung aus rechtlichen oder tatsächlichen Gründen ausgeschlossen ist. Sie dürfen daher auch nicht als harte Tabuzonen behandelt werden." Ebenso **OVG Lüneburg,** Urteil vom

---

11 OVG Münster, a.a.O. (Fn. 7).
12 OVG Koblenz, a. a. O. (Fn.6).
13 OVG Lüneburg, Urt. v. 28.08.2013 – 12 KN 146/12 – juris, Rn. 29.
14 OVG Münster, a.a.O. (Fn. 7).
15 VGH Kassel, Urt. v. 17.03.2011 – 4 C 883/10.N – NuR 2011, 573 = ZfBR 2011, 484.
16 OVG Lüneburg, Urt. v. 28.08.2013 – 12 KN 22/10 – NuR 2013, 808.
17 vgl. zu letzterem OVG Berlin, Urt. v. 24.02.2011 – OVG 2 A 2.09 – juris, Rn. 69; Gatz, Windenergieanlagen in der Verwaltungs- und Gerichtspraxis, 2. Aufl., Bonn 2013, Rn. 76; Schröter, Die bauplanungsrechtliche Zulässigkeit von Bauvorhaben im Außenbereich, Baden-Baden 2013, S. 898.

23.01.2014 – 12 KN 285/12 –[18]: „ … Anderes gilt für das ‚Ausschlusskriterium' Waldfläche', denn dort ist die Windenergienutzung nicht aus rechtlichen und tatsächlichen Gründen ausgeschlossen. Diese Fläche darf daher nicht ohne weiteres als harte Tabuzonen behandelt werden." **OVG Weimar,** Urteil vom 08.04.2014 – 1 N 676/12 –[19]: „Wälder, die nicht zu den geschützten Waldgebieten i. S. d. § 9 Abs. 1 ThürWaldG gehören, lassen sich nicht als harte Tabuzonen einordnen."

Es stellt sich daher die Frage nach den Möglichkeiten einer *rechtssicheren Handhabung* bei Ermittlung der harten Tabuzonen. Dazu ist von Bedeutung:

Bei fehlender Ermittlung und Dokumentation der harten Tabuzonen liegt nach der oben zitierten Rechtsprechung des BVerwG ein *Mangel im Abwägungsvorgang* vor. Er ist nach § 214 Abs. 1 Satz 1 Nr. 1 BauGB für die Wirksamkeit des Bauleitplans beachtlich, „wenn er offensichtlich und für das Abwägungsergebnis von Einfluss gewesen ist". Hierfür reicht aus, wenn nach den Umständen des Falles die konkrete Möglichkeit besteht, dass die Planung ohne den Mangel im Abwägungsvorgang anders ausgefallen wäre. Es ist in der Rechtsprechung[20] anerkannt, dass es an der Kausalität des Fehlers im Abwägungsvorgang für die Planung fehlt, wenn ein anderer städtebaulicher Grund die Planung stützt. Dies bedeutet: Greift ein hartes Ausschlusskriterium nicht, kann hilfsweise auch ein Vorsorgegesichtspunkt angeführt werden. Auf diese Möglichkeit weist auch Gatz, jurisPR-BVerwG 7/2013, Nr. 6, in seiner Anmerkung zum Urteil des BVerwG vom 13.12.2013 – 4 C N 1/11 hin.

Diesen Gedanken hat inzwischen auch die obergerichtliche Rechtsprechung aufgegriffen. So führt das OVG Lüneburg im Urteil vom 14.05.2014 – 12 KN 244/12 –[21] aus: „Ist sich der Plangeber unsicher, ob eine Fläche zu den harten oder weichen Tabuzonen gehört, kann er einen Fehler im Abwägungsvorgang auch dadurch vermeiden, dass er unterstellt, bei der Fläche handele es sich um eine weiche Tabuzone, und den dafür maßgeblichen

18 OVG Lüneburg, Urt. v. 23.01.2014 – 12 KN 285/12 – BauR 2014, 838.
19 OVG Weimar, Urt. v. 08.04.2014 – 1 N 676/12 – juris.
20 Vgl. BVerwG, Urt. v. 09.04.2008 – 4 CN 1/07 – BVerwGE 131,100 = NVwZ 2008, 899.
21 OVG Lüneburg, Urt. v. 14.05.2014 – 12 KN 244/12 – NuR 2014, 571 = ZfBR 2014, 577.

Kriterien bei der Abwägung den Vorzug vor den Belangen der Windenergienutzung gibt“[22].

(2) Zu „der Windenergie in substanzieller Weise Raum verschaffen“

Es entspricht der Rechtsprechung des BVerwG, dass im Ergebnis der Planung „der Windenergie in substanzieller Weise Raum verschafft werden“ muss. Dabei hat das BVerwG schon früh darauf hingewiesen, dass sich die Frage, ob der Windenergie in substanzieller Weise Raum verschafft wird oder ob es sich um eine unzulässige Verhinderungsplanung handelt, nicht abstrakt bestimmen lasse. Größenangaben seien, isoliert betrachtet, ungeeignet. Auch ein einziges Konzentrationsgebiet sei, für sich genommen, noch kein Indiz für eine nicht ausreichende Ausweisung. Erforderlich sei eine Würdigung (eine wertende Betrachtung) der tatsächlichen, konkreten Verhältnisse im jeweiligen Planungsraum.

Diese Rechtsprechung hat für sich, dass auf diese Weise situationsgemäße Beurteilungen und damit sachgemäße Lösungen möglich sind. So wurden in der obergerichtlichen Rechtsprechung unter Berücksichtigung der jeweiligen Verhältnisse als ausreichender Anteil der Fläche für die Windenergieanlagen an der Gesamtfläche des Planungsraums von etwa 0,5 bis 1,2 % angenommen. Gleichwohl kann sich in der Planungspraxis die für eine rechtssichere Handhabung wichtige Frage stellen, ob im jeweiligen Fall dieser Anforderung Rechnung getragen wird. Für das Thema dieses Beitrages, wie durch Bauleitplanung die planungsrechtlichen Grundlagen erweitert werden können, wird diese Frage in den Fällen keine wesentliche Bedeutung haben, in denen eine wirksame, also ausreichende Flächennutzungsplanung i. S. d. § 35 Abs. 3 Satz 3 BauGB durch Änderung und Ergänzung die planungsrechtlichen Möglichkeiten erweitert werden soll. Gleichwohl kann die Frage Bedeutung haben, etwa wenn eine solche Flächennutzungsplanung mit einer Neuordnung der Standorte verbunden werden soll und sich dadurch auch diese Frage neu stellt.

Das BVerwG hat sich nun bezüglich der Frage, welche (allgemeinen) Merkmale von Bedeutung sind, in dem Urteil vom 13.12.2012–4 CN 1/11 –[23],

---

22 unter Hinweis auf Gatz, a.a.O. (Fn. 16), Rn. 82.
23 BVerwG, a.a.O. (Fn. 2).

zurückgehalten, dabei seine im Urteil vom 20.05.2010 – 4 C 7/09 –[24] genannten allgemeine Merkmale für die notwendige Gesamtbetrachtung bestätigt: Größe der auszuweisenden Flächen für die Windenergie im Vergleich zur Gemeindegebietsgröße, zur Größe der in einem Regionalplan vorgesehenen Mindestgrößen für Windenergieanlagen und zur Größe der für die Nutzung der Windenergie reservierten Flächen in den Nachbargemeinden; Anzahl und Energiemenge der Windenergieanlagen in den auszuweisenden Flächen, dabei Berücksichtigung der durch neue Windenergieanlagen entsprechender Höhe erzielbare Stromgewinnung; die Größe der für die Nutzung der Windenergie reservierten Flächen in den Nachbargemeinden; weitere Gesichtspunkte, wie etwa das Gewicht der angewandten Ausschlusskriterien.

Im Urteil vom 13.12.2012 hat das BVerwG ergänzt, dass die Frage nicht ausschließlich nach dem Verhältnis zwischen der Größe der im Flächennutzungsplan dargestellten Konzentrationsflächen und der Größe derjenigen Potenzialflächen beantwortet werden könne, die sich nach Abzug der harten Tabuzonen von der Gesamtheit der gemeindlichen Außenbereichsflächen ergebe. Nicht zulässig sei die Festlegung eines bestimmten (prozentualen) Anteils, den die Konzentrationsflächen im Vergleich zu den Potenzialflächen erreichen müssten, damit die Rechtsfolge des § 35 Abs. 3 Satz 3 BauGB eintritt. Dagegen dürfe dem Verhältnis dieser Flächen zueinander Indizwirkung beigemessen werden. Keine Bedenken bestünden, wenn angenommen werde, dass, je geringer der Anteil der ausgewiesenen Konzentrationsflächen ist, desto gewichtiger die gegen eine weitere Ausweisung von Vorranggebieten sprechenden Gesichtspunkte sein müssen, damit es sich nicht um eine unzulässige „Feigenblattplanung" handelt.

Wesentlich sind die Ausführungen im Urteil vom 13.12.2012, dass die Entscheidung, anhand welcher Kriterien sich beantworten lässt, ob eine Konzentrationsflächenplanung nach § 35 Abs. 3 Satz 3 BauGB für die Nutzung der Windenergie in substanzieller Weise Raum schaffe, den Tatsachengerichten vorbehalten sei. Daran hält das BVerwG mit dem Zusatz fest, dass die von den Tatsachengerichten entwickelten Kriterien revisionsrechtlich hinzunehmen seien, wenn sie nicht von einem Rechtsirrtum infiziert seien,

24 BVerwG, Urt. v. 20.05.2010 – 4 C 7/09 – BVerwGE 137, 74 = NVwZ 2010, 1561.

gegen Denkgesetze oder allgemeine Erfahrungssätze verstießen oder ansonsten für die Beurteilung des Sachverhalts schlechthin ungeeignet seien. Im Ergebnis bedeutet dies eine deutliche Zurückhaltung des BVerwG bei der Überprüfung dieser Frage, der Bezeichnung von Merkmalen des „in substanzieller Weise Raum verschaffen“ sowie eine erhebliche Bedeutung der verwaltungsgerichtlichen Rechtsprechung im jeweiligen Land. Darauf wird sich die Planungspraxis einstellen müssen.

b) Im Flächennutzungsplan mit wirksamen Darstellungen i. S. d. § 35 Abs. 3 *Satz 3 BauGB werden die planungsrechtlichen Grundlagen zur Windenergie in bestimmten Grenzen erweitert, wobei das den Darstellungen zu Grunde liegende Plankonzept nicht neu aufgestellt wird.*

Voraussetzungen hierfür sind: Die Erweiterungen widersprechen nicht dem Plankonzept der vorhandenen Darstellungen mit seinen Auswahlkriterien für die Tabuzonen, die planungsrechtlichen Grundlagen für die Windenergie werden erweitert und nicht verringert, der Windenergie wird weiterhin in substanzieller Weise Raum gegeben.

Als Beispiele können in Betracht kommen: Begrenzte Erweiterung von Windparks für das Repowering, Aufhebung von Höhenbegrenzungen. Diese Vorgehensweise wird unterstützt durch § 249 Abs. 1 BauGB[25].

c) In Betracht kommen kann auch die (selbständige) Aufstellung von Bebauungsplänen unabhängig von einem vorhandenen Flächennutzungsplan i. S. d. § 35 Abs. 3 Satz 3 BauGB.

S. dazu unten 4.1.

25 S. dazu Verfasser, in: Ernst/Zinkahn/Bielenberg/Krautzberger (Hrsg.), Baugesetzbuch Kommentar, Loseblattsammlung, Stand 102. Lfg., November 2011, § 249 Rn. 9.

4. Möglichkeiten der Bebauungsplanung

4.1 Zusätzliche Gebiete für die Windenergie durch Aufstellung von Bebauungsplänen

Bei dieser Vorgehensweise werden die planungsrechtlichen Grundlagen für Windenergieanlagen in einem Bebauungsplan festgesetzt. In Betracht kommt insbesondere die Festsetzung von Sondergebieten für die Windenergie (§ 11 Abs. 2 BauNVO).

Diese Bebauungsplanung geschieht unabhängig von der Steuerung durch Flächennutzungsplanung i. S. d. § 35 Abs. 3 Satz 3 BauGB. Soweit der Bebauungsplan wegen § 8 Abs. 2 Satz 1 BauGB (Entwickeln des Bebauungsplans aus dem Flächennutzungsplan) Darstellungen im Flächennutzungsplan voraussetzt, kann dies nach den allgemeinen Regeln des BauGB erfolgen, ohne dass damit eine steuernde Wirkung im Sinne des § 35 Abs. 3 Satz 3 BauGB bezweckt wird. Die Rechtsfolgen bestehen darin, dass innerhalb des Gebiets des Bebauungsplans Windenergieanlagen gemäß § 30 BauGB entsprechend den Festsetzungen des Bebauungsplans zulässig sind. § 35 BauGB ist nicht (mehr) anzuwenden. Hatte die Gemeinde zuvor durch Darstellungen von Standorten für die Windenergie im Flächennutzungsplan die Rechtswirkungen des § 35 Abs. 3 Satz 3 BauGB herbeigeführt, bleiben diese Rechtswirkungen im Außenbereich (§ 35 BauGB) unberührt. Diese Vorgehensweise wird durch folgende Überlegungen gestützt:

Ob und inwieweit die Gemeinde von der Flächennutzungsplanung i. S. d. § 35 Abs. 3 Satz 3 BauGB Gebrauch macht, ist ihre Entscheidung. Eine Pflicht besteht nicht. Es ist daher auch grundsätzlich möglich, dass die Gemeinde die planungsrechtlichen Grundlagen für Windenergieanlagen durch Aufstellung eines Bebauungsplans mit der Folge der Anwendung des § 30 BauGB herbeiführt. Soweit dieser wegen § 8 Abs. 2 Satz 1 BauGB (Entwickeln des Bebauungsplans aus dem Flächennutzungsplan) voraussetzt, kann dies nach den allgemeinen Regeln des BauGB erfolgen.

§ 35 Abs. 3 Satz 3 BauGB hindert die Gemeinde auch nicht daran, den planerischen Grundfall (durch Aufstellung eines Bebauungsplans werden die planungsrechtlichen Grundlagen für Vorhaben geschaffen – vgl. schon § 1 Abs. 1 bis 3 BauGB) zu praktizieren. Die Darstellungen des

Flächennutzungsplans erfüllen hier die Aufgabe, dass dem Bebauungsplan die Gesamtkonzeption für die städtebauliche Entwicklung der Gemeinde zu Grunde liegt (§ 5 Abs. 1 Satz 1 BauGB). Es ist nicht ersichtlich, dass diese grundlegende Planungsbefugnis nicht gelten soll und nicht genutzt werden kann, wenn andere Darstellungen des Flächennutzungsplans die steuernde Wirkung des § 35 Abs. 3 Satz 3 BauGB haben.

Das BVerwG hat im Urteil vom 31.01.2013 – 4 CN 1/12 –[26] deutlich gemacht, dass es der Gemeinde obliegt zu unterscheiden, ob die Darstellungen zur Windenergie lediglich die allgemeine Bedeutung im Sinne des § 5 Abs. 1 BauGB haben sollen oder auch die Bedeutung i. S. d. § 35 Abs. 3 Satz 3 BauGB.[27]

4.2 Änderung von Bebauungsplänen mit Festsetzungen zur Windenergie

Vorhandene Bebauungspläne, durch die namentlich durch Festsetzung von Sondergebieten für die Windenergie die planungsrechtlichen Grundlagen geschaffen worden sind, können ggf. Beschränkungen enthalten. Diese werden geändert/ aufgehoben. Beispiele:

- Aufhebung der Festsetzung von Höhenbegrenzungen, die nach § 16 Abs. 2 Nr. 4 und § 18 BauNVO getroffen worden sind,
- Änderung der Festsetzung der Standorte der Windenergieanlagen.

4.3 Festsetzungen für Windenergieanlagen in Gewerbegebieten und Industriegebieten

In diesem Fall wird im Zusammenhang mit der Festsetzung von Gewerbegebieten/ Industriegebieten innerhalb dieser Gebiete eine Fläche für die Windenergie festgesetzt. Rechtsgrundlage für eine solche Festsetzung von Flächen für die Windenergie ist § 9 Abs. 1 Nr. 12 BauGB, in den durch das

26 BVerwG, Urt. v. 31.01.2013 – 4 CN 1/12 – BVerwGE 146, 40 = NVwZ 2013, 1011.

27 Vgl. dazu näher Verfasser, a.a.O. (Fn. 24), Stand 109. Lfg., Juni 2013, § 5 Rn. 18 a ff.

BauGB – Änderungsgesetz 2011 ausdrücklich die Festsetzung von erneuerbaren Energien einbezogen wurde[28].

Zweck einer solchen Vorgehensweise ist die planungsrechtliche Absicherung von Windenergieanlagen als ergänzende Festsetzung zur Festsetzung von Gewerbe- und Industriegebieten. Im Blick auf § 8 Abs. 2 BauGB reicht im Flächennutzungsplan in der Regel die Darstellung von gewerblichen Bauflächen oder Gewerbe- und Industriegebieten aus. Diese Bauleitplanung geschieht außerhalb der planungsrechtlichen Beurteilung von Windenergieanlagen im Außenbereich und ihrer Steuerung durch den Flächennutzungsplan i. S. d. § 35 Abs. 3 Satz 3 BauGB.

5. Allgemein zur Bedeutung der Bauleitplanung für die Zulässigkeit von Windenergieanlagen und ihrer Erweiterung

Über die hier behandelte unmittelbare Bedeutung der Bauleitplanung für die bauplanungsrechtliche Absicherung und Erweiterung der Grundlagen für die Windenergie auch neben ihrer Zulässigkeit nach § 35 Abs. 1 Nr. 5 BauGB hinaus ist es angezeigt, auf allgemeine, den Ausbau der Windenergie auch in rechtlicher Hinsicht fördernde Gesichtspunkte durch die Bauleitplanung hinzuweisen. Als Beispiel seien genannt:

Die Zulässigkeit von Windenergieanlagen nach § 35 Abs. 1 Nr. 5 BauGB steht unter dem Vorbehalt, dass ihnen nicht öffentliche Belange entgegenstehen. Solche öffentlichen Belange können im Rahmen der Darstellung von Flächen für die Windenergie im Flächennutzungsplan einbezogen worden sein, mit der Folge, dass ihre Ergebnisse im Genehmigungsverfahren positiv zu Grunde gelegt werden. Diese positive Wirkung ist nur für entsprechende Ziele der Raumordnung gesetzlich geregelt (vgl. § 35 Abs. 3 Satz 2 Halbs. 2 BauGB). Das BVerwG[29] hat eine solche „positive Wirkung“ auf Darstellungen im Flächennutzungsplan, der im Übrigen die Wirkungen des § 35 Abs. 3 Satz 3 BauGB hat, übertragen. Dies geschah

28 Näher dazu ebd., Stand 105. Lfg., Juni 2012, § 9 Rn. 110a.

29 BVerwG, Urt. v. 18.08.2005 – 4 C 13/04 – BVerwGE 124, 132 = NVwZ 2006, 87; BVerwG, a. a. O. (Fn. 23).

ersichtlich als Konsequenz aus den an einen Flächennutzungsplan i. S. d. § 35 Abs. 3 Satz 3 BauGB gestellten Anforderungen.

Werden im Rahmen der Flächennutzungsplanung Flächen für die Windenergie ausgewiesen, bedarf es – je nach Situation – der Klärung, inwieweit einschlägige Fachgesetze Windenergieanlagen an diesen Standorten entgegenstehen oder zugelassen werden können. Aus dem für den Außenbereich zu erarbeitenden Plankonzept lassen sich oftmals die notwendigen Gründe entnehmen, die für Klärungen oder Anpassungen und Änderungen in den fachgesetzlichen Bereichen erforderlich sind. Dies gilt etwa im Hinblick auf notwendige Befreiungen oder Abweichungen von fachgesetzlichen Vorschriften wie denen des Naturschutzrechts.

Nicht zuletzt ist die Einbindung der kommunalen Entscheidungsebene für die Akzeptanz des Ausbaus der Windenergie in der Bevölkerung von Bedeutung.

Allgemein ist mit Blick auf die in 2014 erfolgten Änderungen des Erneuerbare-Energien-Gesetzes von Bedeutung, dass ab 2017 für die Förderung von Strom aus erneuerbaren Energien nach dem EEG Ausschreibungsverfahren erforderlich sind. Nach dem Überleitungsrecht gilt dies grundsätzlich für Genehmigungsverfahren nach dem 31.12.2016. Auch aus dieser Sicht wird künftig eine rechtzeitige Klärung/ Herbeiführung der bauplanungsrechtlichen Genehmigungsfähigkeit von Windenergieanlagen Bedeutung haben.

Wolfgang Schrödter

Windenergie im Wald unter besonderer Berücksichtigung der waldrechtlichen Eingriffsregelungen*

Abstract

Die Überplanung von Waldflächen für die Windenergienutzung und die dabei zu beachtenden Anforderungen aus dem Bundeswaldgesetz und den Waldgesetzen der Länder bilden den Schwerpunkt des Beitrages.

While planning wind energy turbines within forest areas the legal regulations of the federal forest law and forest laws of the federal state of Germany have to be taken into account.

Einleitung

In den vom Wind „verwöhnten" nord- und ostdeutschen Ländern können leistungsfähige Windkraftanlagen überwiegend auf „windhöffigen" unbewaldeten Flächen errichtet werden.[1] Demgegenüber können insbesondere die Länder Bayern, Baden-Württemberg und Rheinland-Pfalz ihre ehrgeizigen Ziele zum Ausbau der Windkraft nur noch erfüllen, wenn auch Waldflächen für die Errichtung von Windkraftanlagen „geöffnet" werden.[2] Die Errichtung von Windkraftanlagen in Wäldern

---

* Für die außerordentlich zeitaufwändige Zusammenstellung der Fundstellen der 16 Landeswaldgesetze (Fußn. 10) danke ich Frau Adina Felgentreu herzlich.

1 Die Zahl der Windkraftanlagen in Deutschland erhöhte sich von 22.952 am 31.12.2012 bis zum 30.06.2013 auf 23.287, dazu Portz/Richter, Planungsrechtliche Steuerung von Windenergieanlagen durch Städte und Gemeinden, KommJuR 2014, 1, 1.

2 Zur Eignung von Waldflächen für die Nutzung der Windkraft Bundesverband WindEnergie (BWE), Studie zum Potenzial der Windenergie an Land, Kurzfassung, Berlin 2011, S. 9, 12, zitiert bei Kindler/Lau, Der Beitrag der Raumordnung zur Intensivierung der Windenergienutzung an Land, NVwZ 2011, 1414, 1416, Fn 27.

sowie die dafür aufgestellten Planungen müssen mit einem erheblichen Widerstand der Bevölkerung rechnen, da *„Wälder gerade in Deutschland einen starken mythischen Charakter haben, kommen sie doch in fast allen deutschen Märchen vor und werden von vielen Menschen mit einem Rückzugs- und Heimatgefühl in Verbindung gebracht.“*[3] In dem kaum noch überschaubaren Schrifttum zur Planung von Windkraftanlagen[4] wird das Problem der Windkraftanlagen im Wald eher „stiefmütterlich“ behandelt. Nach zutreffender Auffassung besteht jedenfalls kein gesetzliches Verbot, in Wäldern Windkraftanlagen zu errichten.[5] Außerdem tendiert die wohl h. M. dahin, dass Wälder keine harten Tabuflächen i. S. der Rechtsprechung sind, wenn nach § 35 Abs. 3 Satz 3 BauGB Vorranggebiete mit Ausschlusswirkung in Flächennutzungsplänen oder Raumordnungsplänen ausgewiesen werden sollen.[6] Soweit ersichtlich, hat erstmals Lietz die mit der Planung und Errichtung von Windkraftanlagen zusammenhängenden Probleme am Beispiel der Länder Rheinland-Pfalz und Niedersachsen erörtert, ohne allerdings im Einzelnen die bauplanungsrechtlichen Voraussetzungen einer Überplanung von Waldflächen

3 Lietz, Windenergieanlagen im Wald – Rahmenbedingungen, Nutzungskonflikte und rechtliche Vorgaben des Raumordnungs- und Waldrechts, UPR 2010, 54, 54; zu den vielfältigen Funktionen des Waldes lesenswert Thomas, Bundeswaldgesetz, Kommentar, Wiesbaden 2013, Einführung, S. 69 ff.

4 Zusammenstellung nach dem Stand von Oktober 2013 bei Gatz, in: Hoppenberg/de Witt (Hrsg.), Handbuch des öffentlichen Baurechts, Kapitel Z V, Windanlagen, Loseblattausgabe, Stand: Oktober 2013, Rn. 4 f.; zur bau- und raumordnungsrechtlichen Steuerung von Windkraftanlagen ausführlich Schrödter/Scheidler, in: Schrödter (Hrsg.), Baugesetzbuch, Kommentar, 8. Aufl., Baden-Baden 2015, § 5 Rn. 133 bis 166.

5 So ausdrücklich Gatz, a. a. O. (Fußn. 4), Rn. 222.

6 So etwa Portz/Richter, a. a. O. (Fußn. 1), 1, 4; Kindler/Lau, a. a. O. (Fußn. 2), 1414, 1416 sowie Schrödter/Scheidler, a. a. O. (Fn. 4), § 5 Rn. 125; ähnlich OVG Berlin-Brandenburg, Urt. v. 24.02.2011 – OVG 2 A 2/09 – NuR 2011, 794, 803; anders aber OVG Münster, Urt. v. 20.11.2012 – 8 A 252/10 – UPR 2013, 153, 155 und VG Minden, Urt. v. 21.12.2011 – 11 K 2023/10 – juris.

für Windkraftanlagen zu erörtern.[7] Die Windkrafterlasse der Länder[8] beschränken sich ebenfalls auf allgemeine Aussagen und enthalten keine Aussagen zu den baurechtlichen Fragen, die mit der Aufstellung der entsprechenden Bauleitpläne verbunden sind. Auch ein im Mai 2014 veröffentlichter Leitfaden des Landes Brandenburg beschränkt sich auf naturschutzfachliche, technische und immissionsschutzrechtliche Aspekte der Windkraftnutzung im Wald.[9]

Im folgenden Beitrag sollen im Wege einer Übersicht die wesentlichen rechtlichen Grundsätze dargestellt werden, die bei einer Überplanung von Waldflächen für Windkraftanlagen zu berücksichtigen sind. Dabei wird unterschieden zwischen raumordnungsrechtlichen Regelungen (im Folgenden A.) und den bau- und waldrechtlichen Anforderungen, die bei der Aufstellung eines Bebauungsplanes für die Windkraftnutzung im Wald zu beachten sind (im Folgenden B.). In diesem Zusammenhang werden im Wege einer Übersicht die außerordentlich schwierigen und in den

---

7 Lietz, a.a.O. (Fußn. 3), 54 f; viele Hinweise zur waldfachlichen und naturschutzfachlichen Beurteilung von Windkraftanlagen im Wald finden sich bei Nagel/Köppel/Dahmen/Erdmann/Siegmund, Windenergie im Wald und in Schutzgebieten, in: Mitschang (Hrsg.), Windenergie – Ausbau und Repowering in der Stadt- und Regionalplanung, Frankfurt am Main 2013, S. 147 ff.

8 Zusammenstellung bei Antweiler/Gabler, Klimaschutz durch Bauleitplanung, BauR 2012, 39, 45; zur Windkraftnutzung im Wald s. auch Bundesamt für Naturschutz, Windkraft über Wald, Positionspapier, Bonn Juli 2011; Bayerisches Staatsministerium für Ernährung, Landwirtschaft und Forsten, Windkraft im Wald, (Informationen für Waldbesitzer und interessierte Bürger zu Projekten mit Windrädern, die in privaten Wäldern errichtet werden sollen.), http://www.stmelf.bayern.de/wald/forstpolitik/014062 (Zugriff am 16.03.2015); Röder/Bächle/Suchant, Potenzialstudie Windenergieanlagen im Wald, http://www.waldwissen.net/waldwirtschaft/nebennutzung/sonstiges/fva_windenergieanlagen_wald/index_DE (Zugriff am 16.03.2015); Greenpeace e. V., Wie Windkraft und Waldschutz zusammenpassen, http://www.greenpeace.de/themen/walder/waldnutzung/wie-windkraft-und-waldschutz-zusammenpassen (Zugriff am 16.03.2015).

9 Ministerium für Umwelt, Gesundheit und Verbraucherschutz (Hrsg.), Leitfaden des Landes Brandenburg für Planung, Genehmigung und Betrieb von Windkraftanlagen im Wald unter besonderer Berücksichtigung des Brandschutzes, Potsdam Mai 2014.

16 Waldgesetzen der Länder[10] höchst unterschiedlich geregelten waldrechtlichen Voraussetzungen einer Überplanung von Waldflächen für Windkraftanlagen in ihrer Bedeutung für das Bauplanungsrecht erläutert.

---

10 Gesetz zur Erhaltung des Waldes und zur Förderung der Forstwirtschaft (Bundeswaldgesetz) v. 02.05.1975 (BGBl. I S. 1037), zuletzt geändert durch Art. 1 d. G. v. 31.07.2010 (BGBl. I S. 1050); Waldgesetze der Länder: Waldgesetz für Baden-Württemberg (Landeswaldgesetz – LWaldG) i. d. F. v. 31.08.1995 (GBl. S. 685), zuletzt geändert durch Art. 3 d. G. v. 25.11.2014 (GBl. S. 592, 613); Waldgesetz für Bayern (BayWaldG) i. d. F. der Bekanntmachung v. 22.07.2005 (GVBl. S. 313), zuletzt geändert durch d. Art. 19 d. G. v. 22.07.2014 (GVBl. S. 286); Gesetz zur Erhaltung und Pflege des Waldes des Landes Berlin (Landeswaldgesetz – LWaldG) v. 16.09.2004 (GVBl. S. 391), zuletzt geändert durch Art. IX Drittes G d. G. v. 11.07.2006 (GVBl. S. 819); Waldgesetz für das Land Bremen (Bremisches Waldgesetz – BremWaldG) v. 31.05.2005 (Brem. GBl. S. 207), zuletzt geändert durch Art. 2 Abs. 2 d. G. v. 25.05.2010 (Brem. GBl. S. 349); Waldgesetz des Landes Brandenburg (LWaldG) v. 20.04.2004 (GVBl. I S. 137), zuletzt geändert durch Art. 1 d. G. v. 10.07.2014 (GVBl. I Nr. 33); Landeswaldgesetz für Hamburg (LWaldG HH) v. 13.03.1978 (HmbGVBl. S. 74), zuletzt geändert durch Art. 1 d. G. v. 02.12.2013 (HmbGVBl. S. 484); Hessisches Waldgesetz (HWaldG) v. 27.06.2013 (GVBl. S. 458), zuletzt geändert durch d. G. v. 16.07.2014 (GVBl. S. 186); Waldgesetz für das Land Mecklenburg-Vorpommern (Landeswaldgesetz – LwaldG) i. d. F. der Bekanntmachung v. 27.07.2011 (GVOBl. M-V S. 870); Landesforstgesetz für das Land Nordrhein Westfalen (Landesforstgesetz – LFoG) i. d. F. der Bekanntmachung v. 24.04.1980 (GV. NW. S. 546), zuletzt geändert durch d. Art. 1 d. G. v. 03.12.2013 (GV. NRW. S. 727); Niedersächsisches Gesetz über den Wald und die Landschaftsordnung (NWaldLG), v. 21.03.2002 (Nds.GVBl. S. 112), zuletzt geändert durch Art. 4 d. G. v. 16.12.2014 (Nds. GVBl. S. 475); Landeswaldgesetz für Rheinland-Pfalz (LWaldG), v. 30.11.2000 (GVBl. S. 504), zuletzt geändert durch Art. 1 d. LG v. 05.10.2007 (GVBl. S. 193); Gesetz Nr. 1069 – Waldgesetz für das Saarland (Landeswaldgesetz – LWaldG) v. 26.10.1977 (Amtsbl. S. 1009), zuletzt geändert durch Art. 2 d. G. v. 26.06.2013 (Amtsbl. I S. 268); Waldgesetz für den Freistaat Sachsen (SächsWaldG) v. 10.04.1992 (SächsGVBl. S. 137), zuletzt geändert durch Art. 1 d. G. v. 02.04.2014 (SächsGVBl. S. 270); Waldgesetz für das Land Sachsen-Anhalt (WaldG LSA) v. 13.04.1994 (GVBl. LSA S. 520), zuletzt geändert durch Art. 6 d. G. v. 18.12.2012 (GVBl. LSA S. 649, 651); Waldgesetz für das Land Schleswig-Holstein (Landeswaldgesetz – LWaldG) v. 05.12.2004 (GVOBl. S. 461), zuletzt geändert durch Art. 1 d. G. v. 13.07.2011 (GVOBl. S. 225); Gesetz zur Erhaltung, zum Schutz und zur Bewirtschaftung des Waldes und zur Förderung der Forstwirtschaft (Thüringer Waldgesetz – ThürWaldG) v. 18.09.2008 (GVBl. S. 327), zuletzt geändert durch d. G. v. 19.12.2013 (GVBl. S. 352).

A. Die Steuerung der Planung von Windkraftanlagen in Raumordnungsplänen, insbesondere durch Ziele der Raumordnung nach § 1 Abs. 4 BauGB

I. Ausschluss der Windkraftnutzung in Wäldern durch Ziele der Raumordnung nach § 1 Abs. 4 BauGB

1) Allgemeines; Beispiel aus dem Regionalen Raumordnungsprogramm der Region Hannover

Die Länder haben die Möglichkeit, in den landesweiten Raumordnungsplänen bzw. in den Regionalen Raumordnungsprogrammen den Ausschluss von Windkraftanlagen in Waldflächen als Ziel der Raumordnung nach § 7 Abs. 1 Satz 1 ROG i. V. m. § 3 Abs. 1 Nr. 2 festzusetzen. Dieses Ziel der Raumordnung begründet nach § 1 Abs. 4 BauGB ein Verbot, für die hiervon erfassten Waldgebiete Darstellungen oder Festsetzungen für Windkraftanlagen zu treffen. Ein Bebauungsplan kann bei dieser Zielfestlegung somit nicht aus wirksamen Darstellungen eines Flächennutzungsplanes entwickelt werden.[11]

Von der Möglichkeit, Waldflächen durch ein Ziel der Raumordnung von der Windkraftnutzung auszuschließen, hat z.B. die Region Hannover im Jahr 2005 Gebrauch gemacht.[12] In dem Regionalen Raumordnungsprogramm der Region ist nämlich festgelegt, dass die Nutzung von Windenergie u. a. ausgeschlossen ist in den als Zielen der Raumordnung bestimmten Vorranggebieten und Vorsorgegebieten für Erholung und Forstwirtschaft.[13] Im Ergebnis führt dieses Ziel der Raumordnung dazu, dass in der im Vergleich zum Bundesdurchschnitt eher waldarmen Region Hannover – nur 20% des Gebietes sind als Wald einzustufen – die festgelegten Waldflächen nach § 1 Abs. 4 BauGB nicht für Windkraftanlagen überplant werden können.[14]

---

11 BVerwG, 30.01.2003 – 4 C 14/01 – BRS 66 Nr. 9.

12 Region Hannover, Regionales Raumordnungsprogramm für die Region Hannover (RROP 2005), Begründung, Hannover 2006, S. 102. Das RROP kann im Internet eingesehen werden unter http://www.hannover.de/de/Umwelt_bauen/behoerden/umweltberhoerden/dezil/fb_plan/rh_rrop2005/index.html.102 (Zugriff am 20.02.2015).

13 Vgl. ebd.

14 Der Waldanteil in der Bundesrepublik Deutschland betrug im Durchschnitt der Jahre 1960 bis 1991 ca. 30 %, dazu Thomas, a. a. O. (Fußn. 3), S. 117.

2) Anforderungen an Ziele der Raumordnung, die Windkraftnutzung in Wäldern ausschließen

Grundsätzlich ist es zulässig, in einem Ziel der Raumordnung festzulegen, dass Waldflächen nicht für die Nutzung der Windkraft überplant werden dürfen. Grundlage dieses Zieles der Raumordnung ist § 8 Abs. 5 Satz 1 Nr. 2a ROG,[15] nach dem in einem Raumordnungsplan u. a. *„Festlegungen zur Raumstruktur", insbesondere „großräumig übergreifende Freiräume"* festgelegt werden können. Dieses in die Planungshoheit der Gemeinden eingreifende Planungsverbot, das nicht nur für raumbedeutsame Planungen gilt, ist nur rechtmäßig und damit für die Gemeinde verbindlich, wenn die Voraussetzungen des § 3 Abs. 1 Nr. 2 ROG erfüllt sind.[16] Das Ziel der Raumordnung muss daher der *„Entwicklung, Ordnung und Sicherung des Raums"* dienen, auf einer abschließenden Abwägung beruhen[17] und *„räumlich und sachlich"* bestimmt oder bestimmbar sein. Es müssen somit die zu schützenden Waldflächen präzise beschrieben und auch zeichnerisch festgelegt werden. Außerdem muss die sog. raumordnungsrechtliche Erforderlichkeit begründet werden. Eine pauschale Aussage, auf allen Waldflächen sei die Windkraftnutzung ausgeschlossen, erfüllt daher nicht die Vorgaben des § 3 Abs. 1 Nr. 2 ROG. Das OVG Lüneburg hat einen Normenkontrollantrag gegen den Raumordnungsplan der Region Hannover zwar als unbegründet zurückgewiesen. Die Rechtmäßigkeit des Zieles der Raumordnung, mit dem die Windkraftnutzung in Wäldern ausgeschlossen wurde, ist in diesem Verfahren allerdings nicht überprüft worden.[18]

3) Möglichkeit einer Ausnahme oder Zielabweichung nach § 6 ROG

Dieses raumordnungsrechtliche „Planungsverbot" für Windkraftanlagen kann nur überwunden werden, wenn die zuständige Raumordnungsbehörde der Gemeinde im Wege einer Ausnahme (§ 6 Abs. 1 ROG) oder einer

15 Raumordnungsgesetz (ROG) v. 22.12.2008 (BGBl. I S. 2986), zuletzt geändert durch Art. 9 d. G. v. 31.07.2009 (BGBl. I S. 2585).

16 Zu diesen Voraussetzungen einer rechtmäßigen Zielbestimmung aus dem Blickwinkel der betroffenen Gemeinde Schrödter/Wahlhäuser, a. a. O. (Fußn. 4), § 1 Rn. 67 ff.

17 Zu diesem schwer verständlichen Kriterium ausführlich OVG Lüneburg, Urt. v. 08.12.2011 – 12 KN 208/09 – ZfBR 2012, 265, 265.

18 OVG Lüneburg, Urt. v. 09.10.2008 – 12 KN 35/07 – ZfBR 2009, 150, 150.

Zielabweichung (§ 6 Abs. 2 ROG) das Recht erteilt hat, eine Waldfläche für die Nutzung der Windkraft zu überplanen. Die Erteilung einer Ausnahme von einem Ziel der Raumordnung wurde zwar gesetzlich erstmals in § 6 Abs. 1 ROG ausdrücklich zugelassen. Eine Ausnahme von Zielen der Raumordnung war nach der Rechtsprechung jedoch schon nach früherem Recht zulässig, soweit die Voraussetzungen der Ausnahme im Raumordnungsplan nachvollziehbar festgelegt wurden.[19] In der Praxis hat die Möglichkeit, von einem Ziel der Raumordnung zum Schutz von Waldflächen abzuweichen, bisher, soweit ersichtlich, aber keine Bedeutung erlangt.

Auf den für die Windkraftnutzung durch ein Ziel der Raumordnung „gesperrten" Flächen können daher, abgesehen von einer förmlichen Aufhebung des Zieles der Raumordnung, Windkraftanlagen durch einen Bauleitplan nur zugelassen werden, wenn die Voraussetzungen einer Zielabweichung nach § 6 Abs. 2 ROG vorliegen. Diese Entscheidung setzt nach § 6 Abs. 2 Satz 1 ROG voraus, dass *„die Abweichung unter raumordnungsrechtlichen Gesichtspunkten vertretbar ist und die Grundzüge der Planung nicht berührt werden"*.[20] Da das als Ziel der Raumordnung festgelegte Verbot, Waldflächen für Windkraftanlagen zu überplanen, regelmäßig die Grundzüge der Planung berührt, nämlich das Ziel, in Wäldern keine Windkraftanlagen zu errichten, hat ein Antrag auf Zielabweichung zugunsten der Planung von Windkraftanlagen in Wäldern regelmäßig keine Erfolgsaussichten.[21]

4) Rechtsschutz der Gemeinde gegen ein als Ziel der Raumordnung festgelegtes Planungsverbot für Windkraftanlagen in Wäldern – Übersicht

Die Gemeinden haben verschiedene Möglichkeiten, sich gegen ein Ziel der Raumordnung zur Wehr zu setzen, das die Überplanung von Waldflächen für die Nutzung der Windenergie untersagt.[22] Die Gemeinden haben,

19 BVerwG, Urt. v. 18.09.2003 – 4 CN 20/02 – BVerwGE 119, 54, 60.

20 Ausführlich zur Zielabweichung Schrödter/Wahlhäuser, a. a. O. (Fußn. 4), § 1 Rn. 169 bis 178.

21 So zu Recht Lietz, a. a. O. (Fußn. 3), 54, 56; zum Rechtsschutz einer Gemeinde gegen die Versagung einer Zielabweichung OVG Koblenz, Urt. v. 05.09.2006 – 8 A 10343/06 – BRS 70 Nr. 33.

22 Ausführlich zum Rechtsschutz gegen Raumordnungspläne Goppel, in: Spannowsky/Runkel/Goppel (Hrsg.), Raumordnungsgesetz, Kommentar, München

erstens, das Recht innerhalb der Jahresfrist des § 47 Abs. 2 Satz 1 VwGO, den Raumordnungsplan mit dieser die Planungshoheit beschränkenden Festlegung im Normenkontrollverfahren vor dem Oberverwaltungsgericht anzugreifen.[23] Die notwendige Antragsbefugnis der Gemeinde ergibt sich regelmäßig schon daraus, dass ein Ausschluss für Windkraftanlagen in Wäldern die verfassungsrechtlich geschützte Planungshoheit der Gemeinde beeinträchtigt. Die Gemeinden können, zweitens, gegen das als Ziel der Raumordnung festgelegte Planungsverbot auch im Wege der Feststellungsklage vorgehen, die beim zuständigen Verwaltungsgericht einzulegen ist.[24] Drittens haben die Gemeinden das Recht, die Rechtmäßigkeit des als Ziel der Raumordnung festgelegten Planungsverbotes inzident im Rahmen eines gerichtlichen Verfahrens geltend zu machen, etwa im Rahmen einer Klage, die auf Erteilung einer Genehmigung eines Bauleitplanes gerichtet ist, der die Windkraftnutzung in einem Wald zulassen soll.[25]

In der gemeindlichen Praxis wird gelegentlich übersehen oder im Interesse einer guten Zusammenarbeit mit dem Träger der Raumordnungsplanung bewusst darauf verzichtet, innerhalb der in Anlehnung an § 215 BauGB eingeführten einjährigen Rügefrist des § 12 Abs. 5 Satz 1 ROG die in dieser Bestimmung aufgeführten Rechtsfehler des Raumordnungsplanes insgesamt bzw. des jeweiligen Zieles der Raumordnung geltend zu machen. Hat die Gemeinde diese Rüge nicht frist- und formgerecht vorgetragen, führt dieses dazu, dass die in § 12 Abs. 5 Satz 1 ROG aufgeführten formellen und materiellen Fehler in einem gerichtlichen Verfahren nicht mehr mit Erfolg gerügt werden können. Wegen der weiteren Einzelheiten kann auf die zu § 215 BauGB entwickelten Grundsätze verwiesen werden, die sinngemäß auch für die Rüge nach § 12 Abs. 5 Satz 1 ROG gelten.[26]

2010, § 4 Rn. 83 ff. sowie Schrödter/Wahlhäuser, a.a.O. (Fußn. 4), § 1 Rn. 152 ff.

23 Ausgeschlossen ist dieses Recht nur in den Stadtstaaten Berlin und Hamburg sowie in Nordrhein-Westfalen.

24 Schrödter/Wahlhäuser, a.a.O. (Fußn. 4), § 1 Rn. 158.

25 OVG Münster, Urt. v. 30.09.2009 – 10 A 1676/08 – BRS 74 Nr. 5.

26 Zu den Anforderungen an eine Rüge nach § 12 Abs. 5 ROG etwa OVG Lüneburg, Urt. v. 17.06.2013 – 12 KN 80/12 – DVBl. 2013, 1198, 1199 f. und Urt. v. 08.12.2011 – 12 KN 208/09 – ZfBR 2012, 265, 265.

II. Die Steuerung der Windkraftnutzung in Wäldern durch Grundsätze der Raumordnung

Die Träger der Raumordnungsplanung haben auch die Möglichkeit, durch Grundsätze der Raumordnung nach § 3 Abs. 1 Nr. 3 ROG die Überplanung von Waldflächen für die Windkraftnutzung zu beeinflussen. Als Beispiel darf auf eine Regelung im Landes-Raumordnungsprogramm Niedersachsen verwiesen werden, die den folgenden Wortlaut hat[27]:

> *„Wald soll wegen seiner vielfältigen Funktionen, insbesondere wegen seiner klimaökologischen Bedeutung, nicht für die Nutzung von Windenergie in Anspruch genommen werden. Flächen innerhalb des Waldes können für Windenergienutzung nur dann in Anspruch genommen werden, wenn*
> *– weitere Flächenpotenziale weder für neue Vorrang- noch für neue Eignungsgebiete im Offenland zur Verfügung stehen und*
> *– es sich um mit technischen Einrichtungen oder Bauten vorbelastete Flächen handelt.“*

Den Gemeinden in Niedersachsen ist es somit zwar nicht durch ein Ziel der Raumordnung untersagt, einen Wald oder, dieses dürfte in der Praxis eher bedeutsam sein, kleine Flächen innerhalb eines Waldes für die Windkraft zu nutzen. Diese Entscheidung muss aber anspruchsvoll begründet werden, da ein Grundsatz der Raumordnung, anders als ein Ziel der Raumordnung, nach § 3 Abs. 1 Nr. 3 ROG im Wege der baurechtlichen Abwägung überwunden werden kann.

B. Die Aufstellung eines Bebauungsplans für die Errichtung von Windkraftanlagen in Wäldern

Im folgenden Teil soll dargestellt werden, unter welchen Voraussetzungen ein Wald bzw. Teile eines Waldes auf der Grundlage eines Bebauungsplanes für die Windkraftnutzung „geöffnet“ werden können. Dabei ist

---

27 Verordnung zur Änderung der Verordnung über das Landes-Raumordnungsprogramm Niedersachsen (LROP) v. 24.09.2012 (Nds.GVBl. 350), Abschnitt 4.2 Ziffer 04 Satz 8 des Landes-Raumordnungsprogramms Niedersachsen (LROP).

zu unterscheiden zwischen den bauplanungsrechtlichen Voraussetzungen (B. I.) sowie den waldrechtlichen Voraussetzungen, die sich aus den waldrechtlichen Eingriffsregelungen der Landeswaldgesetze ergeben (B. II.).

I. Prüfung der bauplanungsrechtlichen Voraussetzungen

Hat eine Gemeinde die Absicht, einen Wald oder Flächen innerhalb eines Waldes für die Errichtung von Windkraftanlagen zu überplanen, muss sie vorrangig die hierfür geltenden Vorschriften des BauGB anwenden. Zwar enthalten die in der Fußn. 10 dieses Beitrages zitierten sehr unterschiedlichen 16 Landeswaldgesetze zahlreiche Vorschriften, die für die Waldumwandlung unmittelbar oder sinngemäß gelten, soweit die Waldumwandlung auf der Grundlage eines Bebauungsplans zugelassen werden soll.[28] Insbesondere ist die in den meisten Waldgesetzen enthaltene sog. „waldrechtliche Eingriffsregelung" keine lex specialis zur städtebaulichen Umwidmungssperre des § 1a Abs. 2 BauGB bzw. zur städtebaulichen Eingriffsregelung des § 1a Abs. 3 BauGB. Der Aussage von Möller zum Verhältnis zwischen dem Städtebaurecht und dem besonders strengen NWaldG des Landes Niedersachsen[29] ist daher uneingeschränkt zuzustimmen. Möller führt hierzu Folgendes aus[30]:

> *„Die sinngemäße Anwendung insbesondere des § 8 (3) – (6) NWaldLG ist also – wie verbindliche Festsetzungen oder gesetzliche Biotope des Naturschutzrechtes oder gesetzliche Vorgaben des Wasserrechts – außerhalb der baurechtlichen Abwägung des § 1 (7) BauGB durchzuführen und kann ggf. ein externes rechtliches Hindernis für eine waldumwandelnde Festsetzung sein oder doch eine Vermehrung (Minimierung) und Kompensation vorgeben."*

28 Zum Waldrecht Endres, Bundeswaldgesetz, Kommentar, Berlin 2014; Möller, Umwelt- und Landnutzungsrecht, Kommentare, Band III, Waldrecht, Landschaftsschutz, 5. Aufl., Göttingen/Hannover 2013; Thomas, a.a.O. (Fußn.3); Kolodziejcok/Endres/Krohn/Markus, Naturschutz, Landschaftspflege und einschlägige Regelungen des Jagd- und Forstrechts, Loseblattausgabe, 2. Band, Lfg. 1/2014 sowie Klose/Orf, Forstrecht, Kommentar zum Waldrecht des Bundes und der Länder, 2. Aufl., Köln 1998.

29 Niedersächsisches Gesetz über die Wald- und die Landschaftsnutzung (NWaldLG) v. 31.03.2002 (Nds.GVBl. S. 112) i. d. F. v. 30.11.2011 (Nds GVBl. S. 353).

30 Möller, a.a.O. (Fußn. 28), unter 45.4.4.8 (S. 126).

1) Anwendung der baurechtlichen „Umwidmungssperre“ auf die Überplanung von Waldflächen für Windkraftanlagen (§ 1a Abs. 2 Sätze 2 bis 4 BauGB)

Nach der mit dem BauGB 1976 eingeführten und nunmehr in § 1a Abs. 2 Sätze 2 bis 4 BauGB geregelten „Umwidmungssperre“ sollen *„landwirtschaftlich, als Wald oder für Wohnzwecke genutzte Flächen ... nur im notwendigen Umfang umgenutzt werden“* (Satz 2). In dieser der Abwägung unterliegenden Planung soll *„die Notwendigkeit der Umwandlung ... als Wald genutzter Flächen ... begründet werden“* (Satz 4). Diese Bestimmung enthält nach zutreffender Auffassung somit, ähnlich wie das allgemeine Bodenschutzgebot, keinen Planungsleitsatz i. S. eines Überplanungs- oder Versiegelungsverbotes.[31] Sie ist aber als eine „Abwägungsdirektive“ einzuordnen, die die Gemeinde dazu verpflichtet, Waldflächen nur in eine andere Nutzungsart umzuwandeln, wenn diese Planung besonders sorgfältig und formalisiert begründet wird.[32]

Sollen auf der Grundlage eines Bebauungsplanes Windkraftanlagen in einem Wald zugelassen werden, wird i. d. R. ein Sondergebiet nach § 11 BauNVO oder ein Gewerbegebiet nach § 8 BauNVO festgesetzt, in dem die Windkraftanlagen errichtet werden sollen.[33] Diese Festsetzungen führen regelmäßig zu einer Umwandlung des Waldes, da die Flächen auf denen die Fundamente und somit die Windkraftanlagen errichtet werden sollen, in jedem Fall ihre Funktion als Wald verlieren.[34] Entsprechendes gilt auch für die Kranstellflächen, die Flächen unter den Rotoren sowie für die auf Dauer von Waldbäumen und Sträuchern i. S. d. § 8 Abs. 1 Satz 1 BWaldG[35] freizuhaltenden Zufahrten für Bau- und Rettungsfahrzeuge,

---

31 Battis/Mitschang/Reidt, Stärkung der Innenentwicklung, NVwZ 2013, 961, 963.

32 Battis, Vorrang der Innenentwicklung, Öffentlichkeitsbeteiligung und Mediation, in: Mitschang (Hrsg.), Stärkung der Innenentwicklung – BauGB-Novelle 2012/2013, Frankfurt am Main 2013, S. 1, 3.

33 Zur planungsrechtlichen Darstellung bzw. Festsetzung von Flächen für Windkraftanlagen Gatz, a. a. O. (Fußn. 4), Rn. 175 ff.

34 Ausführlich zu den Auswirkungen von Windkraftanlagen auf Waldflächen: Vgl. Nagel/Köppel/Dahmen/Erdmann/Siegmund, a. a. O. (Fußn. 7) m. w. N.

35 Gesetz zur Erhaltung des Waldes und zur Förderung der Forstwirtschaft, Bundeswaldgesetz (BWaldG) v. 02.05.1975 (BGBl. I S. 103), zuletzt geändert durch G. v. 31.07.2010 (BGBl. I S. 1050).

die regelmäßig als öffentliche oder private Erschließungsstraßen festgesetzt werden (§ 9 Abs. 1 Nr. 11 BauGB).[36] Eine baurechtliche Umwandlung von Wald in eine andere Nutzungsart liegt auch hinsichtlich der Flächen vor, die wegen ihrer Nähe zu den Windkraftanlagen zwar nicht versiegelt werden, aber regelmäßig nicht mehr forstwirtschaftlich oder als Erholungsflächen genutzt werden können.[37]

Nach der als Abwägungsdirektive auszulegenden baurechtlichen Umwidmungssperre für Wald ist die Überplanung eines Waldes für eine „waldfremde" Nutzung durch Windkraftanlagen besonders anspruchsvoll zu begründen. Im Rahmen der nach § 1a Abs. 2 Satz 3 BauGB durchzuführenden Abwägung sind die in § 1 BWaldG beispielhaft und in den 16 Landeswaldgesetzen z. T. erweiterten Funktionen eines Waldes[38] (Nutzungsfunktion, Schutzfunktion, Erholungsfunktion, forstwirtschaftliche Bedeutung) mit einem besonderem Gewicht zu berücksichtigen.[39] Von diesem städtebaulichen Ansatz aus können z.B. die folgenden Gründe eine behutsame Öffnung von Waldflächen für die Windkraftnutzung rechtfertigen:[40]

(1) Lage windhöffiger Gebiete überwiegend in bewaldeten Teilen einer Gemeinde;
(2) Eignung der Waldfläche für das Repowering;
(3) geringe forstwirtschaftliche, ökologische oder städtebauliche Qualität der für die Windkraftnutzung vorgesehenen Waldflächen;
(4) untergeordnete Bedeutung der Waldflächen für das Landschaftsbild und als Erholungsraum der Menschen;
(5) keine städtebauliche Funktion der Waldfläche, etwa als Kaltluftschneise oder Immissionsschutzwald;

36 Endres, a.a.O. (Fußn. 28), § 9 Rn. 11.
37 Lietz, a.a.O. (Fußn. 3), 54, 57.
38 Übersicht über das § 1 BWaldG erweiternde Landesrecht bei Endres, a.a.O. (Fußn. 28), § 1 Rn. 26 ff.
39 Beispiele aus der Rechtsprechung zur Bedeutung der Abwägungsdirektive bei der Überplanung von Waldflächen etwa VGH München, Urt. v. 02.03.2009 – 1 N 07/1730 – juris (Überplanung eines Waldes für ein Wohngebiet) und Beschl. v. 09.08.2006 – 1 CS 06/2014 – NVwZ-RR 2007, 371, 371 (Überplanung eines Waldes für ein Gewerbegebiet).
40 Lietz, a.a.O. (Fußn. 3), 54, 57.

(6) hoher Waldanteil in der Gemeinde;
(7) geringe Größe der für die Windkraftnutzung ausgewählten Waldflächen im Verhältnis zum Waldbestand in der Gemeinde.

Praktische Bedeutung dürfte die Überplanung von Waldflächen für Windkraftanlagen insbesondere in den Ländern haben, die auf der Grundlage der sog. Länderöffnungsklausel des § 249 Abs. 3 BauGB durch Landesgesetz festgelegt haben, dass bei der Errichtung von privilegierten Windkraftanlagen Abstände zu bestimmten Nutzungen eingehalten werden müssen. Bisher hat von dieser Ermächtigung nur der Freistaat Bayern Gebrauch gemacht, da nach Art. 82 Abs. 1 der Bayerischen Bauordnung (BayBO)[41] Windkraftanlagen nur nach § 35 Abs. 1 Nr. 5 BauGB privilegiert sind, *„wenn diese Vorhaben einen Mindestabstand vom 10-fachen ihrer Höhe zu Wohngebäuden“* in Gebieten nach den §§ 30, 34 und 35 Abs. 6 BauGB einhalten.

Auch der Umstand, dass eine Gemeinde mit der Ausweisung von Flächen für Windkraftanlagen im Wald entsprechend den Planungsgrundsätzen der §§ 1 Abs. 5 Satz 3, 1 Abs. 6 Nr. 7f und 1a Abs. 5 BauGB den Einsatz einer wichtigen regenerativen Energie fördert und zugleich einen Beitrag zum Klimaschutz leistet, kann ein städtebaulicher Grund dafür sein, Waldflächen für die Windkraft zu nutzen.[42] Dagegen können es allein fiskalische Gründe, etwa das Interesse einer finanzschwachen Gemeinde, die in ihrem Eigentum stehenden Flächen zu hohen Preisen zu vermarkten, nicht rechtfertigen, Wälder oder auch nur einzelne Flächen innerhalb eines Waldes für Windkraftanlagen zu überplanen.[43]

---

41 V. 17.11.2014 (GVBl. 2014, 478), dazu ausführlich Schrödter/Scheidler, a. a. O. (Fußn. 4), § 249 Rn. 42 ff; Scheidler, Die Windkraft-Länderöffnungsklausel im BauGB und ihre Umsetzung in Bayern, UPR 2014, 214, 217; Dirnberger, Die „10 H-Initiative“ der Staatsregierung – eine erste Bewertung der vorliegenden Gesetzentwürfe, BayGT 2014, 213 und Würfel/Werner, Einführung eines Mindestabstands für Windkraftanlagen – die „10 H-Regelung“ im Freistaat Bayern, BayVBl. 2015, 109, 110 f.

42 Ausführlich zu dieser Frage, bezogen auf das Naturschutzrecht, Attendorn, Berücksichtigung der Belange der Energiewende bei der Anwendung des Naturschutzrechts, NuR 2013, 153, 153 ff.

43 Anders wohl Lietz, a. a. O. (Fußn. 3), 54, 59 für das NWaldLG.

2) Bedeutung von waldschützenden Planungen, insbesondere von forstwirtschaftlichen Rahmenplänen

Nach den §§ 6 f. BWaldLG a. F. waren die Länder berechtigt, Grundlagen für die Aufstellung von forstlichen Rahmenplänen zu schaffen. Diese rahmenrechtliche Ermächtigung wurde zwar durch Art. 2a des SUPG vom 25.06.2005 aufgehoben.[44] Die Länder sind aber auch nach Aufhebung der rahmenrechtlichen Ermächtigung berechtigt, die forstliche Rahmenplanung zu regeln. Diese forstlichen Rahmenpläne beschreiben und bewerten die vielfältigen Funktionen der Wälder und enthalten Darstellungen für die forstwirtschaftlich sinnvolle Entwicklung der Wälder.[45] Die forstlichen Rahmenpläne begründen zwar keine für die Bauleitplanung verbindlichen Planungsleitsätze oder Abwägungsdirektiven.[46] Die Darstellungen sind aber nach § 1 Abs. 6 Nr. 7g Alt. 3 und Nr. 8b BauGB in der Bauleitplanung zu berücksichtigen. Ist z. B. ein Wald in einem forstwirtschaftlichen Rahmenplan als Erholungswald dargestellt, kann die Abwägung dieser Darstellung dazu führen, dass eine Überplanung für Windkraftanlagen unzulässig ist.[47]

3) Die Anwendung der städtebaulichen Eingriffsregelung des § 1a Abs. 3 BauGB bei der Überplanung von Waldflächen für die Windkraftnutzung

Die Überplanung von Waldflächen ist nach dem BauGB nur zulässig, wenn die mit der Planung verbundenen Eingriffe in Natur und Landschaft nach der städtebaulichen Eingriffsregelung ausgeglichen werden (§ 1a Abs. 3 BauGB i. V. m. § 18 Abs. 1 BNatSchG). Dabei unterscheidet sich die städtebauliche Eingriffsregelung von der naturschutzrechtlichen Eingriffsregelung der §§ 14 ff. BNatSchG insbesondere dadurch, dass Ausgleichs- und Ersatzmaßnahmen gleichwertig sind (§ 200a BauGB), die Entscheidung über Notwendigkeit, Art und Umfang des Ausgleichs der baurechtlichen Abwägung

44 Gesetz zur Einführung einer Strategischen Umweltprüfung und zur Umsetzung der Richtlinie 2001/42/EG (SUPG) v. 25.06.2005 (BGBl. I S. 1746).

45 Ausführlich zur forstlichen Rahmenplanung: Vgl. Endres, a. a. O. (Fußn. 28), § 7 Rn. 11 ff. mit Übersicht über das Landesrecht unter Rn. 23 ff.

46 Endres, a. a. O. (Fußn. 28), § 7 Rn. 22.

47 VGH München, Urt. v. 02.03.2009 – 1 N 07/1730 – juris; Beschl. v. 09.08.2006 – 1 CS 06/2014 – NVwZ-RR 2007, 371, 371.

unterliegt und ein Ersatzgeld i. S. d. § 15 Abs. 6 BNatSchG weder festgesetzt noch in anderer Weise, etwa durch Vertrag, vereinbart werden darf.[48] Da ein Wald ein geradezu „klassisches“ Schutzgut der Eingriffsregelung ist, muss eine Gemeinde somit vor der Überplanung von Waldflächen für die Nutzung von Windkraftanlagen ungeachtet zusätzlicher waldrechtlicher Anforderungen (unten B. II.) prüfen, ob und in welchem Umfang nach der städtebaulichen Eingriffsregelung Ausgleich bzw. Ersatz für die mit der Windkraftnutzung verbundenen Eingriffe in Natur und Landschaft, insbesondere auch in das Schutzgut Wald, zu leisten ist. Das Waldrecht hat insoweit keine „Sperrwirkung“, die die Anwendung der naturschutzrechtlichen und auch der städtebaulichen Eingriffsregelung ausschließt.[49] In der Praxis wird i. d. R. für die Überplanung eines Waldes als städtebauliche Ausgleichsmaßnahme die Anlage eines Ausgleichs- oder Ersatzwaldes in gleicher Größe in unmittelbarer Nähe des für die Überplanung ausgewählten Waldes gefordert.[50] Die Gemeinde hat aber unter engen Voraussetzungen nach der städtebaulichen Eingriffsregelung auch das Recht, auf einen hundertprozentigen Ausgleich „Aug um Aug, Zahn um Zahn“ zu verzichten und z. B. einen „Ersatzwald“ anzulegen, der kleiner ist als der Wald, der durch die Errichtung von Windkraftanlagen beeinträchtigt oder zerstört würde. Die Gemeinden können nach der städtebaulichen Eingriffsregelung, dieses entspricht in waldreichen Gemeinden einer sinnvollen Praxis, im Rahmen einer waldrechtlichen „Ersatzmaßnahme“ ökologisch oder forstwirtschaftlich „wertlose“ Waldflächen aufwerten, etwa in einem Kiefernwald Laubbäume pflanzen. Diese seit dem Baurechtskompromiss des Jahres 1993[51] geltenden Grundsätze der städtebaulichen Eingriffsregelung werden aber in den

48 Ausführlich zur städtebaulichen Eingriffsregelung Lau, Der Naturschutz in der Bauleitplanung, Berlin 2012, Rn. 237 ff. sowie Schrödter, a. a. O. (Fußn. 4), § 1a Rn. 45 ff.

49 So zu Recht Fischer-Hüftle, in: Schumacher/Fischer-Hüftle (Hrsg.), Bundesnaturschutzgesetz, Kommentar, 2. Aufl., Stuttgart 2012, vor §§ 13 bis 19 Rn. 11.

50 Dazu ausführlich mit Übersicht über das Landesrecht Schmidt-Eichstaedt/Reiß/Butzke, Leitfaden Waldumwandlung und Waldausgleich in Berlin, Band 1, Berlin 2011, S. 75 ff. sowie Bayerisches Staatsministerium für Landesentwicklung und Umweltfragen, Leitfaden Bauen im Einklang mit Natur und Landschaft, 2. Aufl., München 2003, S. 38 f.

51 Zum Baurechtskompromiss 1993 Fischer-Hüftle, in: Czybulka, 35 Jahre Eingriffsregelung, Baden-Baden 2013, S. 19.

meisten Landeswaldgesetzen durch „strengere“ waldrechtliche Eingriffsregelungen modifiziert, die unter B. II. 2) erläutert werden.

4) Durchführung einer Umweltverträglichkeitsprüfung in Bebauungsplänen, die Waldflächen für die Windkraftnutzung überplanen oder eine Erstaufforstung zulassen

Bei der Überplanung von Waldflächen für Windkraftanlagen ist zu beachten, dass nach § 3b UVPG[52] i. V. m. den Nrn. 17.1 und 17.2 der Anlage 1 zum UVPG sowohl für die *„Erstaufforstung im Sinne des Bundeswaldgesetzes“* als auch für die *„Rodung von Wald im Sinne des Bundeswaldgesetzes zum Zwecke der Umwandlung in eine andere Nutzungsart“* eine Umweltverträglichkeitsprüfung durchzuführen ist, wenn Waldflächen im Wege der Bauleitplanung überplant oder Flächen für die Erstaufforstung ausgewiesen werden sollen. Nach diesen Bestimmungen besteht bundesrechtlich eine strikte UVP-Pflicht für eine Waldumwandlung, wenn Wald ab einer Fläche von mehr als zehn ha gerodet werden soll (Nr. 17.2.1. der Anlage 1 zum UVPG). Beträgt die Rodungsfläche fünf ha bis weniger als zehn ha, ist eine allgemeine Vorprüfung des Einzelfalls notwendig. Bei Flächen mit einer Größe von einem ha bis weniger als fünf ha ist eine standortbezogene Vorprüfung des Einzelfalles durchzuführen.[53] Zu beachten ist in diesem Zusammenhang, dass die UVP-Gesetze der Länder andere Werte für die Entstehung einer UVP-Pflicht oder einer Pflicht zur Vorprüfung festlegen können. Diese durch § 24a UVPG nicht ausgeschlossene Abweichungsgesetzgebung i. S. d. Art. 72 Abs. 3 Sätze 1 und 3 GG ist aber nur wirksam, wenn sie nach dem 17.08.2009 in Kraft getreten ist.[54] Von dieser Möglichkeit hat bisher für die Waldumwandlung nur Schleswig-Holstein Gebrauch gemacht. In diesem Land ist bei einer Umwandlung einer Waldfläche von einem ha bis weniger als fünf ha keine Vorprüfung des Einzelfalls durchzuführen.[55]

---

52 Gesetz über die Umweltverträglichkeitsprüfung (UVPG) i. d. F. der Bekanntmachung v. 24.02.2010 (BGBl. I S. 94).

53 Zur UVP bei der Überplanung von Waldflächen für die Windkraftnutzung Geßner/Genth, Windenergie im Wald? – Besonderheiten des Genehmigungsverfahrens, NuR 2012, 161, 164 f.

54 Endres, a. a. O. (Fußn. 28), § 9 Rn. 14.

55 Nr. 3.3.1 der Anlage 1 zum UVPG Schleswig-Holstein v. 13.05.2003 (GVOBl. S. 246) i. d. F. v. 19.01.2012 (GVOBl. S. 89).

Für eine Erstaufforstung besteht eine Pflicht zur UVP, wenn die künftige Waldfläche 50 ha oder mehr beträgt. Eine Pflicht zur allgemeinen Vorprüfung für eine Erstaufforstung besteht ab einer Fläche von 20 ha bis weniger als 50 ha, eine Pflicht zur standortbezogenen Vorprüfung ab zwei ha bis maximal 20 ha. Eine andere Regelung hat bisher ebenfalls nur Schleswig-Holstein in Kraft gesetzt, wo bei jeder Aufforstungsfläche von 20 ha bis weniger als 50 ha nur eine standortbezogene UVP durchzuführen ist.

Erfahrungen der Praxis zeigen, dass für die Errichtung einer Windkraftanlage i. d. R. eine Fläche von 2.000 bis 2.500 qm in Anspruch genommen wird.[56] In diesen Fällen ist somit regelmäßig weder eine UVP noch eine allgemeine oder standortbezogene Vorprüfung des Einzelfalles durchzuführen.

Diese Umweltverträglichkeitsprüfung wird nach § 17 Abs. 1 UVPG als Umweltprüfung im Rahmen des jeweiligen Bebauungsplanverfahrens durchgeführt.[57] Es empfiehlt sich allerdings, im Umweltbericht des jeweiligen Bauleitplanes die UVP-Pflicht zu erläutern, also darzustellen, ob die Voraussetzungen einer strikten UVP-Pflicht bestehen oder ob eine Vorprüfung des Einzelfalles dazu führen würde, dass eine strikte UVP-Pflicht besteht.[58] Von dem Ergebnis dieser Prüfung hängt es nämlich ab, ob gegen den jeweiligen Bebauungsplan eine Umweltverbandsklage zulässig ist[59] (vgl. § 1 Abs. 1 Satz 1 Nr. 1a i. V. m. § 2 Abs. 5 Nr. 2 UmwRG).

5) Einhaltung von zusätzlichen Schutzvorschriften, insbesondere nach dem BNatschG

Liegt der Wald, der insgesamt oder teilweise auf der Grundlage eines Bebauungsplanes zugunsten der Windkraft überplant werden soll, in einem nach dem BNatSchG oder einem anderen Fachgesetz zusätzlich

56 Geßner/Genth, a.a.O. (Fn. 53), 161, 164.

57 VGH München, Beschl. v. 09.08.2006 – 1 CS 06/2014 – NVwZ-RR 2007, 371, 371.

58 Schrödter, Die neue Umweltverbandsklage gegen Bebauungspläne nach dem Umwelt-Rechtsbehelfsgesetz, LKV 2008, 391, 396; zur Umweltverbandsklage gegen die immissionsschutzrechtliche Genehmigung einer Windkraftanlage OVG Lüneburg, Beschl. v. 25.02.2014 – 12 LA 97/13 – ZUR 2014, 277, 277.

59 Gesetz über ergänzende Vorschriften zu Rechtsbehelfen in Umweltangelegenheiten nach der EG-Richtlinie 2003/35/EG (Umwelt-Rechtsbehelfsgesetz) i. d. F. der Bekanntmachung v. 08.04.2013 (BGBl. I S.753).

geschützten Gebiet, etwa einem Naturpark, einem Naturschutz- oder Landschaftsschutzgebiet oder in einem Überschwemmungsgebiet, sind die für eine Überplanung dieser Gebiete maßgeblichen Voraussetzungen einer Überplanung zusätzlich zu beachten.[60] Soweit der Wald die Qualität eines FFH-Gebietes hat oder als Biotop nach § 30 Abs. 1 BNatSchG einzuordnen ist, sind die für eine Überplanung maßgeblichen Voraussetzungen der §§ 30, 34 BNatSchG einzuhalten. Insoweit muss auf das weiterführende Schrifttum verwiesen werden. Entsprechendes gilt für die Regelungen zum nationalen und unionsrechtlichen Artenschutz.[61]

II. Auswirkungen der waldrechtlichen Eingriffsregelungen der Landeswaldgesetze auf die Überplanung von Waldflächen

1) Allgemeines

Dieser schon nach dem BauGB strenge bauplanungsrechtliche Schutz von Waldflächen vor einer Überplanung wird dadurch verstärkt, dass das BWaldG und die auf diesem Gesetz beruhenden Landeswaldgesetze zusätzliche Anforderungen an eine Waldumwandlung stellen. Rechtsgrundlage ist § 9 Abs. 1 Satz 1 BWaldG, nach dem „*Wald nur mit Genehmigung der nach Landesrecht zuständigen Behörde gerodet oder in eine andere Nutzungsart umgewandelt werden*“ darf. Die meisten Länder haben in einer sehr unterschiedlichen und z. T. schwer verständlichen Systematik für diese Umwandlung, die in Bayern als Rodung definiert wird, eine waldrechtliche Eingriffsregelung eingeführt, die, vereinfacht formuliert, eine Waldumwandlung, daran knüpft, dass in der Nähe des umzuwandelnden Waldes ein „Ersatzwald“ angelegt wird, der die gleiche Qualität bzw. den gleichen Umfang wie der umzuwandelnde Wald haben soll oder

---

60 Zur Überplanung von Landschafts- und Naturschutzgebieten für Windkraftanlagen ausführlich Nagel/Köppel/Dahmen/Erdmann/Siegmund, a. a. O. (Fußn. 7), S. 147, 153 ff.

61 Dazu ausführlich neuerdings Schrödter/Gellermann, a. a. O. (Fußn. 4), § 1a Rn. 127 ff. (Überplanung von FFH-Gebieten) und § 1a Rn. 226 ff. (Überplanung von Schutzgebieten) sowie § 1a Rn. 233 ff. (Überplanung von Biotopen) sowie § 1a Rn. 173 ff. (Artenschutz in der Bauleitplanung).

muss.[62] Die Abgrenzung dieser „waldrechtlichen Eingriffsregelungen" von der städtebaulichen Eingriffsregelung des § 1a Abs. 3 BauGB bereitet in der Praxis erhebliche Schwierigkeiten, die im Schrifttum bisher, soweit ersichtlich, ausführlich nur von Schmidt-Eichstaedt/Reiß/Butzke erörtert wurden.[63] Im Folgenden soll im Wege einer Übersicht zunächst die besonders detaillierte waldrechtliche Eingriffsregelung des NWaldLG[64] dargestellt werden, an der die vielfältigen Rechtsfragen der waldrechtlichen Eingriffsregelung beispielhaft erläutert werden können (B.II. 2)). Es folgen Hinweise über die waldrechtlichen Eingriffsregelungen nach anderen Waldgesetzen (B. II. 3)).

2) Sinngemäße Anwendung der waldrechtlichen Eingriffsregelung im Rahmen der Bebauungsplanung am Beispiel des NWaldG des Landes Niedersachsen

a) *Rechtsgrundlage*

Auf der Grundlage des § 9 Abs. 3 Nr. 1 BWaldG haben einige Länder in den Waldgesetzen bestimmt, dass eine Waldumwandlung nach § 9 Abs. 1 Satz 1 BWaldG und dem diese Regelungen erweiternden Landesrecht[65] nicht erteilt werden muss, *„wenn für die Waldfläche aufgrund anderer öffentlich-rechtlicher Vorschriften rechtsverbindlich eine andere Nutzungsart festgestellt worden ist"*. Nach § 8 Abs. 2 Satz 1 Nr. 1 NWaldLG *„bedarf"* es keiner Waldumwandlungsgenehmigung, soweit diese Umwandlung *„erforderlich wird durch Regelungen in einem Bebauungsplan oder in einer städtebaulichen Satzung"*. Diese „Hochzonung" der waldrechtlichen Eingriffsregelung in das Bebauungsplanverfahren ist grundsätzlich zu begrüßen, da der baurechtliche Anspruch auf Erteilung einer plangerechten

---

62 Beispiele: § 15 Abs. 5 LWaldG Mecklenburg-Vorpommern; § 8 Abs. 8 BremWaldG; § 10 Abs. 3 Sätze 1 und 2 ThürWaldG; § 9 Abs. 6 Satz 1 LWaldG Schleswig-Holstein; § 8 Abs. 3 LWaldG Brandenburg.

63 Schmidt-Eichstaedt/Reiß/Butzke, a.a.O. (Fußn. 50), S. 75 ff.; zum Waldausgleich in Brandenburg Ministerium für Umwelt, Gesundheit und Verbraucherschutz (Hrsg.), a.a.O. (Fußn. 9), S. 19 ff.; siehe auch Schmidt-Eichstaedt, Ausgleich nach dem Baugesetzbuch und Waldausgleich, LKV 2007, 114, 114.

64 Niedersächsisches Gesetz über den Wald und die Landschaftsnutzung (NWaldLG) v. 21.03.2002 (Nds.GVBl. S. 122) i. d. F. v. 16.12.2014 (Nds.GVBl. S. 475).

65 Übersicht zum Landesrecht bei Endres, a.a.O. (Fußn. 28), § 9 Rn. 50 f. mit Nachweisen über die Rechtsprechung in Rn. 52.

Nutzung nach § 30 BauGB – Genehmigungen nach § 33 BauGB werden nach dem Wortlaut nicht erfasst – inhaltlich und verfahrensrechtlich nicht durch ein zusätzliches Genehmigungsverfahren nach dem NWaldLG „belastet" wird. Außerdem muss für das Inkrafttreten des Bebauungsplanes keine waldrechtliche Genehmigung erteilt werden.[66]

Der „Preis" für diese Freistellung einer planungsrechtlich zulässigen bau- oder immissionsschutzrechtlichen Genehmigung von waldrechtlichen Anforderungen besteht aber darin, dass nach § 8 Abs. 2 Satz 3 NWaldG *„für Regelungen nach Satz 1 Nr. 1"* i. S. d. § 8 NWaldLG die Absätze 3 bis 8 *„sinngemäß"* gelten. Die Gemeinde muss somit bereits im Verfahren zur Aufstellung eines Bebauungsplanes für einen Wald zur Errichtung von Windkraftanlagen prüfen, ob die für eine Waldumwandlung geltenden materiell-rechtlichen Voraussetzungen der Absätze 3 bis 8 des § 8 NWaldLG erfüllt sind.[67] Dass diese Aufgabe schwer zu erfüllen ist, ergibt sich schon daraus, dass § 8 Abs. 3 bis 8 NWaldLG insgesamt, je nach Zählweise, ca. 13 Voraussetzungen (!) einer Waldumwandlung bestimmt hat, die im Rahmen der Aufstellung eines Bebauungsplanes *„sinngemäß"* anzuwenden sind. In der Praxis führt diese Anwendung des Waldrechts im Bebauungsplanverfahren dazu, dass eine Gemeinde, die einen Wald überplanen will, die im Beteiligungsverfahren vorgetragenen Forderungen der Wald- und Forstbehörden regelmäßig uneingeschränkt erfüllt. Hat die Gemeinde im Bebauungsplan die sinngemäß anzuwendenden Voraussetzungen des § 8 Abs. 3 bis 8 NWaldLG nicht erfüllt, etwa keine Festsetzung oder vertragliche Regelungen zur Ersatzaufforstung getroffen, ist der Bebauungsplan nach § 1 Abs. 3 Satz 1 BauGB nicht vollzugsfähig und dürfte damit ein Normenkontrollverfahren kaum „überleben."(unten B. II. 3) b)).

Aus dem Blickwinkel der städtebaulichen Eingriffsregelung, die bei der Überplanung von Waldflächen in jedem Fall anzuwenden ist, bereiten insbesondere die folgenden im Bebauungsplanverfahren *„sinngemäß"* anzuwendenden Voraussetzungen einer Waldumwandlung Schwierigkeiten:

---

66 VGH München, Beschl. v. 09.08.2006 – 1 CS 06/2014 – NVwZ-RR 2007, 371, 371.

67 Dazu ausführlich Möller a. a. O. (Fußn. 28), 45.4.4.8, S. 126.

b) Festsetzung einer „Ersatzaufforstung“ mit mindestens dem „gleichen Flächenumfang“ im Bebauungsplanverfahren?

Nach § 8 Abs. 4 Sätze 1 und 2 NWaldLG soll

> *„eine Waldumwandlung nur mit der Auflage einer Ersatzaufforstung genehmigt werden, die den in § 1 Nr. 1 genannten Waldfunktionen entspricht, mindestens jedoch den gleichen Flächenumfang hat. Das Alter des Waldbestandes der umzuwandelnden Fläche bleibt dabei unberücksichtigt“.*

Die rechtliche Einordnung dieser Verpflichtung bereitet erhebliche Schwierigkeiten, da sich die Frage stellt, ob das Landesrecht die städtebauliche Eingriffsregelung des § 1a Abs. 3 BauGB in der Weise verschärfen kann, dass bei der Überplanung eines Waldes mindestens ein flächenmäßiger Ausgleich im Verhältnis von 1:1 gefordert werden kann.

Schmidt-Eichstaedt/Reiß/Butzke haben mit Blick auf die mit § 8 Abs. 3 Satz 2 NWaldLG vergleichbare Regelung des § 6 Abs. 1 Satz 4 LWaldG Berlin[68] keine Bedenken dagegen, dass aufgrund des § 9 Abs. 3 Nr. 2 BWaldG und der diese Ermächtigung ausfüllenden landesrechtlichen Regelungen in einem Bebauungsplan abweichend von der städtebaulichen Eingriffsregelung „weitere Einschränkungen“ und damit auch eine Pflicht zur Vollkompensation, also ein strikter „biblischer“ Ausgleich im Verhältnis 1:1, landesrechtlich festgelegt werden.[69] Als Argument dient neben den *„weit zurückliegenden Wurzeln der Waldumwandlungsregelungen“*[70] der Umstand, dass der Baurechtskompromiss des Jahres 1993, der Grundlage der städtebaulichen Eingriffsregelung sei, nur das Verhältnis vom Bauplanungsrecht zur

68 Diese Bestimmung hat den folgenden Wortlaut: „Der Genehmigung steht gleich, wenn ... in einem rechtskräftigen Bebauungsplan nach § 30 Abs. 1 und 2 des Baugesetzbuches eine anderweitige Nutzung vorgesehen ist, sofern darin die hierfür erforderlichen naturschutz- und forstrechtlichen Kompensationen zum Ausgleich der nachteiligen Wirkungen festgesetzt sind.“

69 Schmidt-Eichstaedt/Reiß/Butzke a.a.O. (Fußn. 50), S. 77 ff.; ähnlich zu § 8 Abs. 3 LWaldG Brandenburg Schmidt-Eichstaedt, a.a.O. (Fn. 63), 114.

70 Die Autoren verweisen insoweit auf die Hohenloher Forstordnung aus dem Jahr 1579, nach der eine Rodung nur zulässig war, wenn eine gleichgroße Fläche aufgeforstet wurde; zur geschichtlichen Entwicklung des Waldrechtes lesenswert Klose/Orf, a.a.O. (Fußn. 28), § 9 Rn. 1 f.

naturschutzrechtlichen Eingriffsregelung, nicht aber zum *„Forstrecht und die Waldumwandlung“* geregelt habe.[71]

Weniger eindeutig sind die Ausführungen von Endres, der hinsichtlich der *„verfassungsrechtliche(n) Zulässigkeit“* von Ausgleichs- und Ersatzmaßnahmen in den Landesforstgesetzen allein darauf verweist, dass diese Vorschriften einschließlich der Regelungen zur Walderhaltungsabgabe *„in Rechtsprechung und Verwaltungspraxis ... ohne nähere Ausführungen (angewendet) und damit offensichtlich als zulässig angesehen“* würden.[72]

Anzumerken ist in diesem Zusammenhang allerdings, dass die verfassungsrechtliche Einordnung der Gesetzgebungskompetenz des Bundes und der Länder für das Waldrecht Schwierigkeiten bereitet, die in diesem Zusammenhang nicht vertieft werden können. Das BWaldG, das als Rahmenrecht erlassen wurde, ist seit der Föderalismusreform Gegenstand der konkurrierenden Gesetzgebung. Als Grundlagen sind etwa Art. 74 Abs. 1 Nr. 17 GG (*„Förderung der... forstwirtschaftlichen Erzeugung“*), sowie Art. 74 Abs. 1 Nr. 18 GG (*„Bodenrecht“*) und Art. 74 Abs. 1 Nr. 24 GG (*„Luftreinhaltung“*) zu nennen. Auch die frühere rahmenrechtliche Kompetenz für den Naturschutz und die Landschaftspflege nach Art. 75 Abs. 1 Nr. 3 GG a. F. ist nunmehr Gegenstand der konkurrierenden Gesetzgebung nach Art. 74 Abs. 1 Nr. 29 GG. Ob und in welchem Umfang die Länder von den naturschutzrechtlichen Regelungen des Bundes, insbesondere der Eingriffsregelung, durch naturschutzrechtliche Regelungen des Waldrechts nach Art. 72 Abs. 3 Satz 1 Nr. 2 GG abweichen können, ist bisher nicht geklärt.[73]

c) Festsetzung waldverbessernder Maßnahmen in einem Bebauungsplan?

Nach § 8 Abs. 4 Satz 3 NWaldLG kann eine Waldumwandlung *„im Ausnahmefall auch mit der Auflage versehen werden, andere waldbauliche Maßnahmen zur Stärkung des Naturhaushaltes durchzuführen“*.

---

71 Schmidt-Eichstaedt/Reiß/Butzke, a.a.O. (Fußn. 50), S. 77.

72 Endres, a.a.O. (Fußn. 28), § 9 Rn. 13 unter Hinweis auf VGH Mannheim, Urt. v. 20.10.1982 – 5 S 1531/81 – NuR 1983, 278, 279 sowie auf die Kommentierungen der Landeswaldgesetze für Baden-Württemberg, Brandenburg, Hessen, Niedersachsen und Bayern.

73 Zu dem „Kompetenzmix“ der konkurrierenden Gesetzgebungszuständigkeit für das Waldrecht Thomas, a.a.O. (Fußn. 3), S. 63 und derselbe, Ist das Bundeswaldgesetz noch zeitgemäß?, NuR 2013, 559, 561.

Vergleichbare Regelungen enthalten andere Landeswaldgesetze.[74] Eine waldbauliche Maßnahme in diesem Sinn bestünde etwa darin, einen Kiefernwald durch die Anpflanzung von Laubbäumen ökologisch aufzuwerten oder naturnahe „*Waldränder mit vorgelagerten, extensiv genutzten Offenlandflächen*“ mit einer Mindestbreite von zehn Meter zu schaffen.[75] Aus dem Blickwinkel des § 1a Abs. 3 BauGB bestehen gegen die Anwendung dieser Bestimmung in der Bauleitplanung keine rechtlichen Bedenken. Denn die aufgeführten waldbaulichen Maßnahmen haben rechtlich auch die Qualität einer Ersatzmaßnahme nach § 200a BauGB, die, auch in räumlicher Entfernung von dem Wald, der umgewandelt werden soll, auf der Grundlage der städtebaulichen Eingriffsregelung festgesetzt oder in anderer Weise getroffen werden könnte. Dabei sind alle Grundsätze zu beachten, die bei der Festsetzung oder vertraglichen Vereinbarung von Ausgleichs- und Ersatzmaßnahmen einzuhalten sind. Besonders wichtig ist in diesem Zusammenhang auch die dingliche Sicherung der festgelegten Maßnahmen. Wegen weiterer Einzelheiten wird auf das weiterführende Schrifttum und die Rechtsprechung zu § 1a Abs. 3 BauGB verwiesen.[76]

d) Zahlung einer Walderhaltungsabgabe auf der Grundlage eines Bebauungsplans?

Nach § 8 Abs. 5 Satz 2 NWaldLG hat „*die Waldbehörde (...) anstelle einer Ersatzmaßnahme nach Absatz 4 eine Walderhaltungsabgabe zu verlangen, wenn eine Ersatzmaßnahme nicht vorgenommen werden kann, weil zu ihrer Durchführung Grundstücke benötigt werden, die nicht oder nur mit unverhältnismäßigem Aufwand beschafft werden können.*“ Eine vergleichbare Regelung enthalten die Waldgesetze der meisten anderer Länder.[77]

74 Beispiel: § 15 Abs. 5 Satz 1 Nr. 2 LWaldG Mecklenburg-Vorpommern (oben Fußn. 10).

75 Vgl. Bayerisches Staatsministerium für Landesentwicklung und Umweltfragen, a. a. O. (Fußn. 50), S. 38 f. mit vielen weiteren Beispielen.

76 Lau, a. a. O. (Fußn. 48), Rn. 237 ff. sowie die Beiträge in Czybulka (Hrsg.), 35 Jahre Eingriffsregelung, Baden-Baden 2013.

77 Beispiele: § 6 Abs. 2 Satz 2 LWaldG Berlin; § 9 Abs. 4 LWaldG BW; § 12 Abs. 5 HessWaldG; § 10 Abs. 4 ThürWaldG. Ob die Länder überhaupt berechtigt sind, eine Walderhaltungsabgabe einzuführen, ist bisher nicht problematisiert worden. Der z. T. genannte § 15 Abs. 6 BNatSchG scheidet als Rechtsgrundlage jedenfalls aus (anders wohl Möller a.a.O. (Fußn. 28)), 45.4.10.2, S. 204.

Diese Walderhaltungsabgabe ist grundsätzlich zu begrüßen, da sie eine Waldumwandlung auch ermöglicht, wenn die waldbaulichen Ersatzmaßnahmen, also in Niedersachsen eine Ersatzaufforstung oder eine andere waldbauliche Maßnahme, nicht durchgeführt werden können, weil zivilrechtlich keine geeigneten Grundstücke zur Verfügung stehen. Vertritt man mit Schmidt-Eichstaedt/Reiß/Butzke die Auffassung, die waldrechtliche Eingriffsregelung verschärfe bei der Überplanung eines Waldes für Eingriffe in den Wald in verfassungsrechtlich zulässiger Weise die städtebauliche Eingriffsregelung des § 1 a Abs. 3 BauGB (s. oben B. II. 2) b)), ist es nur konsequent, auch eine Walderhaltungsabgabe als waldrechtliches „Ersatzgeld" in einem Bebauungsplanverfahren als „Gegenleistung" für die Überplanung eines Waldes zuzulassen, soweit die Eingriffe nicht durch eine Ersatzaufforstung oder andere Maßnahmen ausgeglichen werden können. Dieses gilt aber nur in den Ländern, die ausdrücklich eine Walderhaltungsabgabe als Bedingung einer Waldumwandlung zugelassen haben und zugleich bestimmen, dass die Voraussetzungen einer Waldumwandlung und damit auch die Zahlung einer Walderhaltungsabgabe *„sinngemäß"* in der Bauleitplanung anzuwenden sind.

Die Zahlung dieser Walderhaltungsabgabe kann aber nicht bei der Überplanung einer Waldfläche durch eine Festsetzung nach § 9 Abs. 1 BauGB festgesetzt werden, da die hierfür notwendige Rechtsgrundlage im abschließenden Katalog der Festsetzungen nicht enthalten ist. Die Walderhaltungsabgabe müsste daher vertraglich vereinbart werden, etwa in einem Vertrag zwischen der Gemeinde und dem Investor der Windkraftanlagen oder zwischen der Gemeinde und der unteren Waldbehörde.[78] Damit würde die städtebauliche Eingriffsregelung bei der Überplanung eines Waldes ergänzt, da die Zahlung eines Ersatzgeldes im Rahmen der städtebaulichen Eingriffsregelung weder festgesetzt noch vereinbart werden kann.[79] Allerdings kommt nach Auffassung des Verfassers dieses Beitrages

---

78 Zur Umsetzung der städtebaulichen Eingriffsregelung durch Vereinbarungen oder in sonstiger Weise ausführlich Bunzel/Coulmas/Schmidt-Eichstaedt, Städtebauliche Verträge – Ein Handbuch mit Berücksichtigung der BauGB-Novelle, 4. Aufl., Berlin 2013, S. 126 ff.

79 H. M. z. B. Lau, a. a. O. (Fußn. 48), Rn. 238 ff.; Jarass/Kment, in: Jarass/Kment (Hrsg.), Baugesetzbuch, Kommentar, München 2013, § 200a Rn. 2.

die Zahlung eines Ersatzgeldes nach § 15 Abs. 6 BNatSchG in der Bauleitplanung auch in Betracht, wenn ein rechtlich geschütztes Biotop nach § 30 Abs. 1 BNatSchG im Wege einer Befreiung nach § 67 Abs. 3 Satz 2 BNatSchG überplant werden soll.[80]

e) Anrechnung waldrechtlicher Ersatzmaßnahmen auf Ausgleichs- und Ersatzmaßnahmen nach dem Naturschutzrecht (§ 8 Abs. 6 NWaldLG)

Hat eine Gemeinde aufgrund einer waldrechtlichen Ermächtigung bei der Überplanung eines Waldes nach diesen Grundsätzen waldrechtliche Ausgleichs- oder Ersatzmaßnahmen bzw. eine Walderhaltungsabgabe festgelegt, stellt sich die Frage, ob zusätzliche Ausgleichs- und Ersatzmaßnahmen nach dem BNatSchG oder der städtebaulichen Eingriffsregelung nach § 1a Abs. 3 BauGB getroffen werden müssen. § 8 Abs. 6 NWaldG regelt das Verhältnis zwischen der naturschutzrechtlichen und der waldrechtlichen Eingriffsregelung wie folgt[81]: *„Werden Ersatzmaßnahmen nach Absatz 4 vorgenommen oder durch Maßnahmen nach Absatz 5 ersetzt, entfallen daneben Ausgleichs- und Ersatzmaßnahmen nach dem Naturschutzrecht."*

Diese Anrechnung waldrechtlicher „Ersatzmaßnahmen" nach § 8 Abs. 4 Sätze 1 und 2 NWaldLG (Ersatzaufforstung) und Satz 3 (waldbauliche Maßnahmen) auf Ausgleichs- und Ersatzmaßnahmen nach dem Naturschutzrecht, die in vergleichbarer Weise in den meisten anderen Landeswaldgesetzen vorgesehen ist, ist sinnvoll, wenn nicht sogar zwingend notwendig, da sie eine rechtlich unzulässige „Überkompensation" durch waldrechtliche und naturschutzrechtliche bzw. – in der Bauleitplanung – städtebauliche Ausgleichs- und Ersatzmaßnahmen ausschließt.[82]

---

80 Schrödter, a. a. O. (Fußn. 4), § 1a Rn. 255.

81 Es wird trotz des auf das Genehmigungsverfahren und damit auf die naturschutzrechtliche Eingriffsregelung zugeschnittenen Wortlautes des § 8 Abs. 6 NWaldLG davon ausgegangen, dass im Wege einer sinngemäßen Anwendung dieser Bestimmung in der Bauleitplanung auch Ausgleichs- und Ersatzmaßnahmen angesprochen werden, die im Rahmen der städtebaulichen Eingriffsregelung getroffen werden.

82 Zur Unzulässigkeit einer Überkompensation bei der Anwendung der städtebaulichen Eingriffsregelung Bracher/Reidt/Schiller, Bauplanungsrecht, 8. Aufl., Köln 2014, Rn. 748 f.

Diese „gut gemeinten“ Regelungen sollten dennoch von der planenden Gemeinde und auch den Waldbehörden nur nach sorgfältiger Prüfung der mit der planbedingten Umwandlung eines Waldes verbundenen Eingriffe in Natur und Landschaft angewendet werden. Hat der für eine Planung ausgewählte Wald nämlich in einem Teil ökologische Funktionen, die nicht durch die Anlage eines Ersatzwaldes in der gleichen Größenordnung ausgeglichen werden können, muss neben der waldrechtlichen Eingriffsregelung auch die städtebauliche Eingriffsregelung eingesetzt werden, um Eingriffe in diese besonderen Funktionen zu ermitteln, auszugleichen oder zu ersetzen. Wird z. B. ein im Wald liegendes Nahrungshabitat für Fledermäuse für die Windkraftnutzung überplant, muss die planbedingte Beeinträchtigung dieses Habitats zusätzlich ausgeglichen werden. Soweit Windkraftanlagen auf Waldflächen geplant werden, sind – um ein weiteres Beispiel zu nennen – weder die Anlage eines Ersatzwaldes gleicher Größe noch waldbauliche Maßnahmen ein Ausgleich für Eingriffe in das Landschaftsbild, die durch die „über den Wald“ hinausragenden Windkraftanlagen verursacht werden. Auch in diesem Fall ist somit ein städtebaulicher Ausgleich für diesen Eingriff in das Landschaftsbild nach der städtebaulichen Eingriffsregelung zu gewährleisten.

Schon diese beiden Beispiele zeigen, dass selbst ein hundertprozentiger waldrechtlicher Ausgleich keine Gewähr dafür ist, dass alle mit der Umwandlung eines Waldes verbundenen Eingriffe in Natur und Landschaft ausgeglichen werden. Nicht zuletzt aus diesem Grunde ist den Gemeinden zu empfehlen, Eingriffe, die mit Errichtung von Windkraftanlagen im Wald verbunden sind, auch nach der städtebaulichen Eingriffsregelung zu ermitteln, zu minimieren und auszugleichen, da sich waldrechtliche Ausgleichsmaßnahmen nicht stets mit städtebaulichen Ausgleichsmaßnahmen decken.

3) Umsetzung der waldrechtlichen Eingriffsregelungen nach den Waldgesetzen der anderen Bundesländer – Übersicht

Im Folgenden soll im Wege einer Übersicht dargestellt werden, wie sich das Verhältnis zwischen dem Bauplanungsrecht und den waldrechtlichen Eingriffsregelungen nach den anderen Landeswaldgesetzen bestimmt. Ungeachtet einer das Waldrecht in besonderer Weise prägenden Vielfalt lassen sich die folgenden Modelle unterscheiden:

a) *Sinngemäße Anwendung der Regelungen über die Rodung im Bebauungsplanverfahren (Bayern)*

Eine dem § 8 Abs. 2 Satz 3 NWaldLG vergleichbare Regelung enthält Art. 9 Abs. 8 BayWaldG, nach dessen Satz 2 u. a. in dem Verfahren zur Aufstellung einer Satzung und damit eines Bebauungsplanes die in Art. 9 Abs. 4 bis 7 BayWaldG bestimmten Voraussetzungen einer Rodung „*sinngemäß zu beachten*" sind. Diese Regelung unterscheidet sich von § 8 Abs. 3 Satz 2 NWaldLG aber dadurch, dass, erstens, das BayWaldG keine strikte Verpflichtung begründet, im Rahmen einer Rodung die Anlage eines Ersatzwaldes durchzusetzen, der mindestens den gleichen Umfang hat wie der Wald, der umgewandelt werden soll. Außerdem enthält das BayWaldG, zweitens, keine Rechtsgrundlage dafür, für die Rodung eines Waldes anstelle einer Ersatzaufforstung andere waldbauliche Maßnahmen festzusetzen. Eine Pflicht zu einer Vollkompensation besteht allerdings, wenn der besonders wertvolle Bannwald nach Art. 11 BayWaldG umgewandelt werden soll. In diesem Fall kann eine „*Erlaubnis zur Rodung*" nämlich nur erteilt werden, „*wenn sichergestellt ist, dass angrenzend an den vorhandenen Bannwald ein Wald neu begründet wird, der hinsichtlich seiner Ausdehnung und seiner Funktionen dem zu rodenden Wald annähernd gleichwertig ist oder gleichwertig werden kann*". Strenge Regelungen gelten in Bayern auch für die Rodung von Schutzwäldern (Art. 10 BayWaldG), Erholungswäldern (Art. 12 BayWaldG) sowie von Naturwaldreservaten (Art. 12a BayWaldG). Die in Art. 9 Abs. 4 BayWaldG normierten Voraussetzungen für die Rodung dieser Wälder sind „*sinngemäß*" auch bei deren Überplanung zu beachten.[83]

b) *Prüfung einer waldrechtlichen „Umwandlungslage" im Bebauungsplanverfahren (Berlin, Brandenburg, Bremen, Hamburg, Nordrhein-Westfalen, Saarland und Schleswig-Holstein)*

Zu nennen sind in diesem Zusammenhang auch die Waldgesetze der Länder Berlin, Brandenburg, Bremen, Hamburg, Hessen, Nordrhein-Westfalen, Saarland und Schleswig-Holstein, die – wenn auch in unterschiedlicher

83 Umfassende Hinweise zum Verhältnis zwischen dem BayWaldG und dem Städtebaurecht finden sich bei Thum/Greißl, Waldrecht und Baurecht – Schnittstellen und Konflikte, vhw-Seminar am 24.11.2010 (BY 100984).

Weise – bestimmen, dass eine Waldumwandlungserlaubnis nicht notwendig ist, wenn die Umwandlung durch Festsetzungen eines Bebauungsplanes erforderlich wird.[84] In diesen Ländern ist somit, ähnlich wie in Niedersachsen und in Bayern, weder für das Inkrafttreten eines einen Wald überplanenden Bebauungsplanes noch für die Errichtung planungsrechtlich zulässiger Vorhaben eine gesonderte waldrechtliche Genehmigung notwendig.[85] Anders als die Waldgesetze der Länder Bayern und Niedersachsen bestimmen die Waldgesetze dieser Länder aber nicht, dass im Verfahren über die Aufstellung eines Bebauungsplanes die waldrechtlichen Voraussetzungen einer Waldumwandlungsgenehmigung *„sinngemäß"* anzuwenden sind.

Die Gemeinden sind aber auch in diesen Ländern nicht von der Aufgabe „befreit", im Bebauungsplanverfahren neben der städtebaulichen Eingriffsregelung auch die waldrechtlichen Voraussetzungen der nach dem Bebauungsplan zulässigen Waldumwandlung zu erfüllen. Nach den zur Überplanung von Biotopen, von Lebensräumen geschützter Arten sowie von Landschafts- und Naturschutzgebieten von der Rechtsprechung entwickelten Grundsätzen muss eine Gemeinde nämlich bei der Aufstellung eines Bebauungsplanes, der Windkraftnutzung in einem Wald zulassen soll, bereits im Bebauungsplanverfahren nachweisen, dass die Voraussetzungen einer „waldrechtlichen Genehmigungslage" erfüllt sind. Denn nur unter dieser Voraussetzung kann davon ausgegangen werden, dass der Bebauungsplan nach den Grundsätzen des § 1 Abs. 3 Satz 1 BauGB auch waldrechtlich „vollzugsfähig" ist.[86] In diesen Ländern ist somit zwar keine waldrechtliche Genehmigung des Bebauungsplans notwendig, auf dessen Grundlage eine Waldfläche in eine

---

84 § 6 Abs. 1 Satz 4 LWaldG Berlin; § 8 Abs. 3 Satz 3 LWaldG Brandenburg; § 8 Abs. 2 Satz 1 Nr. 1 Bremer WaldG; § 4 Abs. 4 WaldG Hamburg; § 43 Abs. 1a LFoG NRW; § 9 Abs. 1 Satz 2 LWaldG Schleswig-Holstein; § 8 Abs. 5 LWaldG Saarland.

85 So ausdrücklich Möller, a.a.O. (Fußn. 28), unter 45.4.48 (S. 126 f); OVG Münster, Urt. v. 28.07.1999 – 7a D 42/98.NE – BRS 62 Nr. 36 für eine Waldumwandlung.

86 Grundlegend für eine Waldumwandlung nach dem hessischen Waldrecht BVerwG, Beschl. v. 25.08.1997 – 4 NB 12/97 – NVwZ-RR 1998, 162; Klose/Orf, a.a.O. (Fußn. 28); ähnlich im Ergebnis Möller, a.a.O. (Fußn. 28), 45.4.4.8 (S. 126 f).

andere Nutzungsart umgewandelt werden soll. Hat die Waldbehörde allerdings mitgeteilt, sie werde die waldrechtliche Genehmigung nicht erteilen, kann i. d. R. davon ausgegangen werden, dass der Bebauungsplan waldrechtlich nicht vollzugsfähig ist und damit nicht in Kraft treten darf. In der Praxis führt diese Rechtslage dazu, dass die Gemeinden sich frühzeitig mit der zuständigen Waldbehörde abstimmen müssen, um zu gewährleisten, dass für die planungsrechtlich zulässige Errichtung einer Windkraftanlage in einem Wald die waldrechtliche Umwandlungsgenehmigung erteilt wird. Ist die Gemeinde allerdings der Auffassung, dass die Waldbehörde zu Unrecht davon ausgeht, dass eine Waldumwandlungsgenehmigung nicht erteilt würde, hat sie die Möglichkeit, schon gegen die Versagung der Plangenehmigung für die regelmäßig notwendigeÄnderung des Flächennutzungsplans eine Verpflichtungsklage zu erheben und in diesem Verfahren inzident überprüfen zu lassen, ob der Plan waldrechtlich nach § 1a Abs. 3 Satz 1 BauGB vollzugsfähig ist.

c) Gesonderte waldrechtliche Genehmigung einer im Bebauungsplan zugelassenen Waldumwandlung (Sachsen-Anhalt, Thüringen)

Anders wiederum ist die Rechtslage in Sachsen-Anhalt und Thüringen. Diese beiden Länder haben nämlich nicht von der Ermächtigung des § 9 Abs. 3 Nr. 1 BWaldG Gebrauch gemacht, auf eine Waldumwandlungsgenehmigung zu verzichten, wenn die Waldumwandlung in einem Bebauungsplan festgesetzt wurde.[87] In Sachsen-Anhalt soll die Umwandlungsgenehmigung allerdings erteilt werden, wenn *„die Umwandlung den Zielen der Raumordnung und Landesplanung sowie der Bauleitplanung entspricht und ihr überwiegend öffentliche Interessen nicht entgegenstehen"* (§ 8 Abs. 2 Satz 2 WaldG). Auch in diesen Ländern ist im Rahmen des Bebauungsverfahrens schon die Prognose abzugeben, dass eine waldrechtliche Genehmigungslage vorliegt und der Bebauungsplan daher nach § 1 Abs. 3 Satz 1 BauGB vollzugsfähig und damit erforderlich ist.

87 § 8 Abs. 2 Satz 2 WaldG LSA; § 10 ThürWaldG.

d) Umwandlungserklärung als Voraussetzung für das Inkrafttreten eines Bebauungsplanes nach den Waldgesetzen der Länder Baden-Württemberg, Mecklenburg-Vorpommern, Rheinland-Pfalz und Sachsen

Eine andere Rechtslage gilt in den Ländern Baden-Württemberg, Mecklenburg-Vorpommern, Rheinland-Pfalz und Sachsen.[88] Soll z. B. nach § 14 Abs. 5 Satz 1 LWaldG Rh-Pf in einem Bebauungsplan eine *„anderweitige Nutzung dargestellt oder festgesetzt werden"*[89], muss das zuständige Forstamt der Gemeinde eine sog. Umwandlungserklärung erteilen, in der der Gemeinde die Genehmigung zur Umwandlung des Waldes in Aussicht gestellt wird. Ohne diese Erklärung darf der Bebauungsplan nicht in Kraft gesetzt werden. Handelt es sich aber um einen nicht genehmigungsbedürftigen Bebauungsplan (§ 10 Abs. 2 Satz 1 BauGB), hat das Forstamt *„im Zeitpunkt der Erstellung des Flächennutzungsplans darauf hinweisen, dass eine Genehmigung zur Umwandlung nicht erteilt werden kann"* (§ 14 Abs. 5 Satz 2 LWaldG Rh-Pf). Diese Regelung begründet somit eine waldrechtliche Genehmigungspflicht sui generis für einen Plan, der einen Wald überplanen soll. Da weder das BWaldG noch das BauGB die Länder dazu ermächtigt, für Bauleitpläne über die Tatbestände der §§ 6, 10 und 246a BauGB hinaus ein gesondertes Genehmigungs- bzw. Anzeigeverfahren einzuführen, ist mit Schmidt-Aßmann davon auszugehen, dass diese Bestimmungen nicht mit Bundesrecht vereinbar sind.[90] Eine gerichtliche Entscheidung über diese Frage wurde bisher aber, soweit ersichtlich, noch nicht getroffen.

Trotz dieses waldrechtlichen Genehmigungsverfahrens darf in diesen Ländern eine Waldumwandlung erst genehmigt werden, *„wenn die Inanspruchnahme der Waldfläche für die genehmigte Nutzungsart zulässig ist"* (§ 10 Abs. 3 LWaldG BW sowie § 9 Abs. 3 SächsWaldG (ähnlich § 15 a Abs. 3 LWaldG MV(*„für die vorgesehene Nutzungsart zulässig ist"*).

---

88 § 10 Abs. 1 LWaldG BW; § 15a LWaldG MV; § 14 Abs. 5 LWaldG Rh-Pf; § 9 SächsWaldG.

89 Die Formulierung „dargestellt" dürfte auf einem Redaktionsversehen beruhen, da in einem Bebauungsplan nur eine Nutzung festgesetzt, nicht aber dargestellt werden kann.

90 Schmidt-Aßmann, Die Entscheidung der Umwandlungsgenehmigung nach § 9 BWaldG, NuR 1986, 98, 105; anders aber Klose/Orf, a. a. O. (Fußn. 28), § 9 Rn. 233.

4) Erstaufforstung als Eingriff i. S. d. § 14 Abs. 1 BNatSchG

a) Allgemeines; landesrechtliche Besonderheiten

Für die im Rahmen der Überplanung von Waldflächen notwendige Erstaufforstung nach § 10 Abs. 2 Satz 1 BWaldLG bestimmt Abs. 2 Nr. 1 dieser Bestimmung, dass eine Aufforstung u. a. *„keiner Genehmigung bedarf, wenn für die Fläche aufgrund anderer öffentlich-rechtlicher Vorschriften die Aufforstung rechtsverbindlich festgesetzt worden ist"*. Von dieser Ermächtigung haben die Länder mit Ausnahme von Berlin, Sachsen und Mecklenburg-Vorpommern wiederum in sehr unterschiedlicher Weise Gebrauch gemacht.[91] Wurde im Rahmen der Überplanung eines Waldes in diesen Ländern die ausgewählte Aufforstungsfläche als Wald nach § 9 Abs. 1 Nr. 18b BauGB festgesetzt, muss somit für die Aufforstung nach Maßgabe des Landesrechtes keine Genehmigung mehr erteilt werden. Die Darstellung der Aufforstungsfläche im Flächennutzungsplan nach § 5 Abs. 2 Nr. 9b BauGB ersetzt dagegen nicht die Aufforstungsgenehmigung, da diese Darstellung gerade nicht *„rechtsverbindlich festgesetzt worden ist"*. Im Übrigen hat die Gemeinde auch die Möglichkeit, die Aufforstungsfläche nach § 9 Abs. 1 Nr. 20 BauGB als Fläche zur Pflege und Entwicklung von Natur und Landschaft festzusetzen mit der Folge, dass eine Ersatzaufforstung ebenfalls nicht genehmigt werden muss. Die Gemeinden müssen bei der Überplanung der Aufforstungsfläche im Umweltbericht und in der hiervon nach § 2 Abs. 4 Satz 4 BauGB zu unterscheidenden Abwägung erläutern, ob die geplante Aufforstung als Eingriff nach § 14 Abs. 1 BNatSchG zu bewerten ist, da die städtebauliche Eingriffsregelung neben waldrechtlichen Ausgleichs- und Ersatzmaßnahmen anzuwenden ist (s. oben B. II. 2) b)). Im Regelfall ist davon auszugehen, dass die Aufforstung kein Eingriff i. S. d. § 14 Abs. 1 BNatSchG ist, da nach § 1 Nr. 1 BWaldG ein Wald grundsätzlich günstige Auswirkungen auf das Landschaftsbild und den Naturhaushalt und damit die Schutzgüter des § 14 Abs. 1 BNatSchG hat.[92] Ausnahmsweise kann auch eine Aufforstung die Qualität eines Eingriffs in Natur und Landschaft haben, etwa in den Fällen, in denen eine Ersatzaufforstung in Feuchtgebieten, auf einer Streuobstwiese oder auf einer Waldlichtung, die

---

91 Dazu Endres, a.a.O. (Fußn. 28), § 10 Rn. 33.

92 So zu Recht Endres, a.a.O. (Fußn. 28), § 10 Rn. 5.

als Nahrungshabitat für Fledermäuse dient, durchgeführt werden soll.[93] Ist die geplante Aufforstung ein Eingriff i. S. d. § 14 Abs. 1 BNatSchG, muss im Rahmen der Überplanung dieser Fläche die städtebauliche Eingriffsregelung des § 1a Abs. 3 BauGB angewendet werden. Die Gemeinde muss somit nach den für diese Bestimmung entwickelten Grundsätzen wiederum Flächen festsetzen oder in anderer Weise sichern, auf denen der Ausgleich für die mit der Aufforstung verbundenen Eingriffe in Natur und Landschaft zu gewährleisten ist.

Auch dieses Beispiel zeigt, dass die Waldgesetze die Gemeinde nicht von der Verpflichtung „befreien", im Rahmen einer „buchstabengenauen" Anwendung des Waldrechtes die städtebauliche Eingriffsregelung für Eingriffe anzuwenden, die allein durch die Anlage eines Ersatzwaldes nicht oder nur unvollständig kompensiert werden können.

b) UVP-Pflicht der Erstaufforstung

Für die Erstaufforstung ist bundesrechtlich eine UVP, ggf. auf der Grundlage einer allgemeinen oder standortbezogenen Vorprüfung, durchzuführen. Insoweit darf auf die Ausführungen unter B I 4 zur UVP-Pflicht einer Waldumwandlung sowie landesrechtliche Abweichungen in Schleswig-Holstein verwiesen werden.

III. Der Flächennutzungsplan als Grundlage eines „Waldbebauungsplans" für die Nutzung der Windkraft in Wäldern unter besonderer Berücksichtigung von Darstellungen nach § 35 Abs. 3 Satz 3 BauGB

1) Auswirkungen des Entwicklungsgebotes nach § 8 Abs. 2 Satz 1 BauGB

Ein Bebauungsplan, der nach den dargestellten bau- und waldrechtlichen Grundsätzen Festsetzungen für die Errichtung von Windkraftanlagen in einem Wald oder Teilen davon treffen soll, muss nach der Regel des § 8 Abs. 2 Satz 1 BauGB aus wirksamen Darstellungen eines Flächennutzungsplans entwickelt werden, soweit nicht die Voraussetzungen einer Ausnahme vom Entwicklungsgebot nach § 8 Abs. 2 bis 4 BauGB erfüllt sind. Damit stellt sich die Frage, aus welchen Darstellungen eines Flächennutzungsplanes

93 Endres, a.a.O. (Fußn. 28), § 10 Rn. 5 mit weiteren Beispielen.

ein Bebauungsplan für die Windkraftnutzung im Wald entwickelt werden kann. Hier sollte wie folgt unterschieden werden:

a) Lage des Waldes außerhalb einer Ausschlussfläche nach § 35 Abs. 3 Satz 3 BauGB

Hat eine Gemeinde in ihren Flächennutzungsplan keine Darstellungen mit den Wirkungen des § 35 Abs. 3 Satz 3 BauGB aufgenommen, gelten für die Aufstellung des Bebauungsplans zur Nutzung der Windkraft im Wald die allgemeinen Grundsätze des Entwicklungsgebotes. Dieses bedeutet, dass im Flächennutzungsplan die für die Windkraftnutzung geeigneten Flächen, etwa als ein Sondergebiet, dargestellt werden müssen, ehe der Bebauungsplan mit einer vergleichbaren Festsetzung in Kraft treten kann. Insbesondere setzt die Überplanung des schutzwürdigen Außenbereiches für Windkraftanlagen nicht voraus, dass die Gemeinde vorher von der Möglichkeit des § 35 Abs. 3 Satz 3 BauGB Gebrauch gemacht hat.[94] Die Darstellungen des Flächennutzungsplanes müssen sich aber an den waldrechtlichen Voraussetzungen orientieren, die im Folgenden unter B. III. 2) skizziert werden.

b) Lage des bewaldeten Plangebietes innerhalb einer im Flächennutzungsplan nach § 35 Abs. 3 Satz 3 BauGB dargestellten Ausschlussfläche

Liegt das für die Windkraftnutzung ausgewählte bewaldete Plangebiet – und dieses ist bisher in fast allen Gemeinden der Fall, die von der Möglichkeit des § 35 Abs. 3 Satz 3 BauGB gemacht haben – dagegen in der dargestellten Ausschlussfläche, ist die Gemeinde nach zutreffender Auffassung nicht verpflichtet, das dieser Planung zugrunde liegende schlüssige Planungskonzept[95] in der Weise zu überarbeiten, dass Waldflächen

94 So zu Recht Tigges, Windkonzentrationsplanung: Gesamtplanung bei Ausweisung zusätzlicher Flächen, ZNER 2012, 127, 129 und Mitschang/Schwarz/Kluge, Ansätze zur Konfliktbewältigung bei der räumlichen Steuerung von Anlagen erneuerbarer Energien – dargestellt am Beispiel der Windenergie, UPR 2012, 401, 403 sowie Söfker, in: Ernst/Zinkahn/Bielenberg/Krautzberger/Söfker (Hrsg.), Baugesetzbuch, Kommentar, Loseblattsammlung, Stand: 6. Lfg. 2013, § 5 Rn. 18 e.

95 Zusammenfassende Darstellung bei Gatz, a.a.O. (Fußn. 4), Rn. 4 bis 63; etwa BVerwG, Urt. v. 11.04.2013 – 4 CN 2/12 – NuR 2013, 489, 489 und OVG Lüneburg, Urt. v. 23.01.2014 – 12 KN 285/12 – BauR 2014, 838, 838.

insgesamt oder teilweise nicht mehr als Ausschlussflächen dargestellt werden. Dieses ergibt sich daraus, dass sich § 35 Abs. 3 Satz 3 BauGB allein an die Genehmigungsbehörde, nicht aber an die Gemeinde als Trägerin der Planungshoheit richtet. Die Gemeinde ist daher berechtigt, im „normalen" Bauleitplanverfahren auf der Grundlage des Entwicklungsgebotes einzelne bewaldete Flächen für die Windkraftnutzung zu öffnen.[96] In der Abwägung muss die Gemeinde aber sorgfältig begründen, dass für die Überplanung der Waldfläche gewichtige städtebauliche Gründe sprechen, die eine „Ausnahme" vom schlüssigen Planungskonzept rechtfertigen. Die hierfür maßgeblichen Gründe wurden unter B. I) dargelegt. Anzumerken ist allerdings, dass Rechtsprechung zu dieser Frage bisher, soweit ersichtlich, nicht vorliegt Liegt die Waldfläche in einem Schutzgebiet nach dem BNatSchG, müssen, selbstverständlich, die zusätzlichen Voraussetzungen einer Überplanung dieser Waldfläche erfüllt sein. Entsprechendes gilt für die Anwendung von Schutzvorschriften nach den §§ 30, 34 und 44 f. BNatSchG.

c) *Aufstellung eines Teilflächennutzungsplanes für die Nutzung der Windkraft auf einzelnen Waldflächen*

Die Gemeinde kann für die Teile des Gemeindegebietes, in denen Waldflächen für die Windkraftnutzung geöffnet werden sollen, auch einen Teilflächennutzungsplan aufstellen, der z. B. eher wertlose Waldflächen im Rahmen einer Korrektur des schlüssigen Gesamtkonzepts als Vorrangfläche darstellt.[97] Dieses Verfahren hat darüber hinaus den großen Vorteil, dass nur einzelne Waldflächen für die Windkraftnutzung geöffnet werden.

2) Auswirkungen des Waldrechts auf die Darstellungen des Flächennutzungsplanes

Die Umsetzung der waldrechtlichen Eingriffsregelung auf der Ebene des Flächennutzungsplanes ist nach den in den jeweiligen Landeswaldgesetzen bestimmten Voraussetzungen zu erfüllen. Die Länder haben aber keine

---

96 Söfker a. a. O. (Fußn. 96), § 5 Rn. 18e; ähnlich im Ergebnis Deutscher Städte- und Gemeindebund (Hrsg.) DStGB Dokumentation Nr. 111, Kommunale Handlungsmöglichkeiten beim Ausbau der Windenergie – unter besonderer Berücksichtigung des Repowering, Nr. 11/2012, S. 70 f.

97 Zu dieser Variante eines Teilflächennutzungsplanes Schrödter a. a. O. (Fußn. 4), § 5 Rn. 77 f.

Möglichkeit, auf der Grundlage des § 9 Abs. 3 Nr. 1 BWaldG die Prüfung der waldrechtlichen Voraussetzungen in das Flächennutzungsplanverfahren „hochzuzonen“. Denn diese Ermächtigung bezieht sich nur auf den Fall, dass *„für die Waldfläche auf Grund anderer öffentlich-rechtlicher Vorschriften rechtsverbindlich eine andere Nutzungsart festgestellt worden ist“*. Darstellungen eines Flächennutzungsplanes einschließlich der nach § 35 Abs. 3 Satz 3 dargestellten Vorrangflächen enthalten jedoch gerade keine rechtsverbindliche Regelung.

Die Gemeinde erfüllt ihre waldrechtlichen Verpflichtungen bei der Überplanung von Waldflächen für die Windkraftnutzung im Parallelverfahren im Regelfall dadurch, dass sie, ähnlich wie bei der Anwendung der städtebaulichen Eingriffsregelung im Flächennutzungsplan, die Flächen darstellt, die für die Windkraft genutzt werden sollen Zugleich müssen nach Maßgabe des Landesrechts auch die Flächen dargestellt werden, die für die Ersatzaufforstung vorgesehen sind. Nur unter dieser Voraussetzung ist gewährleistet, dass der Bebauungsplan, der Windkraftanlagen im Wald zulassen soll, aus Darstellungen eines Flächennutzungsplanes nach den Grundsätzen des § 8 Abs. 2 Satz 1 BauGB entwickelt werden kann.

Im Übrigen gelten die Voraussetzungen für die Überplanung von Waldflächen, insbesondere die Grundsätze der Umwidmungssperre des § 1a Abs. 2 Satz 2 und 4 BauGB und der städtebaulichen Eingriffsregelung, entsprechend. Hinsichtlich der städtebaulichen Eingriffsregelung des § 1a Abs. 3 BauGB ist zu beachten, dass im Flächennutzungsplan nach zutreffender Auffassung nur Flächen für städtebauliche Ausgleichsmaßnahmen, nicht aber Ausgleichsmaßnahmen selbst mit verbindlicher Wirkung für das Genehmigungsverfahren dargestellt werden können.[98]

Wurden im Flächennutzungsplan im Rahmen der Umweltprüfung bereits die fachlichen Voraussetzungen der Waldumwandlung und der Aufforstung untersucht, kann im Umweltbericht des Bebauungsplanes im Wege der sog. „Abschichtung“ nach § 2 Abs. 4 Satz 5 BauGB auf diese Ausführungen verwiesen werden.

---

98 So die h. M. etwa Lau, a. a. o. (Fußn. 48), Rn. 335; Schrödter, a. a. O. (Fußn. 4), § 1a Rn. 64; anders wohl Mitschang, Eingriffsbewältigung und nachhaltige Flächennutzungsplanung, ZfBR 1999, 125, 130; offengelassen von BVerwG, Beschl. v. 26.04.2006 – 4 B 7/06 – NVwZ 2006, 821, 821.

Ausblick

Der vorstehende Beitrag hat gezeigt, dass grundsätzlich auch Wälder oder Teilflächen eines Waldes für die Windkraftnutzung überplant werden können. Schwierigkeiten bereitet dabei insbesondere die Abgrenzung zwischen der städtebaulichen Eingriffsregelung und den jeweiligen waldrechtlichen Eingriffsregelungen, die landesrechtlich sehr unterschiedlich und z. T. schwer verständlich geregelt sind[99]. Den Gemeinden ist in jedem Fall zu empfehlen, in der Begründung und im Umweltbericht des jeweiligen Bauleitplanes neben den waldrechtlichen Fragen sorgfältig auch die städtebaulichen Voraussetzungen einer Überplanung von Waldflächen, insbesondere die waldrechtliche Umwidmungssperre des § 1a Abs. 2 Sätze 2 bis 4 BauGB sowie die städtebauliche Eingriffsregelung des § 1a Abs. 3 BauGB, abzuarbeiten.

99 Ansätze für eine überfällige Vereinfachung und auch Vereinheitlichung des im Rahmen der Föderalismusreform nicht problematisierten Waldrechts finden sich bei Thomas, a. a. O. (Fußn. 73) 559, 559 und derselbe, Verschiedene Waldbegriffe und tatsächlich verschiedene Wälder NuR 2013, 622, 622 sowie Pukall, Mögliche Entwicklungslinien für das Bundeswaldgesetz, NuR 2014, 171, 171.

Tim Schwarz

Gibt es einen angemessenen Abstand zu Windenergieanlagen?

Abstract

Der Beitrag erläutert die planerischen Steuerungsmöglichkeiten der Windenergie im Rahmen der Bauleitplanung sowie den Aspekt der harten und weichen Tabuzonen im Hinblick auf die Festlegung von Abstandsflächen zu Windenergieanlagen.

The article explains the spatial planning concepts in land-use planning for wind energy turbines and the aspect of hard and soft restriction areas for the required distance between wind energy turbines and sensitive land-use areas.

I. Einführung

Der Aspekt der Abstandsflächen von Windenergieanlagen spielt für den weiteren Ausbau der Windenergie an Land eine wichtige Rolle, wenn neue Konzentrationsflächen in der Regionalplanung oder der Flächennutzungsplanung ausgewiesen, verändert oder im Rahmen des Repowering alte Anlagen durch leistungsstärkere und meist größere Anlagen ersetzt werden. Aber auch die Einführung der Länderöffnungsklausel zur Regelung von Mindestabständen zwischen Windenergieanlagen und zulässigen Nutzungen in § 249 Abs. 3 BauGB[1] wirft neue Fragen zu den Abstandsflächen auf. Um einen Überblick hierüber zu schaffen, werden zunächst die grundsätzlichen Steuerungsmöglichkeiten der Windenergie aufgezeigt und welche Anforderungen sich hieraus an die planerische Praxis ergeben. Aufbauend darauf werden Abstände zu Siedlungsflächen, Abstände aus naturschutzfachlichen Gründen sowie zu Infrastruktureinrichtungen, die im Rahmen der Planung und Genehmigung

1 Baugesetzbuch (BauGB), in der Fassung der Bekanntmachung v. 23.09.2004 (BGBl. I S. 2414), zuletzt geändert durch Art. 1 G. v. 15.07.2014 (BGBl. I S. 954).

zu berücksichtigen sind, betrachtet. Diese Abstandsflächen werden im Hinblick auf Unterschiede in der Anwendung der Länder, ihrer Verbindlichkeit sowie der Behandlung in der Rechtsprechung dargestellt. Damit ergibt sich ein differenziertes Bild der Abstandsflächenregelungen, das durch bundes- und landesrechtliche Regelungen, Verwaltungsvorschriften, Leitlinien und fachliche Hinweise in den einzelnen Bundesländern sowie die Rechtsprechung geprägt ist.

II. Steuerungsmöglichkeiten der Windenergie

Eine planerische Steuerung der Windenergie ist auf der überörtlichen Ebene der Regionalplanung oder der gemeindlichen Flächennutzungsplanung im Rahmen der Ausweisung von Konzentrationszonen oder -flächen möglich.[2] Eine Konkretisierung kann über die verbindliche Bauleitplanung erfolgen. Auf dieser Planungsebene können im Rahmen der Aufstellung eines Bebauungsplans Standorte der Einzelanlagen bestimmt oder spezifische Regelungen für das Repowering nach § 249 Abs. 1 BauGB[3] getroffen werden.[4] Die Bebauungsplanung setzt insofern die Konzentrationsflächenplanung der Regionalplanung oder der Flächennutzungsplanung um, trifft aber keine Regelungen über die Zulässigkeit von Anlagen außerhalb des Plangebietes in Form der Ausschlusswirkungen über den Planvorbehalt nach § 35 Abs. 3 S. 3 BauGB. Dies bleibt der vorgelagerten überörtlichen oder gesamtgemeindlichen Planung vorbehalten. Gleichermaßen gilt dies für die abschließende Umsetzung im Rahmen des immissionsschutzrechtlichen Genehmigungsverfahrens, das für die Errichtung einzelner oder mehrerer Windenergieanlagen durchgeführt

2 Vgl. ausführlich hierzu: Mitschang, Modelle zur planerischen Steuerung der Windenergie in der Regional- und Bauleitplanung, in: Mitschang (Hrsg.), Windenergie – Ausbau und Repowering in der Stadt- und Regionalplanung, Frankfurt am Main 2013, 9 ff.

3 Baugesetzbuch (BauGB), a. a. O. (Fn. 1).

4 Vgl. ausführlich zum Repowering: Otto, Sicherung des Repowerings in der Regional- und Bauleitplanung, in: Mitschang (Hrsg.), Windenergie – Ausbau und Repowering in der Stadt- und Regionalplanung, Frankfurt am Main 2013, 47 ff.

wird.[5] Hierbei erfolgt eine abschließende Prüfung der Zulässigkeit im Hinblick auf öffentlich-rechtliche Vorschriften insbesondere dem Immissionsschutz, dem Baurecht sowie dem Naturschutzrecht, wobei natürlich auch hier Abstandsflächen von zentraler Bedeutung sind.

1. Planerische Steuerungsmodelle

Für die planerische Steuerung der Windenergie auf der Ebene der Regionalplanung oder der Flächennutzungsplanung kommen zwei Steuerungsmodelle in Frage.[6] Bei dem sogenannten Ausschlussmodell erfolgt die Festlegung von Konzentrationszonen oder -flächen für die Windenergie in Verbindung mit dem grundsätzlichen Ausschluss der Windenenergie auf den übrigen Flächen des Plangebietes. Bei dem zweiten Modell erfolgt eine Festlegung von Flächen, auf denen die Windenergie bevorzugt realisiert werden soll, ohne die Möglichkeit zur Errichtung von Windenergieanlagen außerhalb dieser Flächen im restlichen Plangebiet grundsätzlich auszuschließen. Das erstgenannte Ausschlussmodell beruht auf dem sogenannten Planvorbehalt nach § 35 Abs. 3 S. 3 BauGB. Diese Regelung sieht vor, dass der gesetzlichen Privilegierung der Windenergie nach § 35 Abs. 1 Nr. 4 BauGB ein öffentlicher Belang entgegensteht, wenn hierfür durch Darstellungen im Flächennutzungsplan oder Festlegungen in Form von Zielen der Raumordnung eine Ausweisung an anderer Stelle erfolgt ist. Die Festlegung bzw. Darstellung von Konzentrationszonen im Regionalplan oder Flächennutzungsplan führt dazu, dass die Privilegierung außerhalb der hierfür vorgesehenen Flächen aufgehoben und damit die Errichtung von Windenergieanlagen im restlichen Planungsraum grundsätzlich ausgeschlossen ist.[7] In der Planungspraxis

5 Die Genehmigungspflicht gilt nach § BImSchV für alle Windkraftanlagen mit einer Gesamthöhe von mehr als 50 m. Für Kleinwindanlagen ist ein Baugenehmigungsverfahren durchzuführen.

6 Vgl. ausführlich hierzu: Mitschang, a.a.O. (Fn. 2), 9 (28 ff.).

7 Die Darstellungen des Flächennutzungsplans oder Ziele der Raumordnung stehen einem Vorhaben „in der Regel“ entgegen, wodurch dem Freihalteinteresse ein Vorrang gebührt. Im Einzelfall können sich hiervon aber Ausnahmen ergeben, die im Rahmen einer nachvollziehenden Abwägung ermittelt werden. Vgl. hierzu: BVerwG, Urt. v. 17.12.2002 – 4 C 15/01 – JURIS, Rn. 48.

kommen beide Modelle zum Einsatz.[8] Zur räumlichen Bündelung von Standorten und der Verhinderung einer „Verspargelung“ der Landschaft ist das Ausschlussmodell entsprechend besser geeignet und auch weiter verbreitet.

2. Anforderungen an die planerische Steuerung

Durch die Rechtsprechung wurde bereits früh geklärt, dass für eine planerische Steuerung der Windenergie durch Konzentrationszonen oder -flächen im Rahmen der Regionalplanung oder der Flächennutzungsplanung[9] mit der Wirkung des Planvorbehalts (Ausschlussmodell) ein „schlüssiges Planungskonzept“ vorliegen muss, mit dem der Windenergie „substanziell“ Raum geschaffen wird.[10] Auch das in der Planungspraxis gängige abschnittsweise Vorgehen bei der Bestimmung der Konzentrationsflächen wurde durch die Rechtsprechung bestätigt.[11] In einem sogenannten „Ausschlusskonzept“ erfolgt dabei zunächst die Bestimmung von Flächen, auf denen eine Windenergienutzung aus tatsächlichen oder rechtlichen Gründen nicht möglich ist.[12] Diese Flächen werden als sogenannte „harte“ Tabuzonen ausgeschieden. Danach erfolgt eine Bestimmung von Flächen, auf denen eine Windenergienutzung grundsätzlich möglich, aber aus städtebaulichen Gründen nicht gewollt ist.[13] Diese sogenannten „weichen“ Tabuzonen werden wiederum ausgeschieden. Für die verbleibenden Flächen muss dann in der planerischen Abwägung aller Belange bestimmt werden, welche Nutzung sich durchsetzt und entsprechende Vorranggebiete im Regionalplan oder Vorrangflächen

---

8 In der Regionalplanung werden lediglich in Baden-Württemberg und dem Saarland Vorranggebiete ohne Ausschlusswirkung festgelegt. In Brandenburg, Hessen, Mecklenburg-Vorpommern, Niedersachen, Nordrhein-Westfalen, Sachsen, Sachsen-Anhalt, Schleswig-Holstein und Thüringen werden Vorranggebiete oder Eignungsgebiete mit Ausschlusswirkung festgelegt (Stand: 2014).

9 Dies gilt sowohl für den Flächennutzungsplan als auch für räumliche und sachliche Teilflächennutzungspläne nach § 5 Abs. 2b BauGB.

10 Vgl. BVerwG, Urt. v. 17.12.2002, a.a.O. (Fn. 7), BauR 2003, 828 (833 f.) = UPR 2003, 37 (43).

11 Vgl. BVerwG, Urt. v. 13.12.2012 – 4 CN 1/11 – JURIS, Rn. 10.

12 Vgl. ebd., Rn. 12.

13 Vgl. ebd.

im Flächennutzungsplan dargestellt werden können.[14] Vor dem Hintergrund der Akzeptanz in der Bevölkerung aber auch für ein nachfolgendes Gerichtsverfahren spielen dabei die Aspekte der Transparenz und der Nachvollziehbarkeit eine wichtige Rolle.[15]

Im Ergebnis muss die Flächenausweisung im Regional- oder Flächennutzungsplan der Windenergie in substanzieller Weise Raum schaffen. Dies bedeutet, dass der Plangeber trotz der räumlichen Beschränkung der Windenergie auf bestimmte Flächen des Plangebietes der gesetzlichen Privilegierung dieser Außenbereichsnutzung nach § 35 Abs. 1 Nr. 4 BauGB Rechnung tragen muss. Eine Negativplanung, welche die Windenergie komplett im Plangebiet ausschließt oder eine „Feigenblattplanung", welche der Windenergie nur minimal Raum schafft oder nur zum Schein Flächen ausweist, die jedoch hierfür nicht nutzbar sind, ist unzulässig.[16] Einen numerischen Wert oder ein bestimmtes Verhältnis der Flächen untereinander, die darauf schließen lassen, ab wann das Kriterium der Substanzialität erreicht ist, wurde allerdings bislang noch nicht abstrakt generell vom Gesetzgeber bestimmt oder durch die Rechtsprechung bestätigt. Anerkannt im Rahmen der Rechtsprechung ist zumindest, dass sich ein Hinweis aus dem Verhältnis von Potenzialflächen zu ausgewiesenen Vorrangflächen ergeben kann, wenngleich auch andere Aspekte zur Beurteilung dienen können.[17] Letztlich bleibt es damit bei der Planung im konkreten Einzelfall unter Berücksichtigung der Örtlichkeiten zu bestimmen, wann der Windenergie durch das Konzept zur Steuerung substanziell Raum geschaffen wird.[18] Im Ergebnis erscheint es logisch, dass die Planung die Errichtung von mehr Windenergieanlagen ermöglichen muss, als dies im Fall von Einzelgenehmigungen ohne Gesamtkonzept der Fall wäre, da sich ansonsten die Frage der Erforderlichkeit der Planung stellen würde.

14 Vgl. ebd., Rn. 10.
15 Vgl. ausführlich hierzu: Mitschang, a.a.O. (Fn. 2), 9 (14).
16 Vgl. BVerwG, Urt. v. 17.12.2002, a.a.O. (Fn. 7), BauR 2003, 828 (833 f.).
17 Vgl. BVerwG, Urt. v. 13.12.2012, a.a.O. (Fn. 11), JURIS, Rn. 18 f.
18 Vgl. BVerwG, Urt. v. 17.12.2002, a.a.O. (Fn. 7), BauR 2003, 828.

III. Abstandsflächen

Die Bedeutung der Abstandsflächen bei der Planung von Konzentrationszonen bzw. -flächen für die Windenergieanlagen ist offensichtlich. Neben den Flächen, die aufgrund ihrer vorhandenen oder geplanten Nutzung als harte oder weiche Tabukriterien ausgeschlossen werden, bestimmen Abstandsflächen zu Siedlungsflächen, Schutzgebieten oder Infrastruktureinrichtungen die Größe der verbleibenden Potenzialflächen, die der Windenergie in einem Plangebiet zur Verfügung stehen. Gleichzeitig wird damit das Leistungs- und Ertragspotenzial beeinflusst.[19] Abstandsflächen können damit maßgeblich darauf Einfluss nehmen, ob durch die Planung der Windenergie in substanzieller Weise Raum geschaffen werden kann. Gleichzeitig werden bei Abstandsflächen, die aus Vorsorgegründen getroffen werden, die Auswirkungen unterhalb der Schwelle schädlicher Umweltauswirkungen auf bestimmte Nutzungen durch größere oder kleinere Abstände beeinflusst, was bei Fragen der Akzeptanz der Windenergie bei Abständen zu Wohngebieten eine wichtige Rolle spielt. Für die planerische Konzeption ist dabei die Einstufung des Plangebers von entscheidender Bedeutung, ob die Abstandsflächen aufgrund rechtlicher oder tatsächlicher Ausschlussgründe als harte Tabukriterien unveränderbar oder als weiche Tabukriterien der Abwägung zugänglich sind. Für diese Beurteilung hat die Planung, insbesondere dann, wenn noch keine Anlagenstandorte festgelegt werden, einen gewissen Spielraum zu Beurteilung und die Möglichkeit zur Typisierung.[20] Das heißt, bei der Beurteilung der Abstandsflächen kann auf Erfahrungswerte zurückgegriffen werden, wodurch „fachliche Beurteilungsspielräume und Einschätzungsprärogativen“[21] insofern eröffnet werden, dass die „getroffenen Wertungen gerichtlich nur auf ihre Nachvollziehbarkeit und Vertretbarkeit überprüft werden.“[22] Ist die Einstufung als hartes oder weiches Tabukriterium nicht möglich, bleibt

---

19 Vgl. Umweltbundesamt (Hrsg.), Einfluss des Abstands zwischen Windenergieanlagen und Wohnbauflächen auf das Potenzial der Windenergie an Land, Dessau-Roßlau 2014, S. 4.

20 Vgl. OVG Lüneburg, Urt. v. 14.05.2014 – 12 KN 29/13 – JURIS, Rn. 103.

21 Ebd., Rn. 104.

22 Ebd.

letztlich die Möglichkeit zur Einstufung als weiches Tabukriterium zur Vermeidung von Fehlern.[23]

1. Grundlagen der Abstandsflächen

Die Anforderungen an die Flächenausweisungen und die damit verbundenen Abstandsflächen in der Regional- sowie der Bauleitplanung sind neben den gesetzlichen Vorgaben des Planungs- und Umweltrechts wesentlich geprägt durch rahmensetzende planerische Vorgaben und Empfehlungen der Länder in Form von Leitfäden und Handlungsanleitungen für die Regional- und Bauleitplanung[24], sektoralen Fachbeiträgen und nicht zuletzt der Rechtsprechung der Verwaltungsgerichte.

1.1 Vorgaben der Landesplanung

Der planungsrechtliche Rahmen für die Ausweisung von Windenergiegebieten in der Raumordnung wird im Regelfall durch die Landesplanungsgesetze definiert. Sie regeln, ergänzt durch Vorgaben des Raumordnungsgesetzes[25] des Bundes, die Raumordnung und Landesplanung in den Ländern. Dabei wird üblicherweise festgelegt, ob die Gebietsausweisungen über Vorrang- oder Eignungsgebiete und mit oder ohne Ausschluss erfolgen sollen. Landesweite Raumordnungspläne nach § 8 Abs. 1 Nr. 1 ROG bilden integrierte Gesamtkonzepte für die räumliche Ordnung und Entwicklung des Bundeslandes. An ihnen sind nachfolgende räumliche Planungen, insbesondere die Regional- und Bauleitplanung auszurichten. Die Ziele der landesweiten Raumordnungspläne sind von allen öffentlichen Stellen bei raumbedeutsamen Planungen und Maßnahmen als rechtsverbindliche Vorgaben zu beachten und können im Rahmen der planerischen Abwägung oder Ermessensausübung im Gegensatz zu den Grundsätzen nicht überwunden werden. In einigen Ländern werden in den landesweiten Raumordnungsplänen neben den Festlegungen für die zu nutzenden

---

23 Vgl. ebd.

24 Vgl. Köppel/Nagel/Dahmen et al., Beseitigung planungsrechtlicher Hindernisse bei der Ausweisung neuer Windeignungsgebiete für die Windenergie an Land, Abschlussbericht, Berlin 2013, S. 66.

25 Raumordnungsgesetz (ROG), in der Fassung v. 22.12.2008 (BGBl. I S. 2986), zuletzt geändert durch Art. 9 G. v. 31.07.2009 (BGBl. I S. 2585).

Gebietskategorien bereits konkrete Ausweisungskriterien für die Windenergie als Ziele der Raumordnung definiert. So werden beispielsweise in Hessen Mindest-Windgeschwindigkeiten oder definierte Abstände zu Siedlungen und Infrastrukturtrassen als Ziele der Raumordnung im Landesentwicklungsplan bereits verbindlich festgelegt.[26] Diese Kriterien sind damit als harte Tabukriterien zumindest für die Träger der Regionalplanung verbindlich. Auch in Schleswig-Holstein werden bestimmte Ausweisungskriterien bereits im Landesentwicklungsplan vorgegeben.[27] Eine Besonderheit ist hier der als Ziel der Raumordnung festgelegte Verweis auf die Empfehlungen der entsprechenden Runderlasse zur Planung von Windenergieanlagen in der jeweils aktuellen Fassung.[28] Die Anwendung des Runderlasses ist damit bindend für die Regionalplanung. Die darin enthaltenen verbindlich vorgeschriebenen Abstandsvorgaben sind dann entsprechend zu beachten, während solche Abstände, die eingehalten werden „sollen", einer Abwägung zugänglich sind. Durch die dynamische Verweisung auf die jeweils geltende Fassung des entsprechenden Runderlasses können Abstandsflächen dann auch ohne Änderung des Landesentwicklungsplans angepasst werden.

1.2 *Verwaltungsvorschriften*

Neben den Vorgaben der landesweiten Raumordnungspläne sind Erlasse, Rundverfügungen oder innerdienstliche Weisungen als Verwaltungsvorschriften im Rahmen der Planung von Windenergieanlagen für nachgeordnete Behörden verbindlich, entfalten aber keine Außenwirkung wie Rechtsnormen.[29] Im Hinblick auf Abstandsflächen werden in verschiedenen

26 Vgl. Kap. 3.2 Kriterien für die Ermittlung der Vorranggebiete zur Nutzung der Windenergie, Z 3, in: Anlage zur Änderung des Landesentwicklungsplans Hessen 2000 nach § 4 Abs. 1 HLPG – Vorgaben zur Nutzung der Windenergie v. 27.6.2013 (GVBl 17/2013 S. 482).

27 Vgl. Innenministerium des Landes Schleswig-Holstein (Hrsg.), Landesentwicklungsplan Schleswig-Holstein 2010, Kiel 2010.

28 Vgl. Kap. 3.5.2 Windenergie, 6 Z in: Innenministerium des Landes Schleswig-Holstein (Hrsg.), Landesentwicklungsplan Schleswig-Holstein 2010, Kiel 2010.

29 Vgl. Wemzio, Stellenwert von Abstandskriterien für Bürger, Behörden und Gerichte, AuR 2011, 421 (422).

Länder-Erlassen Ausweisungskriterien empfohlen. So wird beispielsweise im brandenburgischen Erlass für die Planung von Windeignungsgebieten in der Regionalplanung ein Abstand von 1.000 Metern zu vorhandenen oder geplanten, gemäß §§ 3 bis 7 der BauNVO dem Wohnen dienenden Gebieten empfohlen, aber ausdrücklich betont, dass es sich dabei nur um einen Ausgangswert für die Abwägung handelt, der einer Überprüfung im Einzelfall bedarf.[30] Für die Planung stellen diese damit einen Orientierungsrahmen dar, von dem im Einzelfall sowohl nach oben als auch nach unten abgewichen werden kann.[31] Der Plangeber ist auf jeden Fall angehalten, sich den Unterschied zwischen den gesetzlich erforderlichen Abständen z. B. resultierend aus den Immissionswerten der TA Lärm, einem als Ziel der Raumordnung festgelegten Abstandswert und einem zusätzlichen Abstand aus Vorsorgegründen deutlich zu machen. Handelt es sich bei den Abstandsflächen um solche, die sich aus den gesetzlichen Anforderungen ergeben oder als Ziele der Raumordnung festgelegt sind, müssen diese verbindlich eingehalten werden und bilden somit harte Tabukriterien, die einer planerischen Abwägung nicht zugänglich sind. Demgegenüber sind Abstandsflächen, die in Verwaltungsvorschriften empfohlen werden, als weiche Tabukriterien einzustufen. Ebenfalls in diese Kategorie gehören Leitfäden und Hinweise der Landesplanungsbehörden oder anderer Fachbehörden. Sie können als Empfehlungen im Rahmen der Planung und Genehmigung von Windenergieanlagen aufgegriffen werden und dienen damit letztlich als Entscheidungshilfen zur Entlastung und Beschleunigung des Planverfahrens.

2. Siedlungsflächen

Abstandsflächen zu Siedlungsbereichen ergeben sich insbesondere aus dem Immissionsschutzrecht. Für die Planung und Genehmigung sind dabei insbesondere die Schallimmissionen, die von Windenergieanlagen ausgehen,

---

30 Vgl. Gemeinsamer Erlass des Ministeriums für Infrastruktur und Raumordnung und des Ministeriums für Ländliche Entwicklung, Umwelt und Verbraucherschutz v. 16.06.2009 (Windkrafterlass Brandenburg), im Internet unter: http://gl.berlin-brandenburg.de/imperia/md/content/bb-gl/regionalplanung/windkrafterlass2009.pdf, Zugriff am 27.08.2014.

31 Vgl. OVG Lüneburg, Urt. v. 24.06.2004 – 1 LC 185/03 – JURIS, Rn. 36.

maßgeblich für die Bestimmung der notwendigen Abstandsflächen. Darüber hinaus sind aber die optisch bedrängende Wirkung der von den Anlagen ausgehende Schattenwurf und bauordnungsrechtliche Anforderungen zu berücksichtigen.

2.1 Lärmimmissionen

Bei der Errichtung und dem Betrieb von Windenergieanlagen sind im Hinblick auf den Schutz vor schädlichen Geräuscheinwirkungen bundesweit die Bestimmungen der Technischen Anleitung zum Schutz gegen Lärm (TA Lärm)[32] einzuhalten. Die TA Lärm stellt eine allgemeine Verwaltungsvorschrift nach § 48 des Bundes-Immissionsschutzgesetzes[33] dar. Die in der TA Lärm geregelten Immissionsrichtwerte für den Beurteilungspegel von Anlagen sind nach Tageszeit und Gebietscharakter differenziert und werden individuell und standortbezogen geprüft. Erst daraus ergeben sich einzelfallbezogen die erforderlichen Abstände zu schutzbedürften Nutzungen – insbesondere zur Wohnbebauung. Als normenkonkretisierende Verwaltungsvorschrift wird die TA Lärm als für die Beurteilung, ob von einer Windenergieanlage Lärmemissionen schädliche Umwelteinwirkungen ausgehen, herangezogen und ist im gerichtlichen Verfahren grundsätzlich verbindlich.[34] Allerdings stellt sich bei der Erstellung eines planerischen Konzeptes zur Steuerung der Windenergie auf der Ebene der Regionalplanung und der Flächennutzungsplanung das Problem, dass der immissionsschutzrechtlich zwingend einzuhaltende Abstand regelmäßig noch nicht bestimmt werden kann, da dieser vom konkreten Standort, der Anzahl der Anlagen sowie deren technischen Merkmalen abhängt. Somit stellt sich die Frage, inwiefern der immissionsschutzrechtliche Mindestabstand zu Siedlungsflächen als harte Tabuzone festgelegt werden kann oder den weichen Tabuzonen zuzuordnen

---

32 Sechste Allgemeine Verwaltungsvorschrift zum Bundes-Immissionsschutzgesetz (BImSchG) (Technische Anleitung zum Schutz gegen Lärm – TA Lärm) v. 26.08.1998 (GMBl Nr. 26/1998 S. 503).

33 Bundes-Immissionsschutzgesetz (BImSchG) in der Fassung der Bekanntmachung v. 17.05.2013 (BGBl. I S. 1274), zuletzt geändert durch Art. 1 G. v. 02.07.2013 (BGBl. I S. 1943).

34 Vgl. BVerwG, Urt. v. 29.08.2007 – 4 C 2/07 – JURIS, Leitsatz 1 = BVerwGE 129, 209–219.

ist. Die Rechtsprechung des OVG Berlin-Brandenburg sieht dabei für die Beurteilung durch die Gemeinden einen gewissen Spielraum und eine Befugnis zur Typisierung.[35] Als ausreichend für die Einstufung als hartes Tabukriterium wird danach angesehen, wenn die „Prognose der Gemeinde, welche Mindestabstände zur Einhaltung der Grenzwertregelung der TA Lärm erforderlich sind, unter Rückgriff auf Erfahrungswerte vertretbar erscheint und jedenfalls derjenige Teil der Abstandszone, der ausschließlich auf Vorsorgeerwägungen im Sinne des § 5 Abs. 1 Nr. 2 BImSchG beruht, nicht mehr der „harten Tabuzonen" zugeordnet wird."[36] Auch im Entwurf des Windenergieerlasses Niedersachsen werden die Abstände nach der TA Lärm mit 400 Metern als harte Tabuzonen eingestuft.[37] Restriktiver sieht das OVG Münster in seiner Rechtsprechung die Einstufung immissionsschutzrechtlicher Mindestabstände zu Siedlungsbereichen. Danach können diese als harte Tabukriterien nur dann eingestuft werden, wenn der „Betrieb von Windkraftanlagen absehbar unüberwindbar – zwangsläufig und auf Dauer – zum Nachteil der Nachbarschaft gegen § 5 Abs. 1 S. 1 Nr. 1 BImSchG – oder gegen das bauplanungsrechtliche Gebot der Rücksichtnahme – verstoßen wird".[38] Eine entsprechend sichere Einschätzung dieser Eigenschaften würde allerdings eine konkrete Betrachtung der Windenergieanlagenstandorte sowie deren Eigenschaften erfordern. Möglich erscheint dies bei einer Überplanung von bestehenden Anlagen, bei denen ein entsprechender immissionsschutzrechtlicher Abstand bereits überprüft wurde. Soweit dies nicht bekannt ist, dürfte die Einstufung einer harten Tabuzone im Rahmen der Regional- oder Flächennutzungsplanung allerdings ausscheiden. Insofern muss dann eine Einstufung als weiches Tabukriterium aus Vorsorgegründen erfolgen.[39] Hierdurch werden pauschale Abstände zu Gebäuden und

---

35 Vgl. OVG-Berlin Brandenburg, Urt. v. 24.02.2011 – OVG 2 A 2/09 – JURIS, Rn. 65.

36 Ebd.

37 Vgl. im Internet unter: http://www.umwelt.niedersachsen.de/aktuelles/windenergie-als-kernstueck-der-energiewende-127121.html, Zugriff am 25.08.2014.

38 OVG Münster, Urt. v. 01.07.2013 – 2 D 46/12.NE – JURIS, Rn. 56.

39 Vgl. ebd.

Siedlungen festgelegt, die so dimensioniert sind, dass eine Überschreitung der Immissionsrichtwerte der TA Lärm sicher vermieden wird.

Tabelle 1 verdeutlicht die Spannbreite der Abstände in den Bundesländern, die seitens der Landesplanungen den Planungsbehörden insbesondere für die Regionalplanung aus Vorsorgegründen empfohlen werden. Der Planungsträger kann hierdurch darauf verzichten, den immissionsschutzrechtlichen Mindestabstand zu Wohnsiedlungen zu ermitteln, der als Kriterium für eine harte Tabuzone heranzuziehen wäre, und statt dessen lediglich mit den unten genannten aus Vorsorgegründen abgeleiteten Abständen planen, die dann als Kriterium für weiche Tabuzonen verwendet werden können, soweit die Konzentrationszonen so dimensioniert sind, dass sie der Windenergienutzung substanziell Raum schaffen. In der Rechtsprechung werden diese aus Vorsorgegründen gewählten Abstände regelmäßig als weiche Kriterien eingestuft,[40] die dann anzupassen sind, wenn der Windenergie nicht substanziell Raum geschaffen werden kann.[41] Soweit es sich dabei um Empfehlungen oder Hinweise handelt, die als solche in den jeweiligen Erlassen auch benannt werden, dienen diese als Orientierungshilfe für die Regionalplanung und die Bauleitplanung. Weder die Verwendung an sich, noch die Überschreitung oder die Unterschreitung der Abstandsempfehlungen zu Siedlungsbereichen ist damit aber von vornherein begründet. Vielmehr muss der Plangeber die Verwendung des Vorsorgewertes für das planerische Gesamtkonzept begründen und in die Abwägung einstellen.[42]

---

40 Vgl. ebd.; OVG Koblenz, Urt. v. 16.05.2013 – 1 C 11003/12 – JURIS, Rn. 38; OVG Lüneburg, Urt. v. 8.5.2012 – 12 LB 265/10 – JURIS, Rn. 3; OVG Bautzen, Urt. v. 10.11.2011 – 1 C 17/09 – JURIS, Rn. 51; OVG-Berlin Brandenburg, Urt. v. 24.02.2011, a.a.O. (Fn. 35), Rn. 65.

41 Vgl. VGH Kassel, Urt. v. 25.03.2009 – 3 C 594/08.N – JURIS, Rn. 76.

42 Vgl. Raschke, Abstände zu Windenergieanlagen – pauschaler Schutz der Anwohner?, ZfBR 2013, 632 (635).

Tabelle 1: Landesplanerische Abstandsempfehlungen zu Siedlungsgebieten

Nutzungskategorie **Bundesland**	**Allgemeine und reine Wohngebiete**	**Gewerbe und Industriegebiete**	**Einzelwohngebäude und Splitter-siedlungen**
Baden-Württemberg	700 m (Einzelfall)	–	–
Bayern	800 m (WA)	300 m (Wohn-nutzung im GE)	500 m (MI/MD und Anwesen im Außenbereich)
Brandenburg	1.000 m (Einzelfall)	–	Einzelfall
Hessen	1.000 m[1)]	1.000 m[1)]	–
Mecklenburg-Vorpommern	1.000 m[2)]	–	800 m[2)]
Niedersachsen	1.000 m	–	–
Nordrhein-Westfalen	Einzelfall, (TA Lärm)	–	Einzelfall
Rheinland-Pfalz	800 m	–	500 m
Saarland	Einzelfall	20 m	Einzelfall
Sachsen	1.000 m	–	–
Sachsen-Anhalt	1.000 m (WKA > 100 m: 10 x H)	500 m	1.000 m
Schleswig-Holstein	800 m (Siedlungen sowie SO Erholung)	500 m	400 m
Thüringen	750–1.000 m	300 m	–

1) = Ausschlusskriterium durch Zielfestlegung im Landesentwicklungsplan
2) = Ausschlusskriterium
Eigene Darstellung

Eine Ausnahme davon bilden solche Vorsorgewerte, die bereits als Ausschlusskriterium festgelegt sind. Hierzu gehören die bereits erwähnten verbindlichen Festlegungen von Abstandsflächen als Ziele der Raumordnung im Landesentwicklungsplan Hessen. In Mecklenburg-Vorpommern werden in dem Hinweispapier zur Festlegung von Eignungsgebieten bestimmte Ausschlusskriterien vorgegeben, die ebenfalls als harte Tabukriterien bei Festlegung von regionalplanerischen Vorrang- oder Eignungsgebiete Eingang finden.[43] Hierbei werden auch die Vorsorgeabstände zu Gebieten, die nach der Baunutzungsverordnung dem Wohnen (WR, WA, MD; MI), der Erholung, dem Tourismus und der Gesundheit (SO) einschließlich eines Abstandspuffers von 1.000 Metern als Ausschlusskriterien vorgegeben.[44] Dies gilt auch für die Abstandspuffer von 800 Metern zu Einzelhäusern oder Splittersiedlungen im Außenbereich.[45]

2.2 Optisch bedrängende Wirkung

Neben den Geräuschemissionen kann auch die von einer Windenergieanlage ausgehende optisch bedrängende Wirkung maßgebend für den notwendigen Abstand zu Siedlungsflächen sein. So kann durch die Höhe der Anlage sowie die Drehbewegung der Rotoren eine optisch bedrängende Wirkung ausgelöst werden, die einen Verstoß gegen das in § 35 Abs. 3 S. 1 BauGB verankerte Gebot der Rücksichtnahme darstellt. Um dies zu ermitteln, ist eine Prüfung des konkreten Einzelfalls notwendig. Durch die Rechtsprechung wurden für das Ergebnis einer solchen Einzelfallprüfung grobe Anhaltswerte vorgegeben. So kann bei einem Abstand, der das Zweifache der Gesamthöhe der Anlage ausmacht, regelmäßig von einer optisch bedrängenden Wirkung ausgegangen werden.[46] Dahingegen ist bei

---

43 Vgl. Ministerium für Energie, Infrastruktur und Landesentwicklung (Hrsg.), Anlage 3 der Richtlinie zum Zwecke der Neuaufstellung, Änderung und Ergänzung Regionaler Raumentwicklungsprogramme in Mecklenburg-Vorpommern v. 22.05.2012, Hinweise zur Festlegung von Eignungsgebieten für Windenergieanlagen, im Internet unter: http://www.regierung-mv.de/cms2/Regierungsportal_prod/Regierungsportal/de/vm/Themen/Landes-_und_Regionalentwicklung/Windenergie/index.jsp, Zugriff am 26.08.2014, S. 3.

44 Vgl. ebd.

45 Vgl. ebd.

46 Vgl. OVG Münster, Urt. v. 24.06.2010 – 8 A 2764/09 – JURIS, Rn. 44; vgl. auch Niedersächsischer Landkreistag e.V. und Niedersächsisches Ministerium für Ernährung, Landwirtschaft und Verbraucherschutz (Hrsg.), Regionalplanung und Windenergie, Arbeitshilfe zur Steuerung der Windenergienutzung mit Ausschlusswirkung in Regionalen Raumordnungsprogrammen (Kategorisierung

einem Abstand von mindestens der dreifachen Gesamthöhe der Anlage in der Regel nicht von einer optisch bedrängenden Wirkung auszugehen.[47] Legt man dieser Abstandsregel eine moderne Windenergieanlage mit einer Gesamthöhe von 200 Metern zugrunde, ergibt sich hieraus ein Abstand von 400 Metern, bei dem in der Regel von einer optisch bedrängenden Wirkung auszugehen ist. Bei einem Abstand von mindestens 600 Metern dürfte dann entsprechend eine optisch bedrängende Wirkung regelmäßig nicht anzunehmen sein. Entsprechend könnte der Abstand, bei dem sich eine optisch bedrängende Wirkung einstellt, als hartes Tabukriterium eingestuft werden, während darüber hinausgehende Abstandsflächen aus Vorsorgegründen den weichen Tabukriterien zuzurechnen sind. Speziell bei der Festlegung von Abstandsflächen aus Gründen der optisch bedrängenden Wirkung als harte Tabuzonen im Rahmen der Regional- oder Flächennutzungsplanung ist jedoch wiederum eine genaue Bestimmung dieses Abstandes nicht möglich, da weder die Standorte noch die Höhe der einzelnen Anlagen auf diesen Planungsebenen vorliegen. Entsprechend kann die Einstufung des Mindestabstandes als hartes Tabukriterium nur aus Erfahrungswerten abgeleitet werden. Wie auch bei der Festlegung immissionsschutzrechtlicher Mindestabstände zu Siedlungsflächen zeigt sich hierbei, dass die Verwaltungsgerichte den planerischen Spielraum zur Einschätzung unterschiedlich beurteilen.[48] Um jegliches Risiko im Hinblick auf eine fehlerhafte Abwägung zu vermeiden, verbleibt letztlich nur die Möglichkeit, diese Abstandsflächen generell als weiche Tabuzonen festzulegen, die sich auch aus Vorsorgegründen ableiten. In der Praxis werden allerdings die notwendigen Abstandsflächen regelmäßig bereits durch die Einhaltung der Abstände, die zum Schutz vor schädlichen Geräuschemissionen aufgrund der TA Lärm notwendig sind, eingehalten. Damit verlagert sich die Frage der Einstufung als hartes oder weiches Tabukriterium allerdings lediglich auf das zuvor genannte Themenfeld der Lärmimmissionen.

---

harte und weiche Tabuzonen) (Stand: 15.11.2013), Hannover 2013; Raschke, a.a.O. (Fn. 42), 632 (634).

47 Vgl. OVG Münster, Urt. v. 24.06.2010, a.a.O. (Fn. 46), Rn. 43.

48 Vgl. unter 2.1.

2.3 Schattenwurf

Neben den Geräuschemissionen kommt es im Umfeld von Windenergieanlagen auch zu optischen Immissionen. Hierbei handelt es sich zum einen um den periodischen Schattenwurf und zum anderen die Lichtreflexionen, die beide durch die Drehbewegung des Rotors verursacht werden. Sowohl der periodische Schattenwurf als auch die Lichtreflexionen treten nur bei Sonnenschein auf und stellen eine Immission im Sinne des § 3 Abs. 2 BImSchG dar. Die Lichtreflexionen durch die Rotorblätter können maßgeblich durch die Verwendung entsprechender Farben und Beschichtungen reduziert werden.[49] Dahingegen kommt es beim periodischen Schattenwurf durch den Sonnenverlauf zu großen Schattenreichweiten in westlicher und östlicher Richtung des Standortes einer Windenergieanlage.[50] Ausgehend von einer Anlagenhöhe[51] von 150 bis 200 Metern kommt es in einem Abstand von 1.000 bis 1.400 Metern zu einer Verschattung westlich und östlich des Standortes. Diese Abstände reduzieren sich nördlich der Anlage auf rund 300 bis 700 Meter. Im Rahmen der Erstellung eines entsprechenden Fachbeitrags wird der periodische Schattenwurf der Anlagen für bestimmte Immissionspunkte in der Umgebung berechnet. Zur Bestimmung der Erheblichkeit der Belästigung durch den Schattenwurf bestehen bislang keine rechtsverbindlichen Maßstäbe für die Annahme schädlicher Umwelteinwirkungen im Sinne des § 3 Abs. 1 und 2 BImSchG.[52] In der Praxis wird daher zur Beurteilung im Sinne einer „konservativen Faustformel“[53] regelmäßig auf die Empfehlung des Länderausschusses für Immissionsschutz als anerkannte Fachkonvention zurückgegriffen. Demnach ist der Schattenwurf dann als nicht belästigend anzusehen, wenn die astronomisch maximal mögliche Beschattungsdauer (Worst Case) am jeweiligen Immissionsort in einer Bezugshöhe von zwei Metern über dem Erdboden mehr als 30 Stunden pro Kalenderjahr und 30 Minuten pro Kalendertag nicht überschreitet. Der Jahreswert von 30 Stunden pro Kalenderjahr entspricht

---

49 Vgl. Landesumweltamt Nordrhein-Westfalen (Hrsg.),Windenergieanlagen und Immissionsschutz, Essen 2002, S. 25.

50 Vgl. ebd., S. 26.

51 Gesamthöhe (H) = Nabenhöhe plus halber Rotordurchmesser.

52 Vgl. OVG Lüneburg, Urt. v. 18.05.2007 – 12 LB 8/07 – JURIS, Rn. 55.

53 Ebd.

dabei einer real zu erwartenden Einwirkdauer von maximal acht Stunden im Jahr, die gleichsam einzuhalten ist.[54] Diese Beurteilung kann jedoch frühestens auf der Ebene der Bebauungsplanung erfolgen, wenn die konkreten Standorte der Anlagen festgesetzt werden. Können keine ausreichenden Abstände zum Schutz einer erheblichen Beeinträchtigung durch den periodischen Schattenwurf eingehalten werden, wird in der Praxis auf die technische Möglichkeit zum Einbau eines sogenannten „Verschattungsmoduls“ zur Steuerung der Windenergieanlage zurückgegriffen, was auch durch die Gerichte als Maßnahme zur Einhaltung der Beurteilungswerte anerkannt ist.[55] Durch ein solches Steuerungsgerät wird bei Erreichen des jeweiligen Beurteilungswertes an einem Immissionspunkt die Windenergieanlage automatisch abgeschaltet. Die Verwendung einer entsprechenden Technik kann jedoch nicht über Festsetzungen eines Bebauungsplans bestimmt werden und ist daher entweder in einem städtebaulichen Vertrag oder als Nebenbestimmung im Rahmen der Vorhabengenehmigung zu regeln. In der Regionalplanung sowie der Flächennutzungsplanung wird jedoch die Einhaltung der oben genannten vorsorglichen Abstandswerte zurückgegriffen, da hier die Anlagenstandorte, die für eine genaue Berechnung notwendig sind, noch nicht festgelegt werden.

2.3 Grenzabstände zu baulichen Anlagen

Abstandsanforderungen an Windenergieanlagen ergeben sich auch aus ihrer Eigenschaft als bauliche Anlagen, die nach den jeweiligen Landesbauordnungen einen bestimmten Abstand zu den Grenzen des Baugrundstücks halten müssen.[56] Normiert wird das bauordnungsrechtliche Abstandsflächenrecht in der Musterbauordnung in § 6 MBO.[57] Die Einhaltung der bauordnungsrechtlichen Abstandsvorschriften richtet sich dabei nach den jeweiligen bauordnungsrechtlichen Bestimmungen der Länder.

---

54 Vgl. Hinweise zur Ermittlung und Beurteilung der optischen Immissionen von Windenergieanlagen – WEA-Schattenwurf-Hinweise, verabschiedet v. Länderausschuss für Immissionsschutz auf der Sitzung v. 06. bis 08.05.2002.

55 Vgl. OVG Lüneburg, Urt. v. 18.05.2007, a.a.O. (Fn. 52).

56 Vgl. Hentschel, Umweltschutz bei Errichtung und Betrieb von Windkraftanlagen, Baden-Baden 2010, S. 529.

57 Musterbauordnung (MBO), in der Fassung von 11/2002, zuletzt geändert durch Beschl. der Bauministerkonferenz v. 21.09.2012.

Tabelle 2: Bauordnungsrechtliche Abstandsflächenregelungen

Nutzungskategorie **Bundesland**	**Allgemein**	**Kerngebiete, Dorfgebiete und besondere Wohngebiete**	**Gewerbe und Industriegebiete**	**Unbebaute Gebiete mit WEA**
Baden-Württemberg	0,4 H	0,2 H	0,125 H	–
Bayern	1 H mind. 3 m	0,5 H (MK) mind. 3 m	0,25 H mind. 3 m	–
Brandenburg	0,5 H mind. 3 m	–	0,25 H mind. 3 m	–
Hamburg	0,4 H mind. 2,5 m		0,2 H mind. 2,5 m	–
Hessen	0,4 H mind. 3 m	–	0,2 H mind. 3 m	–
Mecklenburg-Vorpommern	0,4 H mind. 3 m	–	0,2 H mind. 3 m	–
Niedersachsen	0,5 H mind. 3 m	–	0,25 H mind. 3 m	–
Nordrhein-Westfalen	0,8 H	0,5 H	0,25 H	½ H
Rheinland-Pfalz	0,4 H mind. 3 m	–	0,25 H mind. 3 m	–
Saarland	0,4 H mind. 3 m	–	0,25 H mind. 3 m	0,25 H mind. 3 m
Sachsen	1 H mind. 3 m	0,5 H mind. 3 m	0,25 H mind. 3 m	–
Sachsen-Anhalt	0,4 H mind. 3 m	–	0,2 H mind. 3 m	1 H 0,4 H Repowering
Schleswig-Holstein	0,4 H mind. 3 m	–	0,2 H mind. 3 m	–
Thüringen	0,4 H mind. 3 m	–	0,2 H mind. 3 m	–
MBO	0,4 H mind. 3 m	0,2 H mind. 3 m	0,2 H mind. 3 m	–

Eigene Darstellung

Die landesbauordnungsrechtlich geregelten Abstandsflächen unterscheiden sich zum Teil erheblich. So ist in Sachsen-Anhalt ein Abstand vom einfachen der Anlagenhöhe einzuhalten,[58] wohingegen in Nordrhein-Westfalen lediglich die halbe Anlagenhöhe[59] und im Saarland nur ein Viertel der Höhe[60] einzuhalten ist. In anderen Bundesländern gibt es keine expliziten Regelungen bezüglich der Abstandsflächen zu Windenergieanlagen. Für die Praxis haben diese bauordnungsrechtlichen Vorgaben jedoch nur eine geringe Bedeutung, da die aus Immissionsschutzgründen einzuhaltenden Abstandsflächen zu Siedlungsflächen in der Regel bereits größer sind.

2.4 Länderöffnungsklausel (§ 249 Abs. 3 BauGB)

Zurückgehend auf eine gemeinsame Bundesratsinitiative der Freistaaten Bayern und Sachsen[61] und dem darauf basierenden Gesetzentwurf der Bundesregierung[62] wurde das Gesetz zur Einführung einer Länderöffnungsklausel zur Vorgabe von Mindestabständen zwischen Windenenergieanlagen und zulässigen Nutzungen vom 15.07.2014 durch den Bundestag beschlossen und ist am 01.08.2014 in Kraft getreten.[63] Unter der Überschrift „Sonderregelungen zur Windenergie“ wird § 249 BauGB um einen dritten Absatz ergänzt. Hierin werden die Länder dazu ermächtigt, Mindestabstände zwischen zulässigen Nutzungen und Windenergieanlagen festzulegen, innerhalb derer die Privilegierung nach § 35 Abs. 1 Nr. 5 BauGB aufgehoben wird. Die Privilegierung für Windenergieanlagen beschränkt sich dann auf den Außenbereich, außerhalb der landesrechtlich zu bestimmenden Mindestabstände.

---

58 Vgl. § 6 Abs. 8 der Bauordnung des Landes Sachsen-Anhalt in der Fassung der Bekanntmachung v. 10.09.2013, zuletzt geändert durch Art. 13 G. v. 17.06.2014 (GVBl LSA S. 288, 341).

59 Vgl. § 6 Abs. 10 S. 2 und 3 der Bauordnung für das Land Nordrhein-Westfalen – Landesbauordnung (GV. NRW 2000, S. 256), zuletzt geändert durch Art. 2 G. v. 20.05.2014 (GV. NRW. S 294), in Kraft getreten am 28.05.2014.

60 Vgl. § 6 Abs. 5 S. 2 der Landesbauordnung für das Saarland (Amtsbl. S. 822), zuletzt geändert durch G. v. 11.12.2012 (Amtsbl. I S. 1554).

61 Zu der Bundesratsinitiative: Vgl. Mitschang/Reidt, Die Einführung einer Länderöffnungsklausel zur Regelung von Mindestabständen zwischen Windenergieanlagen und zulässigen Nutzungen im Baugesetzbuch, BauR 2014, 1232 (1232 f.).

62 Vgl. BT-Drs. 18/1310 v. 05.05.2014.

63 BGBl. I Nr. 30 v. 18.07.2014, S. 954.

In der Begründung zum Gesetzentwurf wird ausdrücklich darauf hingewiesen, dass für die Errichtung und den Betrieb von Windenergieanlagen die übrigen einschlägigen Rechtsvorschriften weiterhin Anwendung finden und dabei insbesondere auf die TA Lärm, die Vorgaben des Luftverkehrsgesetzes und dem Schutzbereichsgesetz abgestellt.[64] Der von der bayerischen Staatsregierung eingebrachte Entwurf zur Umsetzung der Länderöffnungsklausel sieht vor, die Privilegierung in einem Abstand vom zehnfachen der Höhe der Windenergieanlage zur Wohnbebauung (10-H-Regelung) aufzuheben.[65] Neben der Bestimmung des Abstandes, der in der Regel über eine Relation zur Höhe der Windenergieanlage bestimmt werden dürfte, können nach dem Gesetzentwurf der Bundesregierung auch die zulässigen Nutzungen, zu denen dieser Abstand eingehalten werden muss, durch die Länder bestimmt werden.[66] Mit dieser Möglichkeit könnten sich die oben genannten Vorsorgeabstände, die derzeit durch Verwaltungsvorschriften der Länder als Empfehlung abgegeben werden und insofern ein weiches Tabukriterium darstellen, zu einem harten Tabukriterium wandeln, das dann entsprechend bindend ist. Die resultierenden Abstände würden dann bereits auf der ersten Stufe der Konzentrationsflächenplanung mit anderen harten Tabukriterien, wie z. B. Siedlungsflächen ausgeschieden. Entscheidend ist dabei natürlich, welche Bundesländer von der geplanten Länderöffnungsklausel des BauGB Gebrauch machen werden und wenn ja, inwiefern die bayerische 10-H-Regelung zum Muster wird.[67] So hat in Nordrhein-Westfalen der Landtag am 28.03.2014 bereits einen Beschluss gefasst, nicht von der Länderöffnungsklausel Gebrauch zu machen.[68] Auch in Hessen wird aufgrund der Vorgaben des Landesentwicklungsplans kein Bedarf hierfür gesehen.[69]

---

64 Vgl. BT-Drs., a. a. O. (Fn. 62), S. 6.

65 Vgl. Fülbier/Gründer/Sailer/Wegner, Die Länderöffnungsklausel im BauGB und ihre Umsetzung in Bayern, Würzburger Berichte zum Umweltenergierecht Nr. 8 v. 29.07.2014, S. 1.

66 Vgl. Mitschang/Reidt, a. a. O. (Fn. 61), 1232 (1234).

67 Vgl. hierzu die Ablehnung des Gesetzentwurfs der Bundesregierung durch den Bundesrat (BR-Drs. 155/14, v. 23.05.2014).

68 Vgl. Protokoll der 14. Sitzung der Bund-Länder-Initiative (BLWE) am 08.05.2014, S. 5, im Internet unter: http://www.erneuerbare-energien.de/EE/Redaktion/DE/Downloads/Protokolle/blwe_protokoll_14_bf.pdf?__blob=publication File&v=3, Zugriff am 01.09.2014.

69 Vgl. ebd. S. 6.

Für die Umsetzung durch Landesrecht setzt § 249 Abs. 3 BauGB den Ländern eine Frist bis zum 31.12.2015.

In der Praxis können sich aus einer solchen Regelung Schwierigkeiten hinsichtlich einer ausreichenden Flächenbereitstellung ergeben, die den Abwägungsspielraum im Hinblick auf andere Nutzungskonflikte einschränkt, wie z.B. die vorsorglichen Abstände zu naturschutzfachlich sensiblen Bereichen oder die Berücksichtigung des Landschaftsbildes. Sensitivitätsrechnungen im Rahmen der bundesweiten Windpotenzialstudie des Umweltbundesamtes zeigen, dass das deutschlandweite Flächenpotenzial sich bei einer angenommenen Erhöhung der Abstände von Windenergieanlagen zur Wohnbebauung von 600 Meter (3 x H bei Anlagenhöhe = 200 Meter) auf 2.000 Meter (10 x H bei Anlagenhöhe 200 Meter)[70] um etwa 97 % reduzieren würde.[71] Ob bei Einhaltung dieser Abstände in einzelnen Planungsregionen oder Gemeinden der Windenergie damit im Rahmen einer Konzentrationsplanung noch substanziell Raum geschaffen werden kann, bleibt nachzuweisen. Ist dies nicht der Fall, würde dies bedeuten, dass eine entsprechende Planung unterbleiben muss und sich die Zulässigkeit im Einzelfall im Rahmen des immissionsschutzrechtlichen Genehmigungsverfahrens bestimmt. Allerdings beschränkt sich die Länderöffnungsklausel lediglich auf Flächennutzungsplanung sowie die Regionalplanung. Die Aufstellung eines Bebauungsplans wäre auch bei Einführung einer Länderregelung innerhalb der landesrechtlich bestimmten Abstandsflächen möglich. Die bauplanungsrechtliche Zulässigkeit würde sich dann entsprechend nach den Festsetzungen des Bebauungsplans richten. Ohne einen Bebauungsplan beurteilt sich die bauplanungsrechtliche Zulässigkeit dann nach § 35 Abs. 2 BauGB als sonstiges Vorhaben, das im Einzelfall zugelassen werden kann, wenn die Ausführung oder Benutzung öffentliche Belange nicht beeinträchtigt und die Erschließung gesichert ist.

70 Im ersten Halbjahr 2014 betrug die durchschnittliche Nabenhöhe neu installierter Windenergieanlagen 113 m und der durchschnittliche Rotordurchmesser neuer Windenergieanlagen 97 m (vgl. Agentur für Erneuerbare Energien, Deutschland, im Internet unter: http://www.foederal-erneuerbar.de/landesinfo/kategorie/wind/bundesland/D/auswahl/573-durchschnittlicher_r/#goto_573, Zugriff am 20.08.2014).

71 Vgl. Umweltbundesamt (Hrsg.), Potenzial der Windenergie an Land, Dessau-Roßlau 2013, S. 38.

3. Naturschutz

Für die Abstandsflächen im Bereich des Naturschutzes sind insbesondere die Abstände zu Schutzgebieten nach dem BNatSchG[72], Abstände aus Gründen des Artenschutzes und im Hinblick auf das Landschaftsbild von Bedeutung, die im Folgenden näher betrachtet werden.

3.1 Schutzgebiete

Schutzgebiete nach dem BNatSchG geraten vermehrt in die Diskussion bei der Planung und Genehmigung von Windenergieanlagen. Dies ist insbesondere dort der Fall, wo alternative Standorte nur begrenzt vorhanden sind und daher Schutzgebiete für die Planung von Windenergieanlagen in Betracht gezogen werden. In Nordrhein-Westfalen sind zum Beispiel 44 Prozent der Landesfläche und damit fast der gesamte Außenbereich, der für die Windenergienutzung in Frage kommt, als Landschaftsschutzgebiet ausgewiesen.[73] Dagegen ergeben sich in nördlichen Bundesländern wie Schleswig-Holstein, Mecklenburg-Vorpommern und Niedersachsen umfangreiche Flächenpotenziale auch außerhalb von Schutzgebieten, wodurch sich hier die Frage der Vereinbarkeit zwischen Schutzgebieten und Windenergie weniger stellt. Das BNatSchG regelt den Schutzstatus der unterschiedlichen Schutzgebietskategorien und ordnet diesen ihre Schutzzwecke zu.[74] Aufgrund ihres Schutzstatus und Schutzzweckes lassen sich einzelne Schutzgebietskategorien grundsätzlich den harten Tabukriterien zuordnen. Nach den landesplanerischen Empfehlungen zur Planung und Genehmigung von Windenergieanlagen sind Nationalparke, Naturschutzgebiete, Kernzonen von Biosphärenreservaten, Nationale Naturmonumente, Feuchtgebiete internationaler Bedeutung (Ramsar-Konvention) und Vogelschutzgebiete (sog. SPA-Gebiete, nach der Vogelschutzrichtlinie[75]) übereinstimmend von der Windenergienutzung

---

72 Gesetz über Naturschutz und Landschaftspflege (Bundesnaturschutzgesetz – BNatSchG), v. 29.07.2009 (BGBl. I S. 2542), zuletzt geändert durch Art. 4 Abs. 100 G. v. 07.08.2013 (BGBl. I S. 3154).

73 Vgl. Bundesamt für Naturschutz (Hrsg.), Daten zur Natur, Münster 2012.

74 Vgl. §§ 22–30 BNatSchG.

75 Richtlinie 79/409 EWG des Rates v. 02.04.1979 über die Erhaltung der wildlebenden Vogelarten (ABl. EG Nr. L 103 S. 1), zuletzt geändert durch Richtlinie 2009/147/EG v. 30.11.2009.

freizuhalten (Tabelle 3). Ein unterschiedlicher Umgang wird insbesondere bei den Empfehlungen zum Umgang mit Landschaftsschutzgebieten, Naturparken, Pflege- und Entwicklungszonen von Biosphärenreservaten und FFH-Gebieten mit ihren jeweils spezifischen Erhaltungszielen deutlich. In einigen Ländern werden diese Kategorien als sogenannte „harte" Tabukriterien von vornherein für die Windenergienutzung ausgeschlossen.[76] In anderen Ländern wird eine sorgfältige Einzelfallprüfung empfohlen oder sie bleiben zunächst als „weiche" Tabukriterien unberücksichtigt.[77] Soweit in diesem Fall der Windenergie mit den verbleibenden Potentialflächen nicht substanziell Raum geschaffen werden kann, erfolgt eine Überprüfung der „weichen" Tabukriterien. In diesem Zusammenhang wird vor allem die Vereinbarkeit von Windenergieanlagen in FFH- und Landschaftsschutzgebieten diskutiert.[78]

---

76 Vgl. Ministerium für Landwirtschaft, Umwelt und ländliche Räume (Hrsg.), Grundsätze zur Planung von Windkraftanlagen, Gemeinsamer Runderlass des Innenministeriums, des Ministeriums für Landwirtschaft, Umwelt und ländliche Räume und des Ministeriums für Wissenschaft, Wirtschaft und Verkehr, Land Schleswig-Holstein, Kiel 2011; Thüringer Ministerium für Bau, Landesentwicklung und Verkehr, Handlungsempfehlung für die Fortschreibung der Regionalpläne zur Ausweisung von Vorranggebieten „Windenergie", die zugleich die Wirkung von Eignungsgebieten haben, (Stand: April 2005), Erfurt 2005.

77 Vgl. Windenergieerlass Baden-Württemberg, Gemeinsamer Erlass des Ministeriums für Umwelt, Klima und Energiewirtschaft, des Ministeriums für Ländlichen Raum und Verbraucherschutz, des Ministeriums für Verkehr und Infrastruktur und des Ministeriums für Finanzen und Wirtschaft, Land Baden-Württemberg, 2012; Hinweise zur Planung und Genehmigung von Windkraftanlagen (WKA), Gemeinsame Bekanntmachung der Bayerischen Staatsministerien des Innern, für Wissenschaft, Forschung und Kunst, der Finanzen, für Wirtschaft Infrastruktur, Verkehr und Technologie, Für Umwelt und Gesundheit sowie für Ernährung, Landwirtschaft und Forsten v. 20.11.2011, Land Bayern; Beachtung naturschutzfachlicher Belange bei der Ausweisung von Windeignungsgebieten und bei der Genehmigung von Windenergieanlagen. Ministerium für Umwelt, Gesundheit und Verbraucherschutz, Land Brandenburg, 2010.

78 Vgl. Diskussion in Lorho, Naturschutzrechtlicher Rahmen für den Ausbau der Windkraft, Naturschutzinfo 1/2011, 48 (50); Landesanstalt für Umwelt, Messungen und Naturschutz Baden-Württemberg (Hrsg.) oder in Scheidler, Rechtsfragen aus dem Energiesektor, WiVerw 2011, 113–192.

Tabelle 3: Landesplanerische Empfehlungen zur Berücksichtigung von Schutzgebieten

Bundesländer Schutzgebiets-kategorie	BY	BW	BR	HE	MV	NI	NW	RP	SL	SN	SH	TH
Nationalparke	X	X	–	X	X	X	X	–	–	X	X	X
Naturschutz-gebiete	X	X	X	X	–	X	X	X	X	X	X[3)]	X
Biosphären-reservate (Kernzone)	X	X	–	X	X	X	–	–	–	X	–	X
Biosphären-reservate (Pflegezone)	E	E	–	X	–	–	–	–	E	X	–	X
Biosphären-reservate (Entwicklungs-zone)	–	–	–	–	–	–	–	–	–	E	–	–
FFH-Gebiete	E	E	E	E	X	X[1)]	X	E	X	E	X[3)]	X
SPA-Gebiete	X	X	E	E	X	X[1)]	X	E	X	E	X[3)]	X
Landschafts-schutzgebiete	E	E	E	–	E	X[1)]	E	–	–	E	E	E
Naturparke	E	E	–	–	X	–	–	E	–	E	E	E
Bann- und Schonwälder	–	X	–	X	X[2)]	–	–	–	–	–	X[3)]	X

X = Ausschluss, E = Einzelfallprüfung, – = ohne Angaben.
1) = Ausschluss in Verbindung mit Überprüfung der Vereinbarkeit mit dem Schutzzweck
2) = Waldflächen mit einer Größe von mehr als 10 ha
3) = Ausschluss als Ziel der Raumordnung im Landesentwicklungsplan
Quelle: Eigene Darstellung, auf der Basis vorhandener Ländererlasse[79]

---

79 Vgl. u.a. für Bayern: Gemeinsame Bekanntmachung der Bayerischen Staatsministerien des Innern, für Wissenschaft, Forschung und Kunst, der Finanzen, für Wirtschaft, Infrastruktur, Verkehr und Technologie, für Umwelt und Gesundheit sowie für Ernährung, Landwirtschaft und Forsten v. 20.12.2011, Hinweise zur Planung und Genehmigung von Windkraftanlagen (WKA), a.a.O. (Fn. 77); Nordrhein-Westfalen: Erlass für die Planung und Genehmigung von Windenergieanlagen und Hinweise für die Zielsetzung und Anwendung (Wind-

Für die Planungspraxis bedeutet der vermehrte Verweis auf Einzelfallbetrachtungen für die Eignung oder den Ausschluss von Schutzgebieten natürlich einen erhöhten Aufwand. Das Ministerium für Landwirtschaft in Niedersachsen sowie der niedersächsische Landkreistag (ML/NLT) weisen in der Arbeitshilfe Regionalplanung und Windenergie[80] auf die maßstäbliche Überforderung der Regionalplanung hin, wenn einzelne Schutzgebietsverordnungen auf ihre Vereinbarkeit mit der Windenergienutzung geprüft werden müssen. Es werden daher drei verschiedene Ansätze vorgeschlagen, die sogleich im Hinblick auf mögliche Risiken und Herausforderungen im Zuge der Planung eingeordnet werden:

Tabelle 4: Übersicht über Ansätze zur Berücksichtigung von Schutzgebieten im Rahmen der Regionalplanung

Ansatz	Vorgehen	Risiken
Ausschluss der Schutzgebiete als hartes Tabukriterium	Ausnahmemöglichkeiten unberücksichtigt lassen aufgrund maßstäblicher Überforderung im Rahmen der Regionalplanung sowie aufgrund der mangelnden rechtlichen Möglichkeit des Plangebers die Schutzgebiets-Verordnung ggf. zu ändern.	Vorwurf eines pauschalen Ausschlusses aufgrund fehlerhafter Abwägung, Vorwurf der Verhinderungsplanung, Vorwurf der Substantialität nicht ausreichend Rechnung zu tragen.

energie-Erlass) v. 11.07.2011, Gemeinsamer Runderlass des Ministeriums für Klimaschutz, Umwelt, Landwirtschaft, Natur- und Verbraucherschutz des Landes Nordrhein – Westfalen (Az. VIII2 – Winderlass) und des Ministeriums für Wirtschaft, Energie, Bauen, Wohnen und Verkehr des Landes Nordrhein-Westfalen (Az. X A 1 – 901.3/202) und der Staatskanzlei des Landes Nordrhein-Westfalen (Az. III B 4 – 30.55.03.01); Baden-Württemberg: Windenergieerlass Baden-Württemberg, a.a.O. (Fn. 77).

80 Vgl. Niedersächsischer Landkreistag e. V. und Niedersächsisches Ministerium für Ernährung, Landwirtschaft und Verbraucherschutz (Hrsg.), a.a.O. (Fn. 46).

Ansatz	Vorgehen	Risiken
Ausschluss von Teilbereichen der Schutzgebiete als hartes und weiches Tabukriterium ohne flächenkonkrete Zuordnung	Überwiegende Teile des Schutzgebietes als harte Tabukriterien ausschließen und pauschale Berücksichtigung von Teilbereichen des Schutzgebietes, in denen eine Windenergienutzung unter Zuhilfenahme einer Ausnahmeregelung zukünftig zulässig sein kann (weiches Tabukriterium), ohne konkrete innergebietliche Differenzierung.	Vorwurf der Verhinderungsplanung aufgrund einer pauschalen ungeprüften Einstufung aller möglichen Ausnahmeflächen als weiches Tabukriterium.
Ausschluss von Schutzgebietsteilen als hartes Tabukriterium und Berücksichtigung von Teilflächen als Potentialfläche im Rahmen der Abwägung mit flächenkonkreter Zuordnung	Überwiegende Teile des Schutzgebietes als harte Tabukriterien ausschließen und flächenkonkrete Berücksichtigung von Teilbereichen des Schutzgebietes, in denen eine Windenergienutzung unter Zuhilfenahme einer Ausnahmeregelung zukünftig zulässig sein kann (Potentialfläche).	Hoher Untersuchungsaufwand und Risiko, dass die Untersuchungstiefe nicht für alle Schutzgebiete im Planungsraum gleichermaßen erfolgen kann (Gleichbehandlungserfordernis).

Quelle: Eigene Darstellung in Anlehnung an ML/NLT (2013)[81]

Neben dem Ausschluss dieser Gebietskategorien werden in einzelnen Ländern zusätzlich Vorsorgeabstände empfohlen.[82]

81 Vgl. Ebd.

82 Vgl. Bund-Länder Initiative Windenergie (BLWE), Übersicht der landesplanerischen Empfehlungen zur Berücksichtigung von Schutzgebieten bei der Ausweisung von Windenergiegebieten (Bund-Länder Initiative Windenergie, Stand: 07/2012), im Internet unter: http://www.erneuerbare-energien.de/fileadmin/ee-import/files/pdfs/allgemein/application/pdf/laenderuebersicht_windenergie_schutzgebiete_bf.pdf, Zugriff am 05.02.2014.

Die in Tabelle 5 aufgezeigte Spannweite dieser Abstandsempfehlungen verdeutlicht die Unterschiede von Bundesland zu Bundesland. Eine relativ restriktive Handhabung einzelner Abstandsflächen erfolgt in Mecklenburg-Vorpommern. So werden Abstandsflächen zu Nationalparks von 1.000 Metern und Abstandspuffer von 500 Metern zu europäischen Vogelschutzgebieten als Ausschlusskriterien vorgegeben.[83] In der Regel werden die Abstandsflächen zu bestimmten Schutzgebieten als Empfehlung vorgegeben. Sehr oft sind zur Bestimmung aber auch Einzelfallbetrachtungen für die Ermittlung der Abstandsflächen vorzunehmen. Dies führt wiederum zu einem entsprechend höheren Prüfaufwand im Rahmen der Erstellung des Konzeptes in Abhängigkeit von der Größe des Plangebietes bzw. der vorhandenen Schutzgebiete. Entsprechend dem empfehlenden Charakter handelt es sich bei den Abstandsempfehlungen zu bestimmten Schutzgebieten in der Regel um weiche Tabukriterien, die entsprechend anzupassen sind, wenn der Windenergie nicht substanziell Raum geschaffen werden kann. Auch die Rechtsprechung wertet die Abstandsflächen aufgrund ihres empfehlenden Charakters regelmäßig nicht als harte Tabukriterien.[84]

Tabelle 5: Abstandsempfehlungen zu Schutzgebieten in Bundesländern

Gebietstyp Bundesland	NSG	LSG	Nationalpark	Biosphärenreservate	Natura 2000	Geschützte Waldgebiete
BW	200 m	–	200 m	200 m (Kernzone)	700 m	Bann- und Schonwälder 200 m
BY	Einzelfall max. 1.000 m	Einzelfall max. 1.000 m	Einzelfall max. 1.000 m	Einzelfall max. 1.000 m (Kernzone)	–	–
BB	Einzelfall	Einzelfall	–	Einzelfall	Einzelfall	–

83 Vgl. Ministerium für Energie, Infrastruktur und Landesentwicklung (Hrsg.), a.a.O. (Fn. 43).

84 Vgl. OVG Münster, Urt. v. 01.07.2013, a.a.O. (Fn. 38), Rn. 61; OVG Koblenz, Urt. v. 16.05.2013, a.a.O. (Fn. 40), Rn. 48.

Gebietstyp Bundesland	NSG	LSG	Nationalpark	Biosphärenreservate	Natura 2000	Geschützte-Waldgebiete
MV	–	–	1.000 m[1)]	500 m	500 m [1)] (SPA)	
NI	Einzelfall	–	–	–	–	–
NW	Einzelfall	Einzelfall	Einzelfall	Einzelfall	i.d.R. 300 m	–
RP	Einzelfall	–	–	–	200 m	200 m
SL	200 m	–	–	–	200 m (FFH-Geb.)	–
SN	Einzelfall	Einzelfall	Einzelfall	Einzelfall	Einzelfall	200 m – 400 m
ST	200 m –1.000 m, Einzelfall	500 m – 1.000 m	1.000 m, Einzelfall	1.000 m	1.000m, Einzelfall	200 m
SH	300m + Rotorradius	Einzelfall	300 m + Rotorradius	Einzelfall	300m + Rotorradius	> 0,2 ha 100 m + Rotorradius
TH	Einzelfall; pot. Konfliktraum von ca. 1.000 m	Einzelfall; pot. Konfliktraum von ca. 1.000m	Einzelfall; pot. Konfliktraum von ca. 1.000m	Einzelfall; pot. Konfliktraum von ca. 1.000m	Einzelfall; pot. Konfliktraum von ca. 1.000 m	Einzelfall; pot. Konfliktraum von ca. 1.000m
Bandbreite	200 m –1.000 m und Einzelfall	500 m – 1.000 m und Einzelfall	200 m – 1.000 m und Einzelfall	200 m – 1.000 m und Einzelfall	200 m – 1.000 m und Einzelfall	200 m – 1.000 m und Einzelfall

1) = Festlegung als Ausschlusskriterium
Eigene Darstellung basierend auf[85]

85 Vgl. Windenergieerlasse Baden-Württemberg (2012); Bayern: Hinweise zur Planung und Genehmigung von Windkraftanlagen (2011), a. a. O. (Fn. 77); Niedersachen: Planung und Genehmigung von Windenergieanlagen an Land in Niedersachsen und Hinweise für die Zielsetzung und Anwendung (Windenergieerlass), Entwurf v. 21.07.2014; Nordrhein-Westfalen: Erlass für die Planung und Genehmigung von Windenergieanlagen und Hinweise für die Zielsetzung und Anwendung (2011) a. a. O. (Fn. 79); Rheinland-Pfalz: Hinweise zur Beurteilung der Zulässigkeit von Windenergieanlagen in Rheinland Pfalz (2013);

Über diese Abstandsflächen zu einzelnen Schutzgebietskategorien aus dem Naturschutzrecht werden in verschiedenen landesplanerischen Empfehlungen auch Abstandsflächen zu regionalplanerisch festgelegten Kategorien der Freiräume mit einem besonderen Schutzanspruch bestimmt. So wird in Mecklenburg-Vorpommern ein Abstandspuffer von 500 Metern um Vorranggebiete für Naturschutz und Landschaftspflege als Restriktionskriterium vorgegeben.[86] In Bayern sind zu den Kategorien „Freiraumverbund“ oder „Vorranggebiet von Natur und Landschaft“ die notwendigen Abstände im Einzelfall zu bestimmen, wobei ein maximaler Abstand von 1.000 Metern nicht überschritten werden soll. In Thüringen wird ein Abstand von 1.000 Meter als potenzieller Konfliktraum angesehen. Auch in anderen Bundesländern sind diese im Einzelfall festzulegen. Insofern handelt es sich auch hier überwiegend um weiche Tabukriterien.

3.2 *Artenschutz*

Durch den Ausbau der Windenergie kommt es regelmäßig zu Konflikten mit den artenschutzrechtlichen Bestimmungen nach § 44 Abs. 1 BNatSchG. Insbesondere Vögel und Fledermäuse sind durch Kollisionen gefährdet oder können an Brut- und Ruheplätzen durch den Betrieb von Windenergieanlagen gestört werden. Vor dem Hintergrund der Gefahr einzelner Vogelarten[87], mit Windenergieanlagen zu kollidieren und zum Schutz vor unzulässigen Störungen, hat die Länderarbeitsgemeinschaft

---

Saarland: Leitfaden zur Windenergienutzung (2012); Sachsen: Gemeinsamer Erlass des Sächsischen Staatsministeriums des Inneren und des Sächsischen Staatsministeriums für Wirtschaft, Arbeit und Verkehr über Mindestabstände zwischen Wohnbebauung und Vorrang- und Eignungsgebieten zur Nutzung der Windenergie v. 12.07.2013; Schleswig-Holstein: Grundsätze zur Planung von und zur Anwendung der naturschutzrechtlichen Eingriffsregelung bei Windkraftanlagen (Gl. Nr. 2320.7) Gemeinsamer Runderlass der Staatskanzlei, des Innenministeriums, des Ministeriums für Energiewende, Landwirtschaft, Umwelt und ländliche Räume des Ministeriums für Wirtschaft, Arbeit, Verkehr und Technologie v. 26.11.2012 – V 531 – (ABl. S. 1352).

86 Vgl. Ministerium für Energie, Infrastruktur und Landesentwicklung (Hrsg.), a.a.O. (Fn. 43).

87 Neben den geschützten Vogelarten sind insbesondere Fledermausarten in Bezug auf die Windenergienutzung artenschutzrechtlich relevant, die jedoch im Rahmen dieser Betrachtung ausgeblendet werden.

Vogelschutzwarten (LAG VSW) mit dem sogenannten „Helgoländer Papier“ Abstandsregelungen für Windenergieanlagen zu bedeutsamen Vogellebensräumen sowie Brutplätzen ausgewählter Vogelarten veröffentlicht.[88] Wie andere von den staatlichen Vogelschutzwarten erarbeiteten fachlichen Grundlagen zum Vogelschutz können diese als Beurteilungsgrundlage für die Umsetzung gesetzlicher Regelungen im Rahmen des Verwaltungsvollzuges Verwendung finden. Die abgeleiteten Vorschläge selbst haben jedoch nur Empfehlungscharakter. In der Rechtsprechung sind die Empfehlungen der LAG VSW als Fachkonvention anerkannt, die „in Ermangelung bundeseinheitlicher Empfehlungen, die aus artenschutzrechtlicher Sicht notwendigen Abstandsregelungen für Windenergieanlagen zu avifaunistisch bedeutsamen Gebieten sowie zu Brutplätzen besonders störempfindlicher oder durch Windenergieanlagen besonders gefährdeter Vogelarten definiert.“[89] In Erlassen der Länder und Hinweispapieren[90] werden die artspezifischen Abstandsempfehlungen der LAG VSW weitgehend übernommen (vgl. Tabelle 6). Durch die Vorgaben dieser Abstände soll Artenschutzbelangen bereits umfassend auf Ebene der Regional- und Bauleitplanung Rechnung getragen werden. Entsprechend können breit abgestimmte und nachvollziehbar abgeleitete Handlungsempfehlungen für die planerische Ausweisung von Windenergiegebieten eine quasi faktische Wirkung erzielen. Allerdings kann die pauschale Anwendung der Abstandsempfehlungen in einzelnen Planungsräumen dazu führen, dass umfangreich Flächenpotentiale von vornherein ausgeschlossen sind und dadurch der Windenergienutzung nicht, wie von der Rechtsprechung gefordert, in substanzieller Weise Raum geschaffen wird. Auch ist insbesondere im Bereich des Artenschutzes eine flächenscharfe

---

88 Vgl. Länderarbeitsgemeinschaft der Vogelschutzwarten (LAG VSW) (Hrsg.), Abstandregelungen für Windenergieanlagen zu bedeutsamen Vogellebensräumen sowie Brutplätzen ausgewählter Vogelarten, in: Berichte zum Vogelschutz 44/2007, 151–153.

89 OVG Münster, Beschluss. v. 23.07.2014 – 8B 356/14 – JURIS, Rn. 73.

90 Vgl. z. B. für Niedersachsen: Niedersächsischer Landkreistag e. V. (Hrsg.), Naturschutz und Windenergie, Hinweise zur Berücksichtigung des Naturschutzes und der Landschaftspflege sowie zur Durchführung der Umweltprüfung und Umweltverträglichkeitsprüfung bei Standortplanung und Zulassung von Windenergieanlagen, Hannover 2011.

Zuordnung von Ausschlussflächen nicht immer möglich bzw. nur mit einem erheblichen Aufwand zu ermitteln. Im Rahmen der Konzentrationsflächenplanung erscheint diese Zuordnung nochmals erschwert, da die Anlagenstandorte auf diesen Planungsebenen noch nicht bestimmt werden. Die Abstandsempfehlungen können auf diesen Planungsebenen dazu dienen, den Fokus der Planung auf Bereiche zu lenken, die außerhalb dieser Abstände liegen. Zusammenfassend lässt sich daher eine Reihe von Herausforderungen bei der planerischen Berücksichtigung des Artenschutzes über Abstandsempfehlungen konstatieren:

- Regionalpläne werden in der Regel mit einem Planungshorizont von zehn bis 15 Jahren aufgestellt. Die Berücksichtigung von pauschalen Abständen zu Nistplätzen scheint vor diesem Hintergrund zumindest für relevante Vogelarten, die nicht dauerhaft horsttreu sind, nicht zweckmäßig.
- Pauschale Abstandsradien stellen eine räumliche Vereinfachung dar, die den Naturraum und Aktionsbereiche der Tiere nur selten abbilden kann. Grundsätzlich sind Vögel und Fledermäuse dazu in der Lage, auch weite Strecken mehrmals täglich zu überwinden. Dabei ist nur in unmittelbarer Nähe zum Fortpflanzungshabitat ein Aktionsradius von 360° zu erwarten. Ab einer gewissen Entfernung zum Nest werden vielmehr Flugkorridore zu den Nahrungshabitaten genutzt.
- Die Berücksichtigung der Abstandsempfehlungen lässt nicht den Schluss zu, dass andernorts Artenschutzbelange der Windenergienutzung nicht entgegenstehen können. Umgekehrt können auch innerhalb der vorgeschlagenen Tabu- und Prüfradien Windenergieanlagen zulässig sein.

Im Rahmen von Gebietsausweisungen ist der Artenschutz als hartes Tabukriterium wohl nur insofern einschlägig, als eine hinreichend belastbare Beurteilung über die Häufigkeit und Verteilung der relevanten Arten im Plangebiet abgeleitet werden kann und die vorhandenen Daten in Qualität und Aktualität eine entsprechende Aussage zulassen. Dies betrifft sowohl die zeitliche als auch die räumliche Konkretisierung. Dynamische Prozesse, wie z. B. sich verändernde Bewirtschaftungsformen, die zur Nistplatzaufgabe oder veränderten Flugrouten führen können, können nur bedingt im Rahmen der Planung abgebildet bzw. nachvollzogen werden. Einzelvorkommen mobiler Arten werden diese Anforderungen möglicherweise überhaupt nicht erfüllen können. Wenn auf Regionalplanebene eine belastbare Einschätzung von Häufigkeit und Verteilung der relevanten Arten nicht erfolgen kann, ist die Festlegung von Standorten für Windenergieanlagen dennoch möglich. Harte Tabukriterien aus artenschutzrechtlichen Gründen werden daher insbesondere die Flächen sein, in denen mehrere Vorkommen der einschlägigen Vogel- und Fledermausarten nachgewiesen sind (Hinweise auf Schwerpunktlebensräume).

Tabelle 6: Vergleich der Abstandsempfehlungen einzelner Bundesländer sowie der LAG VSW

Bundesland	Jahr	Nomenklatur jeweils in m	Schwarzmilan	Rotmilan	Seeadler	Wiesenweihe, Rohrweihe	Schwarzstorch
BY	2011	Prüfbereich (Prüfbereich)	1.000 (4.000)	1.000 (6.000)	3.000 (6.000)	1.000 (6.000)	3.000 (10.000)
BB/ BE	2010	Schutzbereich (Restriktionsbereich)	–	–	3.000 (6.000)	1.000	3.000 (6.000)
MV	2012	Abstandspuffer	–	–	2.000	–	3.000
NI	2011[91]	Ausschlussbereich (Prüfbereich)	1.000 (4.000)	1.000 (6.000)	3.000 (6.000)	1.000 (6.000)	3.000 (10.000)
SL	2013	Mindestabstand (Prüfbereich)	1.000 (3.000)	1.500 (4.000)	–	1.000 (3.000)	3.000 (6.000)
SH	2008	Schutzbereich (Prüfbereich)	1.000 (4.000)	1.000 (6.000)	3.000 (6.000)	Brut-verbreitungsschwerpunkt	3.000 (6.000)
LAG VSW	2007	Ausschlussbereich (Prüfbereich)	1.000 (4.000)	1.000 (6.000)	3.000 (6.000)	1.000 (6.000)	3.000 (10.000)

Abstände in Klammern = Abstands- bzw. Prüfbereiche mit Bezug zu Nahrungshabitaten, ansonsten Abstände zu Brutvorkommen.
Eigene Darstellung

91 Hierbei handelt es sich um einen Leitfaden des Niedersächsischen Landkreistages (NLT) und damit nicht um ein landesplanerisches Empfehlungspapier.

Um die planerische Berücksichtigung der Artenschutzbelange auf eine belastbare Grundlage zu stützen, sind weiterhin erhebliche Kenntnisdefizite zu überwinden. Im Sinne eines harten Tabukriteriums kann eine Fläche artenschutzrechtlich aber wohl nur dann ausscheiden, wenn ein belastbarer Wissensstand erreicht ist und die Vorkommen räumlich konkret zuordenbar sind. Derzeit wird der Fortschreibungsentwurf des Helgoländer Papiers diskutiert und soll dem ständigen Ausschuss „Arten- und Biotopschutz" der Bund/Länder-Arbeitsgemeinschaft für Naturschutz, Landschaftspflege und Erholung (LANA) im Herbst 2014 vorgelegt werden.[92] Grundlage hierfür bilden die Informationen der Staatlichen Vogelschutzwarten in Deutschland.[93] Die Abstandsempfehlung wird als Beurteilungsmaßstab in der Raumplanung und bei der Vorhabenzulassung empfohlen. Damit auch dieses neue Papier als Fachkonvention anerkannt werden kann, ist eine breite Diskussion des Sachverhalts, des Kenntnisstandes und der Herleitung der Abstandsempfehlungen geboten. Aus diesem Grund wurde das Papier sowohl der Bund-Länder-Initiative Windenergie als auch in der LANA zur Beratung vorgelegt.

3.3 *Landschaftsbild*

Eine besondere Bedeutung insbesondere für die Planung von Konzentrationszonen auf der überörtlichen Ebene der Regionalplanung oder der gesamtgemeindlichen Flächennutzungsplanung haben Abstandsflächen zu Windenergieanlagen aufgrund ihrer Größe und den damit verbundenen Auswirkungen auf das Landschaftsbild. Im BNatSchG werden unter § 1 die Ziele des Naturschutzes und der Landschaftspflege erläutert. Natur und Landschaft sind danach so zu schützen, dass die Vielfalt, Eigenart und Schönheit sowie der Erholungswert von Natur und Landschaft auf Dauer gesichert sind (§ 1 Abs. 1 Nr. 3 BNatSchG). Damit ist das Landschaftsbild gleichrangiges Schutzgut neben der Leistungs- und Funktionsfähigkeit des Naturhaushaltes und

---

92 Vgl. Protokoll der 14. Sitzung der Bund-Länder-Initiative Windenergie (BLWE), a. a. O. (Fn. 68), S. 4.

93 Bei der Staatlichen Vogelschutzwarte Brandenburg wird seit 2002 die zentrale Fundkartei über Anflugopfer bei Windenergieanlagen geführt, im Internet unter: www.mugv.brandenburg.de/cms/detail.php/bb2.c.451792.de, Zugriff am 03.09.2014.

der biologischen Vielfalt. Es gilt daher, Naturlandschaften und historisch gewachsene Kulturlandschaften vor Verunstaltung, Zersiedelung und sonstigen Beeinträchtigungen zu bewahren (§ 1 Abs. 4 Nr. 1 BNatSchG). Auch die Bauleitpläne sollen dazu beitragen, die städtebauliche Gestalt und das Orts- und Landschaftsbild baukulturell zu erhalten und zu entwickeln (§ 1 Abs. 5 BauGB). Im Rahmen der städtebaulichen Eingriffsregelung nach § 1a Abs. 3 BauGB ist bei einer Bauleitplanung der Eingriff in das Landschaftsbild zu ermitteln und entsprechend auszugleichen. Darüber hinaus ist das Landschaftsbild über das Schutzgut Landschaft Teil der Umweltprüfung. Insofern sind sowohl in der Regional- als auch der Bauleitplanung die Auswirkungen hierauf zu erfassen, zu beschreiben und zu bewerten.

Eine Windenergieanlage gefährdet grundsätzlich das Landschaftsbild, denn sie ist durch die Anlagenhöhe auch aus großer Entfernung wahrnehmbar, soweit diese nicht durch natürliche Elemente, wie Kuppen, Bäume oder andere Bauwerke sichtverschattet wird. Die Störung des Landschaftsbildes durch die Anlage als Bauwerk selbst wird außerdem durch die Drehbewegung des Rotors sowie die Nachtbefeuerung zur Hinderniskennzeichnung verstärkt. Denn sich bewegende Objekte lenken automatisch die Aufmerksamkeit von Beobachtern auf sich. Durch Windenergieanlagen kann es somit zu einer technischen Überprägung eines Landschaftsraumes kommen. Damit können diese das Blickfeld belasten, einen Maßstabs- und Eigenartsverlust sowie den Verlust der Stille und Störung der Nachtlandschaft hervorrufen.[94]

Besonders einzigartige, charakteristische Landschaftsräume sind meist schon durch Schutzgebietsausweisungen[95] berücksichtigt und werden aufgrund dessen als Standorte für die Windenergienutzung ausgeschlossen. Außerhalb der förmlichen Schutzgebiete wird das Landschaftsbild über das BNatSchG geschützt, wobei die Beeinträchtigung im Einzelfall zu ermitteln ist. Dabei sind auch Vorbelastungen in Form anderer Bauwerke bzw. Windenergieanlagen zu berücksichtigen, die zu einer Verminderung der Schutzwürdigkeit führen können.[96] In der Rechtsprechung des Bundesverwaltungsgerichts

94 Vgl. Nohl, Landschaftsästhetische Auswirkungen von Windkraftanlagen. Schöne Heimat – Erbe und Auftrag, Bayerischer Landesverein für Heimatpflege e. V., 99. Jahrgang, 1/2010.

95 Z. B. als Naturpark, Naturschutzgebiet oder Landschaftsschutzgebiet.

96 Vgl. BVerwG, Beschl. v. 18.03.2003 – 4 B 7/03 – JURIS, Rn. 5.

ist geklärt, dass eine „Verunstaltung im Sinne von § 35 Abs. 3 Satz 1 Nr. 5 BauGB voraussetzt, dass das Bauvorhaben dem Orts- oder Landschaftsbild in ästhetischer Hinsicht grob unangemessen ist und auch von einem für ästhetische Eindrücke offenen Betrachter als belastend empfunden wird“[97]. Das OVG Lüneburg führt hierzu aus, dass das Gewicht der Privilegierung sich darin äußert, dass Windenergieanlagen wegen ihrer Auswirkungen auf das Landschaftsbild nur dort unzulässig sind, wo dem Landschaftsbild ein besonderer Wert zukommt.[98] Auch das OVG Koblenz hält Anlagen wegen einer Verunstaltung des Landschaftsbildes nur ausnahmsweise für unzulässig, wenn das Gebiet von einer besonderen landschaftlichen Schönheit geprägt und noch nicht durch optisch hervortretende technische Bauwerke beeinträchtigt ist.[99] Dennoch ist bei der Annahme einer Verunstaltungswirkung eine gewisse Zurückhaltung geboten, da „Windenergieanlagen vom Gesetzgeber baurechtlich privilegiert worden sind und schon von ihrer Höhe und Betriebsweise her einem Landschaftsbild ohnehin weit eher Nachteile eintragen können als sonstige Außenbereichsvorhaben. Deutlich wird dabei, dass die Beurteilung der Beeinträchtigung nur im konkreten Einzelfall erfolgen kann[100] und einer transparenten und nachvollziehbaren Methodik bedarf. Umso schwieriger ist dies bei der Planung von Konzentrationszonen, wenn die Anlagenstandorte noch nicht bekannt sind. In diesem Fall ist zwar regelmäßig von einer Beeinträchtigung des Landschaftsbildes auszugehen, eine genauere Ermittlung erscheint jedoch dann erst auf der Ebene der Bebauungsplanung oder dem Genehmigungsverfahren möglich. Um die Auswirkungen auf das Landschaftsbild bereits bei der Ausweisung von Windenergiegebieten im Rahmen der Regional- und Flächennutzungsplanung zu minimieren, können zum einen Mindestabstände zu bestimmten Gebieten, Abstände zwischen Konzentrationszonen und Mindestflächengrößen für Konzentrationszonen bestimmt werden. In Mecklenburg-Vorpommern beträgt der als Ausschlusskriterium festgelegte Abstandspuffer zu einem Gebiet mit einem

97 BVerwG, Urt. v. 22.06.1990 – 4 C 6/87 – NVwZ 1991, 64 = ZfBR 1990, 293; BVerwG, Urt. v. 15.05.1997 – 4 C 23/95 – ZfBR 1997, 322; BVerwG, Beschl. v. 18.03.2003, a. a. O. (Fn. 96), Rn. 4.

98 Vgl. Beschluss v. 20.12.2001 – 1 MA 3579/01 – JURIS, Rn. 14.

99 Vgl. OVG Koblenz, Urt. v. 18.05.2006 – Az. 1 A 11398/04 – JURIS, Rn. 19.

100 Vgl. BVerwG, Beschl. v. 18.03.2003, a. a. O. (Fn. 96).

Landschaftsbildpotenzial der Stufe vier (sehr hoch) 1.000 Meter.[101] Einzig in Niedersachsen und Mecklenburg-Vorpommern werden Mindestabstände zwischen Vorrang- oder Eignungsgebieten empfohlen. In Mecklenburg-Vorpommern soll der Mindestabstand zwischen zwei Eignungsgebieten 2.500 Meter betragen.[102] In Niedersachsen wird in der Empfehlung zur Festlegung von Vorrang- oder Eignungsgebieten für die Windenergienutzung in der Fassung vom 26.01.2004 ein Mindestabstand von 5.000 Metern genannt. Die Mindestabstände sollen eine Beeinträchtigung des Landschaftsbildes vermindern und die Landschaftsräume zwischen den Windparks visuell unverstellt belassen. Lediglich in Mecklenburg-Vorpommern wird eine Mindestflächengröße für Eignungsgebiete definiert. Einen anderen Weg wählt das Bundesland Hessen durch die zielförmige Festlegung im Landesentwicklungsplan, dass der Flächenumfang eines Vorranggebietes zur Nutzung der Windenergie die Errichtung von mindestens drei Windenergieanlagen im räumlichen Zusammenhang unter effizienter Flächennutzung und Berücksichtigung der Hauptwindrichtung ermöglichen soll. Diese Regelungen sollen eine sinnvolle Bündelung der Windenergieanlagen gewährleisten, um Belastungen für die Umwelt, aber auch für den Menschen gering zu halten.

Tabelle 7: Mindestflächengrößen und Mindestabstände zwischen Windeignungsgebieten

Bundesland	**Mindestflächengröße**	**Abstand zw. Eignungsgebieten und Windnutzung**	**Quelle**
Hessen	Errichtung von mind. drei WEA	–	Hessisches Ministerium für Wirtschaft, Verkehr und Landesentwicklung (Hrsg.), Änderung des Landesentwicklungsplans Hessen 2000 nach § 8 Abs. 7 HLP – Vorgaben zur Nutzung der Windenergie, Wiesbaden 2013, S. 4.

101 Vgl. Ministerium für Energie, Infrastruktur und Landesentwicklung (Hrsg.), a.a.O. (Fn. 43), S. 25.

102 Vgl. ebd.

Bundesland	**Mindestflächen-größe**	**Abstand zw. Eignungsgebieten und Windnutzung**	**Quelle**
Mecklenburg-Vorpommern	35 ha	2.500 m	Ministerium für Energie, Infrastruktur und Landesentwicklung, Hinweise zur Festlegung von Eignungsgebieten für Windenergieanlagen (2012).
Nieder-sachsen	–	5.000 m	Niedersächsisches Ministerium für den ländlichen Raum, Ernährung, Landwirtschaft und Verbraucherschutz, Empfehlung zur Festlegung von Vorrang- oder Eignungsgebieten für die Windenergienutzung (2004)

Eigene Darstellung

Aus planerischer Sicht erscheint eine Mindestflächengröße für bis zu drei Anlagen durchaus sinnvoll, um eine Konzentrationswirkung zu erzielen. Auch die Einhaltung eines Mindestabstandes zwischen den Gebieten ist grundsätzlich nachvollziehbar, wobei hierbei zu kritisieren ist, dass die Einhaltung der Abstände nicht automatisch mit dem Schutz wertvoller und charakteristischer Landschaftsräume einhergeht. Dem Schutzbedarf kann hier eigentlich nur durch entsprechende Raumanalysen Rechnung getragen werden. Hierzu wird insbesondere die Einsehbarkeit der Konzentrationszonen aus umliegenden Siedlungen geprüft. Dabei sollten vor allem charakteristische Landschaftsräume freigehalten und auch Vorbelastungen berücksichtigt werden.

3.4 Wald

Bedingt durch den weiteren Ausbau der Windenergie an Land sowie der mittlerweile gängigen Nabenhöhe von über 100 Metern bei neuen Windenergieanlagen kommen zunehmend auch Waldgebiete in den Fokus der Planung und Genehmigung. Potenziell hierfür in Frage kommen für eine Windenergienutzung 13,6 Prozent der deutschen Waldflächen außerhalb von Schutzgebieten.[103] Bei der Nutzung von Waldflächen kommt der Beachtung ausgewiesener Schutzgebiete, dem Artenschutz sowie der Erholung und dem Landschaftsbild eine wichtige Bedeutung zu. In waldreichen Bundesländern wie Rheinland-Pfalz (42 Prozent), Bayern und Baden-Württemberg werden Waldstandorte schon deshalb in die Planungen einbezogen, da die windhöffigen Standorte in Höhenlagen häufig bewaldet sind. Dagegen bieten sich in den nördlichen Bundesländern wie Schleswig-Holstein, Mecklenburg-Vorpommern und Niedersachsen in der Regel genug Alternativen, die einen Verzicht auf Wald- und Schutzgebiete ermöglichen. Entsprechen werden Wald- und Schutzgebiete in einigen landesplanerischen Empfehlungen teilweise für die Windenergienutzung geöffnet. Bei der Beurteilung der Verträglichkeit wird dabei vermehrt auf Einzelfallbetrachtungen zurückgegriffen, woraus wiederum ein erhöhter Planungs- und Prüfaufwand resultiert. Vor diesem Hintergrund werden in einer Reihe von Planungshinweisen und Erlassen dem Thema Windenergie im Wald eigene Kapitel gewidmet.[104] In Nordrhein-Westfalen wurde ein eigener Leitfaden zur Windenergie im Wald veröffentlicht, der für die Regional- und Bauleitplanung als Empfehlung für die Abwägung dient.[105]

Neben den Empfehlungen zum Umgang mit Windenergie auf Waldflächen werden in einigen Ländern auch Abstandsempfehlungen zwischen bestimmten Waldflächen und Windenergieanlagen vorgegeben (vgl. Tabelle 8).

---

103 Vgl. Bundesamt für Naturschutz (Hrsg.), Windkraft über Wald, Bonn 2011, S. 2.

104 Hinweise zur Planung und Genehmigung von Windkraftanlagen (WKA), Gemeinsame Bekanntmachung des Bayerischen Staatsministerien des Inneren, für Wissenschaft, Forschung und Kunst, der Finanzen, für Wirtschaft, Infrastruktur, Verkehr und Technologie, für Umwelt und Gesundheit sowie Ernährung, Landwirtschaft und Forsten v. 20.12.2011; S. 49; Erlass für die Planung und Genehmigung von Windenergieanlagen und Hinweise für die Zielsetzung und Anwendung (Windenergie-Erlass), a. a. O. (Fn. 79), S. 41; Windenergieerlass Baden-Württemberg, a. a. O. (Fn. 77).

105 Vgl. Ministerium für Klimaschutz, Umwelt, Landwirtschaft, Natur- und Verbraucherschutz des Landes Nordrhein-Westfalen (Hrsg.), Leitfaden Rahmenbedingungen für Windenergieanlagen auf Waldflächen in Nordrhein-Westfalen, Düsseldorf 2012, S. 6.

Tabelle 8: Abstandsempfehlungen zu geschützten Waldgebieten in den Bundesländern

Bundesland Kategorie	**BW**	**MV**	**SL**	**SN**	**ST**	**SH**	**TH**
Geschützte Waldgebiete	Bann- und Schonwälder 200 m	200 m bis 500 m	Einzelfall	200 m –400 m	200 m	> 0,2 ha 100 m + Rotorradius	Einzelfall; pot. Konfliktraum von ca. 1.000 m

Eigene Darstellung

Die Bandbreite geht dabei von einem Abstand zwischen 200 bis zu 1.000 Metern bzw. der Notwendigkeit zur Einzelfallüberprüfung. Aufgrund des überwiegenden Charakters als Empfehlung bzw. der Notwendigkeit zur Einzelfallprüfung sind diese als weiche Tabukriterien einzustufen.

4. Infrastrukturtrassen und -einrichtungen

Die dritte Nutzungskategorie, die bei der Planung und der Genehmigung von Windenergieanlagen Abstandsflächen relevant ist, bilden Infrastrukturtrassen und -einrichtungen. Hierbei handelt es sich um linien- oder punktförmige Anlagen und Einrichtungen, wie z.B. Straßen, Schienenstrecken, Freileitungen oder unterirdische Pipelines und Richtfunktrassen sowie Standorte der Flugsicherung und Wetterradar. Neben den durch die Landesministerien und Landesplanungsbehörden verabschiedeten Energiekonzepten, Erlassen, Leitfäden, Windatlanten und Handlungsempfehlungen gibt es eine Reihe von Hinweisen aus Fachdisziplinen, die für die Erstellung von Windenergiekonzepten auf regionaler oder kommunaler Ebene von Bedeutung sind. Beispielhaft können hierzu Handlungsempfehlungen des Deutschen Wetterdienstes[106] sowie das sogenannte ICAO-Papier[107] genannt werden. Diese können helfen, durch vorsorgeorientierte Hinweise

106 Vgl. Deutscher Wetterdienst (Hrsg.), Informationen zur Errichtung von Windenergieanlagen im Nahbereich der Messsysteme des Deutschen Wetterdienstes. Abstandsanforderungen und Höhenbeschränkungen, Offenbach am Main 2013.

107 Vgl. ICAO, Europäisches Anleitungsmaterial zum Umgang mit Anlagenschutzbereichen, ICAO EUR DOC 015, 2. Ausgabe 2009, Deutsch 7/2011.

Konflikte im Rahmen der Planung frühzeitig zu vermeiden. Dabei ist zu beachten, dass diese Fachempfehlungen im Gegensatz zu den Dokumenten der für die Raumplanung in den zuständigen Stellen der Länder, nicht im gesamtplanerischen Zusammenhang entwickelt wurden. Entsprechend der sektoralen Betrachtungsweise werden dabei allein fachspezifische Kriterien zugrunde gelegt, wodurch es zu hohen Schutzstandards in den jeweiligen Empfehlungen kommt. Dies kann jedoch dazu führen, dass aufgrund der komplexen Sachverhalte und fehlender vertiefender Kenntnisse in den jeweiligen Fachdisziplinen im Zweifel von den Planungsträgern auf regionaler oder kommunaler Ebene eine 1:1 Übernahme der Empfehlungen erfolgt, um Konflikte von vornherein auszuschließen. Ist dies zwar grundsätzlich möglich, kann sich hieraus jedoch ein Problem ergeben, wenn die daraus resultierende Gebietskulisse auf der Ebene der Regional- oder Flächennutzungsplanung der Windenergie nicht mehr substanziell Raum schafft. Umso wichtiger ist es daher, dass die Fachdisziplinen und die Autoren der Fachempfehlungen auf eine hohe Transparenz und Nachvollziehbarkeit ihrer Empfehlungen achten und den Planungsträger in die Lage versetzen, eine differenzierte Gebietsausweisung vornehmen zu können.

4.1 Straßen

Anders als bei Abständen zu Siedlungsbereichen, die vor allem aufgrund der von den Anlagen ausgehenden Geräuschemissionen regelmäßig 500 Meter und mehr betragen, werden Windenergieanlagen oft in unmittelbarer Nähe zu Straßen geplant. Gefahren für den Verkehr können sich dabei insbesondere durch den Eisabwurf ergeben. Als bauliche Anlagen gelten für Windenergieanlagen entlang von öffentlichen Straßen die gesetzlich bestimmten Anbauverbotszonen nach dem Bundesfernstraßengesetz[108] und den Landesstraßengesetzen. Danach dürfen Hochbauten jeder Art, zu denen auch Windenergieanlagen gehören, außerhalb der Ortsdurchfahrten längs von Bundesautobahnen in einer Entfernung bis 40 Metern und entlang von Bundesstraßen in einer Entfernung bis 20 Metern, jeweils gemessen vom äußeren Rand der befestigten Fahrbahn, nicht errichtet werden.

108 Bundesfernstraßengesetz (FStrG), in der Fassung der Bekanntmachung v. 28.06.2007 (BGBl. I 1206), zuletzt geändert durch Art. 7 G. v. 31.05.2013 (BGBl. I S. 1388).

Die straßenrechtlichen Abstandsregelungen des § 9 FStrG beziehen sich bei Windenergieanlagen auf die äußerste Rotorblattspitze. Die Landesstraßengesetze enthalten entsprechende Vorschriften für die Landes-, Kreis- und Gemeindestraßen.[109] Diese Vorgaben sind bei der Ausweisung von Windenergiegebieten zu beachten und sind auch in der Planung entsprechend als harte Tabukriterien einzustufen.[110] Als weiche Tabukriterien sind die sogenannten Anbaubeschränkungen einzustufen, die in einer Entfernung von 40 bis 100 Metern längs von Bundesautobahnen bzw. einer Entfernung von 20 bis 40 Metern längs von Bundesstraßen außerhalb der Ortsdurchfahrten zu berücksichtigen sind. In dieser Anbaubeschränkungszone bedarf die Errichtung von Windenergieanlagen der Zustimmung der obersten Landesstraßenbaubehörde. Die Zustimmung darf nur dann versagt werden, soweit dies wegen der Sicherheit und Leichtigkeit des Verkehrs, der Ausbauabsichten oder der Straßenbaugestaltung notwendig ist. Bei einer Zustimmung ist sicherzustellen, dass die Anlagen, z.B. aufgrund von Licht- und Schatteneffekten, Eiswurf, Bedrängungswirkung oder Trümmerwurf, etwa nach Blitzschlägen und Stürmen, nicht zu einer Beeinträchtigung des Verkehrs und dessen Sicherheit führen. Dabei können vorhandene Sicherheitsbedenken gegebenenfalls durch geeignete Nebenbestimmungen überwunden werden. Obligatorisch sind Abschaltsensoren bei Vereisung und die Verpflichtung des Betreibers, regelmäßig eine fachkundige Prüfung der Anlage durchführen zu lassen. Nachweise zur Gewährleistung der Sicherheit und Leichtigkeit des Verkehrs sollten unter anderem Sachverständigengutachten über Eiswurfgefahren, Schattenwurf, Gefahren durch Blitzschläge sowie zur Funktionssicherheit von Sicherungseinrichtungen wie Blattheizungen, Abschaltautomatiken, Blitzschutzeinrichtungen und Trümmerwurf umfassen. Ebenso sollten Fragen der Sicherung gegen Sabotage und Anschläge behandelt werden. Mögliche zusätzliche Anforderungen zur Verhinderung von Gefahren können in der immissionsschutzrechtlichen Genehmigung als Nebenbestimmung geregelt werden.[111]

Über die im FStrG sowie den jeweiligen landesrechtlich geregelten Anbauverbotszonen und den Anbaubeschränkungszonen, die grundsätzlich

---

109 Vgl. z.B. § 25 Abs. 1 StrWG NRW.

110 Vgl. OVG Lüneburg, Urt. v. 14.05.2014, a.a.O. (Fn. 20), Rn. 103.

111 Vgl. OVG Münster, Urt. v. 28.08.2008 – 8 A 2138/06 – JURIS, Rn. 162.

für alle baulichen Anlagen gelten, gibt es auch spezielle Regelungen für Windenergieanlagen. Dabei liegt die Spanne dieser Abstandsregelungen von 20 Metern in Baden-Württemberg bis hin zu 300 Metern in Sachsen-Anhalt. Durch die Rechtsprechung wurden Vorsorgeabstände zu Verkehrswegen von 50 Metern als harte Abstandskriterien bestätigt.[112]

Tabelle 9: Landesplanerische Abstandsvorgaben zu Straßen in einzelnen Bundesländern

Bundesland	BW	HE	MV	RP	SL	SH	SN	ST	TH
Bundesautobahn	40 m	150 m[1) 2)]	100 m	1,5 H	100 m	130 m	250 m	300 m	100 m
Bundesstraße	20 m	100 m[1)]	100 m	1,5 H	100 m	130 m	–	–	–
Landesstraße	20 m	100 m[1)]	100 m	1,5 H	100 m	130 m	–	–	–
Kreisstraße	15 m	100 m[1)]	100 m	1,5 H	50 m	130 m	40 m	200 m	40 m

1) = Verbindliche Zielfestlegung im Landesentwicklungsplan
2) = Bundesautobahnen und zweibahnige Kraftfahrstraßen
Quelle: Eigene Darstellung

Veränderung in Bezug auf diese bisher zu beachtenden Abstände zu Straßen ergeben sich durch eine Gesetzesinitiative des Freistaates Sachsen. Der „Entwurf eines Gesetzes zur Erhöhung der Verkehrssicherheit im Bundesfernstraßenrecht“[113] sieht vor, dass Windenergieanlagen zu Bundesautobahnen und Bundesstraßen „außerhalb der zur Erschließung der anliegenden Grundstücke bestimmten Teile der Ortsdurchfahrten nur errichtet werden dürfen, wenn diese mit technischen Vorkehrungen gegen Eisabwurf ausgestattet sind und eine Entfernung von mindestens 150 Metern zur Fahrbahn eingehalten wird“[114]. Soweit Windenergieanlagen eine Gesamthöhe von 150 Metern überschreiten, sieht der Gesetzentwurf eine Abstandsfläche vor, die sich „aus dem Abstand zwischen

112 Vgl. OVG Lüneburg, Urt. v. 17.06.2013 – 12 KN 80/12 – JURIS, Rn. 39.
113 BR-Drs. 206/14 v. 15.05.2014.
114 ebd., S. 1.

Geländeoberfläche und dem höchsten Punkt der vom Rotor bestrichenen Fläche“[115] ergibt. Darüber hinaus sieht der Entwurf einen Mindestabstand von 400 Metern vor, wenn die Gefahr des Eisabwurfs nicht ausgeschlossen werden kann. Somit vergrößert sich die als hartes Tabukriterium einzustufende Abstandsfläche von derzeit 40 bzw. 20 Metern auf 150 Metern. Ausgehend davon, dass heutige Anlagen bereits eine Gesamthöhe von mehr als 200 Meter erreichen, ergibt sich damit eine zwingend einzuhaltende Abstandsfläche von mindestens 200 Metern.

Unter Berücksichtigung der Vergrößerung dieser Abstände können sich damit erhebliche Änderungen bei der Zulässigkeit von Anlagen innerhalb bereits bestehender Vorrang- oder Eignungsgebieten in der Regionalplanung oder Vorrangflächen in der Flächennutzungsplanung ergeben. Insbesondere beim Repowering von Anlagen sind diese Abstandsregelungen zu beachten, da diese in der Regel mit einer Vergrößerung der Anlagenhöhe verbunden sind. Bei einer Fortschreibung des Gesamtkonzeptes auf überörtlicher oder örtlicher Ebene können sich damit auch erhebliche Änderungen der Gebietskulissen für die Windenergie ergeben.

4.2 Schienenstrecken

Für Abstände von Windenergieanlagen zu Schienenstrecken gibt es keine bundesgesetzlichen Regelungen oder Vorgaben in der Eisenbahn-Bau- und Betriebsordnung[116]. Insofern bestehen keine verbindlichen Abstandsregelungen oder technische Regelwerke hierzu. Grundsätzlich gilt daher, dass Windenergieanlagen in einem Abstand zu errichten sind, der eine unzulässige Beeinflussung von Gleisanlagen ausschließt. Das Eisenbahn-Bundesamt empfiehlt derzeit, vorbehaltlich der technischen Entwicklung und künftiger Erfahrungen, einen Abstand von Windenergieanlagen zu Gleisanlagen in Höhe des zweifachen Rotordurchmessers, zumindest aber in Höhe der Gesamtanlage. An Bahnstromfernleitungen wird wegen der möglichen Beeinflussung der Luftströmung durch Windenergieanlagen ein dreifacher Rotordurchmesser als Abstand empfohlen. Vorsorgeabstände von 50 Metern und 180 Metern zu Eisenbahnstrecken wurden in der

115 ebd., S. 2.

116 Eisenbahn-Bau- und Betriebsordnung (EBO) v. 08.05.1967 (BGBl. 1967 II S. 1563), zuletzt geändert durch Art. 1 VO v. 25.07.2012 (BGBl. I S. 1703).

Rechtsprechung als harte Abstandskriterien bestätigt[117]. In den Bundesländern gibt es verschiedene Empfehlungen zu Abständen. Die Spannbreite reicht dabei von Abständen von 50 Metern in Baden-Württemberg bis hin zu 200 Metern in Sachsen-Anhalt.

Tabelle 10: Abstandsempfehlungen der Bundesländer zu Schienenstrecken

Bundesland	BW	HE	MV	SL	SH	SN	ST	SH	TH
Schienenstrecken	50 m	100 m[1)] 150 m[1) 2)]	100 m	100 m	130 m	150 m	200 m	130 m	50 m

1) = Verbindliche Zielfestlegung im Landesentwicklungsplan
2) = Überwiegend dem Fernverkehr dienende Schienenwege und Eisenbahnen
Quelle: Eigene Darstellung

4.3 Freileitungen

Für Strom- und Freileitungen mit Wechselstrom über 45 Kilovolt werden Mindestabstände in der Norm DIN EN 50341–3–4 vorgeschrieben. Ohne Schwingungsschutzmaßnahmen ist demnach ein Abstand in der Höhe des dreifachen Rotordurchmessers zwischen Rotorblattspitze und Leitung notwendig. Mit entsprechenden Maßnahmen genügt ein Abstand von mindestens einem Rotordurchmesser. Wenn sichergestellt ist, dass die Freileitung außerhalb der Nachlaufströmung der Anlage liegt, kann auf schwingungsdämpfende Maßnahmen verzichtet werden. Für Windenergieanlagen mit einer Nabenhöhe von 80 bis 140 Metern sowie Rotordurchmessern von 70 bis 120 Metern regt die Bundesnetzagentur an, die in der DIN EN 50341–3–4 genannten Maße als Abstände zwischen der Außengrenze von Konzentrationszonen in der Regionalplanung oder der Flächennutzungsplanung als Ausschlusskriterien festzulegen, da ein anderweitig ermittelter „starrer" Abstandswert zwischen Windenergieanlage und Freileitung nicht sachgerecht erscheint. Vor diesem Hintergrund bietet sich daher eine Aktualisierung der DIN-Norm von 1998 unter Berücksichtigung des aktuellen Standes der Technik und von Nebenbestimmungen an. Für die Ausweisung von Windenergiegebieten sollte in Anbetracht möglicher Maßnahmen zur Reduzierung der Schwingungen an Freileitungen und unter Berücksichtigung aktueller Anlagenhöhen ein

117 Vgl. OVG Lüneburg, Urt. v. 17.06.2013, a.a.O. (Fn. 112).

Abstand von einem Rotordurchmesser zwischen äußerer Rotorblattspitze und Freileitung zugrunde gelegt werden. Die wenigsten Länder haben Vorgaben für Abstände zu Freileitungen. Den geringsten Abstand gibt mit 1x Rotordurchmesser Nordrhein-Westfalen vor, den größten Sachsen-Anhalt mit bis zu 400 Metern.

Tabelle 11: Abstandsregelungen der Bundesländer zu Freileitungen

Bundesland	HE	MV	NW	RP	SL	ST
Bestehende und geplante Freileitungen	100 m[1)]	100 m	1x Ø Rotor	3x Ø Rotor	100 m	200 - 400 m

1) = Verbindliche Zielfestlegung im Landesentwicklungsplan
Quelle: Eigene Darstellung

4.4 Unterirdische Leitungen

Unterirdische Leitungen werden regelmäßig durch einen Schutzstreifen entlang des Verlaufs gesichert. Zum Abstand von Windenergieanlagen zu unterirdischen Leitungen gibt es derzeit keine gesetzlichen Vorgaben. Auch die Anwendung der bauordnungsrechtlichen Abstandsflächen erscheint nicht möglich.[118] Bei der Festlegung von konkreten Standorten für Windenenergieanlagen wird in der Regel ein Abstand von mindestens 15 Metern zwischen den Erdungsanlagen der geplanten Anlage und einer Telekommunikationslinie gefordert. Bei Produktfernleitungen, wie z.B. Pipelines wird seitens der zuständigen Behörden regelmäßig ein Abstand von Nabenhöhe + 1/2 Rotordurchmesser + fünf Meter Schutzstreifen gefordert. Hierbei handelt es sich allerdings nicht um einen zwingend einzuhaltenden Abstand. Auch durch die Rechtsprechung wurde im Einzelfall auch die Möglichkeit geringerer Abstände als ausreichend angesehen.[119] Unterschreitungen sind insofern möglich, bedürfen jedoch einer einzelfallbezogenen Betrachtung. Hierbei können z.B. Auflagen oder Bedingungen für die Festsetzung von Baufeldern im Bebauungsplan oder die immissionsschutzrechtliche Genehmigung formuliert werden. Im Rahmen der Regional- und Flächennutzungsplanung sind diese Schutzabstände insofern

118 Vgl. OVG Bautzen, Beschluss v. 23.07.2010 – 4 B 4444/09 – JURIS, Rn. 95.
119 Vgl. ebd., Rn. 96.

als weiche Tabukriterien bei der Festlegung der Gebietskulisse zu berücksichtigen.

4.4 *Flugsicherheit*

Im Zuge der Neuausweisung von Windenergiegebieten und eines erweiterten Prüfradius der Flugsicherung sind Drehfunkfeuer (VOR/DVOR) aktuell von besonderer Relevanz bei der Planung und Genehmigung von Windenergieanlagen. Die rechtliche Grundlage für die Entscheidung, ob eine Windenergieanlage im Bereich einer Flugnavigationsanlage errichtet werden darf, bildet das Luftverkehrsgesetz[120]. Die Errichtung von Windenergieanlagen kann negative Auswirkungen auf den Luftverkehr als Hindernis oder als Störquelle für Signale der Flugnavigationsanlagen haben. Gemäß § 18 LuftVG dürfen Bauwerke nicht errichtet werden, wenn dadurch Flugnavigationsanlagen gestört werden können. Bei der Planung und Genehmigung von Windenergieanlagen entscheidet daher das Bundesaufsichtsamt für Flugsicherung (BaF) auf Grundlage von Gutachten der Deutschen Flugsicherung (DFS), ob die Realisierung eines Windparkprojektes aus Gründen der Flugsicherung zulässig ist. Das BaF orientiert sich bei seiner Entscheidung an die Vorgaben und Empfehlungen der Internationalen Zivilluftfahrt-Organisation (ICAO). So werden in dem „European Guidance Material on Managing Building Restricted Areas“ der ICAO Anlagenschutzbereiche empfohlen, innerhalb derer eine Prüfung der potenziellen Störungen durch Windenergieanlagen durchgeführt werden soll. Bis zu einer Entfernung von 15 Kilometern um ein VOR sollen hiernach geplante Windenergievorhaben auf das Störungspotenzial geprüft werden; bisher lag der Prüfradius bei drei Kilometern.[121] Sofern die Stellungnahmen im Rahmen der Planaufstellung nicht hinreichend differenziert erfolgt, stellt sich die Frage, ob der Plangeber den Schutzradius von 15 Kilometern vollumfänglich als hartes Tabukriterium im Rahmen der Planung berücksichtigen muss. Der genannte Schutzbereich stellt zwar keine rechtsverbindliche Ausschlussfläche dar, allerdings ist innerhalb des Schutzbereichs eine Genehmigung von Windenergieanlagen nach der

---

120 Luftverkehrsgesetz (LuftVG) neugefasst am 10.05.2007 (BGBl. I S. 698), zuletzt geändert durch Art. 2 Abs. 175 G. v. 07.08.2013 (BGBl. I S. 3154).

121 Vgl. ICAO, a. a. O. (Fn. 107).

derzeitigen Prüfpraxis der Flugsicherung faktisch oft nicht möglich. Da sich die Flugsicherung jedoch im Rahmen der Regional- und Bauleitplanung aufgrund der fehlenden Information zu Anlagenstandort, -zahl und -typen nicht in der Lage sieht, eine differenzierte Stellungnahme innerhalb der Schutzradien abzugeben, liegt es in der Pflicht des Planungsträgers zu klären, ob die Flächen als Potentialflächen berücksichtigt werden dürfen oder nicht. Soweit Konzentrationsflächen ausgewiesen wurden, bei denen sich im Rahmen des Genehmigungsverfahrens herausstellt, dass diese nicht verträglich mit der Flugsicherung sind, kann dies wiederum das planerische Gesamtkonzept in Frage stellen, da die Planung in diesem Sinne nicht vollziehbar ist und damit gegebenenfalls wiederum den Anforderungen an die Substanzialität der Flächenausweisungen für die Windenergie nicht ausreichend Rechnung getragen wurde.

Im Entwurf des niedersächsischen Windenergieerlasses wird bezüglich der Bindung des § 18a LuftVG klargestellt, dass die Entscheidung der Luftfahrtbehörden „ein nicht bindender Mitwirkungsakt“ ist. Damit liegt die Prüfungs- und Letzentscheidungsbefugnis bei der Immissionsschutzbehörde, die im Einzelfall zu klären hat, ob Einrichtungen der Flugsicherheit durch Windenergieanlagen gestört werden oder nicht. Insofern können Antragsteller einer Stellungnahme der BAF mit einem eigenen Gutachten entgegentreten bzw. den Nachweis führen, dass keine Beeinträchtigung erfolgt. Im Gegensatz dazu ist die Entscheidung der Luftfahrtbehörden nach § 18a LuftVG in Bayern bindend für die Immissionsschutzbehörden (bayerischer Runderlass).

4.5 Wetterradar

Auch der Deutsche Wetterdienst (DWD) ist als Träger öffentlicher Belange im Rahmen der planungsrechtlichen Genehmigungsverfahren für den Bau und Betrieb von Windenergieanlagen zu beteiligen. Rechtsgrundlage ist § 35 Abs. 1 i. V. m. Abs. 3 Nr. 8 BauGB. In den „Informationen zur Errichtung von Windenergieanlagen im Nahbereich der Messsysteme“[122] setzt der DWD bei der Bewertung des Einflusses von Windenergieanlagen auf die Radarsysteme internationale Richtlinien der Weltorganisation für

122 Deutscher Wetterdienst (Hrsg.), a.a.O. (Fn. 106).

Meteorologie (WMO) um und fordert in dem genannten Papier im Umkreis von fünf Kilometern einen Ausschluss von Windenergieanlagen und im Umkreis von 15 Kilometern Höhenbegrenzungen bzw. Einzelfallprüfungen.[123] Sowohl die Richtlinien der WMO als auch der Leitfaden des DWD stellen keine Rechtsnorm dar. Der Plangeber ist damit nicht strikt an die Hinweise gebunden. Stattdessen trägt der Wetterdienst die Beweislast, um die Unzumutbarkeit der Beeinträchtigungen durch die geplanten Windenergieanlagen für die Wetterstation zu begründen. Somit fallen die empfohlenen Abstände nicht unter die harten Tabukriterien, solange die Unzumutbarkeit der Beeinträchtigungen nicht erfüllt ist. Entsprechend müssten selbst die Flächen im fünf-Kilometer-Umkreis um eine Wetterstation den weichen Tabukriterien bzw. den Potentialflächen zugeordnet werden und können im Zweifel erst im Rahmen der Abwägung ausgeschlossen werden. Entscheidet sich der Planungsträger dafür, die Flächen als weiche Tabukriterien aufzunehmen, muss er dies begründen. Damit sich der Plangeber die Auffassung des DWD zu Eigen machen kann, muss die Begründung aber hinreichend plausibel und nachvollziehbar sein. Ein bloßer Verweis auf den Leitfaden dürfte zur Begründung des vorzeitigen Ausschlusses im Rahmen der weichen Tabukriterien im Einzelfall ggf. nicht ausreichend sein.

4.6 Richtfunkstrecken

Sollen Windenergieanlagen in Bereichen mit Richtfunktrassen geplant oder gebaut werden, ist zu prüfen, ob es durch diese zu Störungen kommen kann. In Bezug auf die Anlagenhöhen von mehr als 100 Metern ist dies bei einer Lage einer Windenergieanlage in einer Richtfunktrasse regelmäßig hiervon auszugehen, wenn diese in die freizuhaltende „Fresnelzone“ rechts und links der Richtfunktrasse hineinragen. Diese beträgt in der Regel 15 bis 50 Meter zum Richtfunkstrahl. Neben der Lösung über die Einhaltung eines Abstandes zwischen Windenergieanlage und Richtfunkstrecke können Störungen aber auch durch technische Vorkehrungen, wie z.B. das Anbringen eines sogenannten Repeaters am Mast der Windenergieanlage ausgeschlossen werden. Die Abfrage der Richtfunkstrecken im Rahmen

---

123 Vgl. Ebd.

der Planung und Genehmigung erfolgt über die Bundesnetzagentur.[124] Im bayerischen Windenergieerlass wird davon ausgegangen, dass bei einem Mindestabstand von 100 Metern die Störung einer Richtfunktrasse ausgeschlossen werden kann.[125]

IV. Fazit

Sind die aufgezeigten Steuerungsebenen und -modelle sowie die Methoden zur Ermittlung der Konzentrationszonen für die Windenergie in der Planung vom System her mittlerweile eingespielt und nicht zuletzt auch durch die Rechtsprechung bestätigt bzw. konkretisiert, ergeben sich verschiedene Fragen im Hinblick auf die anzuwendenden Kriterien für die Bestimmung der Gebietskulisse. Probleme ergeben sich in der Planungspraxis vor dem Hintergrund der von der Rechtsprechung geforderten zwingenden Differenzierung zwischen harten und weichen Tabukriterien bei der Erstellung von Windenergiekonzepten mit Ausschlusswirkung. So hat die Festlegung der harten Tabukriterien zum einen Einfluss auf die städtebaulichen Handlungsspielräume, welche die Gemeinde über weiche Tabukriterien entwickeln kann und zum anderen auf die „Abwägungsmasse" mit anderen Belangen im Rahmen der resultierenden Potenzialflächen. Werden vorschnell Flächenpotenziale, z. B. über die Festlegung großer Siedlungsabstände, ausgeschlossen, steigt der Abwägungsdruck auf die verbleibenden Flächen. Dies kann in der Praxis zu Akzeptanzproblemen führen, wenn dem Plangeber nur geringe Gestaltungsmöglichkeiten eröffnet werden, um auf die regionalen und örtlichen Besonderheiten reagieren zu können. Unter Berücksichtigung der schwierigen Zuordnung von harten und weichen Tabukriterien empfiehlt sich daher ein zurückhaltender Umgang mit harten Tabuzonen im Rahmen der Planung. Darüber hinaus besteht hier ein Bedarf, dass die gesetzlichen Anforderungen, aus denen sich die harten Tabukriterien definieren, im Hinblick auf ihre flächenbezogene Aussagekraft für die Steuerung der Windenergie konkretisiert werden. Diese Ausdifferenzierung entwickelt sich auch maßgeblich über die Rechtsprechung

124 Vgl. Fachagentur Windenergie an Land, Richtfunk, im Internet unter: http://www.fachagentur-windenergie.de/themen/radar-und-funkanlagen/richtfunkstrecken.html, Zugriff am 13.08.2014.

125 Vgl. Bayerischer Windenergieerlass, a. a. O. (Fn. 77), S. 31.

weiter. Dies zeigt sich sehr deutlich im Fall der immissionsschutzrechtlichen Mindestabstände oder bei der Einstufung von Schutzgebieten. Bei rechtlichen Anforderungen, die ohne abgeleitete Ausschluss- und Abstandsflächen bleiben, sollten abgestimmte Handlungshinweise für eine situationsgemäße Anwendung der Rechtsvorschriften (Immissionsrecht, Artenschutzrecht oder Gebietsschutz nach BNatSchG) formuliert werden. Hier könnte der Bund koordinierend wirken, um im Sinne der Verfahrensgerechtigkeit eine bundesweite Vereinheitlichung der planerischen Steuerung der Windenergienutzung voranzutreiben. Notwendig ist hierfür ein breiter wissenschaftlicher, gesellschaftlicher und energiewirtschaftlicher Diskurs. Bei bundesweiten Standardisierungen muss allerdings auch dem Umstand Rechnung getragen werden, dass aufgrund der unterschiedlichen naturräumlichen Ausstattung und Raumnutzungsstrukturen in atypischen Fällen eine abweichende bzw. ergänzende Kriterienauswahl in den Planungsgebieten erfolgen können muss. Auch die neue Länderöffnungsklausel in § 249 Abs. 3 BauGB mit der Möglichkeit eines höhenbezogenen Abstandes zu Siedlungen festzuschreiben, kann hier zu einer Klärung beitragen. Allerdings stellt sich die Frage, inwiefern verbindliche Abstände zu Siedlungen, die sich von Land zu Land unterscheiden, auf die Akzeptanz für den Ausbau der Windenergie durchschlagen. Hier besteht die Gefahr, dass ein Gefühl der Ungleichbehandlung und fehlender Verfahrensgerechtigkeit eintritt. Auch könnte faktisch der weitere Ausbau der Windenergie in einzelnen Ländern gestoppt werden. Vor dem Hintergrund der beschlossenen Energiewende und der notwendigen Flächenbereitstellung könnten entsprechende Regelungen dann zu einer Gefährdung des angestrebten Ausbaus führen.

Christian-W. Otto

Fach- und Rechtsprobleme des Repowerings

Abstract

Der Schwerpunkt des Beitrags liegt auf den möglichen Fehlern bei der Schaffung der bauplanungsrechtlichen Grundlagen für die Ersetzung alter Windenergieanlagen durch neue, leistungsfähigere Anlagen (Repowering).

The article describes caused errors while developing the land-use planning concepts for the repowering of wind energy turbines.

1. Einleitung

Repowering meint die Errichtung leistungsstärkerer Windenergieanlagen auf Flächen, die bereits mit älteren Anlagen bebaut sind.[1] Die älteren Anlagen werden im Gegenzug zurückgebaut. Die durch das Repowering mögliche Ertragssteigerung ist enorm. Als Faustformel gilt, dass beim Austausch alter Anlagen auf derselben Fläche bei einer Halbierung der Anlagenzahl und gleichzeitiger Verdopplung der Anlagenleistung eine Verdreifachung des Ertrages erwirtschaftet werden kann.[2] Diese Effizienzsteigerung macht das Repowering höchst attraktiv. Gemeinden können in ihrer Bauleitplanung diese Attraktivität aufgreifen und das Repowering planerisch befördern. Sie dürfen in Bebauungsplänen Mindesthöhen von Windenergieanlagen als Maß der baulichen Nutzung festsetzen. Nach § 9 Abs. 1 Nr. 23b BauGB lässt sich auch festsetzen, dass die Anlagen eine bestimmte

1 Vgl. zum Begriff auch Mitschang/Schwarz/Kluge, Ansätze zur Konfliktbewältigung bei der räumlichen Steuerung von Anlagen erneuerbarer Energien – dargestellt am Beispiel der Windenergie, UPR 2012, 401 ff.

2 Vgl. HSH Nordbank AG, Marktexpertise: Norddeutschland erwartet Repowering bei Windanlagen, in Internet unter: http://www.windkraft-journal.de/2014/05/12/marktexpertise-norddeutschland-erwartet-repowering-bei-windanlagen/, Zugriff am 27.01.2015; s. a. HSH Nprdbank AG, Marktexpertise Erneuerbare Energie – Repowering in Deutschland Mai 2014, Hamburg/Kiel 2014 – auch im Internet unter: http://www.hsh-nordbank.de/media/pdf/marktberichte/branchenstudien/energy___infrastructure/Marktexpertise_Repowering_in_Deutschland_08052014.pdf, Zugriff am 27.01.2015.

Nennleistung besitzen müssen. Andererseits ist das Repowering vor allem mit Blick auf die bestehenden Planwerke und den Widerständen in der Bevölkerung[3] unter Umständen schwierig. Diesen Schwierigkeiten widmet sich der folgende Beitrag.

2. Private Belange in der Abwägung

Windkraft ist bei den Bewohnern im Umfeld von Windkraftanlagen in der Regel wenig beliebt.[4] Die Auswirkungen der Windkraftanlagen werden als störend wahrgenommen. Dies ist oftmals darauf zurückzuführen, dass die Geräusche der Windkraftanlagen infolge ihrer Impulshaltigkeit und ihres am Ortsrand und im Außenbereich zulässigen Nachtimmissionswertes von 45 dB/A[5] von den Bewohnern, die sich diesen Geräuschen schlechterdings kaum entziehen können, als stark belästigend empfunden werden. Gegen das Repowering stemmen sich daher oftmals die Bewohner von Grundstücken, die in der Umgebung von Windkraftanlagen wohnen und deren weiteren Ausbau sowie die dadurch oftmals verursachte Wertminderung ihrer Grundstücke fürchten.[6] Sie verlangen wegen des mit dem Repowering verbundenen Größenwachstums häufig einen größeren Abstand der Neu-Anlagen von ihren Wohngebieten.[7]

Dieser gegen den Ausbau der Windkraft gerichtete Bürgerwille, in der Umgebung von Repoweringvorhaben, ist für die planende Gemeinde in besonderer Weise beachtlich. Sind von der Planung zahlreiche Bürger mit ihren privaten Belangen betroffen, müssen diese Belange mit ihrem spezifischen Gewicht in die Abwägung gestellt werden. Dabei dürfen diese Belange nicht gleichsam „atomisiert“ werden, indem die abwägungserheblichen

3 Vgl. die Internetseite www.windkraftgegner.de, in der zahlreiche Bürgerinitiativen gegen die Windkraft präsentiert werden.

4 Vgl. HSH Nordbank AG, a.a.O. (Fn. 2).

5 Vgl. etwa OVG Lüneburg, Beschl. v. 16.07.2012 – 12 LA 105/11 – juris, Rn. 2; OVG Münster, Beschl. v. 12.02.2013 – 8 A 96/12 – juris, Rn. 15.

6 Vgl. zur Beachtlichkeit der Wertminderung in der Abwägung, BVerwG, Urt. v. 16.03.2006 – 4 A 1075/04 – BVerwGE 125, 116–325, Rn. 403 ff.

7 Vgl. zum Zusammenhang zwischen der Höhe der Anlage und dem Abstand: Bayrischer Landtag Drucks. 17/2137 v. 27.05.2014. Die Änderung der Bauordnung in der Fassung der Drucks. 17/4198 ist in der Plenarsitzung am 12.11.2014 beschlossen worden.

privaten Belange jeweils nur isoliert in den Blick genommen werden. Dann wäre es unschwer möglich, diese Belange mittels der für das Vorhaben sprechenden öffentlichen Interessen am Ausbau der Windenergienutzung oder an einer Effizienzsteigerung durch das Repowering wegzuwägen.[8] Ein solcher Umgang mit den einzelnen Belangen wäre jedoch verfehlt. Die privaten Belange zahlreich Betroffener müssen vielmehr in ihrer Summe bewertet werden. Dies ist geboten, weil die Summierung gleichgerichteter Belange einer Vielzahl von Betroffenen das Gewicht der Belange in der Abwägung vergrößert.[9] Eine Vielzahl inhaltsgleicher („paralleler") Einwendungen kann den privaten Belangen in ihrer Gesamtheit sogar die Qualität eines öffentlichen Belangs, bezogen auf ihr Gewicht, verleihen.[10] Die Gemeinde muss daher das Gesamtgewicht dieser Belange ermitteln und den für das Vorhaben sprechenden öffentlichen Interessen gegenüberstellen.[11] Die anzustellende Gesamtabwägung kann unter diesen Umständen folglich erfordern, dass sich diese Gewichtung in Gestalt eines vergleichsweise günstigeren Ausgleichs dieser Belange und Interessen im Abwägungsergebnis spiegelt.[12]

3. Bestandsschutz

Planungsrechtlich beurteilt sich die Neuerrichtung von Windenergieanlagen an Alt-Standorten nach §§ 29 ff. BauGB. Für den Ersatz von alten Windenergieanlagen durch leistungsstärkere neue Anlagen gelten grundsätzlich dieselben Regeln wie für die Neuerrichtung von Anlagen.[13] Es ist einzig die im Zeitpunkt der Erteilung der neuen Genehmigung geltende Rechtslage maßgeblich. Im Falle des Repowerings sind folglich neue

8 Vgl. so OVG Berlin-Brandenburg, Urt. v. 27.03.2009 – OVG 2 B 8/08 – juris, Rn. 68; zum Wegwägen, vgl. Hoppe, Die Abwägung im EAG Bau nach Maßgabe des § 1 VII BauGB 2004, NVwZ 2004, 903 ff.

9 Vgl. BVerwG, Urt. v. 07.07.1978 – 4 C 79/76 – BVerwGE 56, 110, 128.

10 Vgl. in diesem Zusammenhang auch: BVerwG, Urt. v. 16.03.2006 – 4 A 1075/04 – BVerwGE 125, 116, 142.

11 Vgl. OVG Berlin-Brandenburg, Urt. v. 27.03.2009 – OVG 2 B 8/08 – juris, Rn. 68.

12 S. a. Klinger, Zum Flugroutenstreit am Flughafen BBI, LKV 2011, 8 ff.

13 Vgl. Gatz, Windenergieanlagen in der Verwaltungs- und Gerichtspraxis, 2. Aufl., Bonn 2013, Rn. 497.

Anlagen nicht bereits aus Gründen des Bestandsschutzes,[14] den die Alt-Anlagen genießen, zulässig oder erleichtert zulässig. Folglich sind auch die im Genehmigungszeitpunkt aktuellen Darstellungen in Flächennutzungsplänen und die Festsetzungen in Bebauungsplänen beachtlich. Insbesondere sind beim Repowering festgesetzte Höhenbeschränkungen oder Beschränkungen der Zahl der Anlagen durch Festlegung der Standorte beachtlich.[15] Höhenbeschränkungen in Flächennutzungsplänen sind Darstellungen, die als öffentliche Belange im Sinne von § 35 Abs. 3 Nr. 1 BauGB dem Repowering entgegenstehen können.[16]

Sofern diese Darstellungen und Festsetzungen das Repowering behindern, braucht die Gemeinde ihre Bauleitpläne nicht zu ändern. Gemeinden und Planungsträger sind auch nicht verpflichtet, Repowering eigens zu ermöglichen oder überall dort Vorranggebiete auszuweisen, wo Windkraftanlagen bereits vorhanden sind. Wenn sie aber planen, müssen sie dem Bestand an Anlagen dadurch angemessen Rechnung tragen, dass sie die bereits errichteten Anlagen in ihrem Planungskonzept berücksichtigen. Insbesondere müssen sie deren Bestand bei der Abgrenzung der Vorranggebiete abwägen, allerdings nicht die Planung danach ausrichten.[17] Sie müssen weder den Bau neuer Anlagen durch einen großzügigen Gebietszuschnitt noch ein „Repowering“ durch Darstellungen und Festsetzungen möglich machen. Die Gemeinden dürfen das "Repowering"-Potenzial auf die bereits bebauten Flächen beschränken.[18] Allerdings müssen die Darstellungen und Festsetzungen in den Bauleitplänen

14 Vgl. dazu Wiggers, Bestandsschutz im Bebauungsplan, NJW-Spezial 2013, 364 ff.; Decker, Reichweite und Grenzen des baurechtlichen Bestandsschutzes, BayVBl. 2011, 517 ff.

15 Vgl. VGH München, Beschl. v. 05.12.2013 – 22 CS 13/1760 – juris, Rn. 31; OVG Koblenz, Urt. v. 09.04.2008 – 8 C 11217/07 – juris, Rn. 18.

16 Dazu OVG Lüneburg, Urt. v. 21.12.2010 – 12 KN 71/08 –; Beschl. v. 22.07.2003 – 1 LA 238/02 –; OVG Münster, Beschl. v. 29.01.2004 – 1 KN 321/02 –; Beschl. v. 04.06.2003 – 7a D 131/02 –; Beschl. v. 02.04.2003 – 7 B 235/03 –; Beschl. v. 02.07.2002 – 7 B 918/02 –.

17 Vgl. OVG Magdeburg, Urt. v. 29.11.2007 – 2 L 220/05 – juris, Rn. 54 und Urt. v 30.07.2009 – 2 K 141/08 – juris, Rn. 18.

18 Vgl. OVG Lüneburg, Urt. v. 12.12.2012 – 12 KN 311/10 – juris, Rn. 20, OVG Greifswald Urt. v. 19.06.2013 – 4 K 27/10 – juris, Rn. 88.

erlauben, dass Windkraftanlagen im Plangebiet wirtschaftlich betrieben werden können.[19]

4. UVP-Pflicht

Für die Pflicht, eine Umweltprüfung durchzuführen, ist entschieden, dass das Repowering als Neuerrichtung im Sinne von § 3c Satz 1 und 2 UVPG i. V. m. der Anlage 1 gilt.[20] Der Ersatz alter Windenergieanlagen durch leistungsstärkere neue Anlagen ist jedenfalls dann, wenn sich die Alt-Anlagen und die geplanten Neu-Anlagen insbesondere nach Höhe und Leistung von Grund auf unterscheiden, nicht als Änderung oder Erweiterung eines UVP-pflichtigen Vorhabens im Sinne des § 3e UVPG anzusehen.[21]

Die Umweltprüfung von Repoweringvorhaben beurteilt sich gem. Art. 3 Abs. 1 RL 2014/52/EU nach den Bestimmungen der geänderten UVP-Richtlinie, wenn der Antrag zur Genehmigung des Repowerings nach dem 17. Mai 2017 eingereicht wurde.[22] Ist die Umweltverträglichkeitsprüfung nach der Neuregelung durchzuführen, ist die ggf. erforderliche Vorprüfung im Vergleich zu der bestehenden Rechtslage umfangreicher zu gestalten. Diese Änderungen lassen sich anhand eines Vergleichs der geänderten Anhänge III der UVP-RL-Neu erkennen. Vorteile bietet die Umweltprüfung nach neuer Rechtslage für das Repowering, wenn es dadurch zu einer Steigerung der Effizienz der einzelnen Anlagen und zugleich zu einer Reduzierung der Zahl der Anlagen kommt. Denn dann lässt sich bei der Vorprüfung in Bezug auf die Auswirkungen des Vorhabens auf die

---

19 St. Rspr., vgl. OVG Lüneburg, Urt. v. 17. 10 2013 – 12 KN 277/11 – juris, Rn. 64.

20 Vgl. Schink, Immissionsschutzrechtliche Anforderungen bei der Errichtung und dem Repowering von Windenergieanlagen, I+E 2012, 194 ff.

21 Vgl. OVG Lüneburg, Beschl. v. 24.07.2013 – 12 ME 37/13 – juris, Rn. 14.

22 Richtlinie 2014/52/EU des Europäischen Parlaments und des Rates v. 16.04.2014 (ABl. L 124) v. 25.04.2014 zur Änderung der Richtlinie 2011/92/EU über die Umweltverträglichkeitsprüfung bei bestimmten öffentlichen und privaten Projekten, S. 1 ff.; vgl. dazu Sangenstedt, Die Reform der UVP-Richtlinie 2014: Herausforderungen für das deutsche Recht, ZUR 2014, 526 ff; Schink, Änderung der UVP-Richtlinie und Auswirkungen auf das nationale Recht, DVBl 2014, 877 ff.; Wagner, Die jüngsten Änderungen der UVP-Richtlinie im Überblick, EurUP 2014, 122 ff.

„Fläche“ im Sinne von Art. 3 Abs. 1 lit. c UVP-RL-Neu feststellen, dass sich der Flächenverbrauch verringern wird. Erschwerend ist hingegen für die Prüfung nach neuer Rechtslage, dass sich der Prüfungsumfang infolge der Ausweitung der Anlage IV in der Umweltprüfung vergrößert.

5. Planungsrechtliche (Schein-)Grundlagen des Repowerings

Bei der Prüfung der planungsrechtlichen Zulässigkeit von Repoweringvorhaben nach §§ 30 und 35 BauGB kann die planungsrechtliche Grundlage anders scheinen, als sie ist. Grund dafür ist, dass zahlreiche Flächennutzungspläne und Regionalpläne,

a) auf einer fehlerhaften Plankonzeption beruhen;[23]
b) unter einem erheblichen Bekanntmachungsmangel leiden, weil die Arten umweltbezogener Informationen nicht ordnungsgemäß bekannt gemacht wurden.[24]

Diese Fehler können unterschiedliche Folgen haben (dazu unten c).

Zu a) Die fehlerhafte Plankonzeption

Die Aufstellung eines Flächennutzungs- oder eines Regionalplans mit einer Ausschlusswirkung gem. § 35 Abs. 3 Satz 3 BauGB ist beginnend mit dem Urteil des Bundesverwaltungsgerichts vom 17.12.2002–4 C 15.01 –[25] einem herkömmlichen Abwägungsvorgang gem. § 2 Abs. 2 BauGB entzogen.[26] Das Bundesverwaltungsgericht hat für die Erzeugung der Ausschlusswirkung

---

23 Vgl. Bienek, Anmerkungen zur Entscheidung des BVerwG vom 11.04.2013, 4 CN 2/12 – Festlegung von Tabuzonen für Windenergieanlagen bei der Regionalplanung, SächsVBl. 2014, 35 f. m. w. N.; Scheidler, Aktuelle Rechtsfragen zur planerischen Steuerung von Windkraftanlagen, GewArch Beilage WiVerw 2014, 56 ff. m. w. N.

24 Vgl. dazu BVerwG, Urt. v. 18.07.2013 – 4 CN 3/12 – BVerwGE 147, 206; OVG Münster, Beschl. v. 19.02.2014 – 2 D 83/13.NE – juris, Rn. 25 ff., Beschl. v. 14.07.2014 – 2 B 581/14.NE – juris, Rn. 39 ff.

25 Vgl. BVerwG, Urt. v. 17.12.2002 – 4 C 15/01 – UPR 2003, 188 ff.

26 Vgl. die eingehende Darstellung der Konzeption durch OVG Berlin-Brandenburg im Urt. v. 14. 9. 2010 – OVG 2 A 2/10 – juris, Rn. 32 ff.; s. a.; Münkler, Flexible Steuerung durch Konzentrationsflächenplanung, NVwZ 2014, 1482 ff.

im Sinne von § 35 Abs. 3 Satz 3 BauGB eine ganz bestimmte Plankonzeption gefordert.[27] Dieses sog. schlüssige gesamträumliche Planungskonzept[28] muss nicht nur Auskunft darüber geben, von welchen Erwägungen die positive Standortzuweisung getragen wird, sondern auch die Gründe für die beabsichtigte Freihaltung des übrigen Planungsraums von Windenergieanlagen aufzeigen. Deswegen ist es nach der Rechtsprechung des Bundesverwaltungsgerichts erforderlich, dass sich die Ausarbeitung des Planungskonzepts abschnittsweise vollzieht.[29] In einem ersten Arbeitsschritt sind diejenigen Bereiche als Tabuflächen zu ermitteln, die für die Nutzung der Windenergie nicht zur Verfügung stehen. Die Tabuflächen werden in sog. „harte“ und „weiche“ unterteilt.[30] Innerhalb der harten Tabuflächen ist eine Windenergienutzung aus rechtlichen oder tatsächlichen Gründen nicht möglich. Diese Flächen sind für eine Windenergienutzung ungeeignet.[31] Mit dem Begriff der weichen Tabuflächen werden Bereiche bezeichnet, in denen nach dem Willen des Plangebers aus unterschiedlichen Gründen die Errichtung von Windenergieanlagen von vornherein ausgeschlossen werden „soll“.[32] Die nach Ausscheiden der harten und weichen Tabuflächen übrig bleibenden Flächen, die sog. Potenzialflächen, sind in einem weiteren Arbeitsschritt zu den auf ihnen konkurrierenden und konfligierenden Nutzungen abwägend in Beziehung zu setzen. Die Belange, die gegen die Ausweisung einer Fläche als Konzentrationszone sprechen, sind mit dem von § 35 Abs. 1 Nr. 5 BauGB gesetzlich unterstützten Anliegen abzuwägen, der Windenergienutzung angemessenen Raum zu geben.[33]

Wird diese spezielle Methodik nicht beachtet, erkennt das Bundesverwaltungsgericht darin einen Verstoß gegen Bundesrecht, der zur Unwirksamkeit

27 Vgl. eingehend Münkler, a.a.O. (Fn. 26); Scheidler, a.a.O. (Fn. 23); Sydow, Neues zur planungsrechtlichen Steuerung von Windenergiestandorten, NVwZ 2010, 1534 ff.; Lau, Substanzieller Raum für Windenergienutzung – Abgrenzung zwischen Verhinderungsplanung und zulässiger Kontingentierung, LKV 2012, 163 ff.

28 BVerwG, Urt. v. 13.03.2003 – 4 C 3/02 – NVwZ 2003, 1261.

29 Vgl. BVerwG, Beschl. v. 15.09.2009 – 4 BN 25/09 – BRS 74 Nr. 112.

30 Ebd.

31 Vgl. BVerwG, Urt. v. 17.12.2002 – 4 C 15/01 – BVerwGE 117, 287, 295, 299.

32 Vgl. BVerwG, Urt. v. 21.10.2004 – 4 C 2/04 – BVerwGE 122, 109, 112.

33 BVerwG, Urt. v. 11.04.2013 – 4 CN 2/12 – juris, Rn. 5; Bienek, a.a.O. (Fn. 23); s. a. Gatz, jurisPR-BVerwG 13/2013 Anm. 1.

der Planung führt. Die obergerichtliche Rechtsprechung, die eine Planung, die auf einem abweichenden Plankonzept beruht, nicht beanstandet, wird vom Bundesverwaltungsgericht korrigiert.[34] Für die Planungsträger ist mithin zu konstatieren, dass alle Verstöße gegen die beschriebene, äußerst anspruchsvolle Planungsmethodik ohne Rücksicht darauf, ob eine andere Planungsmethodik ebenfalls zu einem gerechten Abwägungsergebnis im Sinne von § 1 Abs. 7 BauGB gelangt, zur materiellen Unwirksamkeit der Pläne führt. Dieses Schicksal dürfte – wie ein Blick auf die Rechtsprechung belegt – die weit überwiegende Zahl der in der Vergangenheit aufgestellten Pläne ereilt haben. Die Ausschlusswirkung nach § 35 Abs. 3 Satz 3 BauGB wird von den Sondergebietsdarstellungen bzw. Eignungs- und Vorranggebieten nicht erzeugt. Konsequenz daraus ist, dass sich die planungsrechtliche Zulässigkeit der Repoweringvorhaben dann allein nach § 35 Abs. 1 BauGB richtet.

Zu b) Fehlerhafte Bekanntmachung der Arten umweltbezogener Informationen

In der jüngeren Vergangenheit hat die Beteiligung der Öffentlichkeit an Planverfahren rechtlich und politisch an Bedeutung gewonnen. Zugleich ist auch die Fehleranfälligkeit von umweltprüfungspflichtigen Plänen gestiegen, da die Beteiligung der Öffentlichkeit erheblich schwieriger geworden ist. In Umsetzung[35] von Art. 6 Abs. 2 der Aarhus-Konvention und von Art. 3 Nr. 4 der Öffentlichkeitsbeteiligungsrichtlinie[36] durch das EAG Bau[37] ist der Informationsgehalt der Bekanntmachung nach § 3 Abs. 2 BauGB

---

34 Vgl. etwa BVerwG, Urt. v. 11.04.2013 – 4 CN 2/12 – ZfBR 2013, 569 und Vorinstanz OVG Bautzen, Urt. v. 10.11.2011 – 1 C 17/09 –; dazu Bienek, a. a. O. (Fn. 23).

35 Vgl. BT-Drucks. 15/2250 v. 17.12.2003, S. 44; BVerwG, Urt. v. 18.07.2013 – 4 CN 3/12 – ZfBR 2013, 675 ff.

36 Richtlinie 2003/35/EG des Europäischen Parlaments und des Rates v. 26.05.2003 über die Beteiligung der Öffentlichkeit bei der Ausarbeitung bestimmter umweltbezogener Pläne und Programme und zur Änderung der Richtlinien 85/337 EWG und 96/61/EG des Rates in Bezug auf die Öffentlichkeitsbeteiligung und den Zugang zu Gerichten (ABl. EG Nr. l 156 S. 17).

37 Gesetz zur Anpassung des Baugesetzbuchs an EU-Richtlinien v. 24.06.2004 (BGBl I S. 1359).

deutlich vergrößert worden.[38] Gemäß § 3 Abs. 2 Satz 1 BauGB sind die Entwürfe der Bauleitpläne mit der Begründung und den nach Einschätzung der Gemeinde wesentlichen, bereits vorliegenden umweltbezogenen Stellungnahmen für die Dauer eines Monats öffentlich auszulegen. Ort und Dauer der Auslegung sowie Angaben dazu, welche Arten umweltbezogener Informationen verfügbar sind, sind mindestens eine Woche vorher ortsüblich bekannt zu machen (§ 3 Abs. 2 Satz 2 Hs. 1 BauGB).[39] Während die Gemeinde befugt ist zu bestimmen, welche umweltbezogenen Stellungnahmen ausgelegt werden, hat sie in der Bekanntmachung die Arten aller bei ihr verfügbaren umweltbezogenen Informationen anzugeben.[40] Die Gemeinde darf den Umfang der Angaben nicht einschränken.[41]

Diese Bedeutung von § 3 Abs. 2 Satz 2 Halbs. 1 BauGB haben die Planungsträger erst in jüngerer Zeit erkannt, wie zahlreiche Entscheidungen der Gerichte belegen.[42] Trotz der veröffentlichten Judikatur bereiten Auswahl und Bekanntmachung der anzugebenden Arten umweltbezogener Informationen auch heutzutage noch erhebliche Schwierigkeiten.[43] Zwar hat das Bundesverwaltungsgericht in seinem Urteil vom 18. Juli 2013[44]

---

38 BT-Drucks., a. a. O. (Fn. 35), S. 43 f.

39 Vgl. dazu Schmidt-Eichstaedt, Aktuelle Probleme im Aufstellungsverfahren für Bauleitpläne, BauR 2013, 1381 ff.

40 Vgl. dazu eingehend Schink, Anforderungen an die öffentliche Bekanntmachung der Arten umweltbezogener Informationen gemäß § 3 Abs. 2 S. 2 BauGB, UPR 2014, 3 ff.

41 Vgl. Schink, in: BeckOK BauGB, § 3, Rn. 88; VGH Mannheim, Urt. v. 12.06.2012 – 8 S 1337/10 – juris, Rn. 37 ff. und Urt. v. 13.12.2012 – 3 S 261/10 – juris, Rn. 29 ff.

42 Vgl. OVG Koblenz, Urt. v. 12.05.2014 – 1 C 11159/13 – juris, Rn. 32; VGH Mannheim, Urt. v. 09.08.2013 – 8 S 2145/12 – juris, Rn. 40; OVG Lüneburg, Beschl. v. 02.07.2013 – 1 MN 90/13 – juris, Rn. 49; VGH München, Beschl. v. 23.07.2007 – 15 NE 07/1226 – juris, Rn. 20 ff.

43 Vgl. Stüer/Stüer, Anmerkung zum Urteil des BVerwG vom 18.07.2013 (4 CN 3/12; DVBl 2013, 1321) – Zur Frage nach der Benennung von Umweltthemen beider Auslegungsbekanntmachung, DVBl 2013, 1324, 1326.

44 BVerwG, Urt. v. 18.07.2013 – 4 CN 3.12 – ZfBR 2013, 675 ff.; dazu ausführlich Schmidt-Eichstaedt, Nochmals zu § 3 Abs. 2 Satz 2 BauGB: Was sind Arten von umweltbezogenen Informationen? Wie ist ihr Vorliegen bekannt zu machen?, BauR 2014, 48 ff.; Schink, a. a. O. (Fn. 40); Schink, a. a. O. (Fn. 41), § 3, Rn. 86 ff.

klargestellt, dass die Gemeinde, die in den vorhandenen Stellungnahmen und Unterlagen behandelten Umweltthemen nach Themenblöcken zusammenzufassen und diese in der Auslegungsbekanntmachung schlagwortartig zu charakterisieren hat,[45] so dass die Öffentlichkeit angestoßen wird, sich dazu zu äußern.[46] Wie § 3 Abs. 2 Satz 2 Halbs. 1 BauGB bei einer erneuten Beteiligung nach § 4a Abs. 3 BauGB anzuwenden ist, hat das Bundesverwaltungsgericht jüngst ebenfalls geklärt. Im Wege der teleologischen Reduktion[47] dieser Vorschrift stellt es fest, dass der Gemeinde bei einer erneuten Auslegung gem. § 4a Abs. 3 Satz 1 und § 3 Abs. 2 Satz 2 Halbs. 1 BauGB erlaubt sei, in der Bekanntmachung nur auf die umweltbezogenen Informationen hinzuweisen, die zu den geänderten oder ergänzten Teilen des Planentwurfs verfügbar seien.[48] Grund dafür ist, dass die Gemeinde nach § 4a Abs. 3 BauGB bestimmen dürfe, dass Stellungnahmen nur zu den geänderten oder ergänzten Teilen abgegeben werden können. Folglich brauchen in der Bekanntmachung von Ort und Dauer der erneuten Auslegung Angaben zu den Arten umweltbezogener Informationen nicht gemacht zu werden, wenn neue oder geänderte Informationen, die sich auf die geänderten oder ergänzten Teile des Planentwurfs beziehen, nicht vorhanden seien.[49] Soweit sich die Öffentlichkeit zu den nicht geänderten oder ergänzten Teilen des Planentwurfs gleichwohl äußert, seien diese Äußerungen von der Gemeinde wie verspätete Stellungnahmen nach § 4a Abs. 6 BauGB zu behandeln.

Erkennbar wird in der Rechtsprechung der Zusammenhang zwischen den nach § 3 Abs. 2 Satz 1 BauGB auszulegenden verfügbaren umweltbezogenen Informationen und Angaben zu den Arten umweltbezogener Informationen nach § 3 Abs. 2 Satz 2 Halbs. 1 BauGB. Die Gemeinde soll die Öffentlichkeit schlagwortartig auf die Inhalte der ihr vorliegenden umweltbezogenen Informationen, zu denen Stellung genommen

---

45 Vgl. Battis, Battis/Krautzberger/Löhr, BauGB Kommentar, 12. Aufl. § 3 Rn. 14.

46 Vgl. BVerwG, Urt. v. 18.07.2013 – 4 CN 3/12 – juris, Rn. 20.

47 Dazu BVerwG, Urt. v. 01.03.2012 – 5 C 11.11 – BVerwGE 142, 107 Rn. 30; BVerfG, Beschl. v. 30.03.1993 – 1 BvR 1045/89 u. a. – BVerfGE 88, 145, 167.

48 Vgl. Otto, Geändertes Abstandsflächenrecht der Musterbauordnung 2012 (MBO) – Droht das Abstandsflächenrecht im Chaos zu versinken?, ZfBR 2014, 733 ff.

49 Vgl. BVerwG, Urt. v. 07.05.2014 – 4 CN 5/13 – juris, Rn. 12.

werden darf, hinweisen. Der aufgeschlossene Leser der Bekanntmachung muss erkennen können, über welche Umweltinformationen die Gemeinde verfügt.[50] Folglich müssen diese Angaben so formuliert sein, dass sich die einzelnen Umweltbelange konkret erkennen lassen und die Öffentlichkeit zur Abgabe von Stellungnahmen, betreffend die verfügbaren umweltbezogenen Informationen, angestoßen wird. Deshalb kann ggf. neben einer stichwortartigen Beschreibung des betroffenen Belangs auch die Art ihrer Betroffenheit zu kennzeichnen sein. Wie die Bekanntmachung zu formulieren ist, ist gleichwohl nicht ganz einfach. Deutlich wird diese Unsicherheit anhand einiger obergerichtlicher Entscheidungen. So hält das OVG Münster[51] die Bekanntmachung für unzureichend, in der es heißt: „*Folgende umweltbezogene Informationen sind darüber hinaus verfügbar: Umweltverträglichkeitsstudie, Landschaftspflegerischer Begleitplan, Spezielle Artenschutzprüfung, Schalltechnische Untersuchung, Geruchsgutachten, Gutachten zur Wasserwirtschaft, Entwurf des Durchführungsvertrags, Sicherheitskonzept gemäß 12. BImSchV – Störfall-Verordnung, Strahlenschutztechnische Untersuchung, Brandschutzkonzept, Hydrogeologisches Gutachten zur Beurteilung der Versicherungsfähigkeit (gemeint ist: Versickerungsfähigkeit), Altlasttechnische Untersuchungen zu Grundwasser, Stellungnahme zu Untergrunduntersuchungen (Altlasten), Orientierende Untersuchungen von Altlasten (Phase IIa) auf 2 Altlastenverdachtsflächen, Altlastenvorgutachten zur ehem. NIKE Raketenstellung Y....*„.

Hingegen werden Bekanntmachungen für zutreffend beurteilt,[52] die „*Informationen zu den Schutzgütern Mensch, Tiere und Pflanzen, Boden, Wasser, Klima/Luft, Stadtbild, Kultur- und sonstige Sachgüter sowie Informationen zur naturschutzrechtlichen Eingriffsregelung und Ausgleichsmaßnahmen*“ enthalten. Nach dem Urteil des OVG Münster vom 6. Mai 2014[53] ist die planende Gemeinde auf der „sicheren Seite“, wenn der Bekanntmachungstext einen zwar stichwortartigen, aber vollständigen

50 Das, was Schmidt-Eichstaedt in BauR 2014, S. 48, 53 an Angaben vorschlägt, geht darüber deutlich hinaus; zur Warnung vor einer Überinformation VGH Mannheim, Urt. v. 02.04.2014 – 3 S 41/13 – juris, Rn. 44.

51 Vgl. OVG Münster, Urt. v. 06.05.2014 – 2 D 14/13.NE – juris, Rn. 60.

52 Vgl. VGH München, Urt. v. 29.07.2014 – 2 N 14/780 – juris, Rn. 32.

53 OVG Münster, Urt., v. 06.05.2014 – 2 D 14/13.NE – juris, Rn. 57.

Überblick über diejenigen Umweltbelange ermöglicht, die aus der Sicht der im Zeitpunkt der Auslegung vorliegenden Stellungnahmen und Unterlagen in der betreffenden Planung eine Rolle spielen, wie er etwa einer vollständigen und ausreichend differenzierten Gliederung eines sachgerecht verfassten Umweltberichts entnommen werden kann.[54] Mit § 3 Abs. 2 BauGB vereinbar[55] soll folglich eine Bekanntmachung sein, die schlagwortartig die planbetroffenen Schutzgüter *Landschaft, Menschen/Gesundheit/Bevölkerung, Fauna und Flora, Boden, Wasser, Luft/Klima, Sach- und Kulturgüter nennt, auf die Wechselbeziehungen zwischen diesen Schutzgütern hinweist, die einzelnen umweltbezogenen Stellungnahmen (z.B. des Kreises N1. als untere Landschaftsbehörde und als untere Bodenschutzbehörde und der Landwirtschaftskammer NRW) auflistet sowie bei der Angabe einzelner umweltbezogener Informationen den Umweltbericht 2013, den landschaftspflegerischen Fachbeitrag 2014, die Artenschutzprüfung 2013, einen Grabungsbericht zur archäologischen Befundlage, eine Lichtimmissionsuntersuchung, eine schalltechnische Untersuchung und ein Gutachten über die Messung von niederfrequenten magnetischen und elektrischen Wechselfeldern in der Nähe von Hochspannungsleitungen im Plangebiet* benennt.

Zu c) Fehlerfolgen

Abhängig davon, ob der Plan an Mängeln leidet oder mangelfrei ist, stellt sich die Rechtslage unterschiedlich dar. Fehler in der Plankonzeption schlagen auf die Wirksamkeit des Plans durch. Fehler bei der Bekanntmachung nach § 3 Abs. 2 BauGB müssen jedoch nicht stets zur Unwirksamkeit des Plans führen.

Für Mängel bei der Bekanntmachung nach § 3 Abs. 2 Satz 2 BauGB greift die sogenannte interne Unbeachtlichkeitsklausel des § 214 Abs. 1 Satz 1 Nr. 2 Halbs. 2, Alt. 2 BauGB. Eine Verletzung von § 3 Abs. 2 BauGB ist deshalb unbeachtlich, wenn (nur) einzelne Angaben dazu, welche Arten umweltbezogener Informationen verfügbar sind, nicht bekannt gemacht wurden. Hingegen bedeutet es einen beachtlichen Fehler, wenn

54 Siehe auch OVG Münster, Beschl. v. 19.02.2014 – 2 D 83/13.NE – juris, Rn. 25/27 und Beschl. v. 30.01.2014 – 2 B 1354/13.NE – juris, Rn. 81/83.

55 Vgl. OVG Münster, Beschl. v. 14.07.2014 – 2 B 581/14.NE – juris, Rn. 42.

die überwiegende Zahl von Arten der verfügbaren Umweltinformationen nicht angegeben wurde.[56] Mängel bei Hinweisen auf umweltbezogene Informationen werden zudem auch dann unbeachtlich, wenn sie nicht innerhalb eines Jahres seit der Bekanntmachung des Plans gegenüber der Gemeinde geltend gemacht werden.[57] Der Plan bleibt dann erhalten.

Ist der Plan unwirksam, so beurteilt sich die Rechtslage im Außenbereich nach 35 BauGB ohne Rücksicht auf die Festsetzungen und Darstellungen in den Plänen. Für Genehmigungsbehörde und Gemeinde ist dies jedoch dann nicht ohne weiteres möglich, wenn der Plan zwar als fehlerhaft erkannt, aber mangels Normenkontrollverfahren nicht für unwirksam erklärt wurde. Regelmäßig stellt sich in diesen Fällen die Frage nach der Normverwerfungskompetenz der Genehmigungsbehörde, wenn Anträge für solche Repowering-Vorhaben gestellt werden, die nach den formell in Kraft gesetzten Plänen unzulässig sind, diese Pläne aber aus den o. g. Gründen materiell unwirksam sind.

6. Die Normverwerfungskompetenz der Behörden

Nach Art. 20 Abs. 3 GG sind Verwaltung und Gemeinden verpflichtet, formell geltende Rechtsnormen, zu denen Bebauungspläne und Regionalpläne zählen, zu beachten. Für Flächennutzungspläne gilt dies nicht. Ist der Flächennutzungsplan materiell unwirksam, so verringert sich dadurch automatisch das Gewicht der Darstellung in der nachvollziehenden Abwägung[58], nach § 35 Abs. 1 BauGB. Für materiell-unwirksame Gesetze stellt sich die Frage, wie damit praktisch umzugehen ist, dass unwirksames Recht eine materiell-rechtliche Bindung nicht erzeugen kann. Fraglich ist insbesondere, ob Verwaltung und Gemeinden befugt sind, materiell-unwirksames Recht außer Acht zu lassen.[59] Die Rechtsprechung hat dazu

---

56 Vgl. OVG Berlin-Brandenburg, Urt. v. 28.05.2009 – 2 A 13/08 – juris, Rn. 34.

57 Vgl. OVG Lüneburg, Urt. v. 30.04.2014 – 1 KN 110/12 – juris, Rn. 29.

58 Vgl. dazu Mitschang/Reidt, in: Battis/Krautzberger/Löhr, BauGB Kommentar, 12. Aufl., § 35 Rn. 68 ff.

59 Bejahend etwa Sachs, in: Sachs (Hrsg.), GG Kommentar, 6. Aufl., 2011, Art. 20 Rn. 97 und Fn. 378 m. w. N.; Jarass/Pieroth, in Jarass/Pieroth (Hrsg.), GG Kommentar, 11. Aufl., 2011, Art. 20 Rn. 40; zurückhaltend OVG Münster, Urt. v. 30.06.2005 – 20 A 3988/03 – juris Rn. 60 ff. = UPR 2006, 199 f.;

Leitlinien aufgestellt, die nicht immer ganz einfach zu handhaben, jedoch wegen der haftungsrechtlichen Probleme äußerst bedeutsam sind.

Grundsätzlich gilt, dass einzelne Behörden und Amtswalter nicht befugt sind, aufgrund ihrer eigenen Überzeugung von der Fehlerhaftigkeit einer Norm diese zu verwerfen bzw. nicht anzuwenden.[60] Andererseits handeln die Bediensteten von Genehmigungsbehörden amtspflichtwidrig, wenn sie einen unwirksamen Bebauungsplan anwenden.[61] Wird ein fehlerhafter Plan erlassen, sind sie vielmehr gehalten, eine Normenkontrollklage nach § 47 VwGO zu erheben,[62] um sich ihrer Bindung an den Plan zu erledigen. Das zuständige Gericht kann sodann auf dem rechtsstaatlich vorgeschriebenen Weg über die Wirksamkeit oder Unwirksamkeit einer untergesetzlichen Norm (z. B. Bebauungsplan, Regionalplan) entscheiden. Ist dies nicht passiert, bleiben die Behörden an die Norm gebunden. Dies gilt jedoch nicht für den Fall, dass der zur Unwirksamkeit führende Fehler offensichtlich ist und zweifellos vorliegt[63] oder wenn

---

OVG Koblenz, Beschl. v. 14.05.2013 – 8 A 10043/13; VG Düsseldorf, Urt. v. 16.08.2011 – 2 K 2048/11 – juris, Rn. 37; und nachgehend OVG Münster, Beschl. v. 17.07.2012 – 6 A 2065/11 –; s. a. BVerwG, Urt. v. 31.01.2001 – 6 CN 2/00 – BVerwGE 112, 373; vgl. auch BVerfG, Beschl. v. 10.12.2009 – 1 BvR 3151/07 – juris, Rn. 54 ff.; OVG Münster, Urt. v. 13.02.2014 – 6 A 1894/12 – juris, Rn. 49 f.

60 Vgl. OVG Münster, Urt. v. 30.06.2005 – 20 A 3988/03 – juris, Rn. 60; BGH, Urt. v. 25.10.2012 – III ZR 29/12 – juris, Rn. 19; Urt. v. 25.03.2004 – III ZR 227/02 – NVwZ 2004, 1143, 1144; Beschl. v. 20.12.1990 – III ZR 179/89 – BGHR BGB § 839 Abs. 1 Baugenehmigung 1; Urt. v. 10.04.1986 – III ZR 209/84 – NVwZ 1987, 168, 169; ebenso VGH München, Urt. v. 01.04.1982 – 15 N 81 A/1679 – BayVBl. 1982, 654; Urt. v. 16.11.1992 – 14 N 91/2258 – BayVBl. 1993, 626; Staudinger/Wurm, in: Staudinger (Hrsg.) BGB Kommentar, 2007, § 839 Rn. 571; Boujong, Schadensersatz- und Entschädigungsansprüche wegen fehlerhafter Bauleitplanung und rechtswidriger Bauverwaltungsakte nach der Rechtsprechung des Bundesgerichtshofes, WiVerw 1991, 59, 79; s. a. BVerwG, Urt. v. 31.01.2001 – 6 CN 2/00 – BVerwGE 112, 373, 381 f; a. A. OVG Lüneburg, Beschl. v. 15.10.1999 – 1 M 3614/99 – NVwZ 2000, 1061, 1062.

61 Vgl. BGH, Urt. v. 25.03.2004 – III ZR 227/02 – NVwZ 2004, 1143, 1144.

62 Vgl. BVerwG, Beschl. v. 15.03.1989 – 4 NB 10/88 – NVwZ 1989, 654 f; Beschl. v. 11.08.1989 – 4 NB 23/89 – NVwZ 1990, 57 f.

63 Vgl. OVG Münster, Urt. v. 13.02.2014 – 6 A 1894/12 – juris, Rn. 56 ff.; Urt. v. 30.06.2005 – 20 A 3988/03 – juris, Rn. 66 ff.

die Norm von einem Verwaltungsgericht in einem Urteil inzident für ungültig erklärt wurde.[64] Unter diesen Umständen steht der Behörde eine Normverwerfungskompetenz zu.

Ist der Fehler aber nicht eindeutig erkennbar und die Normenkontrolle nach § 47 VwGO nicht mehr möglich, so ist die Behörde zunächst verpflichtet, den Normgeber auf die erkannte Fehlerhaftigkeit der Norm hinzuweisen. Der Normgeber soll dabei zur Heilung des Fehlers angehalten werden. Kommt eine Heilung nicht in Betracht, soll ihm die Aufhebung der Norm empfohlen werden.[65] Folgt der Normgeber diesen Aufforderungen nicht, soll die Genehmigungsbehörde dann jedoch, wie den Ausführungen des OVG Koblenz abzuleiten ist, befugt sein, *„im Rahmen ihrer bauaufsichtlichen Tätigkeit von der Ungültigkeit des Bebauungsplans auszugehen“*.[66]

7. Repowering in der Regionalplanung

Die Frage, wie das Repowering in der Regionalplanung geregelt werden kann, stellte sich in besonderer Weise, nachdem der Gesetzgeber § 249 Abs. 2 BauGB geschaffen hat. Diese Vorschrift gilt nur für Bebauungspläne und Flächennutzungspläne. Für die Regionalplanung ist diese Vorschrift weder greifbar noch erforderlich, da diese Planungsmöglichkeit der Regionalplanung ohnedies zur Verfügung steht.

§ 249 Abs. 2 BauGB ist zunächst eine spezielle, § 9 Abs. 2 BauGB eine verdrängende, Ermächtigungsgrundlage für bedingte Festsetzungen im Bebauungsplan. Auf der Ebene des Flächennutzungsplans ist § 249 Abs. 2 BauGB zudem eine besondere Regelung über die planungsrechtliche Zulässigkeit von Repowering-Vorhaben. Darstellungen nach § 249 Abs. 2

---

64 Vgl. BVerwG, Urt. v. 31.01.2001 – 6 CN 2/00 – juris, Rn. 23, BVerwGE 112, 373; s. a. BGH, Urt. v. 25.03.2004 – III ZR 227/02 – DVBl. 2004, 947; OVG Münster, Urt. v. 30.06.2005 – 20 A 3988/03 – NuR 2006, 191 ff.

65 Zum Beanstandungsrecht und dem Verlangen nach Aufhebung innerhalb angemessener Frist vgl. BVerwG, Urt. v. 27.11.1992 – 8 C 9/91 – NVwZ 1993, 1197.

66 Vgl. OVG Koblenz, Beschl. v. 14.05.2013 – 8 A 10043/13 – juris, Rn. 10; BGH, Urt. v. 10.04.1986 – III ZR 209/84 – NVwZ 1987, 168, 169; Beschl. v. 20.12.1990 – III ZR 179/89 – BGHR BGB § 839 Abs. 1 Baugenehmigung 1.

BauGB gehen in ihrer Wirkung deutlich über die Darstellungen hinaus, die die Ausschlusswirkung nach § 35 Abs. 3 BauGB erzeugen.[67] Diese Bedeutung hat die Gemeinde in ihrer Planung ebenso zu berücksichtigen wie die Frage, ob die in den Plänen gergelte Abhängigkeit zwischen der Neuerrichtung und dem Rückbau von Altanlagen der Windkraft in substantieller Weise Raum verschafft. Bei dieser Prüfung ist festzustellen, ob die für das Repowering vorgesehenen Flächen in absehbarer Zeit zur Verfügung stehen, weil mit einem Abbau der Alt-Anlagen gerechnet werden kann. Sollte ein möglicher Abbau der Alt-Anlagen nicht erkennbar sein, dürfte der Repoweringplanung regelmäßig die städtebauliche Erforderlichkeit im Sinne von § 1 Abs. 3 BauGB fehlen.

In der Regionalplanung können vergleichbare Überlegungen angestellt werden, wenn dort ebenfalls das Konzept des § 249 Abs. 2 BauGB realisiert werden soll. Dieses Konzept hat raumbedeutsame Maßnahmen bzw., wenn deren Planung ansteht, Planungen im Sinne von § 4 Abs. 1 Nr. 1 ROG zum Gegenstand, so dass es der Regionalplanung zugänglich ist.[68] Für die Aufnahme dieses Konzepts in den Regionalplan braucht es keiner Ermächtigungsgrundlage im Sinne von § 249 Abs. 2 BauGB. Vergleichbare bedingte Zielaussagen sind in Regionalplänen ohne eine spezielle Rechtsgrundlage zulässig.[69]

Dies ist zum einen darauf zurückzuführen, dass dem Plangeber durch § 8 Abs. 5, 6 und 7 ROG die Möglichkeiten zur Zielbestimmung ohne Beschränkung auf einen bestimmten Kreis von Zielen gegeben wird. § 8 Abs. 5, 6, und 7 ROG gleicht infolge des verwendeten Begriffs „insbesondere" insoweit § 5 Abs. 2 BauGB. Damit kann der Plangeber die Ziele an dem jeweiligen Regelungszweck ausrichten, insbesondere auch bedingte Zielaussagen formulieren.

Zum anderen bedarf es einer mit § 249 Abs. 2 BauGB vergleichbaren Regelung in der Regionalplanung nicht, weil eine Zielfestlegung im Sinne

---

67 Vgl. Otto, Rückbau und Repowering –Welche Planungsbefugnisse vermittelt § 249 Abs. 2 BauGB? –, ZfBR 2012-Sonderausgabe 72 ff.

68 Vgl. OVG Magdeburg, Urt. v. 15.05.2014 – 2 K 36/12 – juris, Rn. 85 f.; OVG Koblenz, Urt. v. 20.02.2003 – 1 A 11406/01 – NVwZ-RR 2003, 619 ff.

69 Vgl. Schmidt-Eichstadt, Repowering in der Regionalplanung – Welche Festlegungen sind in Regionalplänen zugunsten des Repowering zulässig oder sogar geboten?, ZfBR 2013, 639 ff.

von § 249 Abs. 2 BauGB ihre Steuerungswirkung aus § 35 Abs. 3 **Satz** 2 BauGB erhält. Diese Bestimmung im Baugesetzbuch ist nicht für die Darstellungen im Flächennutzungsplan einschlägig. Infolge dessen musste der Gesetzgeber die Sonderregelung in § 249 Abs. 2 Satz 3 BauGB auflegen. Dadurch hat er die Wirkung des Flächennutzungsplans erweitert. Für den Regionalplan konnte der Gesetzgeber von einer vergleichbaren Erweiterung infolge des existierenden Zusammenwirkens der bedingten Zielbestimmung nach § 8 Abs. 5 ROG und der Zielbindung raumbedeutsamer Vorhaben nach § 35 Abs. 3 Satz 2 BauGB absehen. Es bedarf auch in sonstiger Hinsicht keiner diese Möglichkeit präzisierenden Regelung. Denn auch bei einer derartigen Repowering-Zielfestlegung ist der Plangeber an die raumordnungsrechtlichen Bestimmungen zur Aufstellung und Abwägung von Zielen nach dem Raumordnungsgesetz bzw. den einschlägigen Landesplanungsgesetzen gebunden. Da unschwer erkennbar ist, dass auch eine Repoweringplanung im o. g. Sinne mit den Aufgaben, Leitvorstellungen und Grundsätzen der Raumordnung gem. §§ 1, 2 ROG[70] vereinbar ist, können Festlegungen nach § 8 Abs. 7 ROG mit Repoweringregelungen im Sinne von § 249 Abs. 2 BauGB verbunden werden.

Beabsichtigt der Plangeber eine solche Zielbestimmung, muss er, nicht anders als die planende Gemeinde, die tatsächlichen Repoweringmöglichkeiten, also insbesondere die voraussichtliche Rückbaubereitschaft der Alt-Eigentümer ermitteln und in die Abwägung einstellen. Um das Repowering zu befördern, kann der Plangeber in den Zielen der Raumordnung zugleich festlegen, dass die Windkraftanlagen bestimmte Mindestleistungen aufweisen müssen.

Die o. g. Zielbestimmungen begründen für die nachfolgende Bauleitplanung eine Anpassungspflicht gem. § 1 Abs. 4 BauGB.[71] Diese können verpflichtet sein, ihre Bauleitpläne zu ändern, sofern sie dem in der

70 Vgl. dazu Schink, Steuerung von Industrievorhaben durch Landes- und Regionalplanung, I+E 2011, 211 ff.

71 Vgl. BVerwG, Urt. v. 17.09.2003 – 4 C 14/01 – juris, Rn. 33.

Regionalplanung als Ziel der Raumordnung bestimmten Repowering entgegenstehen.[72] Insbesondere können die Gemeinden infolge ihrer Plananpassungspflicht nach § 1 Abs. 4 BauGB gezwungen sein, bestehende Höhenbegrenzungen aus ihren Bauleitplänen zu entfernen.[73]

72 Vgl. Schrödter, Auswirkungen von windkraftbezogenen Zielen der Raumordnung auf Bauleitpläne unter besonderer Berücksichtigung von Haftungs- und Entschädigungsfragen, ZfBR 2013, 535 ff.

73 Vgl. Schrödter, a.a.O. (Fn. 72); s. a. zur Anpassungspflicht BVerwG, Urt. v. 17.09.2003 – 4 C 14/01 – UPR 2003, 137 ff.; OVG Lüneburg, Urt. v. 01.09.2005 – 1 LC 107/05 – juris, Rn. 108 ff.; OVG Koblenz, Urt. v. 23.03.2012 – 2 A 11176/11 – juris, Rn. 27.

Reinhard Sparwasser und Peter Neusüß

Zwei Jahre Zeit – Das Sicherungsinstrument des § 15 Abs. 3 BauGB

Abstract

Durch das Sicherungsinstrument des § 15 Abs. 3 BauGB kann die planende Gemeinde verhindern, dass die zeitaufwendige Planung von Fristen des Genehmigungsverfahrens überholt wird.

By using the hedging instrument of Article 15 par. 3 Federal Building Code municipalities can ensure that a proposed land-use planning will not to be meaningless while being overtaken due to short deadline of the approval procedures.

A) Einleitung: § 15 Abs. 3 BauGB: Sicherungsinstrument oder Verhinderungsinstrument?

Ein bis zwei Jahre: Eine kurze Zeit für die Planung, zumal die Anforderungen an einen Flächennutzungsplan mit Ausschlusswirkung hoch sind und eine Verlängerung auf zwei Jahre nur bei besonderen Umständen gewährt wird. Aber auch eine lange Zeit für einen Investor, gerade in Zeiten abnehmender Vergütungen nach dem EEG. Die Gemeinde könnte dazu verleitet sein, eine Alibi-Planung vorzuschieben, um das Vorhaben durch die Verzögerung zu verhindern. Der Investor hingegen sucht die Lücke bis zum Inkrafttreten eines geänderten oder überhaupt erst gültigen Flächennutzungsplans auszunutzen. Dies soll das Sicherungsinstrument der Zurückstellung verhindern.

Einen Missbrauch als Verhinderungsinstrument soll die Anforderung ausschließen, dass die beabsichtigte Planung der Windkraft im Ergebnis „substantiell Raum“ verschaffen und auch im Übrigen zulässig sein muss. Das Ergebnis der Planung ist zum Zeitpunkt der Zurückstellung aber noch nicht bekannt, in der Regel liegt allenfalls ein Planungskonzept vor. Trotzdem will der Bayerische VGH das Planungskonzept an denselben

Maßstäben wie das Ergebnis der Planung messen.[1] Zwar ist zukünftig aus Bayern zu Windkraftanlagen kaum noch Rechtsprechung zu erwarten[2], mit der *genannten Judikatur* wollen wir uns dennoch im Folgenden kritisch auseinandersetzen, schon um Nachahmungen in anderen Bundesländern vorzubeugen.

Die *übrigen Voraussetzungen* des Sicherungsinstrumentariums sind von der Rechtsprechung zu § 15 Abs. 1 BauGB weitgehend vorgezeichnet. Der Beitrag konzentriert sich insoweit auf einige wenige Besonderheiten des § 15 Abs. 3 BauGB, insbesondere die Antragsberechtigung, die Frage der maßgeblichen Kenntnis, die Auslegung der besonderen Umstände und die Anwendbarkeit auf die immissionsschutzrechtliche Genehmigung.

B) Grundlagen – Trichtermodell und substanzieller Raum

§ 15 Abs. 3 BauGB ermöglicht es der Gemeinde, die Aufstellung von Flächennutzungsplänen im Anwendungsbereich des § 35 Abs. 3 Satz 3 BauGB durch die Zurückstellung von Genehmigungsanträgen abzusichern, wenn zu befürchten ist, dass die Durchführung der Planung durch das Vorhaben unmöglich gemacht oder wesentlich erschwert werden würde. § 15 Abs. 3 BauGB dehnt ein sonst für die Aufstellung von Bebauungsplänen zur Verfügung stehendes Sicherungsinstrument auf Flächennutzungspläne mit Ausschlusswirkung aus. Dies ist konsequent, da ein solcher Flächennutzungsplan eine dem Bebauungsplan vergleichbare Funktion erfüllt.[3]

Zu berücksichtigen sind bei der Auslegung des § 15 Abs. 3 BauGB die Besonderheiten der Flächennutzungspläne mit Ausschlusswirkung:

Einem solchen Flächennutzungsplan muss nach der Rechtsprechung des Bundesverwaltungsgerichts ein schlüssiges Planungskonzept für den

---

1 In diese Richtung tendiert der BayVGH: Vgl. Beschl. v. 11.12.2013 – 22 CS 13/2122 – juris; Beschl. v. 05.12.2013 – 22 CS 13/1760 – juris; Beschl. v. 05.12.2013 – 22 CS 13/1757 – juris; Beschl. v. 20.04.2012 – 22 CS 12/310 – juris; Beschl. v. 22.03.2012 – 22 CS 12/349, 22 CS 12/356 – juris.

2 Mit Verabschiedung der sog. 10-H-Regelung werden in Bayern kaum noch neue Windkraftanlagen zulässig sein. Nach der 10-H-Regelung setzt eine Privilegierung nach § 35 Abs. 1 Nr. 5 BauGB voraus, dass ein Abstand der 10-fachen Höhe der Windenergieanlage eingehalten wird (vgl. Gesetzesentwurf der Landesregierung, Bay Landtag, Drs. 17/2137).

3 Vgl. nur BVerwG, Urt. v. 26.04.2007 – 4 CN 3/06 – juris, Rn. 16.

gesamten Außenbereich des Planungsträgers zugrunde liegen. Es muss nicht nur Auskunft darüber geben, von welchen Erwägungen die positive Standortzuweisung getragen wird, sondern auch deutlich machen, welche Gründe es rechtfertigen, den übrigen Planungsraum von Windenergieanlagen freizuhalten.

In einem ersten Arbeitsschritt sind diejenigen Bereiche als harte und weiche „Tabuzonen" zu ermitteln, die für die Nutzung der Windenergie nicht zur Verfügung stehen. Der Begriff der harten Tabuzonen dient der Kennzeichnung von Gemeindegebietsteilen, die für eine Windenergienutzung, aus welchen Gründen auch immer, nicht in Betracht kommen, mithin für eine Windenergienutzung „schlechthin" ungeeignet sind. Mit dem Begriff der weichen Tabuzonen werden Bereiche des Gemeindegebiets erfasst, in denen nach dem Willen der Gemeinde aus unterschiedlichen Gründen die Errichtung von Windenergieanlagen „von vornherein" ausgeschlossen werden „soll". Die Potenzialflächen, die nach Abzug der harten und weichen Tabuzonen übrig bleiben, sind in einem weiteren Arbeitsschritt zu den auf ihnen konkurrierenden Nutzungen in Beziehung zu setzen, d. h. die öffentlichen Belange, die gegen die Ausweisung eines Landschaftsraums als Konzentrationszone sprechen, sind mit dem Anliegen abzuwägen, der Windenergienutzung an geeigneten Standorten eine Chance zu geben, die ihrer Privilegierung nach § 35 Abs. 1 Nr. 5 BauGB gerecht wird.[4]

Der Planungsträger kann § 35 Abs. 3 Satz 3 BauGB nicht dazu missbrauchen, Windenergie im gesamten Planungsraum rechtlich oder faktisch auszuschließen („Verhinderungsplanung"), indem er nur ungeeignete Flächen ausweist (z. B. wegen geringer Windhöffigkeit). Auch eine fehlende Grundstücksverfügbarkeit soll einen faktischen Ausschluss bedeuten.[5] Und er muss die weichen Tabuzonen einer erneuten Betrachtung und Bewertung unterziehen, wenn er als Ergebnis seiner Untersuchungen erkennt, dass er für die Windenergienutzung nicht substanziell Raum schafft.[6]

---

4 Zusammenfassend: Vgl. BVerwG, Urt. v. 13.12.2012 – 4 CN 2/11 – juris, Rn. 9 f.

5 Vgl. BayVGH, Beschl. v. 20.04.2012 – 22 CS 12/310, a. a. O. (Fn. 3).

6 Zuletzt: Vgl. BVerwG, Urt. v. 11.04.2013 – 4 CN 2/12 – juris, Rn. 6.

C) Anwendungsbereich des § 15 Abs. 3 BauGB

§ 15 Abs. 3 BauGB ist wie § 15 Abs. 1 BauGB auf Baugenehmigungsverfahren zugeschnitten. Nach dem Wortlaut ist die Zurückstellung der Baugenehmigung, aber auch eines Bauvorbescheids möglich.

Der Hauptanwendungsfall ist aber die Zurückstellung von Anträgen zur Genehmigung von Windenergieanlagen. Diese Verfahren richten sich nach dem Bundesimmissionsschutzgesetz, Ziff. 1.6 der 4. BImSchV. Eine unmittelbare Anwendung auf diese Verfahren scheidet aus, da § 15 BauGB als Verfahrensvorschrift nur das Baugenehmigungsverfahren betrifft. Eine § 36 Abs. 1 Satz 2 BauGB entsprechende Regelung fehlt. § 15 Abs. 3 BauGB läuft nach seinem Wortlaut im Hauptanwendungsfall leer.

Rechtsprechung und Literatur wenden die Regelung daher ganz überwiegend auf immissionsschutzrechtliche Verfahren analog an.[7] Das VG Göttingen[8] hat dies in Zweifel gezogen, nachdem der Gesetzgeber die Regelung um die Möglichkeit ergänzte, die Zurückstellung auf zwei Jahre auszudehnen. Es könne nicht ernstlich behauptet werden, der Gesetzgeber sei sich des Handlungsbedarfs im Hinblick auf eine Anpassung des § 15 Abs. 3 BauGB an die Erfordernisse der aktuellen Genehmigungspraxis von Windenergieanlagen nicht bewusst. Mit der Einfügung des § 15 Abs. 3 Satz 4 BauGB hätte daher auch die Ergänzung des § 15 Abs. 3 BauGB um eine § 36 Abs. 1 Satz 2 BauGB nachgebildete Regelung auf der Hand gelegen. Es sei daher sehr zweifelhaft, ob noch von einer planwidrigen Regelungslücke ausgegangen werden könne.[9]

---

7 Vgl. OVG NRW, Beschl. v. 11.03.2014 – 8 B 1338/13 – juris, Rn. 4; Beschl. v. 04.02.2010 – 8 B 1652/09.AK – juris Rn. 31; BayVGH, Beschl. v. 05.12.2013 – 22 CS 13/1757 – juris Rn. 19, jeweils m. w. N.; Sennekamp, in: Brügelmann (Hrsg.), Kommentar zum BauGB, Loseblatt, Stand 02/2014, § 15 Rn. 73; Stock, in: Ernst/Zinkahn/Bielenberg (Hrsg.), Kommentar zum BauGB, Loseblatt, Stand 01/2013, § 15 m. w. N.; Rieger, Zurückstellung und Flächennutzungsplanung, ZfBR 2012, 214; a. A.: VG Magdeburg, Urt. v. 22.03.2012 – 2 A 46/11 – juris, Rn. 25 ff. für ein in Aufstellung befindliches Ziel der Raumordnung; Hinsch, Zurückstellung nach § 15 III BauGB – Mittel zur Sicherung einer Konzentrationsplanung, NVwZ 2007, 770, 771f.

8 Vgl. VG Göttingen, Beschl. v. 20.08.2013 – 2 B 306/13 – juris.

9 Vgl. ebd., Rn. 20.

Die Zweifel des VG Göttingen überzeugen nicht, auch wenn es in der Tat überrascht, dass der Gesetzgeber den Hauptanwendungsfall nicht ausdrücklich regelt. Der Bundesrat hat den neuen § 15 Abs. 3 Satz 4 BauGB auch mit dem Zeitaufwand für die Einholung von „(Wind-)Gutachten" begründet.[10] Es kann also keine Rede davon sein, dass der Gesetzgeber die Regelungslücke bewusst nicht geschlossen hätte und sie daher nicht mehr planwidrig wäre. Nicht nur die bestehende Regelung, sondern auch die Ergänzung liefe dann weitgehend leer. § 15 Abs. 3 BauGB ist – wie auch § 15 Abs. 1 BauGB – auf immissionsschutzrechtliche Genehmigungsverfahren weiterhin analog anzuwenden.[11]

D) Materielle Voraussetzungen

I. Bekanntmachung des Aufstellungsbeschlusses

Wie bei einer Zurückstellung nach § 15 Abs. 1 BauGB bedarf es bei § 15 Abs. 3 BauGB eines Beschlusses des Gemeinderates, einen Bauleitplan aufzustellen, im Falle des § 15 Abs. 3 BauGB eines Flächennutzungsplans.

Nach dem Wortlaut des § 15 Abs. 3 BauGB würde der Beschluss selbst ausreichen. Erforderlich ist aber die Bekanntmachung dieses Beschlusses. Erst durch die Bekanntmachung erhält der Aufstellungsbeschluss die Außenwirkung, die der Gesetzgeber für eine Veränderungssperre nach § 14 BauGB und für eine Zurückstellung nach § 15 Abs. 1 BauGB fordert. Nichts anderes kann für § 15 Abs. 3 BauGB gelten.[12]

II. Konkrete Planungsabsichten und Sicherungsbedürfnis

Eine Zurückstellung nach § 15 Abs. 3 BauGB setzt, wie schon § 15 Abs. 1 BauGB voraus, dass der Planungsträger bereits positive und hinreichend konkretisierte Vorstellungen über den Inhalt des aufzustellenden Bauleitplans haben muss. An diesen Vorstellungen ist zu messen, ob zu befürchten ist, dass die Durchführung der Planung durch das Vorhaben unmöglich gemacht oder wesentlich erschwert würde. Dies ist dann der Fall, wenn das

---

10 Vgl. BR-Drs. 474/12 (Beschl.), S. 3.

11 So auch ohne Begründung: Vgl. OVG NRW, Beschl. v. 11.03.2014, a.a.O. (Fn. 9).

12 Vgl. nur Stock, a.a.O. (Fn. 9), § 15 Rn. 71f.

Vorhaben auf Flächen errichtet werden soll, die für die Windkraftnutzung ausgeschlossen werden sollen. Daraus folgt, dass ein Planungskonzept der Gemeinde vorliegen muss, aus der sich die harten und weichen Tabuzonen und damit mittelbar auch die Ausschlussflächen ergeben. Damit liegen auch hinreichend konkrete Planungsabsichten vor.[13] Nicht ausreichend ist hingegen die Absicht, zu prüfen, ob Darstellungen mit Ausschlusswirkung gemäß § 35 Abs. 3 Satz 3 BauGB in Betracht kommen.[14]

III. Keine Alibi-Planung

Für die Veränderungssperre nach § 14 BauGB und damit auch für eine Zurückstellung nach § 15 Abs. 1 BauGB ist anerkannt, dass nur eine Planung gesichert werden kann, die umsetzbar ist. Dies ist nach der Rechtsprechung des Bundesverwaltungsgerichts nur dann nicht der Fall, wenn sich das Planungsziel im Wege planerischer Festsetzung nicht erreichen lässt, der beabsichtigte Plan einer positiven Planungskonzeption entbehrt oder der Förderung von Zielen dient, für deren Verwirklichung die Planungsinstrumente des BauGB nicht bestimmt sind oder wenn ihm rechtliche Mängel anhaften, die schlechterdings nicht behebbar sind. Eine ordnungsgemäße Abwägung kann und wird hingegen für die bloße Sicherung noch nicht gefordert, da diese erst *Ergebnis* der zu sichernden Planung ist.[15]

Vor diesem Hintergrund ist die Rechtsprechung des Bayerischen VGH[16] zu Recht auf nahezu einhellige Kritik gestoßen.[17] Der Bayerische VGH fordert, dass zum Zeitpunkt der Zurückstellung bereits absehbar ist, dass der Windenergie in substantieller Weise Raum gegeben wird. Hierzu gehöre auch der Nachweis, dass die als Konzentrationszonen avisierten Flächen

---

13 Vgl. Stock, a.a.O. (Fn. 9), Rn. 71j; Rieger, a.a.O. (Fn. 9), S. 433.

14 Vgl. BayVGH, Beschl. v. 22.03.2012 – 22 CS 12/349 – juris, Rn. 10.

15 Vgl. BVerwG, Beschl. v. 21.12.1993 – 4 NB 40/93 – juris, Rn. 2.; Stock, a.a.O. (Fn. 9), § 14 Rn. 54; Rieger, a.a.O. (Fn. 9), S. 433; OVG NRW, Beschl. v. 11.03.2014, a.a.O. (Fn. 9), Rn. 23.

16 Vgl. BayVGH, a.a.O. (Fn. 3).

17 Vgl. Rieger, a.a.O. (Fn. 9), S. 433; Stock, a.a.O. (Fn. 9), § 15 Rn. 71j; Sennekamp, a.a. O. (Fn. 9), Rn. 77; Werner/Würfel, Die Grundstücksverfügbarkeit in der Bauleitplanung – speziell bei der Konzentrationsflächenplanung für Windkraftanlagen, NVwZ, 263, 265.

tatsächlich für die Windkraft verfügbar sind.[18] Der Bayerische VGH widerspricht damit nicht nur der Rechtsprechung des Bundesverwaltungsgerichts, wonach eine Veränderungssperre auch dann rechtmäßig ist, wenn die beabsichtigte Planung zwar Fehler aufweist, diese Fehler aber bis zum Abschluss der Planung noch behebbar sind.[19] Es ist nicht ersichtlich, aus welchen Gründen diese Rechtsprechung nicht auf die Zurückstellung nach § 15 Abs. 3 BauGB übertragbar sein sollte. Der Bayerische VGH setzt auch die Vorgaben des Bundesverwaltungsgerichts zum Abwägungsvorgang bei der Aufstellung von Flächennutzungsplänen mit Ausschlusswirkung nicht um. Danach stellen Anforderungen der Planungskonzeption, die die Windkraft zu sehr einengen, keinen Fehler im Abwägungsvorgang dar, sondern sind Teil eines rechtmäßigen Abwägungsvorgangs. Der Planungsträger muss die weichen Tabuzonen nochmals in Erwägung ziehen, wenn das Ergebnis des Abwägungsvorgangs zeigt, dass er der Windkraft nicht substantiell Raum eingeräumt hat.[20] Das gilt, ohne dass ein solches Monitoring im Planungskonzept festgeschrieben werden müsste. Eine demgegenüber fehlende Abwägungsbereitschaft (im Sinne eines nicht behebbaren Abwägungsfehlers) wird sich nur in wenigen Fällen ausmachen lassen.[21]

Nur wenn bei Anwendung der im Planungskonzept verankerten weichen Tabuzonen ohne weitere Untersuchungen bereits feststeht, dass die Konzentrationsflächen zu klein ausfallen werden, liegt eine rechtswidrige Negativplanung vor. Dies ist z. B. dann der Fall, wenn die Abstände zur nächsten Wohnbebauung so groß gewählt werden, dass ohne weiteres ersichtlich ist, dass kein ausreichender Raum für die Windkraft verbleibt, oder wenn die verbleibenden Flächen offensichtlich ungeeignet sind. Dieser Fehler ist zwar behebbar, in diesem Fall fehlt es aber an der für eine Zurückstellung erforderlichen positiven Planungskonzeption. Die Wahl von weichen Tabuzonen, die der Windkraft unzureichend Raum gewährt, zeigt, dass der Planungsträger keine positive Planung betreiben, sondern die Windkraft unzulässig zurückdrängen will. Insoweit bedarf der

18 Vgl. BayVGH, Beschl. v. 20.04.2012 – 22 CS 12/310, a. a. O. (Fn. 3).
19 Vgl. BVerwG, Beschl. v. 21.12.1993, a. a. O. (Fn. 17).
20 Vgl. o.; BVerwG, Urt. v. 11.04.2013, a. a. O. (Fn. 8).
21 Im Einzelfall vertretbar: Vgl. BayVGH, Beschl. v. 24.10.2013 – 22 CS 13/1775 – juris, Rn. 26.

Planungsträger auch keines Schutzes, da er ein Planungskonzept hätte aufstellen können, das den offensichtlichen Umständen Rechnung trägt. Untersuchungen bedarf es dafür gerade noch nicht.

Sonst, also wenn die verbleibende Fläche aufgrund noch zu untersuchender Voraussetzungen, unter Umstände zu klein wird, ist es dem Planungsträger vorbehalten, die weichen Tabuzonen im Planungsprozess entsprechend abzuändern, um eine abwägungsfehlerfreie Planung zu erreichen. Es ist allerdings zu fordern, dass der Planungsträger sein Planungskonzept konkretisiert bzw. abändert, sobald entsprechende Untersuchungen vorliegen.

E) Formelle Anforderungen

I. Antrag des Planungsträgers

Eine Zurückstellung durch die Genehmigungsbehörde setzt einen Antrag der Gemeinde voraus.

Häufig ist aber nicht die Gemeinde für die Aufstellung des Flächennutzungsplans zuständig, sondern ein Planungsverband, eine Verbandsgemeinde oder eine Verwaltungsgemeinschaft.

In diesem Fall stellt sich die Frage, wer antragsberechtigt ist. Grundlage für die Übertragung der Zuständigkeit sind die §§ 203 ff. BauGB. Danach können den Gemeinden obliegende Aufgaben unter bestimmten Voraussetzungen auf Verbandsgemeinden, Verwaltungsgemeinschaften oder andere Gebietskörperschaften (§ 203 Abs. 1 und 2 BauGB) oder die Bauleitplanung und ihre Durchführung auf Planungsverbände übertragen werden (§ 205 BauGB). Eindeutig ist im ersten Fall die Rechtslage, wenn aus dem Übertragungsakt ausdrücklich hervorgeht, welche Aufgaben und damit zusammenhängende Befugnisse übertragen werden. Aber auch wenn nur, wie in § 205 BauGB, in abstrakter Weise die Aufgabe der Flächennutzungsplanung und ihrer Durchführung übertragen wird, geht das Antragsrecht nach § 15 Abs. 3 BauGB auf den Planungsträger über:

Die Sicherung der Bauleitplanung soll die Durchführbarkeit der Bauleitplanung gewährleisten und gehört damit selbst zu ihrer Durchführung. Ein Auseinanderfallen der übrigen Durchführung der Planung und der Sicherung der Planung kommt sinnvoller Weise nur in Ausnahmefällen in Betracht. Einer ausdrücklichen Übertragung dieses Aufgabenausschnitts im

Übertragungsakt bedarf es für die Mitübertragung der Sicherungsrechte daher nicht, solange die gesamte Flächennutzungsplanung einschließlich ihrer Durchführung übertragen wurde.[22]

Dies geht auch aus einer Entscheidung des Bundesverwaltungsgerichts aus dem Jahr 1978 hervor. Danach ist im Falle von Planungsverbänden weiterhin das Einvernehmen der Gemeinde nach § 36 BauGB einzuholen und nicht das Einvernehmen des Planungsverbandes.[23] Dem Planungsverband sei nur die Bauleitplanung und ihre Durchführung übertragen, dazu gehörten der erste, zweite, vierte und fünfte Teil des BBauG, nicht aber der dritte Teil einschließlich § 36 BBauG. Die Sicherung der Bauleitplanung einschließlich § 15 BauGB gehört zum zweiten Teil und damit nach dieser Entscheidung zu den übertragenen Aufgaben.

Antragsberechtigt ist daher regelmäßig der Planungsträger.

II. Antragsfrist

Ein Antrag ist nur innerhalb von sechs Monaten zulässig, nachdem die Gemeinde in einem Verwaltungsverfahren von dem Bauvorhaben förmlich Kenntnis erhalten hat.

1. Regelmäßig wird die Gemeinde im Rahmen des § 36 BauGB förmlich beteiligt und dadurch die Frist in Lauf gesetzt. Ist die Gemeinde auch Genehmigungsbehörde, kommt es auf den Zeitpunkt des Eingangs des Genehmigungsantrags an.[24]

2. Problematisch ist der Fall, dass die Gemeinde nicht Planungsträger ist. In der Literatur ist streitig, ob es in diesen Fällen auf die Kenntnis der Gemeinde[25] oder des Planungsträgers[26] ankommt. Zwar spricht für die Kenntnis der Gemeinde als Kriterium, dass nur so der Zweck der Frist erfüllt wird, ein zügiges Genehmigungsverfahren zu gewährleisten. Der Planungsträger erhält keine förmliche Kenntnis, wenn nur die Gemeinde im

---

22 Vgl. Runkel, in: Ernst/Zinkahn/Bielenberg (Hrsg.), Kommentar zum BauGB, Loseblatt, Stand: 09/2001, § 205 Rn. 27; Grauvogel, in: Brügelmann (Hrsg.), Kommentar zum BauGB, Loseblatt, Stand: 11/1990, § 205 Rn. 98; vgl. zu § 36 BauGB: OVG Lüneburg, Beschl. v. 12.09.2003 – 1 ME 212/03 – juris, Rn. 7.

23 Vgl. BVerwG, Beschl. v. 19.06.1978 – IV B 191/77 – juris, Rn. 3.

24 Vgl. nur Sennekamp, a. a. O. (Fn. 9), Rn. 80; Rieger, a. a. O. (Fn. 9), S. 434.

25 Vgl. so Sennekamp, a. a. O. (Fn. 9); Rieger, a. a. O. (Fn. 9).

26 Vgl. so Stock, a. a. O. (Fn. 9), Rn. 71l.

Rahmen des § 36 BauGB beteiligt wird. Er könnte gleichsam fristlos einen Zurückstellungsantrag stellen.

Überzeugender ist es aber trotzdem, auf die Kenntnis des Planungsträgers abzustellen.

- Erstens soll die Planung des Planungsträgers gesichert werden. Er könnte sonst ohne rechtzeitige Kenntnis sein Sicherungsmittel verlieren.
- Zweitens kann und muss der Landesgesetzgeber sicherstellen, dass bei einem Auseinanderfallen der Zuständigkeiten der Planungsträger Kenntnis erlangt und auf diese Weise eine Verzögerung des Genehmigungsverfahrens vermieden wird. Diese Möglichkeit streitet also dafür, dass es auf die Kenntnis des Planungsträgers ankommt, und nicht dagegen, wie aber *Rieger* meint.
- Drittens müssen die Länder nach § 36 Abs. 1 Satz 2 BauGB sicherstellen, dass die Gemeinden auch in den Fällen des § 30 BauGB rechtzeitig über Sicherungsmittel entscheiden können. Das zeigt, dass es dem Bundesgesetzgeber darauf ankommt, dem Planungsträger auch außerhalb der Einvernehmensfälle nach § 36 BauGB rechtzeitig Kenntnis zu verschaffen, dass also das Sicherungsrecht nach dem Willen des Gesetzgebers der schnellen Baugenehmigung vorgeht.
- Viertens gewährleistet ein Abstellen auf die Kenntnis der Gemeinde nur deshalb ein zügiges Genehmigungsverfahren, weil die Gemeinde im Rahmen von § 36 BauGB förmlich Kenntnis erlangt. § 15 Abs. 3 BauGB knüpft aber nicht an § 36 BauGB an. Beide Vorschriften stehen selbständig nebeneinander und sind daher eigenständig auszulegen.[27]
- Wenn das Antragsrecht auf den Planungsträger übergeht, ist es nach dem Wortlaut fünftens zwingend, die Gemeinde nicht nur in § 15 Abs. 3 Satz 1 BauGB durch den Planungsträger zu ersetzen (Antragsrecht), sondern auch in Satz 3 der Vorschrift (Frist für den Antrag).

3. Die Antragsfrist von sechs Monaten engt den Anwendungsbereich des § 15 Abs. 3 BauGB auch in Fällen ein, in denen eine Zurückstellung sinnvoll erscheint.

---

27 Vgl. so auch Rieger, a. a. O. (Fn. 9) in anderem Zusammenhang.

Das zeigt ein vom Hessischen VGH entschiedenes und von Rieger dargestelltes[28] Beispiel: Der Flächennutzungsplan einer Gemeinde war in einem vom Investor eingeleiteten Normenkontrollverfahren für unwirksam erklärt worden. Die Gemeinde beabsichtigte den Fehler zu heilen, das Sicherungsinstrument des § 15 Abs. 3 BauGB stand ihr aber nicht mehr zur Verfügung, da sie bereits vor mehr als sechs Monaten Kenntnis von dem Genehmigungsantrag hatte. Eine von der Gemeinde erlassene Veränderungssperre zur Sicherung der Aufstellung eines Bebauungsplans half nicht weiter, da es sich um eine Negativplanung handelte: Die Fläche sollte gerade freigehalten werden.

§ 15 Abs. 3 BauGB ist danach ungeeignet für die Sicherung der Heilung einer unwirksamen Planung. Ein von einem Gericht für unwirksam erachteter Bebauungsplan kann hingegen im Gerichtsverfahren und selbst noch nach einem Bescheidungsurteil dadurch gesichert werden, dass das ergänzende Verfahren eingeleitet und eine Veränderungssperre erlassen wird. Diese Unterschiede sind nicht begründbar, da der Flächennutzungsplan mit Ausschlusswirkung im Außenbereich gerade die Aufgabe eines Bebauungsplans erfüllen soll. Die Ausschlussfrist von sechs Monaten hatte lediglich den Sinn, das Genehmigungsverfahren zu beschleunigen, indem die Gemeinde bei den im Vergleich zu Baugenehmigungsverfahren längeren BImSchG-Verfahren angehalten wird, frühzeitig tätig zu werden. So begründete der zuständige Ausschuss die Befristung des Antragsrechts damit, dass nach der Rechtsprechung nicht ausgeschlossen sei, dass eine Gemeinde auch nach Ablauf der Zweimonatsfrist des § 36 BauGB noch eine dem Vorhaben widersprechende Bauleitplanung sichern wolle und Kettenzurückstellungen ohnehin unzulässig seien.[29]

Die Antragsfrist scheint daher in diesen Fällen dem Ziel zu widersprechen, den Planungswillen der Gemeinde abzusichern. Ob des klaren Wortlauts ist eine einschränkende Auslegung aber nicht möglich.

III. Weitere Anforderungen an den Antrag

1. Bundesrecht regelt nicht die Zuständigkeit innerhalb der Gemeinde oder des Planungsträgers. Für die Rechtmäßigkeit des Zurückstellungsbescheids

---

28 Vgl. Rieger, a. a. O. (Fn. 9), S. 436.

29 Vgl. Beschlussempfehlung und Bericht des Ausschusses für Verkehr, Bau- und Wohnungswesen, BT-Drs. 15/2996, S. 96.

kommt es daher nur darauf an, dass die Gemeinde außenwirksam einen Antrag gestellt hat. Der Antrag kann formlos erfolgen, in der Praxis erfolgt er sinnvoller Weise schriftlich.

2. Der Antrag muss nicht begründet werden. Die Genehmigungsbehörde muss im Rahmen der Amtsermittlung prüfen, ob die Voraussetzungen vorliegen. Aus der Anordnung der Frist folgt, dass auch bei einer späteren Entscheidung nur der Sachstand bis zum Zeitpunkt des Fristablaufes maßgeblich sein kann.

3. Der Zurückstellungsbescheid ist dem Antragsteller des Genehmigungsverfahrens zuzustellen. Das Verfahren kann ab Zustellung bis zu 12 Monate ausgesetzt werden, wobei „faktische" Zurückstellungen anzurechnen sind, § 15 Abs. 3 Satz 2 BauGB. Der Zurückstellungsbescheid ist regelmäßig mit der Anordnung des Sofortvollzugs zu versehen, da der Antragsteller sonst durch Rechtsmittel erreichen kann, dass das Genehmigungsverfahren fortgesetzt wird, und eine Entscheidung in der Hauptsache regelmäßig erst nach Erteilung der Genehmigung zu erwarten ist. Das Zurückstellungsrecht ginge ohne Sofortvollzug ins Leere.

4. Wenn besondere Umstände es erfordern, kann die Baugenehmigungsbehörde auf Antrag der Gemeinde die Entscheidung nach Satz 1 um höchstens ein weiteres Jahr aussetzen, § 15 Abs. 3 Satz 4 BauGB. Mit dieser Ergänzung wollte der Gesetzgeber den in der Praxis häufig erforderlichen längeren Planungszeiten Rechnung tragen. Die Rechtsprechung des Bundesverwaltungsgerichts, der Windkraft müsse in substantieller Weise Raum verschafft werden, führt häufig dazu, dass wesentliche Elemente des Genehmigungsverfahrens, etwa naturschutzfachliche Untersuchungen, vorgezogen werden (müssen).

Der Gesetzgeber lehnt sich mit der Formulierung an § 17 Abs. 2 BauGB an, der die Verlängerung einer bereits drei Jahre gültigen Veränderungssperre um ein weiteres Jahr ermöglicht. Besondere Umstände im Sinne des § 17 Abs. 2 BauGB liegen nur vor, wenn ein Planverfahren durch eine Ungewöhnlichkeit gekennzeichnet ist, die sich von dem allgemeinen Rahmen der üblichen städtebaulichen Planungstätigkeit wesentlich abhebt. Notwendig ist weiterhin ein ursächlicher Zusammenhang; gerade die Ungewöhnlichkeit des Falles muss ursächlich dafür sein, dass die Aufstellung des Planes mehr als die übliche Zeit erfordert. Hinzukommen muss außerdem noch, dass die jeweilige Gemeinde die – verzögerungsverursachende – Ungewöhnlichkeit nicht zu vertreten hat.[30]

Diese Rechtsprechung ist auf § 15 Abs. 3 BauGB nur mit Zurückhaltung übertragbar.[31] Nach der Gesetzesbegründung erschien ein Jahr „für eine gründliche, abgewogene Planung oft zu kurz".[32] Die Verlängerung um ein Jahr wird daher nicht nur in Ausnahmefällen, sondern regelmäßig erforderlich sein. Schließt alleine diese Regelmäßigkeit eine Verlängerung aus, so liefe die Verlängerungsmöglichkeit weitgehend leer. Die hohen Anforderungen an die Aufstellung einer Konzentrationsflächenplanung für die Windkraft müssen daher grundsätzlich als besondere Umstände im Sinne der Vorschrift anerkannt werden.

Erforderlich ist aber, dass der Planungsträger eintretende Verzögerungen nicht zu vertreten hat. So ist die Verzögerung, die die Heilung eines rechtswidrigen Flächennutzungsplans erfordert, grundsätzlich vom Planungsträger zu vertreten, es sei denn, der Flächennutzungsplan ist ausschließlich aufgrund einer nicht vorhersehbaren Änderung der Rechtsprechung rechtswidrig.[33]

F. Schlussbetrachtung

§ 15 Abs. 3 BauGB ist ein sinnvolles Instrument zur Sicherung der „Bebauungspläne für den Außenbereich". Damit dieses Instrument in der Praxis genutzt werden kann, muss das Risiko in Kauf genommen werden, dass das Sicherungsinstrument im Einzelfall als Verhinderungsinstrument missbraucht werden kann. Das eine kann vom anderen in dem frühen Stadium der Planung nicht zuverlässig unterschieden werden. Nur wenn der Missbrauch klar zutage tritt, wozu die Rechtsprechung zur Veränderungssperre die Kriterien herausgearbeitet hat, ist dem Planungsträger das Sicherungsinstrumentarium versperrt. Ein Fall der missbräuchlichen Negativplanung liegt daher erst vor, wenn der Windkraft *offensichtlich* nicht in substantieller Weise Raum verschafft werden soll. Nachweise für das Gegenteil muss der Planungsträger in diesem Stadium aber nicht vorlegen.

---

30 Vgl. BVerwG, Urt. v. 10.09.1976 – IV C 39/74 – juris, Rn. 42.
31 Vgl. a. A. OVG Saarland, Beschl. v. 15.05.2014 – 5 L 572/14 – juris, Rn. 69.
32 Vgl. BR-Drs. 474/12, a.a.O. (Fn. 12).
33 Vgl. so auch OVG Saarland, Beschl. v. 15.05.2014, a.a.O. (Fn. 33).

Die Antragsfrist von sechs Monaten schränkt den Anwendungsbereich des § 15 Abs. 3 BauGB, gerade in Fällen der Heilung von Verfahrensfehlern, ein, obgleich die Planerhaltungsvorschriften zeigen, dass auch in solchen Fällen die Planung vorgehen soll. Dieser Zustand sollte durch eine Gesetzesänderung beseitigt werden.

Schließlich liegen *besondere* Umstände für eine Verlängerung der Zurückstellung um ein weiteres Jahr *regelmäßig* vor, da das Verfahren der Konzentrationsflächenplanung für die Windkraftnutzung innerhalb eines Jahres „oft" nicht abgeschlossen werden kann. Der Planungsträger darf das Verfahren aber nicht schuldhaft verzögern.

Helmut Petz

Fehler gemacht? – Heilung und ergänzendes Verfahren

Abstract

Der Beitrag versteht sich als „Reparaturanleitung“ für die planende Gemeinde. Er erläutert auf der Grundlage der Planerhaltungsvorschriften im Städtebaurecht (§§ 214, 215 BauGB), was die Gemeinde bereits bei der Inkraftsetzung des Plans beachten muss, um in den Genuss der gesetzgeberischen Wohltat der Planerhaltung zu kommen, und regt an, von der Möglichkeit einer Fehlerreparatur im ergänzenden Verfahren auch bereits während eines anhängigen Normenkontrollverfahrens Gebrauch zu machen, um so einer stattgebenden gerichtlichen Entscheidung zuvorzukommen.

This article shall be understood as a “repair instruction” for the planning municipality. Based on the regulations for planning safeguards within the urban planning code it explains what the municipality has to keep in mind for implementing the plan in order to gain all advantages of planning safeguards. Furthermore, it encourages to already use the possibility of correcting errors in the supplementary procedure while the constitutionality of the procedure is judicially reviewed. This way the municipality can forestall a judicial decision.

I. Zielsetzung und System der Planerhaltung im Städtebaurecht

1. „Nichtigkeitsdogma“ als Grundsatz

Rechtsnormen, die unter Verletzung höherrangigen Rechts zustande gekommen sind, sind nach traditionellem deutschen Rechtsverständnis im Grundsatz von Anfang an (ex tunc) und ohne weiteres (ipso iure) nichtig bzw. unwirksam.[1] Unter dem Eindruck dieses sog. **Nichtigkeits- oder Unwirksamkeitsdogmas** fällt die Antwort auf die Frage: „Fehler gemacht – was

1 Vgl. Nachweise bei Petz, in: Schlichter/Stich/Driehaus/Paetow (Hrsg.), Berliner Kommentar zum BauGB, Loseblattsammlung, Stand: 29. Lfg., November 2014, § 214 Rn. 2.

kann man tun?" daher vergleichsweise schlicht aus: Für die betreffende Norm kann man an sich gar nichts mehr tun; sie ist unrettbar verloren. Die Gemeinde kann sich nur daran machen, die unwirksame Norm durch eine neue, rechtmäßige zu ersetzen. Das indes ist in der Regel mit einem erheblichen zeitlichen und finanziellen Aufwand sowie mit Rechtsunsicherheit und Vollzugsdefiziten in der Übergangszeit verbunden.

2. Einschränkung des Nichtigkeitsdogmas durch §§ 214, 215 BauGB

Zu bedenken ist allerdings, dass das Unwirksamkeitsdogma nicht gleichsam naturgesetzlich vorgegeben, sondern – wie alles im Rechtsstaat – im Rahmen der verfassungsrechtlichen Vorgaben einer gesetzgeberischen Ausgestaltung zugänglich ist. Das gilt umso mehr, als den für die Nichtigkeit sprechenden Rechtsgütern – Gesetzmäßigkeit der Verwaltung; effektiver Rechtsschutz – Verfassungsgüter von nicht minderem Rang – Rechtsicherheit, Vertrauensschutz und das Interesse an einem wirksamen Vollzug – gegenüberstehen. Der Gesetzgeber hat es in der Hand, diese Güter zum Ausgleich zu bringen, indem er bestimmte Rechtsverstöße für unbeachtlich oder nur auf fristgebundene Rüge hin für beachtlich erklärt.[2]

Hierzu hat sich der Gesetzgeber im Städtebaurecht veranlasst gesehen: Insbesondere Bauleitpläne kommen in einem sehr zeit- und personalaufwändigen Aufstellungsverfahren zustande, sind andererseits aber in hohem Maße fehleranfällig. Jeder noch so kleine Rechtsverstoß führt nach dem Unwirksamkeitsdogma grundsätzlich zur Unwirksamkeit des Plans, und zwar auch dann, wenn die Planung im Ergebnis nicht zu beanstanden ist.[3] Dieser drastischen Konsequenz wirkt der Gesetzgeber mit den **Planerhaltungsvorschriften** im Interesse der „Bestandskraft" städtebaulicher Satzungen[4] entgegen. Ähnliches gilt für Flächennutzungspläne.

---

2 Vgl. BVerwG, Beschl. v. 7. März 2002 – 4 BN 60.01 – Buchholz 406.13 § 5 ROG Nr. 3 S. 10.

3 Vgl. Stock, in: Ernst/Zinkahn/Bielenberg/Krautzberger (Hrsg.), Kommentar BauGB, Loseblattsammlung, Stand 84. Lfg., Mai 2007, § 214 BauGB Rn. 2.

4 Vgl. Berkemann, in: Berkemann/Halama, Erstkommentierung zum BauGB 2004, 1. Aufl., Bonn 2005, § 214; Rn. 3 m. w. N.

Maßgebend für die Planerhaltung ist das geschriebene Recht. Einen ungeschriebenen Rechtsgrundsatz der Planerhaltung gibt es nicht.[5] Die §§ 214, 215 BauGB schränken das Unwirksamkeitsdogma im Interesse der Bestandskraft städtebaulicher Satzungen in dreierlei Weise ein und tragen damit zur Planerhaltung bei.[6] Sie legen fest,

- welche Fehler beim Zustandekommen eines Plans von vornherein (un-) beachtlich sind (§ 214 Abs. 1 bis 3 BauGB; siehe hierzu unten II.),
- unter welchen Voraussetzungen bestimmte beachtliche Fehler unbeachtlich werden (§ 215 BauGB; siehe hierzu unten III.),
- und wie beachtlich bleibende Fehler in einem ergänzenden Verfahren behoben werden können (§ 214 Abs. 4 BauGB; siehe hierzu unten IV.).

II. Unbeachtlichkeit von Fehlern, § 214 Abs. 1 bis 3 BauGB

In § 214 Abs. 1 bis 3 BauGB legt der Gesetzgeber – teils negativ, teils positiv – fest, welche Fehler beim Zustandekommen eines Plans oder einer Satzung für die Rechtswirksamkeit **von vornherein unbeachtlich** sind.

1. Rechtswirkungen der Unbeachtlichkeit

Die Unbeachtlichkeit eines Fehlers bewirkt nicht im engeren Sinn dessen „Heilung“. Die in § 214 Abs. 1 bis 3 BauGB geregelten Unbeachtlichkeitsvorschriften zielen vielmehr allein darauf, die (prinzipale oder inzidente) **gerichtliche Kontrolle** städtebaulicher Pläne und Satzungen zu begrenzen.[7] Diese Wirkung ist nicht auf die verwaltungsgerichtliche Normenkontrolle beschränkt; sie gilt auch im Rahmen einer inzidenten gerichtlichen Überprüfung. Stellt das Gericht nur Rechtsfehler fest, die nach den Planerhaltungsvorschriften unbeachtlich sind, hat es den Plan oder die Satzung zwar als rechtswidrig, aber wirksam zu bewerten.

---

5 Vgl. ebd.; missverständlich insoweit BVerwG, Urt. v. 20. Dezember 2011 – 9 A 31.10 – BVerwGE 141, 282, Rn. 34 zum Fachplanungsrecht.

6 Vgl. ausführlich Petz, a. a. O. (Fn. 1), § 214 Rn. 25 ff.

7 Vgl. ebd., § 214 Rn. 23 f. m. w. N.

Mittelbar wirken sich die Planerhaltungsvorschriften freilich auch auf die **Rechtsunterworfenen** aus.[8] Ist das Gericht aufgrund der Planerhaltungsvorschriften daran gehindert, einen rechtswidrigen Plan für unwirksam zu erklären, kann es den Bürger auch nicht vor den Rechtswirkungen des Plans schützen. Die Bürgerinnen und Bürger müssen sich also trotz Rechtsverstoßes mit dessen Rechtswirksamkeit abfinden.

Gleiches gilt auch für die mit dem Vollzug des Plans befassten **Behörden**; ungeachtet der – nach wie vor kontrovers diskutierten – Frage einer behördlichen Normverwerfungskompetenz geht diese jedenfalls nicht über die Verwerfungskompetenz der Gerichte hinaus.[9] Anderes gilt allein für, die für die Genehmigung von Plänen und Satzungen zuständigen Behörden. Deren Verpflichtung, die Einhaltung aller für die Aufstellung des Plans oder der Satzung maßgeblichen Vorschriften umfassend zu prüfen, bleibt gemäß § 216 BauGB von den Unbeachtlichkeitsvorschriften unberührt.

Alles zusammen genommen bewirken die Unbeachtlichkeitsvorschriften also zwar keine **„Heilung“** im Rechtssinn; in ihrer Wirkung kommen sie einer Heilung aber doch recht nahe.

2. Fehlergruppen

Ob Fehler nach § 214 Abs. 1 bis 3 BauGB unbeachtlich sind, entscheiden letztlich die Gerichte. Das gerichtliche Verfahren wird deshalb nicht ganz zu Unrecht als „Stunde der Wahrheit“[10] bezeichnet. Die Gemeinde ist innerhalb des gerichtlichen Verfahrens auf die Rolle der Rechtsverteidigung verwiesen. Die Frage „Fehler gemacht – was kann man tun?“ beantworten in dieser Situation in der Regel die Prozessbevollmächtigten, die auch die Planerhaltungsvorschriften in den Blick zu nehmen haben. Für die Gemeinde bleibt eine weitere Darstellung der überaus differenziert geregelten Unbeachtlichkeitsregeln nach § 214 Abs. 1 bis 3 BauGB, die viele juristische Detailfragen aufwerfen, demgegenüber ohne größeren Ertrag. Im Folgenden deshalb nur ein knapper Überblick über die relevanten Fehlergruppen.

---

8 Vgl. ebd., § 214 Rn. 24 m. w. N.

9 Vgl. z.B. Berkemann, a.a.O. (Fn. 4), Rn. 11 und Uechtritz, in: Spannowsky/Uechtritz, BauGB Kommentar, 2. Aufl., München 2014, § 214 Rn. 7.1.

10 Berkemann, a.a.O. (Fn. 4), Rn. 7.

Der Gesetzgeber unterscheidet in § 214 Abs. 1 bis 3 BauGB grundlegend zwischen einer Verletzung von Verfahrens- und Formvorschriften und materiellen Rechtsverstößen.

a) Verletzung von Verfahrens- und Formvorschriften (§ 214 Abs. 1 Satz 1 BauGB)

§ 214 Abs. 1 Satz 1 BauGB regelt die Beachtlichkeit einer Verletzung von **Verfahrens- und Formvorschriften des Baugesetzbuches.** Insoweit ist die Regelung abschließend. Das bedeutet: Beachtlich sind nur die in § 214 Abs. 1 BauGB als beachtlich bezeichneten Verfahrens- und Formverstöße. Verstöße gegen Verfahrens- und Formvorschriften des BauGB, die in § 214 Abs. 1 Satz 1 BauGB nicht erwähnt sind (z. B. Aufstellungsbeschluss; frühzeitige Bürgerbeteiligung), bleiben im Gegenschluss unbeachtlich.[11]

Verfahrens- und Formvorschriften nach **anderen Bundesgesetzen** oder nach **Landesrecht** fallen demgegenüber schon gar nicht in den Anwendungsbereich der §§ 214, 215 BauGB. Verstöße hiergegen führen folglich nach dem Nichtigkeitsdogma zur Unwirksamkeit des Plans, sofern die einschlägigen Vorschriften des sonstigen Bundes- oder des Landesrechts nichts anderes bestimmen.[12]

b) Materielle Rechtsverstöße

Umgekehrt verhält es sich bei **materiellen Rechtsverstößen.** Eine mit § 214 Abs. 1 Satz 1 BauGB vergleichbare allgemeine Vorschrift des Inhalts, dass eine Verletzung materieller Rechtsvorschriften nur unter näher bezeichneten Voraussetzungen beachtlich wäre, existiert nicht. Materielle Rechtsverstöße sind deshalb im Grundsatz immer beachtlich, es sei denn, sie werden in den enumerativ zu verstehenden Unbeachtlichkeitsklauseln des § 214 Abs. 2 bis 3 BauGB (Verhältnis Bebauungsplan – Flächennutzungsplan, § 214 Abs. 2 BauGB; beschleunigtes Verfahren, § 214 Abs. 2a BauGB) ausdrücklich für unbeachtlich erklärt.[13]

---

11 Vgl. ausführlich Petz, a. a. O. (Fn. 1), § 214 Rn. 27 und 48 ff.

12 Vgl. ebd., m. w. N.

13 Vgl. ausführlich ebd., § 214 Rn. 28 und 99 ff.

III. Unbeachtlichwerden von Fehlern, § 215 BauGB

1. Rechtswirkungen des Unbeachtlichwerdens: „Bestandskraft“

§ 215 BauGB enthält die Regelung, dass bestimmte – nach § 214 Abs. 1 bis 3 BauGB beachtliche – Fehler unbeachtlich werden, wenn sie nicht innerhalb eines Jahres seit Bekanntmachung des Plans oder der Satzung gegenüber der Gemeinde geltend gemacht worden sind. „Funktional“ erzeugt § 215 BauGB damit im Rahmen seines Anwendungsbereichs die Rechtswirkung, die sich für einen Verwaltungsakt aus dem Eintritt der **Bestandskraft** ergibt.[14]

Auch diese Vorschrift zielt – nicht anders als die in § 214 Abs. 1 bis 3 geregelte originäre Unbeachtlichkeitsrechtsfolge – auf eine **Begrenzung der gerichtlichen Kontrolle** von Plänen und Satzungen nach dem BauGB. Auch diese Wirkung des Unbeachtlichwerdens ist nicht auf die verwaltungsgerichtliche Normenkontrolle beschränkt; sie gilt auch im Rahmen einer inzidenten gerichtlichen Überprüfung.[15]

Andererseits eröffnet die Obliegenheit der Planunterworfenen, die in § 215 Abs. 1 genannten Rechtsverletzungen innerhalb der Jahresfrist geltend machen zu müssen, um keinen Rechtsverlust zu erleiden, der planenden Gemeinde frühzeitig die Chance, auf der Grundlage der vorgetragenen Rügen zu prüfen, ob sie in ein ergänzendes Verfahren gemäß § 214 Abs. 4 zur **Fehlerbehebung** eintreten will.[16]

2. Fehlergruppen

Welche Fehler vom Unbeachtlichwerden erfasst sind, ist für das Thema („Fehler gemacht – was kann die Gemeinde tun?“) wiederum ohne Ertrag. Im Folgenden deshalb auch insoweit nur ein knapper Überblick über die relevanten Fehlergruppen.

---

14 Vgl. Berkemann, a.a.O. (Fn. 4), Rn. 4 und 6.

15 Vgl. Petz, a.a.O. (Fn. 1), § 215 Rn. 6.

16 Vgl. BVerwG, Beschl. v. 8. Mai 1995 – 4 NB 16.95 – Buchholz 406.11 § 244 BauGB Nr. 1. Zum ergänzenden Verfahren nach § 214 Abs. 4 BauGB siehe unten IV.

Der normative Anwendungsbereich des § 215 Abs. 1 BauGB ist **enumerativ geregelt.**[17] Bei nicht frist- oder formgerechter Rüge unbeachtlich werden können:

- eine beachtliche Verletzung bestimmter Form- oder Verfahrensvorschriften (Ermittlung und Bewertung des Abwägungsmaterials; Beteiligungs- und Begründungsvorschriften), § 215 Abs. 1 Satz 1 Nr. 1; nicht hingegen die sog. Ewigkeitsfehler nach § 214 Abs. 1 Satz 1 Nr. 4 BauGB,
- eine beachtliche Verletzung der Vorschriften über das Verhältnis des Bebauungsplans und des Flächennutzungsplans, § 215 Abs. 1 Satz 1 Nr. 2,
- beachtliche Mängel im Abwägungsvorgang, soweit nicht bereits Verfahrensvorschrift, § 215 Ab. 1 Satz 1 Nr. 3
- Fehler im beschleunigten Verfahren, § 215 Abs. 1 Satz 2.

3. Hinweis der Gemeinde als Voraussetzung

Von hoher Relevanz für die Planerhaltung nach § 215 BauGB sind demgegenüber die Voraussetzungen, die der Gesetzgeber für die Rechtsfolge des Unbeachtlichwerdens von Fehlern normiert hat. Für den nach § 215 Abs. 2 BauGB vorausgesetzten **Hinweis** liegt die Verantwortung in der Hand der Gemeinde.

§ 215 Abs. 2 BauGB bestimmt, dass bei Inkraftsetzung des Flächennutzungsplans oder der Satzung auf die Voraussetzungen für die Geltendmachung der Verletzung von Vorschriften sowie auf die Rechtsfolgen hinzuweisen ist. Der Hinweis ist **konstitutiv** für die Rechtsfolge des Unwirksamwerdens. Die genannten Fehler können nur unbeachtlich werden, wenn die Gemeinde ihrer Hinweispflicht in vollem Umfang nachgekommen ist.[18] Bereits bei der Inkraftsetzung eines Plans[19] ist deshalb der Gemeinde besondere Sorgfalt anzuraten. Macht sie hier Fehler, verpasst sie

17 Vgl. ausführlich Petz, a.a.O. (Fn. 1), § 215 Rn. 8 ff.

18 Vgl. BVerwG, Beschl. v. 8. Mai 1995 – 4 NB 16.95 – Buchholz 406.11 § 244 BauGB Nr. 1 und Beschl. v. 25. Februar 1997 – 4 NB 40.96 – DVBl 1997, 828 = ZfBR 1997, 206.

19 Gemeint ist die Verlautbarung, die den gesetzlichen Anforderungen an die ordnungsgemäße Verkündung des Plans oder der Satzung entspricht, vgl. Petz, a.a.O. (Fn. 1), § 215 Rn. 27, m. w. N.

die gesetzgeberische „Wohltat“ der „Bestandskraft“ des Plans nach § 215 Abs. 1 BauGB hinsichtlich der in der Vorschrift genannten Fehler.[20]

Die Gemeinde muss ihrer Hinweispflicht in vollem Umfang nachgekommen sein.[21] Dazu gehört auch, dass sie auf die in § 215 Abs. 1 Satz 1 BauGB geregelte Darlegungspflicht einschließlich der Substantiierungsanforderungen hingewiesen hat.[22] Der Hinweis darf auch keinen **irreführenden Inhalt** haben und insbesondere nicht geeignet sein, einen Betroffenen von der rechtzeitigen Geltendmachung von Mängeln abzuhalten.[23]

4. Geltendmachung von Fehlern

Die Rechtsfolge des § 215 Abs. 1 BauGB tritt auch dann nicht ein, d. h. der Fehler bleibt auch dann beachtlich, wenn er form- und fristgerecht geltend gemacht worden ist. Diese Voraussetzung des Unbeachtlichwerdens liegt außerhalb der Einflusssphäre der Gemeinde.

Fehler geltend machen kann jedermann. Ein rechtliches oder sonst schützenswertes Interesse bei demjenigen, der den Fehler geltend macht, setzt § 215 BauGB nicht voraus.[24] Eine form- und fristgerechte **Geltendmachung** wirkt allgemein, absolut und nicht nur zugunsten desjenigen, der die Fehler gerügt hat.[25]

Ist die Rüge berechtigt, leidet der Plan unter einem beachtlichen Fehler, der zur (Teil-)Unwirksamkeit des Plans führt. In diesem Fall kann die Gemeinde aber aktiv werden: Die Rügeobliegenheit eröffnet ihr frühzeitig die Möglichkeit, auf der Grundlage der vorgetragenen Rügen zu prüfen, ob

20 Nach richtiger Ansicht von Gaentzsch, in: Gaentzsch (Hrsg.), Kommentar BauGB, Köln 1991, § 215 Rn. 8, und Dolde, Die „Heilungsvorschriften“ des BauGB für Bauleitpläne, BauR 1990, S. 1 <12> kann ein verpasster Hinweis nicht isoliert nachgeholt werden. Die Gemeinde kann die Unbeachtlichkeitsrechtsfolge aber durch eine erneute Bekanntmachung mit einen ordnungsgemäßen Hinweis eröffnen, vgl. Petz, a.a.O. (Fn. 1), § 215 Rn. 27 m.w.N.

21 Vgl. Petz, a.a.O. (Fn. 1), § 215 Rn. 27.

22 Vgl. BVerwG, Beschl. v. 18. Juli 1989 – 4 N 3.87 – BVerwGE 82, 225 <226>.

23 Vgl. zuletzt BVerwG, Urt. v. 14. Juni 2012 – 4 CN 5.10 – BVerwGE 143, 192 Rn. 15; im Überblick vgl. Petz, a.a.O. (Fn. 1), § 215 Rn. 30.

24 Vgl. BVerwG, Beschl. v. 18. Juni 1982 – 4 N 6.79 – DVBl 1982, 1095 = NVwZ 1983, 347.

25 Vgl. ebd.

sie in ein ergänzendes Verfahren zur **Fehlerbehebung** gemäß § 214 Abs. 4 BauGB eintreten will.[26]

IV. Fehlerbehebung im ergänzenden Verfahren, § 214 Abs. 4 BauGB

Mag sein, dass ein gerichtliches Verfahren, in dem über die Rechtsgültigkeit eines Plans entschieden wird, für die Gemeinde zur „Stunde der Wahrheit"[27] wird, in der sie sich auf die juristische Qualität ihrer Prozessbevollmächtigten verlassen muss. Das zwingt die Gemeinde aber nicht zur Passivität. Auf erkannte oder vermeintliche Fehler eines Plans kann die Gemeinde – auch während eines anhängigen Gerichtsverfahrens – planerisch reagieren.

Das Instrument der Wahl ist in dieser Situation das in § 214 Abs. 4 BauGB geregelte **ergänzende Verfahren.** Die Vorschrift bestimmt, dass der Flächennutzungsplan oder die Satzung durch ein ergänzendes Verfahren zur Behebung von Fehlern auch rückwirkend in Kraft gesetzt werden können. Das ergänzende Verfahren dient damit ebenfalls substantiell dem Ziel der Planerhaltung.[28] Diese Möglichkeit ist der Gemeinde auch während eines anhängigen Normenkontrollverfahren unbenommen.[29]

1. Voraussetzung des ergänzenden Verfahrens: Fehlerhafter Plan

Das ergänzende Verfahren dient der **Fehlerbehebung.** Es setzt grundsätzlich voraus, dass der Plan oder die Satzung fehlerhaft sind.[30] Der Fehler muss aber nicht – etwa in einem Normenkontrollverfahren – festgestellt worden sein. Es genügen bereits **Zweifel** an der Rechtmäßigkeit eines Plans oder einer Satzung, die die Gemeinde im Wege eines ergänzenden Verfahrens verhältnismäßig leicht vorsorglich ausräumen kann.[31]

---

26 Vgl. noch einmal Petz, a.a.O. (Fn. 1), § 215 Rn. 2.
27 Berkemann, a.a.O. (Fn. 4), Rn. 7.
28 Vgl. ebd., § 214 Rn. 148.
29 Vgl. im Überblick Petz, a.a.O. (Fn. 1), § 214 Rn. 153 m. w. N.
30 Vgl. ebd., § 214 Rn. 151.
31 Vgl. Berkemann, a.a.O. (Fn. 4), § 214 Rn. 148; Petz, a.a.O. (Fn. 1), § 214 Rn. 152.

Auch während eines anhängigen **Normenkontrollverfahrens** ist ein ergänzendes Verfahren zur Fehlerbehebung zulässig und in der Regel auch sinnvoll, um einer stattgebenden gerichtlichen Entscheidung zuvorzukommen. Das gilt in besonderem Maße für schnell zu behebende Fehler wie etwa einer fehlerhaften Ausfertigung oder einer Bekanntmachung des Plans trotz nicht ausgefertigter Planurkunde.[32]

§ 214 Abs. 4 BauGB in der Fassung des EAG Bau 2004 erfasst grundsätzlich **alle Fehlerarten**. Erfasst sind:

- sowohl formelle als auch materielle Fehler,
- grundsätzlich auch Verstöße gegen diejenigen Rechtsvorschriften, deren (Un-)Beachtlichkeit und Unbeachtlichwerden in § 214 Abs. 1 bis 3 und § 215 BauGB nicht geregelt ist (z. B. Beteiligungsvorschriften nach Landesrecht);
- selbst Fehler, die nach § 214 Abs. 1 bis 3 und § 215 BauGB möglicherweise unbeachtlich (geworden) sind, können nach zutreffender, wenn auch umstrittener Ansicht,[33] im ergänzenden Verfahren behoben werden.

2. Rechtswirkungen des ergänzenden Verfahrens

Die Möglichkeit der „Reparatur" eines fehlerhaften Plans oder einer fehlerhaften Satzung durch ein erneutes – fehlerfreies – Aufstellungsverfahren ist im Grunde eine bloße Selbstverständlichkeit und bedürfte keiner gesetzlichen Regelung. Die **Bedeutung** des ergänzenden Verfahrens nach § 214 Abs. 4 BauGB geht darüber hinaus.

a) „Wiedereinsetzung in den letzten fehlerfreien Verfahrensstand"

Zum einen ist der Name „ergänzendes" Verfahren in verfahrensrechtlicher Hinsicht Programm: Das Fehlerbehebungsverfahren **„ergänzt"** das ursprüngliche Aufstellungsverfahren in seinen fehlerfreien Teilen.[34] § 214 Abs. 4 BauGB zwingt die Gemeinde also nicht zu einem gänzlich neuen

32 Vgl. Petz, a. a. O. (Fn. 1), § 214 Rn. 153.

33 Vgl. hierzu ebd., § 214 Rn. 154; a. A. in argumentativer Auseinandersetzung mit der Gegenmeinung.

34 Vgl. ebd., § 214 Rn. 163.

Verfahren, sondern ermöglicht es ihr, das Verfahren von dem Schritt des Aufstellungsverfahrens an zu wiederholen, in dem ihr der Fehler unterlaufen ist.

Behebung des Fehlers bedeutet rechtmäßig Wiederholung des ursprünglich fehlerhaften Verfahrensabschnitts. Damit ist es jedoch nicht getan, wenn nicht gerade der letzte Verfahrensabschnitt – die ortsübliche Bekanntmachung (§ 10 Abs. 3 Satz 4 BauGB) – fehlerhaft war. Es muss dann auch das vom Fehler „infizierte“ **nachfolgende Verfahren** wiederholt werden, und zwar auch dann, wenn das ursprüngliche Verfahren insoweit fehlerfrei war.[35]

Das ergänzende Verfahren ist so gesehen eine Art **„Wiedereinsetzung in den letzten fehlerfreien Verfahrensstand“.**[36] Es „erspart“ der Gemeinde die Durchführung eines kompletten Planaufstellungsverfahrens. Dabei ist die „Ersparnis“ umso größer, je später der Fehler aufgetreten ist.[37] Die Fehlerbehebung im ergänzenden Verfahren kann aber auch bei frühen Fehlern – z. B. bei fehlenden Umweltinformationen in der Auslegungsbekanntmachung nach § 3 Abs. 2 Satz 2 BauGB[38] – sinnvoll sein, insbesondere dann, wenn absehbar ist, dass die Planung trotz des formalen Fehlers inhaltlich nicht zu beanstanden ist.

b) Rückwirkende Inkraftsetzung

Zum anderen gestattet § 214 Abs. 4 BauGB einer rückwirkenden **Inkraftsetzung** des Plans oder der Satzung.

Jede Fehlerbehebung wird an sich kraft Gesetzes mit der neuen Bekanntmachung des Plans (ex nunc) wirksam. Hiervon abweichend gestattet § 214 Abs. 4 BauGB, den Plan rückwirkend auf den Zeitpunkt in Kraft zu setzen, in dem er bei fehlerfreiem Aufstellungsverfahren in Kraft getreten wäre (ex tunc). Die Gemeinde kann sich dadurch im Ergebnis so

35 Vgl. in diesem Sinne BVerwG, Beschl. v. 6. August 1992 – 4 N 92 – ZfBR 1992, 292 = NVwZ 1993, 471, und Beschl. v. 12. Dezember 1975 – 4 B 176.75 – BRS 29 Nr. 14; zusammenfassend und m. w. N. Petz, a. a. O. (Fn. 1), § 214 Rn. 164.

36 Vgl. zum Begriff Petz, a. a. O. (Fn. 1), § 214 Rn. 163.

37 Vgl. ebd., § 214 Rn. 173.

38 Vgl. hierzu BVerwG, Urt. v. 18. Juli 2013 – 4 CN 3.12 – BVerwGE 147, 206.

stellen, wie sie gestanden wäre, wenn sie das Aufstellungsverfahren von vornherein rechtmäßig durchgeführt und abgeschlossen hätte (**Status quo ante**).[39] Dadurch erhalten Verwaltungsakte (z.B. Baugenehmigungen), die auf den (ursprünglich rechtswidrigen) Bebauungsplan gestützt waren, rückwirkend eine rechtliche Grundlage.[40] Vorhaben, die in Widerspruch zu dem ursprünglich verfahrensfehlerhaften und nach Verfahrenswiederholung rückwirkend in Kraft gesetzten Bebauungsplan errichtet worden sind, sind als von Anfang an und ununterbrochen rechtswidrig zu behandeln, auch wenn sie ohne den Bebauungsplan vorübergehend zulässig gewesen wären.[41]

Die rückwirkende Inkraftsetzung ist für sich genommen **keine Änderung** des Plans oder der Satzung, sondern nur eine Inkraftsetzung zu eben jenem Zeitpunkt, in dem der Plan bei Vermeidung des ursprünglichen Fehlers in Kraft getreten wäre. Nicht der Abschluss des Verfahrens wird zurückverlegt; zurückverlegt werden lediglich die Rechtswirkungen des später abgeschlossenen Planaufstellungsverfahrens.[42] Da mit der rückwirkenden Inkraftsetzung somit lediglich dem Willen der Gemeinde im Zeitpunkt der ursprünglichen Beschlussfassung Rechnung getragen wird, erfordert das Bundesrecht auch keinen gesonderten **Gemeinderatsbeschluss** zur Anordnung des rückwirkenden Inkrafttretens.[43]

Geht die Fehlerbehebung mit inhaltlichen Änderungen des Plans oder der Satzung einher, können Gründe des **Vertrauensschutzes** einer rückwirkenden Inkraftsetzung entgegenstehen.[44]

---

39 Vgl. Berkemann, a.a.O. (Fn. 4), Rn. 159.

40 Vgl. BVerwG, Beschl. v. 18. Juli 2003 – 4 B 49.03 – Buchholz 406.17 Nr. 73.

41 Vgl. BVerwG, Urt. v. 5. Dezember 1986 – 4 C 31.85 – BVerwGE 75, 262 <268>.

42 Vgl. BVerwG, Beschl. v. 26. Januar 2009 – 4 BN 27.08 – ZfBR 2009, 273 = BauR 2009, 780.

43 Vgl. BVerwG, Urt. v. 10. August 2000 – 4 CN 2.99 – DVBl 2000, 1861 = ZfBR 2001, 61. Ein neuer Gemeinderatsbeschluss ist allerdings immer dann erforderlich, wenn ein Fehler behoben werden soll, der vor dem Gemeinderatsbeschluss lag, weil – wie dargestellt – auch das vom Fehler „infizierte" nachfolgende Verfahren wiederholt werden muss, und zwar auch dann, wenn es für sich genommen fehlerfrei war.

44 Vgl. die Nachweise bei Petz, a.a.O. (Fn. 1), § 214 Rn. 185.

3. Leistungsgrenzen des ergänzenden Verfahrens

Wie die Bezeichnung „ergänzend“ nahelegt, stößt das ergänzende Verfahren an seine **Leistungsgrenzen**, wenn durch die Fehlerbehebung die **Identität** der ursprünglichen Planung in Frage gestellt wird. Das frühere Verfahren in seinen fehlerfreien Teilen und das ergänzende Verfahren müssen sich zu einer Einheit „ergänzen“. Der reparaturbedürftige Fehler darf deshalb nicht von solcher Art und Schwere sein, dass er die Planung als Ganzes in Frage stellt[45] oder die **Grundzüge der Planung** berührt.[46]

---

45 Vgl. ausführlich Petz, a.a.O. (Fn. 1), § 214 Rn. 158 ff.

46 Vgl. BVerwG, Urt. v. 8. Oktober 1998 – 4 CN 7.97 – DVBl 1999, 243 = ZfBR 1999, 107; kritisch hierzu z.B. Stüer/Rude, Planreparatur im Städtebaurecht – Fehlerheilung nach § 215a BauGB, ZfBR 2000, 85 <88f>.

Autorenverzeichnis

Heinz G. Bienek, Ministerialrat Sächsisches Staatsministerium des Innern, Dresden

Jörg Finkeldei, Ministerium für Infrastruktur und Landwirtschaft des Landes Brandenburg, Potsdam

Yvonne Koch, Umweltbundesamt, Dessau-Roßlau

Insa Lütkehus, Umweltbundesamt, Dessau-Roßlau

Dr. Stefan Lütkes, Bundesministerium für Umwelt, Naturschutz, Bau und Reaktorsicherheit, Berlin/Bonn

Prof. Dr. Stephan Mitschang, Technische Universität Berlin

Dr. Peter Neusüß, Sparwasser & Heilshorn Rechtsanwälte, Freiburg

Werner Niederle, Umweltbundesamt, Dessau-Roßlau

Prof. Dr. Christian-W. Otto, Technische Universität Berlin

Helmut Petz, Richter am BVerwG, Leipzig

Hartmut Reck, EnBW, Energie Baden-Württemberg AG, Karlsruhe

Dr. Gernot Schiller, Redeker Sellner Dahs, Berlin

Prof. Dr. Alexander Schink, Honorarprofessor Technische Universität Berlin, Berlin/Bonn

Dr. Wolfgang Schrödter, Rechtsanwalt, Wedemark

Dr. Tim Schwarz, Technische Universität Berlin

Prof. Dr. Wilhelm Söfker, Ministerialdirigent a.D., Bonn

Prof. Dr. Reinhard Sparwasser, Sparwasser & Heilshorn Rechtsanwälte, Freiburg

Carla Vollmer, Umweltbundesamt, Dessau-Roßlau

Berliner Schriften zur Stadt- und Regionalplanung

Herausgegeben von Prof. Dr. Stephan Mitschang

Band 1 Stephan Mitschang (Hrsg.): Umweltprüfverfahren in der Stadt- und Regionalplanung. 2006.

Band 2 Stephan Mitschang (Hrsg.): Stadt- und Regionalplanung vor neuen Herausforderungen. 2007.

Band 3 Stephan Mitschang (Hrsg.): Flächennutzungsplanung – Aufgabenwandel und Perspektiven. 2007.

Band 4 Stephan Mitschang (Hrsg.): BauGB-Novelle 2007. Neue Anforderungen an städtebauliche Planungen und die Zulassung von Vorhaben. 2008.

Band 5 Stephan Mitschang (ed. / Hrsg.): Soil Protection Law in the EU. Bodenschutzrecht in der EU. 2008.

Band 6 Stephan Mitschang (Hrsg.): Innenentwicklung – Fach- und Rechtsfragen. 2008.

Band 7 Stephan Mitschang (Hrsg.): Klimaschutz und Energieeinsparung in der Stadt- und Regionalplanung. 2009.

Band 8 Stephan Mitschang (Hrsg.): Fach- und Rechtsprobleme der Baunutzungsverordnung. 2009.

Band 9 Stephan Mitschang (Hrsg.): Aktuelle Fach- und Rechtsfragen des Lärmschutzes. Bauleitplanung, Fachplanung und Zulassung von Bauvorhaben. 2010.

Band 10 Stephan Mitschang / Gerd Schmidt-Eichstaedt (Hrsg.): Die Umweltprüfung in der Regionalplanung. 2010.

Band 11 Ulrich Battis / Jens Kersten / Stephan Mitschang: Rechtsfragen der ökologischen Stadterneuerung. 2010.

Band 12 Stephan Mitschang (ed. / Hrsg.): Energy Efficiency and Renewable Energies in Town Planning Law. Energieeffizienz und Erneuerbare Energien im Städtebaurecht. 2010.

Band 13 Stephan Mitschang (Hrsg.): Planen und Bauen im Außenbereich. 2010.

Band 14 Stephan Mitschang (Hrsg.): Aktuelle Fragestellungen des Städtebau- und Umweltrechts – Ansatzpunkte für eine BauGB- und BauNVO-Novelle. 2011.

Band 15 Tim Schwarz: Die Umweltprüfung in gestuften Planungsverfahren. Möglichkeiten und Grenzen der Koordination und Abschichtung im Rahmen der Umweltprüfung in der Raumordnung und der Bauleitplanung. 2011.

Band 16 Stephan Mitschang (ed. / Hrsg.): Urban Planning Law under EU-Influence. Städtebaurecht unter EU-Einfluss. 2011.

Band 17 Stephan Mitschang (Hrsg.): Bauen und Naturschutz. Aktuelle Fach- und Rechtsfragen nach dem Inkrafttreten des BNatSchG 2010. 2011.

Band 18 Stephan Mitschang (Hrsg.): Gerüche, Feinstaub und Gefahrstoffe in der Bauleitplanung und bei der Zulassung von Bauvorhaben. 2011.

Band 19 Stephan Mitschang (Hrsg.): Klimagerechte Stadtentwicklung – Die neuen Regelungen der BauGB-Novelle 2011. 2012.

Band 20 Stephan Mitschang (Hrsg.): Stärkung der Innenentwicklung – BauGB-Novelle 2012/13. 2013.

Band 21 Stephan Mitschang (Hrsg.): Windenergie – Ausbau und Repowering in der Stadt- und Regionalplanung. 2013.

Band 22 Stephan Mitschang (Hrsg.): Innenentwicklung – Fach- und Rechtsfragen der Umsetzung. 2014.

Band 23 Benjamin Heyn: Lärmschutz und Innenentwicklung. Ist der Lärmschutz notwendiges Korrektiv oder störendes Hemmnis für die Innenentwicklung? 2014.

Band 24 Stephan Mitschang (Hrsg.): Konfliktfelder und aktuelle Entwicklungen bei städtebaulichen Planungen. 2014.

Band 25 Stephan Mitschang (Hrsg.): Umbau im baulichen Bestand – Fach- und Rechtsfragen. 2015.

Band 26 Stephan Mitschang (ed./Hrsg.): Privatisation of Planning Powers and Urban Infrastructure / Privatisierung von Planung und städtischen Infrastrukturen. 2015.

Band 27 Stephan Mitschang (Hrsg.): Erneuerbare Energien und Netzausbau in der räumlichen Planung. 2015.

www.peterlang.com

www.ingramcontent.com/pod-product-compliance
Ingram Content Group UK Ltd.
Pitfield, Milton Keynes, MK11 3LW, UK
UKHW021915290926
8980IPUK00015B/1275

9 783631 664797